U0313627

中国社会学会学术年会获奖论文集

（2011 · 南昌）

新发展阶段：社会建设与生态文明

New Development Stage: Social Construction and Ecological Civilization

主　编 / 王明美

社会科学文献出版社
SOCIAL SCIENCES ACADEMIC PRESS (CHINA)

目　录

三　二等奖论文

加强社会建设　倡导生态文明
（代序）

程宇航*

中国社会学会2011年学术年会于7月23～25日在江西南昌举行。本届年会的主题是“新发展阶段：社会建设与生态文明”。来自国内各高等院校、研究机构的老中青社会学者和其他部门的实际工作者，以及来自日本、韩国的社会学者800多人出席本次年会并分别参加34个分论坛的研讨活动。

年会举行之前，中国社会学会于7月22日召开了换届大会，选举产生了新一届理事会及其领导机构。陆学艺、郑杭生继续被推选为名誉会长，宋林飞当选为新一届会长，李培林、卢汉龙、刘敏、蔡禾、潘允康、李友梅、李路路、邴正、沈原、谢立中为副会长，李强、王思斌为学术委员会正副主任，谢寿光为秘书长。

7月23日上午，年会举行开幕式。中国社会科学院副院长朱佳木，中共江西省委常委、宣传部长刘上洋，中国社会学会名誉会长陆学艺、会长宋林飞等出席开幕式并发表讲话。

开幕式由中国社会学会上一届理事会会长李培林主持，新一届会长宋林飞致开幕词。

宋林飞说，中国社会学会2011年学术年会，是中国社会学会第21次学术年会。这些年会见证了30多年来我国社会学学科从无到有、队伍从小到大、成果从少到多等恢复重建的艰辛与辉煌历程。从师资培养、专业设置、社会发展规划、社区建设、构建和谐社会到社会管理创新，社会学越来越得到党和政府的重视，越来越得到社会的支持和参与。伴随着中国改革开放的

---

* 程宇航，系江西省社会学学会常务理事、江西省社科院经济研究所副所长、研究员。

伟大历程，中国社会学得到了空前的发展。今天，来自全国各地的800名社会学工作者参加这次年会，其中多数是青年学者，有他们投身社会学事业，中国社会学的未来一定比现在更加美好！

宋林飞指出，我们生活在一个快速发展与变革的伟大时代，社会学面临前所未有的发展机遇和挑战。当前，我国经济社会呈现新的阶段性特征，社会建设与社会管理正在形成新的趋势。坚持公平正义，遏制贫富分化，加强与改善社会管理，化解与控制社会风险，实现“包容性增长”，建设社会主义和谐社会，是我国现阶段社会发展的重要趋势。社会学工作者应高度关注这些新阶段、新特征与新趋势，研究我国经济社会发展的重大理论与实践问题。

宋林飞说，中国已经快速发展成为世界第二大经济体，我们感到非常自豪，但必须清醒地看到，这只是经济总量，人均水平还比较低。同时，经济与社会协调发展、社会建设与社会管理的任务相当艰巨。中国社会学工作者要响应伟大时代的召唤，不辜负人民的期待，要为中国崛起、民族振兴、社会发展做出应有的贡献。社会学也需要转变发展方式，重在提高学科水平，将中国社会学的发展推向一个新境界。宋林飞具体提出六个“更加注重”：一是要更加注重推进学科发展，尤其要重视社会学的专业教育和人才培养；二是要更加注重理论创新；三是要更加注重应用研究；四是要更加注重调查研究；五是要更加注重专业委员会的建设；六是要更加注重国际学术交流，扩大中国社会学的国际影响。

中国社会科学院副院长朱佳木代表中国社会科学院对本次年会的顺利召开表示热烈祝贺。他说，本次年会在中国共产党成立90周年和胡锦涛总书记“七一”重要讲话发表之后不久召开有着重要意义。这是因为，我们党领导的革命力量，正是在江西的南昌市打响了武装斗争的第一枪，正是在江西的井冈山开辟了第一个红色革命根据地，正是在江西的瑞金成立了第一个全国性的红色政权——中华苏维埃共和国中央临时政府。因此，本次年会在江西南昌，不仅是对我们党的90华诞的诚挚祝贺，也是对为中国革命付出巨大牺牲，为新中国建设做出不朽贡献的江西人民的崇高敬意。

朱佳木指出，胡锦涛同志在庆祝中国共产党成立90周年大会上的讲话全面回顾了我们党团结带领各族人民进行革命、建设、改革的历程，深刻总结了我们党经过90年奋斗所取得的辉煌成就和在自身建设方面取得的基本经验，精辟论述了我们党在新的历史起点上推进中国特色社会主义事业需要

解决的一系列重大问题，是一篇马克思主义的纲领性文献。讲话特别强调，在前进的道路上，要继续保障和改善民生，促进社会和谐，从维护最广大人民根本利益和实现国家长治久安的战略高度，抓好社会建设，推动社会建设与经济建设、政治建设、文化建设的协调发展。这是党中央对全党发出的号召，也是对广大社会工作者和社会学工作者发出的号召。本次年会在这样的背景下召开，无疑会使它增添新的活力，赋予更大的意义。

朱佳木对中国社会学会在恢复重建以来的 30 多年中取得的进步和成绩给予了高度评价。他说，中国社会学在恢复重建以来的 30 多年中，始终坚持理论联系实际的方针，紧紧抓住中国改革开放和经济社会发展过程中的重大理论和现实问题，开展了卓有成效的研究，使整个学科不仅随着改革开放和经济社会发展而不断壮大，也为推动这一进程提供了重要的智力支持和决策咨询服务，赢得了党和国家以及社会各界的高度重视。同时也要看到，当代中国正经历着空前广泛而深刻的社会变革，这种变革必然呼唤中国社会学界做出新的努力、新的创造和新的贡献。党中央提出的加强和创新社会管理的任务，对于学术界来说就是一个涵盖多领域多学科的重大课题。它涉及范围和内容之广泛，要处理的利害关系之复杂，一定意义上远远超过当年启动经济体制改革时所面对的形势。社会学由于对社会重大理论问题和现实问题有着长期研究的基础，因此在这一课题研究方面显然拥有其他学科难以替代的优势。本次年会把社会管理体制改革创新问题的研究作为主题之一，充分反映了社会学界对党中央号召的积极响应。可以肯定，社会管理的加强和创新将成为促进中国社会学学科发展的一个新的动力，成为中国社会学界为党和国家相关决策提供智力支持和服务的一个新的契机。

朱佳木还对中国社会学会顺利举行换届会议表示热烈祝贺，衷心希望新一届中国社会学会的领导班子牢牢把握中国社会学的正确发展方向，加强学科建设，关注重大现实问题，更好地服务于全国社会学工作者，带领广大社会学工作者为建设中国特色社会主义社会管理体系，为全面提高社会管理科学化水平、最大限度地增加和谐因素、最大限度地减少不和谐因素，做出新的更大的贡献！

中共江西省委常委、宣传部长刘上洋代表江西省委、省政府对本次年会的顺利召开表示热烈祝贺，对到会的几百名老中青社会学专家学者和国际友人，对各位来宾，表示最诚挚的欢迎！

刘上洋说，中国社会学会是一个在全国具有良好声誉和颇具影响力的全国性学会。今年的年会把“新发展阶段：社会建设与生态文明”确定为主题，选定在江西南昌召开，这对于我们更好地响应中央号召，进一步加强社会建设，加强和创新社会管理，既有理论价值，又具实践意义，对社会建设和社会管理创新，是一个强有力的推动和促进。江西的社会学教学研究人员，江西的社会工作者，要珍惜这次难得的学习机会，并且在今后要利用多种途径，创造更多的机会，请进来、走出去，向全国的社会学同仁虚心学习，博采众长，以谋取江西社会学的进一步繁荣和发展。

中共南昌市委常委、宣传部长周关说，中国社会学会年会在南昌举行，是南昌的一件幸事、喜事，他代表南昌市委、市政府向出席本次年会的各位领导、各位来宾、全国社会学界的专家、朋友们表示衷心的欢迎！周关真诚希望社会学界的专家、学者，对南昌市的现代化建设和经济社会发展多提宝贵意见，多加指导，帮助南昌不断进步。

江西省社会学学会会长王明美代表承办单位江西省社会学学会和南昌市社科院、南昌市社科联致欢迎辞。王明美的欢迎辞只有短短三句话，不到一分钟，受到了满堂的热烈掌声。

中国社会学会名誉会长陆学艺、国际社会学会原会长佐佐木正道、日本社会学会会长矢澤修次郎、韩国社会学会会长朴在默也在开幕式上作了讲话。

开幕式后，中国社会学会名誉会长郑杭生教授以“当代中国社会学面临的挑战”为题、中国社会科学院城市发展与环境研究所所长潘家华研究员以“中国低碳社会的前景”为题，分别作了学术报告，引起热烈反响。

从7月23日下午开始，到24日全天，年会进入分论坛活动时间，34个分论坛所涉及的主题领域广泛，内容丰富，涵盖了生态文明与社会变迁、社会建设与社会管理、社会稳定与社会政策、社会结构与社会分层等社会发展的诸多领域，以及诸如城市社会学、消费社会学、女性社会学、情感社会学、体育社会学、工程社会学、海洋社会学、西部社会学等分支社会学研究，第九届东亚社会学学术研讨会也同时举行。与会的老中青社会学者围绕各自关心的分论坛确定的主题，展开了热烈研讨。这是开设论坛最多、参加年会人数最多的一届年会。年会充满浓郁的学术氛围，弥漫着自由讨论的空气。

25日上午，年会举行大会交流和闭幕式。首先，部分论坛在会上介绍了它们的研讨情况。接着，学会秘书长谢寿光介绍了优秀论文和优秀论坛的

评选情况，宣布了评选结果。经评审小组认真评审，评选出优秀论文一等奖10篇、二等奖19篇，优秀论坛7个。最后，宋林飞会长对这次年会进行了总结。

宋林飞说，这次年会的参与人数达到800人，年会有以下几个特点：一是论坛内容丰富。入选论文数量达到720篇，是历次年会之最，并且整体质量有所提高。共设立了34个分论坛，也是最多的一次。二是议题紧密结合实际。年会各个分论坛的主题，集中在社会建设、生态文明、社会管理、城市化、社区发展、福利社会等实践性强的方面，体现了鲜明的时代性。三是多数论坛保持了连续性，开始形成一定的风格，对相关领域的研究能够持续推进。学术团队强、学术成果多的分论坛，长期办下去将成为有影响的品牌。四是参会人员来源广泛。除了来自社会学学术机构之外，还有来自政府部门、企业、社会组织等方面的人员，来自日本、韩国的社会学者，以及其他学科的专家学者，形成了多层面、跨学科的对话和交流。五是青年学者踊跃展示学术成果。这次年会出现了与国外社会学年会上相似的现象，有些研究生也提交论文与展示自己的能力，年会成为社会学人才交流的一个平台。六是学术思想活跃。论文中有不少新观点、新思想，还出现了一些新领域、新话语。

宋林飞说，本次年会充分体现了理论与实际的结合，宏观与微观的结合，全球视角与地方实践的结合，研究成果展示与研究成果转化的结合。本次年会主题深、内容实、层次高，开得很成功。

宋林飞指出，中国社会学正处在一个快速发展的时期，无论是学科建设、队伍规模，还是社会需求，都在急剧扩张。在这个关键时期，学会必须起到应有的作用，主要任务是促进中国社会学走内涵发展的道路，进一步提升科研成果和人才培养的质量。

宋林飞说，当前中国社会学发展的重点，是推进社会建设和社会管理的基础研究与应用研究。对于社会建设和社会管理实践，许多学科可以提供学理和应用对策支撑。但我个人认为，社会学是最有责任、最能发挥作用的学科。中国社会学也只有与中国社会发展同命运、共担当，才能真正实现自己的价值，创造出新的辉煌。宋林飞对本届理事会今后的工作谈了几个具体打算：一是充分发挥理事会的作用。各位副会长与常务理事要适当分工，相对稳定地联系一些社会学教育与研究机构，联系一些专业委员会，以便更有效地推进学会工作。进一步活跃国际学术交流，加强研究资料数字化的共享平台建设。二是加强专业委员会的建设。要以积极的态度，培育与发展中国社会学会的专业委员会，年会分论坛主要由专业委员会举办。实现动态管理，考核学术活动是否正常开展，以及学术活动的社会效果。三是进一步提高论坛的质量。提高论文入选的标准，选方法科学的论文，选有理论创新的论文，选有决策咨询价值的论文。提升学术交流的层次，在分论坛的组织形式上更加规范化。四是每年编辑出版一本《中国社会学评论》。总结反映中国社会学有关研究领域的新进展，推介中国社会学者理论创新成果，同时出中英文版。这是增加中国社会学者与国际社会学界交流平台的努力之一，目的是让更多的中国社会学创新成果与代表性社会学者“走出去”。五是每年召开一次“中国青年社会学者论坛”。围绕中国社会学研究前沿议题，挑选从中国实际出发的理论创新成果，邀请50名左右入选优秀论文作者参加论坛，设立10人“中国社会学会优秀青年论文奖”。六是召开“中国社会建设与管理高层论坛”。围绕我国社会发展中的重大理论与实践问题，与省市政府合作，邀请有关著名社会学者进行专题研讨，为地方党和政府建言献策，为促进中国社会发展的“顶层设计”科学化发挥咨询作用。

25日下午，与会代表游览了南昌市容，参观了著名的“小平小道”。

一

讲话与致辞

江西省社会学学会会长
王明美致欢迎词

我讲三句话：

一、请允许我代表年会承办方江西省社会学学会、南昌社科院、南昌市社科联，向来自海内外的老中青社会学者，表示最诚挚的欢迎！

二、规模如此大的一个会议，在接待和安排上肯定有不尽如人意的地方，请大家多提意见，多多包涵。

三、预祝年会圆满成功，大家在南昌过得开心愉快！

谢谢大家！

中国社会学会会长
宋林飞致开幕词

各位领导、各位来宾、各位专家学者：

中国社会学会2011年学术年会，是中国社会学会第21次学术年会。这些年会见证了30多年来我国社会学学科从无到有、队伍从小到大、成果从少到多等恢复重建的艰辛与辉煌历程。从师资培养、专业设置、社会发展规划、社区建设、构建和谐社会到社会管理创新，社会学越来越受到党和政府的重视，越来越受到社会的支持和参与。伴随着中国改革开放的伟大历程，中国社会学得到了空前的发展。今天，来自全国各地的800名社会学工作者参加这次年会，其中多数是青年学者，有他们投身社会学事业，中国社会学的未来一定比现在更加美好！

我们生活在一个快速发展与变革的伟大时代，社会学面临前所未有的发展机遇和挑战。当前，我国经济社会呈现新的阶段性特征，社会建设与社会管理正在形成新的趋势。一是经济增长方式处于粗放型向集约型转变的关键时期，科技进步贡献率即将达到50%，到2020年要建成创新型国家。与此相应，是要加快建设创新型社会，进一步推动社会体制改革与社会管理创新，形成全社会勇于创新创业创优的生动局面。二是消费对经济增长的贡献处于上升阶段，投资推动型经济增长方式正在向消费推动型经济增长方式转变。各地普遍实施富民战略，增加城乡居民收入，优化市场伦理，着力改善消费环境，培育健康的消费社会，从而增进民生幸福。三是城市化处于加速阶段，城市人口即将超过50%，城市社会正在来临。走出二元结构，推进城乡一体化，是我国社会发展的又一个重要趋势。四是信息化进入中等发达阶段，有些地区已经率先进入信息社会，有些地区已经完成“十二五”期

间全面进入信息社会的准备。互联网日益普及与虚拟社会不断发展，引发了人们工作、生活方式的巨大变革，并且带来了“超级信息社会”的新挑战。五是生态现代化处于初期向中期过渡的阶段，局部地区的空气、水污染仍然比较严重，食品安全问题不断冒头，小康社会建设不仅仅是为了走出温饱，更重要的是为了人民群众的健康。在我国工业化进程中，各地环境治理与生态保护取得了重要进展，但与工业化完成的发达国家相比差距还比较大。建设低碳社会、建设最佳人居环境，是摆在我们面前的重要任务。六是社会发展进入矛盾凸显期，经济开发与城市建设带来的征地拆迁和失地农民问题、招商引资与出口贸易的劳动力低成本优势带来的劳资关系矛盾、收入差距扩大化趋势没有根本转变与腐败现象屡禁不止等问题，直接影响社会稳定。坚持公平正义，遏制贫富分化，加强与改善社会管理，化解与控制社会风险，实现“包容性增长”，建设社会主义和谐社会，是我国现阶段社会发展的重要趋势。社会学工作者应高度关注这些新阶段、新特征与新趋势，研究我国经济社会发展的重大理论与实践问题。

中国已经快速发展成为世界第二大经济体，我们感到非常自豪，但必须清醒地看到，这只是经济总量，人均水平还比较低。同时，经济与社会协调发展、社会建设与社会管理的任务相当艰巨。中国社会学工作者要响应伟大时代的召唤，不辜负人民的期待，要为中国崛起、民族振兴、社会发展做出应有的贡献。社会学也需要转变发展方式，重在提高学科水平，将中国社会学的发展推向一个新境界。具体地说，需要在以下六个方面开展工作：一是要更加注重推进学科发展，尤其要重视社会学的专业教育和人才培养，继续增加社会学硕士、博士点与博士后流动站，课程体系建设要及时反映学科的新进展，要充分利用马克思主义理论研究和建设工程顺利进展这个契机，加强社会学基础教材的建设。《社会学概论》已经出版发行，《西方社会学理论评析》提纲已经被批准和启动编写工作。二是要更加注重理论创新，社会学研究首先在于理论创新，要加大基础研究，特别是具有中国特色的社会学理论的建构和适合中国社会的研究方法及方法论的探索。三是要更加注重应用研究，致力于学术，服务于社会，要紧密结合时代的需要，加强社会建设和社会管理的应用对策研究，提升社会学在公共领域的话语权，做“经世致用”之学问。四是要更加注重调查研究，无论是中国经济社会发展的经验还是前进道路上面临的严峻挑战，都是我们社会学理论与应用研究的肥沃土壤，要从实际出发概括提炼新概念、新观点、新理论与新对策。五是要更加注重专业委员会的建设。我国社会学学术分工越来越精细，加强专业委员会的建设有利于深化专业的学术交流。逐步规范专业委员会活动程序，增加应用研究专业委员会。各专业委员会举办论坛，要支持更多的青年学者和边远地区社会学者参加年会。六是要更加注重国际学术交流，扩大中国社会学的国际影响。党的十七大报告指出，要促进中国哲学社会科学走向世界。中国社会学已经有能力走出去了，本届中国社会学理事会要有所开拓、有所前进，多向国外推介中国社会学研究的新进展，增进国际社会学界对中国社会学研究成果的了解。

各位社会学专家学者，中国社会学会本届理事会决心在任期内积极为大家做好服务工作，继往开来，进一步搭建学术平台，加强专业委员会建设，促进社会学最新研究成果的交流，促进中国社会学者与各国社会学者的学术联系。希望大家真诚合作、携手并进，共同推进中国社会学的发展与繁荣。

中国社会学会的这次学术年会在江西南昌召开，这座光荣的城市和老区人民用巨大的发展成就与热情欢迎四面八方的来客，我们感到非常亲切，深受鼓舞。在这里，我代表中国社会学会和全体与会人员，对于江西省委、省政府和南昌市委、市政府热情支持这次会议的举办，表示诚挚的感谢！对于承办这次会议的江西省社会学会、南昌社科院与社科联，表示诚挚的感谢！对于日本、韩国等国家的社会学者莅临本次年会，表示热烈的欢迎！

现在，我宣布，中国社会学会 2011 年学术年会开幕！

中国社会科学院副院长
朱佳木讲话

尊敬的江西省领导，
各位来宾和各位专家学者，
女士们、先生们、同志们：

大家上午好！

当此盛夏之季来到南昌，出席2011年中国社会学会年会，使我感受最深的并不是天气的炎热，而是来自全国各地的专家学者们对中国经济与社会协调发展问题关注的热诚，对中国社会学学科发展事业投入的热切。在此，我谨代表中国社会科学院，对本次年会的顺利召开表示热烈祝贺！对给予本次年会以极大关心和支持的中共江西省委、省政府和南昌市委、市政府，以及为承办本次会议做了大量辛勤工作的江西省社会学会和南昌市社会科学院，表示衷心感谢！

本次年会恰逢中国共产党成立90周年之际。中国社会学会此时此刻把2011年年会的地点选在江西省南昌市，我认为是再合适不过了。因为，为了争取人民的解放，我们党领导的革命力量正是在江西的南昌市打响了武装斗争的第一枪，正是在江西的井冈山开辟了第一个红色革命根据地，正是在江西的瑞金成立了第一个全国性的红色政权——中华苏维埃共和国中央临时政府。在庆祝建党90周年的大喜日子里，我们格外怀念和感激为我们党领导的革命事业付出巨大牺牲、为新中国的建设和改革事业做出不朽贡献的江西人民。本次年会在南昌召开，不仅是对我们党的90华诞的诚挚祝贺，也是为了表达对江西人民的崇高敬意。

本次年会还恰逢胡锦涛同志在庆祝中国共产党成立90周年大会上的讲

话发表不久，这无疑也会给会议增添新的活力，赋予更大的意义。这篇讲话全面回顾了我们党团结带领各族人民进行革命、建设、改革的历程，深刻总结了我们党经过90年奋斗所取得的辉煌成就和在自身建设方面取得的基本经验，精辟论述了我们党在新的历史起点上推进中国特色社会主义事业需要解决的一系列重大问题，是一篇马克思主义的纲领性文献。讲话特别强调，在前进的道路上，要继续保障和改善民生，促进社会和谐，从维护最广大人民根本利益和实现国家长治久安的战略高度，抓好社会建设，推动社会建设与经济建设、政治建设、文化建设的协调发展。这是党中央对全党发出的号召，也是对广大社会工作者和社会学工作者发出的号召。

各位来宾和专家学者，中国社会学在恢复重建以来的30多年中，始终坚持理论联系实际的方针，紧紧抓住中国改革开放和经济社会发展过程中的重大理论和现实问题，开展了卓有成效的研究，使整个学科不仅随着改革开放和经济社会发展而不断壮大，也为推动这一进程提供了重要的智力支持和决策咨询服务，赢得了党和国家以及社会各界的高度重视。然而，我们同时又要看到，当代中国正经历着空前广泛而深刻的社会变革，这种变革必然呼唤中国社会学界做出新的努力、新的创造和新的贡献。

各位来宾和专家学者，社会管理是中国特色社会主义事业总体布局中社会建设的重要组成部分。加强和创新社会管理，事关我们党的执政地位巩固，事关我们国家的长治久安，事关我国人民的安居乐业。当前，我国既处于发展的重要战略机遇期，又处于社会矛盾凸显期，社会管理领域还存在不少问题，社会管理理念、体制机制、法律政策、方法手段等方面还存在许多不适应的地方。为了充分发挥党的领导的政治优势和社会主义制度优势，推动中国特色社会主义社会管理体系自我完善和发展，确保社会既充满活力又和谐稳定，党中央提出了加强和创新社会管理的任务。显然，这对于学术界来说，是一个涵盖多领域多学科的重大课题，其涉及范围和内容之广泛，要处理的利害关系之复杂，一定意义上远远超过当年启动经济体制改革时所面对的形势。社会学由于对社会结构变迁、利益关系调整、社会制度变革、社会组织发展、社会政策创新、社会事业进步，以及社会和谐稳定等重大理论和现实问题有着长期研究的基础，因此在这一重大课题研究方面拥有其他学科难以替代的优势。我们看到，现在已有不少社会学工作者积极投身于对这一课题的研究。本次年会把社会管理体制改革创新问题研究作为主题之一，也充分反映了社会学界对党中央号召的积极响应。可以肯定，社会管理的加强和创新将成为促进中国社会学学科发展的一个新的动力，成为中国社会学

界为党和国家相关决策提供智力支持和服务的一个新的契机。

各位来宾和专家学者，本次年会不仅是一次学术讨论会，而且肩负着中国社会学会领导换届的任务。我院和我院的社会学研究所作为中国社会学会的主管主办单位，高度重视学会的换届工作，专门听取了学会领导关于换届工作的汇报。昨天，中国社会学会理事会按照学会章程完成了换届选举工作，新一届中国社会学会的领导班子已经产生。在此，我代表中国社会科学院对新当选的中国社会学会领导表示热烈祝贺，并衷心希望新一届中国社会学会的领导班子牢牢把握中国社会学的正确发展方向，加强学科建设，关注重大现实问题，更好地服务于全国社会学工作者，带领广大社会学工作者为建设中国特色社会主义社会管理体系，为全面提高社会管理科学化水平、最大限度地增加和谐因素、最大限度地减少不和谐因素，做出新的更大的贡献！

最后，预祝大会取得圆满成功！

谢谢大家！

江西省委常委、宣传部长 刘上洋讲话

尊敬的佳木副院长，

尊敬的专家学者，

尊敬的各位来宾，

女士们、先生们，同志们：

今天，中国社会学会2011学术年会在江西南昌隆重开幕，几百名来自全国各地的社会学专家学者，还有来自东邻友邦日本和韩国的社会学家，来到江西，聚首南昌，围绕“新发展阶段：社会建设与生态文明”这个主题开展探讨，交流研究成果，在我们江西大地上刮起了一股热烈的“社会学风”。这对于我们更好地响应中央号召，进一步加强社会建设，加强和创新社会管理，既有理论价值，又具实践意义，对社会建设和社会管理创新，是一个强有力的推动和促进。这次年会是中国社会学会在江西召开的第一次年会；据我所知，也是迄今为止在江西举办的最大规模的学术年会。在这里，请允许我代表江西省委、省政府，对这次年会的顺利召开表示热烈祝贺！对亲临大会指导的佳木副院长，对到会的几百名老中青社会学专家学者和国际友人，对各位来宾，表示最诚挚的欢迎！

中国社会学会是一个在全国具有良好声誉和颇具影响力的全国性学会。正如佳木副院长所说，中国社会学在恢复重建以来的30多年中，始终坚持理论联系实际的方针，紧紧抓住中国改革开放和经济社会发展过程中的重大理论和现实问题，开展了卓有成效的研究，使整个学科不仅随着改革开放和经济社会发展而不断壮大，也为推动这一进程提供了重要的智力支持和决策咨询服务，赢得了党和国家以及社会各界的高度重视。

在全国社会学不断发展、走向繁荣的大背景下，我们江西的社会学从无到有，从小到大，也取得了长足的进步，有了很大的发展。为了证明我以上所言不虚，我只要举出两点来加以说明就行了：第一，在我们江西的改革开放实践中，在我们江西的经济社会发展和现代化建设中，时时处处都能听到社会学者的声音，而且这种声音越来越强大，在江西的红土地上产生了很大的反响。可以说，江西的社会学在江西赢得了良好的声誉。第二，在最近的十多年里，在国家社科基金项目的评审中，在我们江西所获得的立项课题中，社会学的立项课题越来越多，以至成为江西在获得课题立项方面进步最快也是立项课题最多的学科之一。这对于一个刚刚恢复重建不是很久、学术基础相对薄弱的学科来说，是很不容易的。这当然要归功于江西社会学者的不断努力和不懈奋斗，但与中国社会学会和全国社会学界的深切关心和大力支持也是分不开的。在这里，作为江西省委的宣传部长，我要对中国社会学会和全国社会学界对江西社会学的关心和支持表示衷心感谢！同时，殷切希望中国社会学会和全国社会学界对我们江西的社会学继续给予关心和支持，拜托大家多多赐教，以各种方式帮助江西的社会学获取更大更好的发展！这次年会在江西召开，就是一个实实在在的帮助和促进。江西的社会学教学研究人员，江西的社会工作者，要珍惜这次难得的学习机会，并且在今后要利用多种途径，创造更多的机会，请进来、走出去，向全国的社会学同仁虚心学习，博采众长，以谋取江西社会学的进一步繁荣和发展。

最后，再次对佳木副院长的莅临指导，对来自全国各地的社会学专家学者和来自东邻的社会学家，表示热烈欢迎和衷心感谢！

预祝年会圆满成功！

谢谢大家！

南昌市委常委、宣传部长
周关讲话

尊敬的各位领导，

全国社会学界的专家、学者们，

各位来宾：

大家好！

盛夏洪城，群贤毕至，英才咸集，中国社会学会2011学术年会在这里隆重开幕，这是我国社会学研究界一年一度的盛会，是举办地南昌的一件幸事、喜事，我谨代表中共南昌市委、市政府，对大会的召开表示热烈祝贺，向出席本次年会的各位领导、各位来宾、全国社会学界的专家、朋友们表示热情欢迎，向长期以来关心、支持南昌发展的社会各界朋友表示衷心的感谢！并对会议取得丰硕的成果寄予殷切的期盼！

党的十七届五中全会强调，要加强社会建设，加快建设资源节约型环境友好型社会、提高生态文明水平，让其成为加快转变经济发展方式的重要着力点。这是“十二五”乃至更长时间我国全面建设小康社会过程中的重要内容。中国社会学会自成立以来，坚持“搭建平台、交流合作、促进研究”的定位，在促进城市社会学学者研究和交流，服务社会建设等方面，做出了积极贡献。

本届年会以“新发展阶段：社会建设与生态文明”为主题，邀请了那么多的国内社会学研究领域的专家学者开展学术研讨，对我国经济社会协调发展和生态文明建设等重大问题发表真知灼见，为党和政府的决策提供咨询意见，这对于我们深入贯彻党的十七届五中全会精神，促使我国经济社会更好更快发展具有重要意义。同时，也必定会有力推动我市的生态城市建设，

为我市经济社会更好更快发展起到一个很好的促进作用。

南昌山水资源丰富，生态环境优美，城市历史悠久，人文积淀深厚，历史上就是一个重文崇教、文化繁荣之地，俗有“七门九洲十八坡，三湖九津通赣鄱”之称。深厚的文化积淀为南昌城市社会发展奠定了雄厚基础。近年来，南昌加快社会经济建设步伐，紧紧把握重要战略机遇期，以建设国家文明城市为契机，实现了国民经济平稳较快发展，各项社会事业取得新的进步，城乡社会更加和谐。2010 年，南昌市人均生产总值超过 6000 美元，经济总量跨入 2000 亿元行列，实现了“五年翻番”；财政总收入迈上 300 亿元台阶，财政总收入和地方财政一般预算收入实现了“四年翻番”；工业销售收入向 3000 亿元迈进，持续保持“三年翻番”的强劲势头；社会消费品零售总额五年翻了一番；全社会固定资产投资接近 2000 亿元，五年累计投资规模达到 6000 亿元。2010 年，城市建成区面积 265 平方公里，城市人口达到 262 万人，一个迈向大都市的南昌正崛起在赣鄱大地。

但是，我们也清醒地认识到，我市的社会建设事业与我国发达地区和先进省市相比，仍有很大差距，实际工作中的困难和问题仍然比较突出。诚恳希望全国社会学界的专家学者对我们南昌市的经济社会发展和现代化建设提出宝贵意见。

本届中国社会学年会在南昌举办，这是我们借力借智，推动南昌科学发展、进位赶超、绿色崛起的难得机会，也为我市社会学和社会科学工作者的学习提高提供了一个十分宝贵的机会。我们要借举办这次年会的机会，加大对社会科学研究的重视和支持，进一步推动我市社会科学走向繁荣，获得更好更快的发展。真诚希望中国社会学会和全国社会学界的专家学者继续关心，多加指导！

最后祝愿本届年会成果丰硕、圆满成功，祝愿各位领导、同志们，工作顺利、生活愉快！

谢谢大家！

中国社会学会会长宋林飞的闭幕词

各位专家学者，各位来宾：

中国社会学会第八届理事会已经选举产生，2011 年学术年会的议程已经全部完成。在各位即将返回工作岗位之际，我讲两点意见。

一　关于本届学术年会的总结

全国各地社会学者踊跃出席本届学术年会，参与人数达到 800 人。年会有以下几个特点。

一是论坛内容丰富。入选论文数量达到 720 篇，是历次年会之最，并且整体质量有所提高。共设立了 34 个分论坛，也是最多的一次。分论坛主办方主要是高校、社科院、党校的社会学教学或研究机构，以及少数省市社会学会与政府部门。

二是议题紧密结合实际。年会各个分论坛的主题，集中在社会建设、生态文明、社会管理、城市化、社区发展、福利社会等实践性强的方面，体现了鲜明的时代性。

三是多数论坛保持了连续性。开始形成一定的风格，对相关领域的研究能够持续推进。学术团队强、学术成果多的分论坛，长期办下去将成为有影响的品牌。

四是参会人员来源广泛。除了来自社会学学术机构之外，还有来自政府部门、企业、社会组织等方面的人员，来自日本、韩国的社会学者，以及其他学科的专家学者，形成了多层面、跨学科的对话和交流。

五是青年学者踊跃展示学术成果。通过参加年会了解社会学研究前沿、认识同行专家，是青年社会学者重要的成才之路。这次年会出现了与国外社会学年会上相似的现象，有些研究生也提交论文与展示自己的能力，年会成为社会学人才交流的一个平台。这在青年学者的成长中将发挥积极的作用。

六是学术思想活跃。论文中有不少新观点、新思想，还出现了一些新领域、新话语。有个分论坛名为“西部社会学”，这个提法有新意。可不可以提“东部社会学”？东部地区正在率先推进基本实现现代化的进程，有许多实践经验需要社会学者去总结，同时又有许多问题需要社会学者去研究。我们不仅要探讨具有中国特色的社会发展路子，还要探讨多种具有地方特色的社会发展路子。相同观点的互补与不同观点的碰撞，都是学术交流的正常形式。百花齐放，百家争鸣，是学术繁荣与兴盛的重要标志。

总之，本次年会充分体现了理论与实际的结合，宏观与微观的结合，全球视角与地方实践的结合，研究成果展示与研究成果转化的结合。本次年会主题深、内容实、层次高，开得很成功。刚刚宣布的获奖论文、评优分论坛，是年会的代表性成果。

二　关于本届理事会今后的打算

中国社会学会历届理事会与会长为恢复重建社会学学科都做了不少工作，为本届理事会奠定了良好的工作基础。工作要有积累，我们要把历届理事会各种成功的做法继续做下去，并深化与提高。同时，工作也应有新的探索，需要根据时代召唤寻求新的发展。

目前，中国社会学正处在一个快速发展的时期，无论是学科建设、队伍规模，还是社会需求，都在急剧扩张。在这个关键时期，学会必须起到应有的作用，主要任务是促进中国社会学走内涵发展的道路，进一步提升科研成果和人才培养的质量。

当前中国社会学发展的重点，是推进社会建设和社会管理的基础研究与应用研究。对于社会建设和社会管理实践，许多学科可以提供学理和应用对策支撑。但我个人认为，社会学是最有责任、最能发挥作用的学科。中国社会学也只有与中国社会发展同命运、共担当，才能真正实现自己的价值，创造新的辉煌。

要实现我们的使命和目标，必须务实，坚持以往历届理事会的成功做法，同时有所开拓、有所进取，采取一些新的措施与办法，做好本届理事会的工作。具体打算如下。

充分发挥理事会的作用。各位副会长与常务理事要适当分工，相对稳定地联系一些社会学教育与研究机构，联系一些专业委员会，以便更有效地推进学会工作。进一步活跃国际学术交流，加强研究资料数字化的共享平台建设。

加强专业委员会的建设。我们要以积极的态度，培育与发展中国社会学会的专业委员会，年会分论坛主要由专业委员会举办。实现动态管理，考核学术活动是否正常开展，以及学术活动的社会效果。

进一步提高论坛的质量。提高论文入选的标准，选方法科学的论文，选有理论创新的论文，选有决策咨询价值的论文。提升学术交流的层次，在分论坛的组织形式上更加规范化。

每年编辑出版一本《中国社会学评论》。总结反映中国社会学有关研究领域的新进展，推介中国社会学者理论创新成果，同时出中英文版。这是增加中国社会学者与国际社会学界交流平台的努力之一，目的是让更多的中国社会学创新成果与代表性社会学者“走出去”。

每年召开一次“中国青年社会学者论坛”。围绕中国社会学研究前沿议题，挑选从中国实际出发的理论创新成果，邀请50名左右入选优秀论文作者参加论坛，设立10人“中国社会学会优秀青年论文奖”。

召开“中国社会建设与管理高层论坛”。围绕我国社会发展中的重大理论与实践问题，与省市政府合作，邀请有关著名社会学者进行专题研讨，为地方党和政府建言献策，为促进中国社会发展的“顶层设计”科学化发挥咨询作用。

本次年会出席人数多，工作量大。我代表中国社会学会和全体与会人员，感谢承办单位江西省社会学会、南昌市社科院、南昌市社科联，感谢来自南昌有关高校的志愿者同学！也要感谢来自全国各地的社会学工作者对学会工作的支持！祝大家事业顺利、生活幸福！期待着与诸位明年在宁夏再见！

现在，我宣布，中国社会学会2011年学术年会闭幕！

二

一等奖论文

社会经济地位、生活方式与健康不平等*

王甫勤**

摘　要：以往社会科学研究认为社会经济地位是人们健康水平最重要的决定因素，但是对于其影响机制却缺乏理论解释和检验。而社会流行病学研究关注与健康相关的生活方式及行为因素对人们健康水平的影响，但忽视了社会结构因素对人们生活方式的形塑作用。本研究根据健康生活方式模型将生活方式作为社会经济地位影响健康水平的中间机制，来分析中国民众健康不平等的形成过程。通过“中国综合社会调查（2005）”数据，本研究发现，如同欧美主要发达国家一样，中国居民之间也存在明显的健康不平等，社会经济地位越高的人，其健康水平越高。社会经济地位主要通过健康生活方式影响人们的健康水平，其影响机制可以描述为，社会经济地位越高的人越倾向于产生和维护健康生活方式，而健康生活方式又直接影响了人们的健康水平。

关键词：社会经济地位　生活方式　健康不平等

---

* 本研究得到了中国博士后科学基金项目“中国城市中产阶层与社会建设研究（20110490074）”及同济大学人文社会科学研究项目“上海中产阶层的结构定位与社会冲突研究”的资助。本论文使用的数据全部来自中国国家社会科学基金资助之“中国综合社会调查（CGSS）”项目。该调查由中国人民大学社会学系与香港科技大学社会科学部执行，项目主持人为李路路教授、边燕杰教授。本文发表于《社会》2012 年第 2 期，期刊匿审专家、主编仇立平教授及其他编委老师为本文的修改提供了重要的帮助和建议。作者一并感谢上述机构及人员提供的数据协助和研究指导。本文内容及观点由作者自行负责。

** 王甫勤，同济大学政治与国际关系学院社会学系讲师，建筑学博士后流动站博士后。

一 导言

20 世纪 60 年代到 70 年代中期，学术界普遍认为，随着医学技术以及经济水平的发展，健康不平等[①]（health inequality，health disparities）状况将会有所缓和，至少在发达国家是这样（Robert and House，2005）。然而，在 70 年代后期及 80 年代早期，布莱克等发现[②]，英国社会的健康不平等状况不但没有减小，反而有所扩大（Black et al.，1980）；随后，美国及其他欧洲国家的研究也支持这种观点，社会经济地位较高的人口其健康状况明显优于社会经济地位较低的人口，这一趋势并未随着时间和空间的变化而改变（Mackenbach et al.，2008）。虽然，总体上随着社会经济和医疗技术的发展，不同国家的人口预期寿命都有所增加，死亡率有所降低，但是社会上层人口从中获益更多，从而增加了健康不平等的梯度。健康不平等程度的扩大，使得曾经是社会流行病学关注的公共健康问题，逐渐转变为社会学研究的重点领域[③]，尤其是受到社会分层学者的重视。社会学家重点探讨社会分层所产生的社会经济地位的不平等是如何产生健康不平等的。当然，社会学研究相对社会流行病学和生物医学研究还提供了一种综合性的社会理论框架和方法（Robert and House，2005）。

社会经济地位同健康水平之间的因果关系应当如何确定，在不少研究中仍然存在争议（Warren，2009）。这些争议主要形成了两派观点，即社会因果论和健康选择论（Elstad and Krokstad，2003）。社会因果论的支持者认为，人们的健康水平受到社会结构因素的限制，即人们在社会结构中的位置决定了他们的健康水平，社会经济地位越低的人，其健康状况越差（Dahl，1996）。健康选择论的支持者认为健康状况是人们发生社会流动的筛选机制之一，只有健康状况较好的人才能获得较高的社会经济地位，从而产生了健康不平等（West，1991）。笔者也曾试图用中国综合社会调查数据（2005），检验这两种主要观点对于中国民众健康不平等状况的解释力，研究发现社会

① 社会学研究关注的健康不平等实质上是一种社会不平等，即不同优势的社会群体之间具有系统性差异的健康不平等，如穷人、少数民族、妇女等群体比其他社会群体遭遇更多的健康风险和疾病的社会不平等现象（Braveman，2006）。

② 这一发现发表在布莱克报告（Black Report）中。

③ 从笔者检索到的相关文献来看，其作者绝大部分都是社会学领域的研究人员（美国社会学会 1994 年成立医学社会学分会），这一点在后文中关于健康测量方面也会有所涉及。

因果论和健康选择论对中国民众的健康不平等状况都有一定的解释力，但相对而言，社会因果论的解释力要比健康选择论强（王甫勤，2011）。因而，同其他很多研究一样，本研究以社会因果论为基础，试图探讨社会经济地位影响健康不平等的因果机制。虽然，大多数研究都支持这一观点，但是重在阐明社会经济地位影响人们健康状况的理论机制的研究却很少（Mirowsky, Ross and Reynolds, 2000）。

社会流行病学提出并致力于寻找影响人们健康水平的风险因素（risk factor model），包括社会的、心理的和行为的方面等，譬如社会关系、生活/工作压力、悲观情绪、健康生活方式等（House, 2002），根据社会流行病学的观点，对于离个人最近的（proximal）、行为的和生物医学因素的直接干预将会从总体上提高人口的健康水平（Link and Phelan, 1995）。然而，在社会学理论中，生活方式并不只是个人行动选择（agency）的结果，更受到社会结构（structure）的形塑，即生活方式在不同社会群体中的分布是不同的（Cockerham, 2010）。那么，（健康）生活方式能否成为社会经济地位影响健康不平等的解释机制？这是本研究关注的核心问题。

本研究试图通过中国综合社会调查（CGSS2005）数据，分析与健康相关的生活方式对人们健康水平的影响，以及社会结构是如何形塑人们的生活方式的，从而为社会经济地位决定人们的健康水平提供因果解释逻辑，并试图将社会流行病学和社会学关于健康不平等的研究结合起来。

二　社会经济地位与健康不平等

布莱克报告发表后，欧美主要发达国家学者都开始探索本国的健康不平等问题，并产生了大量的研究成果（Bartley, 2004; Cockerham, 2010; Pickett and Wilkinson, 2009; Smith, Bartley and Blane, 1990）。在布莱克提出的四种观点①中，健康选择论和社会因果论虽然都解释了社会经济地位同人们健康水平的相关关系，但是其因果方向却是恰恰相反的。因而，关于这两种观点的争论最多。在争论之中，社会因果论一直处于优势。许多研究者都认为：社会经济地位是影响一个人健康状况和期望寿命的最具有决定性的因素（Link and Phelan, 1995; Williams, 1990; Winkleby et al., 1992）。另

① 这四种观点即虚假相关论、自然或社会选择论、唯物主义或结构主义解释、文化主义或行为主义解释，具体内容详见王甫勤（2011）。

外，人们的社会经济地位同他们的健康状况之间存在稳健且持续的关系（Mackenbach et al.，2008），即社会经济地位同人们健康状况的相关关系很少受到其他因素的影响。王甫勤（2011）运用中国综合社会调查数据（2005）检验了这两种理论对中国民众的健康不平等现象的解释力，研究结果显示社会因果论的解释力（相对而言）要比健康选择论强。本研究也正是在这一基础上讨论社会经济地位同健康不平等之间的关系的。

社会经济地位（socioeconomic status）主要包括三个方面：受教育程度、职业地位和收入水平（Blau and Duncan，1967）。玛丽莲·温珂拜（Marilyn A. Winkleby）及同事们研究发现，社会经济地位的决定性作用几乎出现在所有的疾病中和生命的各个阶段。社会经济地位各指标间有一定的相关性，但每个指标都可以从不同角度来反映一个人在社会阶级/阶层结构中的地位。在疾病和健康的研究中，教育反映一个人积极获取社会、心理和经济资源的能力。职业反映一个人的社会地位、权利责任感、体力活动状况和健康风险。收入水平反映一个人的消费能力、住房条件、营养状况及医疗保健资源的获取能力。当然，这三个指标并不是同等重要的。温珂拜等认为，虽然收入水平和职业地位也很重要，但是良好的健康状况最重要的决定性因素应该是受教育程度（Winkleby et al.，1992）。教育通过多种机制来影响人们的健康不平等，如改变人们的生活方式，改变人们解决问题的能力，改变人们的价值观，并且教育还能够促进人们心智成熟，培养人们赚钱的能力等（Winkleby，Fortmann and Barrett，1990）。也有研究发现，受教育程度高的人与受教育程度低的人相比，前者在工作过程中感觉更为充实、有价值，他们对生活和健康状况的调控能力明显比后者强，这些都解释了为什么教育是影响人们健康状况的最重要因素（Ross and Mirowsky，2010）。社会经济地位不但对人们健康状况产生影响，还具有累积效应（accumulation effect），即长期处于优势地位（或劣势地位）的人拥有更好（或更差）的健康水平（Heraclides and Brunner，2009）。这种累积趋势体现在年龄方面比较明显，即青年人社会经济地位差异反映的健康状况差异不是非常明显，但是随着年龄的增长，社会经济地位对健康状况的累积效应将会逐渐展现出来（Lowry and Xie，2009）。

从多重病原论（multi-etiological）的角度来看，健康问题或疾病的产生除了基因和体质因素之外，还包括多重社会因素。在医学社会学当中，将社会因素根据与健康的因果距离划分为三个层次：最近的因素（proximal factors），包括与健康相关的生活方式及行为，如吸烟、饮酒、饮食和运动

等；中等距离的因素（mid-range factors），包括人们的社会和家庭关系以及社会支持网络；最远端的因素（distal factors），包括人们的生活和工作条件，如社会结构与社会分层因素（Lahelma，2010）。虽然，大多数学者都支持社会因果论的基本观点，并就社会经济地位是如何影响人们健康水平的因果机制作出解释，但并未得到数据的检验（Mirowsky，Ross and Reynolds，2005）。从学者们对这种因果机制的研究和解释来看，主要是基于最远端的因素是如何产生健康或疾病的，这种因果机制没有得到直接的数据支持。因此，我们需要建立从最远端因素到最近因素的因果链接机制。

另外，中国社会在改革开放以来，人口的健康水平（预期寿命和死亡率）也有明显的改善。关于中国人口健康状况的研究成果也非常广泛，但绝大部分研究成果都是以医学、公共卫生和社会政策领域的研究为主，对公共健康的社会学研究相当缺乏。美国北卡罗来纳大学人口研究中心和中国卫生部从1989年开始对中国大陆9个省份约4400户家庭进行追踪调查——中国健康与营养状况调查（CHNS）——所得数据是目前中国健康研究最为权威和普遍的数据，以该数据为基础的研究成果①数以百计，即便如此，对于中国人口社会经济地位与健康状况之间的关系仍然鲜有涉猎。王甫勤（2011）虽然发现了中国人口社会经济地位与健康状况的相关关系，但只是检验了社会因果论和健康选择论的解释力大小，并未分析社会经济地位是如何影响人们健康水平的。正因为如此，本研究试图寻找社会经济地位影响人口健康水平的中间机制。

三　生活方式与健康

生活方式是社会学研究中的一个重要概念，早期社会学家如马克思、韦伯、凡勃伦等均对生活方式有相关论述（高丙中，1998），当代社会学家布迪厄的讨论也非常深入（Cockerham，2010）。其中韦伯在生活方式的界定和发展方面做出了巨大的贡献。韦伯根据社会声望②和生活方式来区分不同类型的地位群体（status group），并认为特定地位群体之所以能够发展起来，最重要的就是发展出一套特定的生活方式，尤其是包括他们所从事的职业类

① 成果名称可参考 https：//www. cpc. unc. edu/projects/china/publications。

② 社会声望建立在下列一个或更多的基础之上：（1）生活方式；（2）一个正式的教育过程（包括经验方面的理性方面的训练）和相应生活方式的获得；（3）与生俱来的声望，或职业的声望（韦伯，2005［1946］）。

别在内（马克斯·韦伯，2005［1946］），因而不同地位群体在生活方式方面，必然是可辨别的。在韦伯看来，生活方式受到行动（agency）和结构（structure）两重因素的影响，每个人的生活方式都是个人的一种生活选择（life choices），但是这些生活选择却又（且主要是）受到他们自己的阶级处境（status situation）或生活机会（life chances）的制约（Cockerham，2010）。当然，本研究重点并不在于探讨如何根据韦伯意义上的生活方式来划分不同的地位群体，而是要探讨在不同生活方式下行动的个体是如何获得他们的健康地位的。我们把与健康相关的生活方式（health-related lifestyles）称为健康生活方式，是指个人基于一定的动机（motivation）和能力（capacities）所发生的一系列维护和促进良好健康状况的行为模式[①]（Cockerham，Abel and Lüschen，1993）。科克汉姆（William C. Cockerham）等认为，人们维护或促进健康状况的主要动机包括维持工作、增长寿命以及享受身体健康所带来的愉悦等。布迪厄（1984）从饮食习惯和运动偏好两个方面研究了专业技术阶级（professional class）（中上层阶级，upper-middle class）和工人阶级（working class）之间的区隔（distinction），他发现工人阶级更加注重维持体能，而专业技术阶级则更加注重保持身型。①在饮食方面，工人阶级喜欢便宜且富有营养的食品，而专业技术阶级注重口味、健康、清淡和低能量。②在休闲运动方面，专业技术阶级经常从事帆船、滑雪、高尔夫、网球和骑马等运动，这些运动对工人阶级而言，不但存在经济障碍，还存在社会障碍[②]，因而工人阶级喜欢参加一些比较流行且对公众开放的运动，如足球、摔跤和拳击等一些锻炼肌肉力量、耐力并伴有暴力的运动（Bourdieu，1984；转引自 Cockerham，2010）。

社会流行病学一直致力于研究健康生活方式（如吸烟、饮酒、体育锻炼、安全驾驶、常规体检等）对人们健康状况和疾病的影响，并提出了风险因素模型（risk factor model）（House，2002）。但是，早期关于健康生活方式对健康影响的研究往往存在理论和方法方面的一些问题。亚伯（Thomas Abel）和科克汉姆等归纳了5个方面，包括：①某一种健康行为并不能反映行为对于健康的复杂效应；②很多研究只重视健康损害行为（health damaging behavior），忽视了健康促进行为（health promoting behavior）

① 有些生活方式可以促进或改善健康水平，有些则可能导致疾病的发生。

② 这种社会障碍体现为（布迪厄意义上）文化资本的缺失，即使工人阶级能够支付得起各项活动的经济费用，也会表现出与专业技术群体不相融合，难以适应。

对健康的影响；③将生活方式当成一种个体行为来研究，忽视了社会结构和群体效应对生活方式的影响；④需要将生活方式嵌入综合了社会、文化和心理效应的综合模型中；⑤对健康风险因素之间的相互关联和递归关系（recursive association）缺乏详细描述，往往仅以双变量分析为主（Abel, Cockerham and Niemann, 2000）。科克汉姆在此基础上结合韦伯和布迪厄关于生活方式的论述提出了（健康）生活方式产生和再生产（reproduction）的综合模型（Cockerham, 2010），该模型认为在社会结构（主要是阶级结构、年龄、性别、种族、集体行为，生活条件等）和社会化以及经历的影响下，个体形成了对健康生活方式的生活选择和生活机会，进而形成了健康生活方式的行动倾向（惯习），并发生生活方式行为（如吸烟、饮酒、安全行驶、运动、常规体检等），这些行为模式形成了健康生活方式，这些方式又会影响他们的行动倾向（惯习）。

根据科克汉姆模型的基本观点，生活方式不管是个人行动选择的结果，还是受到生活机会的约束，其最基础的原因都在于他们所处的社会结构位置差异和生活条件等方面的差异[①]，根据社会流行病学的研究发现，（健康）生活方式对人们的健康水平将产生显著的影响。因此，生活方式就成为链接社会经济地位（作为远端的社会结构因素）与健康水平之间的中间机制之一，即处于不同社会经济地位的人口产生了不同类型的健康生活方式（近端的行为因素），进而影响他们的健康水平，也即社会经济地位通过健康生活方式产生了健康不平等。于是，可以用图1[②]来概括社会经济地位、（健康）生活方式与健康水平之间的关系。这也是本研究的逻辑框架。

根据图1的因果关系假设，本研究形成如下三个基本假设。

研究假设1：社会经济地位越高的人，其健康状况越好；根据社会因果论的基本观点，社会经济地位是人们健康状况的最重要的决定因素之一，是健康的社会不平等产生的重要原因。这一假设在欧美主要发达国家的健康不平等研究当中都得到了数据支持。

研究假设2：越是经常发生健康行为（即健康生活方式，这里指有助于

---

① 在科克汉姆模型中，个人行动选择受到社会化和经历的影响，而这两点也受到社会阶级结构、年龄、性别、种族、集体行为和生活条件等因素的影响。

② 图1中单向箭头表明一种潜在的因果假设；没有起点的箭头表示所指向的因素还受到其他因素的影响。如生活方式上方的↓表示除了“社会经济地位”影响“生活方式”之外，生活方式还受到其他因素的制约。

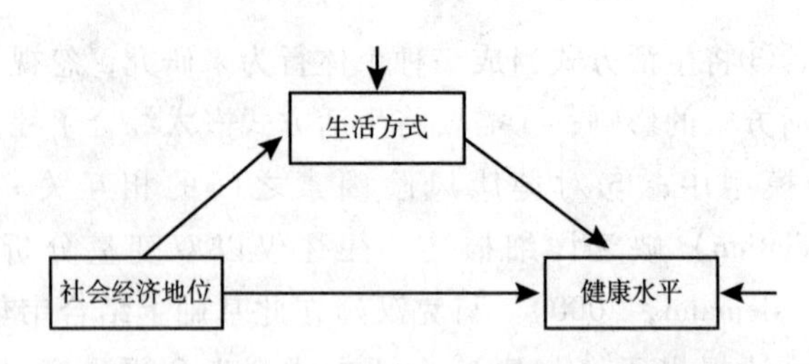

图1　社会经济地位、生活方式与健康水平之间的因果关系

产生或维持良好健康状况的行为，如运动、健身等），其健康状况越好；相反，越是不经常发生健康行为或经常发生健康损害行为（如抽烟、饮酒等），其健康状况相对经常发生健康行为的人要差。基于多重病原论及社会流行病学对生活方式的研究，相关健康行为是人们维持健康或产生疾病的最近端的影响因素。

研究假设3：社会经济地位通过健康生活方式影响人们的健康水平。具体说来，不同社会经济地位人口的生活方式有明显差异，就与健康相关的生活方式而言，社会经济地位越高的人越倾向于产生和维护有利于健康的生活方式。一方面，社会经济地位越高的人口对健康的需求①也越高，产生健康生活方式的动机也越强；另一方面，社会经济地位较高的人口能够支付健康生活方式所需要的经济资本和文化资本。再结合研究假设2的观点，便可形成一条社会经济地位通过影响人们健康生活方式（中间机制）来影响人们的健康水平的因果路径。

四　研究设计

（一）分析策略

本研究重点分析社会经济地位如何通过健康生活方式产生了健康不平等。本研究将采用逐步回归法（logistic regression）来分别研究社会经济地位与健康生活方式对人们健康水平的影响，再通过回归分析方法确定社会经济地位对人们健康生活方式选择的影响，从不同层次检验本研究的三个基本假设。

---

① 在西方生活方式研究中，往往是将其转化为消费方式来研究（高丙中，1998），与此类似，健康在很多学者那里也被作为一种消费品来看待（Cockerham，Abel and Lüschen，1993）。

（二）变量测量

1. 因变量

健康状况。在社会流行病学研究中，往往采用医学健康指标[①]来测量，如死亡率、发病率以及具体疾病（如心脏病、肥胖症、高血压、高胆固醇等）。在社会学研究中，一般采用主观健康评估法（self-reports）（Braveman，2006）。一方面，社会学的研究并不旨在解决疾病康复问题；另一方面，即使主观评估同人们真实健康状况之间存在一定的偏差，但主观健康评估在很多发达国家和发展中国家仍然被认为是死亡率和其他功能性限制的有效预测指标（Lowry and Xie，2009）。因此，如国外很多研究一样（Elstad and Krokstad，2003），本研究通过人们对自己健康状况的主观评估来测量。在调查设计中，询问被访者“在上个月，是否因为健康状况而影响到您的日常工作（在家里或家外）”，将回答结果合并为二分类变量，回答“完全没有影响”的，重新编为“健康状况良好（编码为1）”；回答“有很少影响”“有一些影响”“有很大影响”和“不能进行日常工作”等合并为“健康状况较差（编码为0）”。将“有很少影响”“有一些影响”没有作单独分类，而是归为“健康状况较差”主要是由于这种测量方法属于回忆性测量，受访者对自己的健康程度有一定程度的偏高估计。

2. 自变量

本研究的核心自变量是人们的社会经济地位和健康生活方式[②]。社会经济地位一般包括教育、职业地位和收入水平三个方面（Blau and Duncan，1967），布劳和邓肯根据每一种职业的平均教育水平和平均收入水平计算了每一种职业的社会经济地位指数（Index of Socio-Economic status，SEI），后来特里曼（Treiman）、甘泽布姆（Ganzeboom）和格拉夫（Graaf）等又根据不同国家数据将社会经济地位指数转换成国际标准职业社会经济地位指数（International Socio-Economic Index of Occupational Status，ISEI）。本研究根据他们提供的标准化的职业转换程式[③]，将人们的社会经济地位转换成国际标准职业社会经济地位指数。ISEI从测量结果来看，属于连续型变量，取值越大，表明个人的社会经济地位越高。

---

① 这种测量方法往往采用临床测量较多，在一般性社会调查中难以实现。

② 在研究社会经济地位对健康生活方式影响时，健康生活方式将作为因变量。

③ 这些程式可以在 http：//home. fsw. vu. nl/hbg. ganzeboom/isco08/index. htm 网站上下载。

健康生活方式根据人们在业余时间里参加的健身/体育活动来测量。在调查设计中，询问被访者“在业余时间里，您有没有在以下方面参加由您工作单位以外的社团组织（如俱乐部，沙龙，培训班，志愿团体，教会等）安排/进行的（健身/体育）活动呢”。根据被访者的参与程度分为5个等级，分别是“一周一次”“一周几次”“一月一次”“一年几次”和“从不参加”等，在实际分析中，将“一周一次”和“一周几次”合并为“经常参加”健身/体育活动（编码为1），将“一月一次”“一年几次”和“从不参加”合并为“很少参加”健身/体育活动（编码为0）。

3. 控制变量

在以往国外研究中，性别和年龄是常见的控制变量。本研究中，性别男女分别被编码为1和0；被访者年龄范围在18～70岁，同时根据年龄和人们健康水平之间的倒U型曲线关系，将年龄的平方也作为控制变量。另外，由于中国特殊的城乡差异，城镇劳动力和农村劳动力在社会福利和保障方面存在明显的差异，而这种差异主要由劳动力所在单位的性质决定，体制内单位和体制外单位在工资水平、社会福利保障等各方面都有明显的差异，而这些差异是影响劳动力健康水平的重要因素，所以将劳动力的单位性质也作为控制变量使用。根据劳动力所在单位性质，划分为三种类型①，即国有单位（包括党政机关、国有企事业单位）、非国有单位（集体企业、个体经营、外资企业或其他企业）、无单位（主要是指农业劳动者没有挂靠单位）。此外，除了城乡差异之外，中国东部地区、中部地区和西部地区之间的经济发展水平也有较大差距，这导致不同地区的医疗资源配置有明显差异，因而，本研究根据调查地点将被访者划分为三个区域②并作为控制变量。

（三）数据来源

本研究所采用的主要数据来自“中国综合社会调查（2005）”

① 这种划分同时也区分了城乡劳动力的作用。

② 根据1986年全国人大六届四次会议通过的“七五”计划报告、1997年全国人大八届五次会议通过的《关于批准设立重庆直辖市的决定》及国发〔2000〕33号文件等规定，中国东部地区包括北京、天津、河北、辽宁、上海、江苏、浙江、福建、山东、广东、海南等11个省（直辖市），中部地区包括山西、吉林、黑龙江、安徽、江西、河南、湖北、湖南等8个省，西部地区包括重庆、四川、广西、云南、贵州、西藏、陕西、甘肃、青海、宁夏、内蒙古、新疆等12个省（直辖市、自治区）。

（CGSS2005）的调查数据①，该调查由中国人民大学社会学系与香港科技大学社会科学部执行，采用分层设计、多阶段 PPS 方法，对全国 28 个省市自治区的城乡人口总体（18～70 岁，不含港、澳、台及西藏）进行了抽样调查②，调查共获得样本 10372 个，其中城市样本 6098 个，农村样本 4274 个。本研究根据被访者的当前工作状态进行筛选，剔除了“从未工作过”的样本，共获得有效分析样本 9185 个，有关样本的基本情况见表 1。在实际分析中，对数据进行加权处理（加权变量：weight05）。

表 1 “中国综合社会调查（2005）”样本数据描述

变量	编码	取值	加权之前 N＝9185	比例（%）	加权之后 N＝9052	比例（%）
性别	0	女	4736	51.6	4681	51.7
	1	男	4449	48.4	4371	48.3
年龄（岁）		[18,70]	均值:43.4；标准差:12.8		均值:43.2；标准差:12.6	
单位性质	1	国有部门	2847	31.3	2367	26.3
	2	非国有部门	2844	31.2	2707	30.1
	3	无部门	3412	37.5	3917	43.6
区域	1	东部地区	4108	44.7	3574	39.5
	2	中部地区	2682	29.2	2868	31.7
	3	西部地区	2395	26.1	2610	28.8
社会经济地位指数	ISEI	[16,90]	均值:33.0；标准差:17.9		均值:31.4；标准差:17.8	
是否经常参加健身/体育活动	1	一周一次	432	4.7	373	4.1
	2	一周几次	800	8.7	684	7.6
	3	一月一次	318	3.5	277	3.1
	4	一年几次	592	6.4	565	6.2
	5	从不参加	7043	76.7	7154	79.0
健康水平	0	健康较差	4056	44.2	4097	45.3
	1	健康良好	5129	55.8	4955	54.7

注：部分变量样本总和与总样本量的差异是由于缺失值导致。

① 前文提到中国卫生部和美国北卡罗来纳大学人口研究中心联合实施的“中国健康与营养状况调查”是专门收集中国居民健康及营养状况的数据，但本研究并未使用该数据，其主要原因是在 2006 年的调查数据中，用于测量人口社会经济地位的职业地位和收入水平的缺失值累加超过样本总量的 50%。

② 具体抽样方案可参考 http：//www.cssod.org/index.php。

（四）分析模型

根据本研究分析因变量的类型，健康水平为二分变量，拟采用二分类变量的逻辑斯蒂回归模型（Binary Logistic Regression Model，BLR）来分析其影响因素。其估计模型为：

$$\hat{p} = \frac{\exp(b_0 + b_1X_1 + b_2X_2 + b_cX_c)}{1 + \exp(b_0 + b_1X_1 + b_2X_2 + b_cX_c)}$$

其中，$\hat{p}$ 表示接受健康状况良好的概率，X_1、X_2 表示本研究的核心自变量社会经济地位指数和健康及生活方式；X_c 表示控制变量（包括性别、年龄、年龄平方、单位性质、地区等变量）。回归系数表示 b_i（$i=1, 2, c$）在控制其他变量的情况下，X_i 每改变一个单位，健康状况良好与健康状况较差的优势比将会平均改变 exp（b_i）个单位。在分析生活方式的影响因素时，也采取二分类逻辑斯蒂回归模型。

五　数据分析

（一）中国民众健康水平影响因素分析

健康不平等问题研究一直以欧美发达国家为主，中国民众的健康不平等问题研究较少，对于民众健康不平等问题还缺少明确的认识和解释。本研究试图以中国综合社会调查数据（CGSS2005）为基础，根据上述统计模型来描述和解释中国民众的健康不平等问题。本研究建立了三个基本模型，即社会经济地位模型，在基本控制变量的基础上加入社会经济地位变量；生活方式模型，在基本控制变量的基础上加入了健康生活方式变量；联合模型，在基本控制变量的基础上，同时加入了社会经济地位变量和生活方式变量。模型拟合结果见表2。

从控制变量来看，在三个模型中，各参数的显著性完全相同，由于不同模型中变量设置的差异导致不同变量参数估计的大小产生一定的差异。本研究根据联合模型简要说明不同控制变量对中国人口健康水平的影响作用。从性别方面来看，男性的健康水平明显优于女性，男性健康状况良好的优势是女性的1.446倍（$=e^{0.369}$，$p<0.001$），这与国外以往研究的结论基本相同（Cardano，Costa and Demaria，2004；Timms，1998）。年龄方面，没有发现

表 2　中国民众健康水平影响因素的逻辑斯蒂回归分析(CGSS2005)

常数项/变量	社会经济地位模型			生活方式模型			联合模型		
	b	s. e	Exp(b)	b	s. e	Exp(b)	b	s. e	Exp(b)
常数项	1.270***	0.276	3.560	1.313***	0.273	3.718	1.213***	0.277	3.364
性别(女性=0)	0.369***	0.045	1.446	0.371***	0.045	1.449	0.372***	0.046	1.451
年龄	-0.022	0.012	0.978	-0.021	0.012	0.979	-0.019	0.012	0.981
年龄的平方	0.000*	0.000	1.000	0.000*	0.000	1.000	0.000*	0.000	1.000
单位性质(无单位=0)									
国有单位	0.366***	0.078	1.442	0.415***	0.058	1.515	0.315***	0.079	1.371
非国有单位	0.293***	0.076	1.341	0.378***	0.056	1.460	0.277***	0.076	1.319
地区(西部地区=0)									
东部地区	0.003	0.056	1.003	0.014	0.056	1.014	0.004	0.056	1.004
中部地区	0.040	0.058	1.041	0.057	0.058	1.058	0.049	0.058	1.051
社会经济地位(ISEI)	0.004*	0.002	1.004				0.004	0.002	1.004
经常参加健身/体育活动(否=0)				0.261***	0.076	1.298	0.250***	0.076	1.283
-2LL	11391.512			11411.048			11380.678		
Pseudo R^2 (cox and snell)	0.102			0.102			0.103		
Prob > Chi^2	0.000			0.000			0.000		
观察值	9076			9103			9076		

注："*"，$p<0.05$；"**"，$p<0.01$；"***"，$p<0.001$，下同。

与国外研究相类似的结论，即倒U型关系没有得到支持，虽然年龄平方具有显著性，但是估计系数非常弱，接近于0。单位性质对人们健康水平有非常显著的影响。国有单位工作的劳动力健康状况良好的优势是没有挂靠单位的农业劳动力的1.442倍（$=e^{0.366}$，$p<0.001$），非国有单位劳动力健康状况良好的优势没有挂靠单位的农业劳动力的1.341倍（$=e^{0.293}$，$p<0.001$）。从各模型的单位性质的参数估计大小看，国有单位劳动力比非国有单位劳动力的身体健康状况更好，这些都反映与不同单位性质匹配的各项社会医疗和保障资源等对内部劳动力人口的健康状况产生了非常重要的影响。东中西部地区人口之间健康水平的差异并不明显，虽然不同地区在经济发展程度、医疗资源配置等方面存在明显的差异，但这些差异主要影响的是该地区总体层次的人口健康水平（如预期寿命①），对个体层面的健康水平并无显著影响。

从社会经济地位对人们的健康水平的影响作用来看，在社会经济地位模型②中，社会经济地位越高的人，其健康状况良好的优势越大；具体来说，人们的社会经济地位指数，每增加一个单位，其健康状况良好的优势增加0.4%。这一结论表明，社会因果论对于中国人口健康水平也有较强的解释力。因而，研究假设1得到“中国综合社会调查2005”数据的支持。

在生活方式模型中，我们发现经常参加体育健身的人，相对不经常参加（一月参加不超过一次）的人，其健康状况良好的优势明显增加，是不经常参加者的1.298倍（$=e^{0.261}$，$p<0.001$）。因而，本研究的基本假设2得到了数据的支持。体育健身作为一种健康生活方式，对人们的健康水平有显著影响，而且是最近端的因素（proximal factors）。

在联合模型中，由于同时放入了社会经济地位变量和生活方式变量，模型的参数估计、显著性和拟合优度都发生了一定变化。主要表现在社会经济地位变量的参数显著性降低（$p>0.05$），模型拟合优度略有提高（$-2LL$降低，Pseudo R^2增加），生活方式变量的显著性没有变化（参数大小略有降低）。综合这两个主要变量模型和联合模型，根据详析分析的基本原理，

① 根据《中国统计年鉴2010》统计，在1990年东中西部地区人口的平均预期寿命依次为71.4岁、68.0岁和64.8岁；2000年东中西部地区人口的平均预期寿命依次为74.2岁、71.4岁和68.4岁。

② 本模型和王甫勤（2011）的模型核心变量基本一致（职业地位编码有差异），模型的拟合情况也非常接近，但是参数估计的大小及显著性有一定差异。

可以认为生活方式是社会经济地位与人们健康水平之间的阐明变量①，即社会经济地位通过生活方式来影响人们的健康水平。

（二）社会经济地位对生活方式的影响作用分析

人们健康水平影响因素模型确认了社会经济地位→生活方式→健康水平的因果链条，但是社会经济地位影响人们生活方式的模式并没有得到检验。为此，本研究继续构建了中国民众是否经常参加健身/体育活动的逻辑斯蒂回归模型（见表3），探讨社会经济地位是如何影响人们生活方式的。

表3　中国民众是否经常参加健身/体育活动的逻辑斯蒂回归分析（CGSS2005）

常数项/变量	模　型		
	b	s. e	Exp(b)
常数项	-1.681***	0.392	0.186
性别(女性=0)	-0.076	0.070	0.927
年龄	-0.119***	0.017	0.888
年龄的平方	0.001***	0.000	1.001
单位性质(无部门=0)			
国有部门	2.605***	0.140	13.527
非国有部门	1.711***	0.146	5.536
地区(西部地区=0)			
东部地区	0.017	0.084	1.017
中部地区	-0.434***	0.095	0.648
社会经济地位指数(ISEI)	0.009***	0.002	1.009
-2LL	5428.483		
Pseudo R^2 (cox and snell)	0.109		
Prob > Chi^2	0.000		
观察值	9076		

表3的统计结果显示，人们是否经常参加健身/体育活动受到多种因素的影响。年龄同人们是否经常健身/体育活动之间呈U型曲线关系，呈现两头高、中间低的趋势。国有部门和非国有部门相对无挂靠部门的农业劳动者来说，经常参加健身/体育活动的概率显著增高，其优势分别是无挂靠部门

① 根据统计显著性来判断，我们从统计上可以认为这种阐明是完全阐明，但由于其他控制变量的存在，我们只能认为生活方式变量是多个阐明变量当中的一个。

劳动者的 13.527 倍（$=e^{2.605}$，$p<0.001$）和 5.536 倍（$=e^{1.711}$，$p<0.001$）。不同地区人口在健康生活方式方面有明显差异，主要表现在中部地区人口经常参加健身/体育活动的概率较低，其优势只有西部地区人口的 0.648 倍（$=e^{-0.434}$，$p<0.001$）。男性和女性的健康生活方式没有明显差异。

社会经济地位对人们是否参加健身/体育活动有显著影响，呈正向相关关系。社会经济地位指数每增加一个单位，人们经常参加各项健身/体育活动的优势相应增加0.9%，换句话说，社会经济地位越高的人，越是倾向于参加健身/体育活动。一方面，人们经常参加健身/体育活动需要足够的经济支持；另一方面，社会经济地位越高的人，进行健康生活方式的动机也越强（Cockerham，2010）。健身/体育活动作为健康生活方式的一种，支持了研究假设 3 的基本观点，也明确了社会经济地位影响人们健康水平的具体模式。

六 研究结论

社会经济的发展无疑会促进和改善总人口的健康水平（Preston，1975），但是 20 世纪 80 年代以来，欧美主要发达国家居民的健康状况研究表明，经济发展并不能够降低不同社会经济地位人口的健康不平等（Franzini，Ribble and Spears，2001；Wilkinson and Pickett，2008）。社会上层人口在整个社会经济发展过程中，将会获得更大的收益，从而拉大了不同阶层人口之间的健康梯度。学者们也普遍同意社会经济地位是人们健康水平的重要影响因素，健康不平等主要由社会不平等形塑。但是，就社会经济地位是如何影响人们的健康水平这一问题，在以往研究中却缺乏足够的关注。在社会流行病学当中，社会经济地位被当作影响人口健康水平的最远端因素，与人们健康相关的生活方式和行为因素是影响人们健康水平的最近端因素。因而，在早期社会流行病学研究中，一直寻找影响人们健康的行为因素，如吸烟、饮酒、安全驾驶、常规体检、锻炼等，忽略了社会结构因素对人们健康水平的影响，也没有认识到这些生活方式在不同社会经济地位人口之间的分布形态是不同的。科克汉姆（2010）根据韦伯和布迪厄对于生活方式的论述，构建了健康生活方式的影响模型，即个人生活方式不仅是个人生活选择的结果，更重要的是受到社会结构因素（主要是社会阶层结构、性别/年龄/种族结构、集体行为与生活条件等）的影响，这些社会因素构成了人们的生活机会，在这两层因素的影响下，人们形成了不同的行动倾向（惯习），从而产生一

系列健康生活方式和行为，这些健康行为对人们的健康水平产生直接影响。本研究正是在这一模型的基础上认为（健康）生活方式是社会经济地位决定人们健康水平的中间机制之一，即社会经济地位通过影响人们的生活方式来影响其健康水平。

本研究通过“中国综合社会调查”（CGSS2005）来分析社会经济地位（通过国际标准职业社会经济地位指数来测量）对人们健康水平（主观评估）的决定作用，探索健康不平等的产生过程。研究发现，欧美国家发现的健康不平等趋势在中国不同社会经济地位人口中也存在，即社会经济地位较高的人口其健康状况良好的概率也越高；社会经济地位较低的人口其健康状况良好的概率也越低。同时，健康生活方式（是否经常参加健身/体育活动）对人们的健康水平也有直接影响，参与健身/体育活动越频繁，其健康状况越好。同时，生活方式在不同社会经济地位人口中的分布形态也有明显差异，社会经济地位越高的人进行健康生活方式的动机越强，其维持健康生活方式的能力也越强（经济支持），这就为社会经济地位影响人口健康水平提供了解释（阐明）机制。综合来说，根据科克汉姆健康生活方式模型建立起来的社会经济地位通过改变人们生活方式，进而影响人们健康水平的因果路径能够得到中国经验数据的支持。

如同早期生活方式研究一样（Abel，Cockerham and Niemann，2000），本研究也只关注了某一种生活方式对人们健康水平的影响，仅以是否经常参加健身/体育活动（作为一种健康促进行为）来代表人们的健康生活方式明显还存在不足之处。从健康生活方式来看，应当包括一系列相关健康行为的集合（既包括健康促进行为，也包括健康损害行为），由于研究数据本身的限制（本数据没有提供其他健康行为的测量，而CNHS数据在社会经济地位测量方面存在较大比例缺失值），没有能够检验其他生活方式对健康水平的影响以及是否可以成为社会经济地位影响健康水平的中间机制，这些不足在未来研究中都需要继续检验。

参考文献

王甫勤：《社会流动有助于降低健康不平等吗?》，《社会学研究》2011年第2期。

高丙中：《西方生活方式研究的理论发展叙略》，《社会学研究》1998年第3期。

马克斯·韦伯：《阶级、地位和政党》，载戴维·格伦斯基《社会分层》（第二版），华夏出版社，2005。

Abel, Thomas, William C. Cockerham and Steffen Niemann, "A Critical Approach to Lifestyle and Health", in *Researching Health Promotion*, edited by J. Watson and S. Platt, Routledge, 2000.

Bartley, Mel, *Health Inequality: An Introduction to Theories, Concepts, and Methods*, Polity Press in association with Blackwell Publishing Ltd., 2004.

Black, Douglas, Jerry Morris, Cyril Smith, and Peter Townsend, "Inequalities in Health: Report of a Research Working Group", Department of Health and Social Security, 1980.

Blau, Peter M. and Otis Dudley Duncan, *The American Occupational Structure*, The Free Press, 1967.

Bourdieu, Pierre, *Distinction: A Social Critique of the Judgement of Taste*, Harvard University Press, 1984.

Braveman, Paula, "Health Disparities and Health Equity: Concepts and Measurement", *Annual Review of Public Health*, 2006 (1).

Cardano, Mario, Giuseppe Costa and Moreno Demaria, "Social Mobility and Health in the Turin Longitudinal Study", *Social Science and Medicine*, 2004 (8).

Cockerham, William C., "Health Lifestyles: Bringing Structure Back", in *The New Blackwell Companion to Medical Sociology*, edited by W. C. Cockerham, Blackwell, 2010.

Cockerham, William C., Thomas Abel and Günther Lüschen, "Max Web, Formal Rationality and Health Lifestyles", *Sociological Quarterly*, 1993 (3).

Dahl, Espen, "Social Mobility and Health: Cause or Effect?", *British Medical Journal*, 1996 (7055).

Elstad, Jon Ivar and Steinar Krokstad, "Social Causation, Health-Selective Mobility, and the Reproduction of Socioeconomic Health Inequalities over Time: Panel Study of Adult Men", *Social Science and Medicine*, 2003 (8).

Franzini, Luisa, John Ribble and William Spears, "The Effects of Income Inequality and Income Level on Mortality Vary by Population Size in Texas Counties", *Journal of Health and Social Behavior*, 2001, 42 (4): 373 - 387.

Heraclides, A. and E. Brunner, "Social Mobility and Social Accumulation across the Life Course in Relation to Adult Overweight and Obesity: The Whitehall II Study", *Journal of Epidemiology and Community Health*, 2009 (7).

House, James S., "Understanding Social Factors and Inequalities in Health: 20th Century Progress and 21st Century Prospects", *Journal of Health and Social Behavior*, 2002 (2).

Lahelma, Eero, "Health and Social Stratification", in *The New Blackwell Companion to Medical Sociology*, edited by W. C. Cockerham, Blackwell, 2010.

Link, Bruce G. and Jo C. Phelan, "Social Conditions as Fundamental Causes of Disease", *Journal of Health and Social Behavior*, 1995 (extra).

Link, Bruce G. and Jo C. Phelan, "Social Conditions as Fundamental Causes of Health Inequalities", in *Handbook of Medical Sociology* (6th edition), edited by C. E. Bird, P. Conrad, A. M. Fremont, and S. Timmermans, Vanderbilt University Press, 1995.

Lowry, Deborah and Yu Xie, *Socioeconomic Status and Health Differentials in China: Convergence or Divergence at Old Ages?* Population Studies Center, University of Michigan, 2009.

Mackenbach, Johan P., Irina Stirbu, Albert-Jan R. Roskam, Maartje M. Schaap, Gwenn Menvielle, Mall Leinsalu, and Anton E. Kunst, "Socioeconomic Inequalities in Health in 22 European Countries", *The New England Journal of Medicine*, 2008 (23).

Mirowsky, John, Catherine E. Ross and John Reynolds, "Links between Social Status and Health Status", in *Handbook of Medical Sociology* (5th edition), edited by C. Bird, P. Conrad, and A. Fremont, Prentice Hall, 2005.

Pickett, Kate and Richard G. Wilkinson, *Health and Inequality*, Routledge, 2009.

Preston, S. H., "The Changing Relation between Mortality and Level of Economic Development", *Population Studies*, 1975 (2).

Robert, Stephanie A. and James S. House, "Socioeconomic Inequalities in Health: An Enduring Sociological Problem", in *Handbook of Medical Sociology* (5th edition), edited by C. Bird, P. Conrad, and A. Fremont, Prentice Hall, 2005.

Ross, Catherine E. and John Mirowsky, "Why Education is the Key to Socioeconomic Differentials in Health", in *The New Blackwell Companion to Medical Sociology*, edited by W. C. Cockerham, Blackwell, 2010.

Smith, George Davey, Mel Bartley and David Blane, "The Black Report on Socioeconomic Inequalities in Health 10 Years on", *British Medical Journal*, 1990 (6748).

Timms, Duncan, "Gender, Social Mobility and Psychiatric Diagnoses", *Social Science and Medicine*, 1998 (9).

Warren, John Robert, "Socioeconomic Status and Health across the Life Course: A Test of the Social Causation and Health Selection Hypotheses", *Social Forces*, 2009 (4).

West, Patrick, "Rethinking the Health Selection Explanation for Health Inequalities", *Social Science and Medicine*, 1991 (4).

Wilkinson, R. G. and K. E. Pickett, "Income Inequality and Socioeconomic Gradients in Mortality", *American Journal of Public Health*, 2008 (4).

Williams, David R., "Socioeconomic Differentials in Health: A Review and Redirection", *Social Psychology Quarterly*, 1990 (2).

Winkleby, M. A., D. E. Jatulis, E. Frank, and S. P. Fortmann, "Socioeconomic Status and Health: How Education, Income, and Occupation Contribute to Risk Factors for Cardiovascular Disease", *American Journal of Public Health*, 1992 (6).

Winkleby, Marilyn A., Stephen P. Fortmann and Donald C. Barrett, "Social Class Disparities in Risk Factors for Disease: Eight-year Prevalence Patterns by Level of Education", *Preventive Medicine*, 1990 (1).

认识一个捡拾和安放自尊的私人空间

——对性服务妇女服务原则的一种理解

王金玲*

摘　要：借助维特根斯坦对于语言的哲学研究的真知灼见，意识形态意义上的“自尊”回落到日常生活中：“自尊”只能是也必须是一种个人对于自己是否尊重自己的判断和评价。由此出发，对性服务妇女个体在实施服务时所坚持的选择原则的解读使我们认识到一个捡拾和安放自尊的私人空间——边缘和底层者的自尊以私人体验的形式掏空了“自尊”原有的德性的意义，使之回归平凡；破坏了“自尊”原有的社会范式，使之成为一种私人体验；挑战了“自尊”原有的公共空间类型，使之具有了私人空间特有的张力。而也正是从这一人类原始精神出发的对他人生命—生活及其表现/表达的尊重和理解，使研究者能够突破自身“此在”和“此知”的疆界，进入研究对象“自尊”的“此在”和“此知”之中，并被研究对象的心理空间接纳，认识和了解/理解了有关自尊私人体验和私人空间的“能在”和“能知”。

关键词：自尊　私人体验　私人空间

在这过程中，最大的满足是自尊心的满足。因为我在以前这些男朋友这里，都很颠倒的，没什么自尊可言。就是很迁就他们，他们要怎么样就怎么样，他要我办的事，我一定要想办法办到，就是这样的。在客

* 王金玲，女，浙江省社科院社会学所研究员、所长。

人这里就不同了，客人有求于我，我就是很高傲的，我要怎么样就怎么样。总觉得自己，反正他有求于我，我肯定高他一等……基本上就是我摆平他们的。

——快快[①]

1998年7月，在某省妇女劳动教养学校进行当初没想到会历时10年（1998~2008）的“社会—心理—医学新模式赋权性服务妇女”[②]项目的个案访谈[③]中，我听到了被访者快快这段话，心中大吃一惊。因为这完全溢出了我们一直认为的“性服务妇女在性服务过程中丧失尊严”的常识，也与众多的研究中有关性服务者如何自轻自贱的论断相违背。

我并不怀疑这段话的真实性，因为这段话在整个被访者的叙述中的逻辑过程很完整，更何况，“丧失尊严”是一种主流用语，在劳教中的性服务妇女大多习惯于用这一词来表明自己的悔过自新，快快不会故意以反社会的表述来加大自己的被惩罚的风险。那么，在被普遍认为是“丧失尊严”、“自轻自贱”的性服务过程中，快快为何会认为自己最大的满足是自尊心的满足，她在性服务过程中收获了自尊？她又是如何在这一过程中获得自尊、满足自尊心的？而事实上，被访者中论及在性服务过程中的自尊或得到自尊者几乎占到被访者总人数的1/4，这进一步提示我这一个案并非孤案，有可能是具有某种常见程度性的常见现象。

快快以其个体化的自我叙述在常识和学术研究论断的华丽皮袍上划开了一个大大的口子，由此，性服务妇女的自身经验通过自身叙述进入了有关商业性性交易的论述之中，他者的视角和他者的话语被暂时搁置于一旁。而基于“自尊”一词内蕴的高尚、神圣、道德之意义，处在常识和原有研究论断与事实和新的可能性的夹击中，我陷入了学术焦虑之中。这一焦虑直到遇

---

① 个案受访者。她告诉我，她出生时，父母希望她一生快乐，所以给她取了“快快”这一小名，她希望使用她的访谈资料时，用“快快”之名标示姓名。

② 对于以性服务交换钱物的妇女，常见的称呼有“娼妓”“妓女”“暗娼”“卖淫妇女”等。我认为这些称呼是一种道德批判先行、具有性别双重标准的称呼，也是性别不平等的表现和结果。由此，我以“性服务妇女”这一名称对这一人群进行重新命名。拙作《商业性性服务/消费者：一种新的命名》一文（载《浙江学刊》2004年第4期）对此有较深入的分析。

③ 本文所用的访谈资料均来自该项目。在该校的访谈在1998年7月进行，被访者为以年龄、职业、婚否、受教育程度、家庭背景等指标选择的不同类型的因从事性服务而被送教养、愿意接受访谈者，计41人，访谈者均为浙江省社会科学院社会学所研究人员。

到维特根斯坦，才逐渐减缓，我开始认识到也许可以由此展开一种新知识的认知之路。维特根斯坦在《哲学研究》一书中提出：

> 当哲学家使用一个词——“知识”、“存在”、“对象”、“我”、“命题”、“名称”——并且试图把握事物的本质时，我们必须经常这样问问自己：这些词在作为它们的发源地的语言中是否真的这样使用？——我们要把词从它们的形而上学用法带回到它们的日常用法上来。
>
> 如果“语言”、“经验”、“世界”这些词有一种用法，那么这种用法一定像“桌子”、“灯”、“门”那些词的用法那样平凡。
>
> 私人体验最关键的一点，其实并不是每个人都有他自己的样本，而是没有人知道别人是否也有这个样本或者其它东西。这样一来，就可能作出这样一个尽管无法证实的假设：一部分人对红色有一种感觉，另外一部分人有另一种感觉。
>
> 清晰的表达能导致理解，而理解恰恰在于我们“看出联系”。
>
> 只要我能够把我的目光绝对清晰地对准这个事物，把它置于焦点之上，我就必定能够把握事物的本质①。

借助维特根斯坦对于语言的哲学研究的真知灼见，我梳理出对“自尊”一词的新的理解。

（1）在日常生活中，“自尊”只是一种对“自我尊重”的肯定性表述，并未被形而上学地赋予德性的意义。

（2）对于作为一种主观心理感受的“自尊”，每个人的私人体验不尽相同，并且更重要的是没有人事先就知道别人的“自尊”私人体验，甚至即使知道了也无法理解。因此，人与人之间对于自尊的拥有和满足、实践和实现、知晓和理解的私人体验有着较大的差异。

（3）“自尊”的私人体验也是一种真实的存在和存在的真实。因此，它与其他真实的存在和存在的真实之间有着一种必然联系。我们对于自尊的私人体验的理解与否和理解程度，取决于我们是否能看出其中的联系和能在多大程度看出其中的联系。

（4）只要我们能够将我们的目光绝对准确和清晰地对准“自尊的私人体验”和“自尊体验的私人空间”，把它们置于分析的焦点，那么，我们就

---

① 维特根斯坦：《哲学研究》，涂纪亮译，河北教育出版社，2003，第66~123页。

必定能够把握包括性服务妇女的自尊在内的自尊的私人体验和私人空间这一事物的本质。

根据对自尊的这一新理解，我们不得不解答以下三个问题。

第一，是否在主流和公共的场域之外存在一个捡拾和安放自尊的非主流和私人空间，进而有了自尊的私人体验？维特根斯坦在《哲学研究》一书中论及词语的意义时有一段引用语："某种红色的东西可能被毁灭，但红色是不可能毁灭的，这就是为什么'红色'一词独立于红色东西存在或不存在的道理。"[①] 我十分认同这一观点，将之推论至"自尊"，即自尊本身是不可能毁灭的，只可能失去了持有者。因此，失落或被剥夺了自尊的人，是可以也能够重拾自尊并加以安放——拥有具有个人、私人特质的自尊体验的。那么，在职业、教育、婚姻、家庭等主流和公共场域之外，对于处于社会边缘和底层者，如性服务妇女来说，是否还有另一个捡拾和安放自尊的私人空间？

第二，如果有，那么，她们又是如何实践和实现的？有没有某种行动策略？其结果又是如何？"自尊"是一种日常生活的私人体验，对边缘和底层者，如性服务妇女，边缘和底层生活也是一种日常生活的私人体验，这两种私人体验之间是如何被打通，使边缘和底层者在被常识认为是无自尊和反自尊的生活中捡拾和安放自己的自尊？

第三，一种关于自尊的私人性空间的社会研究能否成立，其意义何在，尤其是对于处于社会边缘和底层者来说？边缘和底层者的自尊以私人体验的形式掏空了"自尊"原有的德性的意义，使之回归平凡；破坏了"自尊"原有的社会范式，使之成为一种私人体验；挑战了"自尊"原有的公共空间类型，使之具有了私人空间特有的张力。由此，怎样才能理解这一溢出原有知识范畴的"自尊"，发掘个人叙述所具有的社会指涉（social signifing）的意义，使之从经验上升为知识，进而进入知识传承体系？

要解答以上三个问题，诠释学的方法当是一种有用的分析方法。而作为边缘/底层人群中的"底边人群"[②]，其对性服务地点、时间、对象、方法等

---

① 维特根斯坦：《哲学研究》，涂纪亮译，河北教育出版社，2003，第41页。

② 借用乔健教授有关"底边阶级/社会"的概念。在乔健教授的概念中，"底边阶级"指的是处于社会最底层的群体，他们所属的社会便是"底边社会"。他认为，底边阶级是传统中国社会的一部分而且构成整个中国传统社会阶级体系的一种重要基础。不了解它们，便不能了解传统中国社会的全貌、不同阶级间的互动以及整个社会的运作机制。http://www.ncp.com.tw/product_ show.php?sid=1189062753。

的选择和给予性服务对象的对待，在为我们打开认知和理解“自尊”的私人体验之窗的同时，也成为适宜的分析对象。

一 为什么要以诠释学为分析方法

“文本（text）的诠释起源于希腊的教育系统，但是诠释方法的发展与初步形成要等到宗教改革时期对于教会垄断圣经解释的攻击。”[①] 在历经几个世纪的发展中，作为一种理解和解释的学科，至今诠释学发生了由特殊诠释学到普遍诠释学、由方法论诠释学向本体论诠释学、由作为本体论哲学的诠释学向作为实践哲学的诠释学的三次大转向，至少具有/已被赋予了六种性质：①作为圣经注释理论；②作为语文学方法论；③作为理解和解释科学或艺术；④作为人文科学普遍方法论；⑤作为存在和存在理解现象学；⑥作为实践哲学[②]。由此出发，诠释学首先是一种语言的转换，具有某种语言中介作用，而当语言的转换是基于理解和解释时，诠释学也就首先是一种话语（discourse）的转换，具有某种话语中介的作用，从而成为伽达默尔所说的“一切思想的使节”（Nuntius für alles Gedachte）[③]。

人生活于自己的生活世界中，并划定了自己的生活疆域，搭建起自己的生活边界。于是，诠释学得以作为“一切思想的使者”穿行于不同的生活世界中，去了解、理解、解释和实践。恰如海德格尔所说：“理解是这样一种能在之存在，这种能在从不缺乏作为尚未现成的东西，而是作为本质上从不是现成的东西而随着此在之在生存意义上去‘存在’。此在的存在方式是：它对这样去存在或那样去存在总有所理解或无所理解，此在作为这种理

① 毕恒达：《生活经验研究的反省：诠释学的观点》，（台湾）《本土心理学研究》1995年第4期。

② 洪汉鼎：《编者引言：何谓诠释学?》，载洪汉鼎编《理解与解释：诠释学经典文选》，东方出版社，2001，第1~27页。原注：R. E. 帕尔默（Palmer）在其《诠释学：狄尔泰、海德格尔和伽达默尔的解释理论》（美国西北大学版，1982）中提出诠释学的六种界定：（1）圣经注释理论；（2）一般文献学方法论；（3）一切语言理解的科学；（4）人文科学的方法论基础；（5）存在和存在理解的现象学；（6）重新恢复和破坏偶像的解释系统（中文读者可参考严平的《走向解释学的真理》附录）。我在这里提出的关于诠释学的六种性质规定，与帕尔默的差别主要在于最后一种规定。帕氏主要根据保罗·利科尔的观点，而我主要依据伽达默尔的观点，我认为作为实践哲学的诠释学应当说是20世纪诠释学的最高发展。

③ 伽达默尔：《真理与方法》第2卷，台湾时报出版公司，1995，转引自洪汉鼎《编者引言：何谓诠释学?》，载洪汉鼎编《理解与解释：诠释学经典文选》，东方出版社，2001，第1~27页。

解是‘知道’它于何处随它本身一道存在，也就是说，随它的能在一道存在。……只因为此在理解着就是它的此，它才能够迷失自己和认错自己。……从而此在在它的能在中委托给了在它的种种可能性中重又发现自身的那种可能性。”[①] 就任何人而言，“能知”之存在使之能基于“不知”之存在，通过诠释，穿越“无知”，达到“知”之彼岸——了解、理解生活在不同世界的人们，研究者亦是如此。所不同的只是研究者会进一步借助/应用相关的理论，对他者的生活/生活中的他者作进一步的解释，最终形成自己的学术概念或观点。这便是本研究选择以诠释学为研究方法的理由。

“理解”是诠释学的一个关键性的概念。在本研究中，“理解”包含了两个层面：一是对自己“能知”和“此知”的了解、检验和批判，一是对研究对象“能在”和“此在”的知晓、感知和了解。“理解的行动总是牵涉了将理解对象的陌生性加以克服，并将之转化成为熟悉的事物。”“文本与诠释者有其传统与视域。……在视域的流动中，我们意识到视域的存在。但是我们如何理解他人的视域呢？我们已经知道，跳脱自己的立足点以进入他人的视域是不可能的，因为我们的存有是植基于我们的处境与视域之中。”即“所有人的理解都植基于特定的历史与文化之中，没有外在历史与语言的阿基米德点”。因此，理解实际上是“借着视域的融合（fusion of horizons）来达成”。而也正是在“诠释者与文本的互动过程中，第三个语言形成了，而他们的视域也得到融合与转化，变得更为丰富”[②]。也就是说，正是通过与性服务妇女视域的融合和转换，本研究才得以理解性服务妇女在性服务过程中自尊、自尊体验、自尊空间的“能在”和“此在”，进而能够探究一种自尊的私人空间存在的可能性，以及如果存在的话，性服务妇女所进行的个体和私人性构建的策略，并提炼出自己相应的观点和概念，成为跨越作为研究者的“自我”和作为研究对象的“他者”的“第三人”，形成“第三种话语”。

二　是否有一个捡拾和安放自尊的私人性质空间

自尊的本质是自我认同，自我认同的基础是自为的实践和实现——个

① 海德格尔：《理解和解释》，陈嘉映、王庆节译，载洪汉鼎编《理解与解释：诠释学经典文选》，东方出版社，2001。

② 毕恒达：《诠释学与质性研究》，载胡幼慧主编《质性研究：理论、方法及本土女性研究实例》，台湾巨流图书公司，1996。

人的自主意识和自由意志的践行与达致，而对于自为的实践/实现与否和程度，自我决定权和自我选择空间为一大决定性因素。由此，一直被视为事实上也是更多地受控于他人/社会的性服务妇女在性服务过程中的行为选择就在分析是否有一个捡拾和安放自尊的私人空间中具有了典型的意义：要回答是否在主流和公共场域之外，有一个捡拾和安放自尊的私人性质的空间，可以以最遭否定的性服务妇女在性服务过程中的自我决定权/自我选择空间为切入点。

所谓性服务妇女在性服务过程中的自我决定权/自我选择空间，指的是性服务妇女在从事性服务中的自愿性和自主性的实践和实现——基于个人意愿和主体性的对服务对象、时间、地点、方法、报酬、后续行动等原则的确定和实施（自主权）以及确定和实施的程度（自主空间）。对于性服务妇女的服务行为，人们有很多想象，并在想象之上搭建了诸多的共识，如“给钱就行”“昼伏夜出”“灯红酒绿”等。然而事实上，性服务妇女的“工作场景”是溢出主流、正统、中产阶级思维的想象力的，任何不站在当事人立场的描述、叙述和分析难免会有误解、偏颇和盲点。而性服务妇女的“工作场景”之所以会溢出常识，一个最主要的原因是性服务妇女对于服务行为原则的确定和实施是十分个体化和差异化的，并与底边生活相伴随，具有“底边人群”的特征。

1. 对服务对象的选择原则之一

WHY：我跟社会上的老板这些人关系不太好的。我看不惯他们，他们有点钱就很了不得的，我最不喜欢跟这些年纪大的人相处，因为他们都是这样一些人，我不喜欢跟他们打交道的。

WTF：一般跟我接触的人，都是二十七八岁到三十二三岁，也就是三十五岁以下，二十五岁以上这段年龄。在这段年龄我跟他们接触的，我觉得他们这段年龄经济上也比较有钱，比较成熟，有素质，修养这方面比较好，一般看上去应该说一个很成功的男人。像这些流氓一样的小男孩，我觉得一起逛逛公园、逛逛街是没关系的，真的叫我跟他们玩啊，我觉得没必要，他们要钱没钱，是不是？

PLL（B）[①]：我一般是这样的，看看这个人还顺眼，比较舒服一点，干净点的。如果脏兮兮的……我最讨厌那种农民企业家，感觉上就

① 本项目访谈对象中有两位 PLL，故以 A、B 加以区别。

给人很不舒服的。

WSH：反正有职业的人，我一般就不玩的，反正一般的女孩子就有职业什么也玩的，那我不玩的。我心里就这样想的，像他们，就是工资，有多少的。那我这样想，他如果就是靠外快，也没有多少的。捞也捞不到多少的，我就是这样想的。如果你给他拿一点钱，他肯定很心痛的，是吧？我这样想的，好像没意思的。那我一般玩，就是喜欢做生意的。

从中可见，性服务妇女选择性服务对象的原则之一是个人及其家庭所处的社会地位。如，绝大多数性服务妇女对来自农村的客人，尤其是自称或被疑为“农民企业家”者抱有反感，不愿向其提供服务，或在服务中尽可能地“偷工减料”。这也可以说是阶级/阶层偏见与对抗的一种反映。

2. 对性服务对象的选择原则之二

HXZ：年纪太大的话，我不喜欢的啦，年纪太小的，我也不喜欢。为什么？太大嘛，我怕有病，心肌梗死，我听了很多这种谣言，年纪太小的嘛，到时候纯粹是为了钱，感情根本谈不上的啦。年纪太小的，没什么钱的。

DXY：我做是一次性的，我是不喜欢下次来找我的。因为觉得，第二次见面，看到，脸上都不好意思。生客反正都这样，大家都不认识的。

WTF：当时我们都有自己的房间，我们都住在宾馆里、酒店里的，也很少出台。后来认识这些客人多了，也不愿意上班了，三天两天两头串台。他们有时打我手机，打我传呼，今天晚上哪里，熟客很多，生意很好，我马上就到那家酒店，就这样的。没有长期待在一个地方，就是串台子的。

HLJ：客人大多是采购员、厂长什么的，我喜欢熟客，好像认识了，讲话嘛，好像也很随便的，那不搭界的，有时候，熟客的话，他钱多一点给你们，那有的时候，我也不问他们拿钱，这样子。

从中可见，性服务妇女选择性服务对象的原则之二是个人的心理偏好。如，有的人倾向接待生客，以“陌生”遮蔽羞愧；有的人倾向接待熟客，以“熟悉”方便沟通；有的人愿意被包养，认为这样省心省力，收入可靠，安全系数大；有的宁愿做“散户”，认为这样独立自由，没有做“第三者”的内疚。这些心理偏好大多可在对其社会化过程（包括紧张性事件）的追溯中找到根源，这实际上也是个体不同的社会化过程的结果。

3. 对性服务对象的选择原则之三

> 服务收入不低于500元的LJF：地点都是客人安排的，一般都在宾馆里。
>
> 每次服务收入在200~300元的HXZ：我一般把客人领回自己家里，安全一点，到宾馆里很少的。
>
> 每次服务收入在100元左右、最低为50元的LWY：我租了一间房子，在舞厅找到了客人就带他到那里来玩；除了到自己家外，有时男的也带我到他家去。其他地方也去过的。我们LS外面有一条瓯江，到那个江边上，有滩的，草泥地上。

从中可见，性服务妇女选择性服务对象的原则之三是个人在本群体阶层结构中的位置。在性服务妇女内部，也分为不同的层次①，而相对于每个层次，每一位性服务妇女不仅都有自己的定位，也依此层次，给本群体中的其他人定位。一般而言，每一层次的人都有属于自己这一层次的、相对固定档次的服务对象、地点及价格。如“国家队”通常不会到小客栈为过路的长途汽车司机提供服务，即使客人高额付费；“街道办事处”也不太会接“老外”到宾馆去“办事”②：这不完全事关“抢生意”，因为中国大陆的商业性性交易群体目前尚未进入严格划分势力范围，形成严密的团伙领地，不得抢占别人地盘的黑社会阶段。这更多的是由于对于居于较高层次的前者来说，这属于自我定位及其由这一定位产生并反过来支撑这一定位的自尊——

① 如，一位被访者告诉我们，在她所在的城市，性服务妇女就分为“国家队”（以境外人士为主要服务对象）；“省队”；“市队”；“区/县队”（分别以外省、外市、外县来该市经商、旅游、出差、途经者等为主要服务对象）；“街道办事处”（基本以低收入者、无业失业者为服务对象，并且与前四者的服务地点基本或大多为宾馆、旅社、出租房、舞厅/歌厅等室内，每次服务收入一般在200~800元不同，这一层次的服务地点不少为公园、路边树丛等室外，每次服务的收入一般为20~100元，故被称为“街道办事处”）。

② 在20世纪80年代初，商业性性交易在中国大陆“死灰复燃”时，“买方”和“卖方”均处于无序状态，大多是具有随遇性的“引买”、“引卖”，较少有某种层次的划定和规定。至80年代中期，“买卖”双方开始逐渐层序化，至80年代末90年代初，性服务妇女与服务对象间实现某种层序化分层。

她不愿“掉价”，事实上，她也不能“掉价”。一旦她“掉价”并让他人知晓，她的内心就会接受“掉价”，她的“队友”们也会以此讥笑嘲讽她并在客人中传播，自我排斥和他人排斥会使之在原层次上难以为继，进而下滑至另一层次，这无疑是较高层次者的大忌；而对于居于较低层次的后者来说，且不说她是否能接到“老外”，更主要的是“老外”、“宾馆”作为一种符号，不仅显示着豪华、享乐、有钱、舒适，也指向陌生，以及由陌生产生的危险感。如果说，小客栈中的长途汽车司机对于“国家队”来说也意味着陌生，但“屈尊”的姿态能使“国家队”的心理危险感大大弱化的话，那么，“宾馆”中的“老外”对于“街道办事处”来说则是一种“攀上”，自卑心理加重了由陌生产生的危险感。因此，“街道办事处”们一般不去“勾引”“老外”，对于“老外”的“勾引”大多也或心有所甘或心有所憾地婉拒——她们不敢逾越自己的位置。从阶级/阶层分析的视角看，这一根据个人在本群体阶层结构中的位置进行服务对象的定位，实际上是性服务妇女基于群体外的阶级/阶层的分层和定位之上的群体内部的阶级/阶层再分层和再定位：在阶级/阶层社会中，商业性性交易不可避免地亦是一种阶级/阶层的生产机制，它进行了并继续进行着阶级/阶层的再生产。

4. 对性服务对象的选择原则之四

LWY：这个事情也要看人的……实在是很蛮的，我也不会跟他去的，怕的，一般看上去很诚实的样子，才会跟他去的。

JXH：一般喜欢在哪里？喜欢到自己住处，宾馆要查房，有危险。

CL：出台一般都到宾馆里干这种事，一般是妈咪介绍的宾馆，或者是妈咪给我们安排好的。嫖客选择的，我们不去的，因为这样很容易出事的，妈咪很有主见的，她给选择的地方一般不会出事的。她在那里是一路通的，特别是那里的保安，她都搞定的，她只要一个电话过去就行了。

JMC：反正我都是白天的，晚上我自己不要去的。不要去做这个事情，因为怕派出所的人会跟踪来。

WHY：我带出去的时候很少的，我从来没有陪过夜，因为我跟不熟悉的人在一起的话，是睡不着的，即使他们出得再高一点，我都不喜欢的。

快快：客人中，香港人、台湾人是有的。这种华侨①是很多。外国

① 在20世纪50～90年代，不少国人将来自境外的华人统称为“华侨”。

人有是有，但是我不接客，我就陪他们唱歌什么的。我怕艾滋病的。

WTF：我一般，我如果跟这些客人上床的话，那我都会拿避孕套给他们的。不愿意的话，我就不做嘛，一般他们都是钱先给我的。如果生客的话，他也不会，不过有时熟客的话，我对他印象如果好一点的话，那他说不用，那我也没有关系。

WSH：那我上次碰到过一次嘛，那他说要什么动作。什么东西呀，那我就是小费扔给他，扔回给他。我说不玩了，我就走了。那后来他把我拉回来，他就说算了，算了，那就是……我看到这种东西，我好像觉得很厌恶一样的。

从中可见，性服务妇女选择性服务对象的原则之四是个人对于安全的把握。这一安全不仅是指不被逮捕，还包括避免性病艾滋病的感染、防止服务对象的性虐待或难以接受的“变态”行为，以及获得理想的收入。当然，对于什么是变态行为，性服务妇女们各人也有各人的界定。

5. 对性服务对象的选择原则之五

LWY：最少的是50块，记得有一次是200块。一般这些男的也知道的，他看到心里不满意，就会加一点。一般都是给你50这样子。他如果给30，看到我不满意，他就会添点，凑你半张这样子。就这样的，有的人不凑半张会凑整张，有些人凑80这样子来的。

GL：固定的，给几千几千的也有的。一般的话，都是800～1000元，一般档次很低的我不玩的，一般都是比较有钱的。

DXY：一次就算一次的钱，一个晚上就算一个晚上的钱，不跟他讲几次那个。我说要么就价格高一点，我做的两个是一千块，她们做五六个才一千块，这样我是不干的。

LX：我有两种定位，一种是偶尔在一起，完事马上就走的话，我就少一点，但不能少于500元；要是过夜的话，最少不会少于800元。如果说客人不出这个价钱的话，也可以转身就走的。但如果说我看这人很好的话，或许会降一点。但是，我最低就在这个层次了。对于熟客，我们并不是说只拿他一点，像我们现在的房子、电器都是他们买的。房子也是他们租的。我们找一个地方，他们出钱。曾经我也有过一件事情，他给我租了一年的房钱，几千块钱，我一个人住。但是，我另外还有一套房子，我就把这套重新租掉，租给别人，然后，我就说你这

房子不好，另外找了一套，但他来的时候，我还是让他另外开宾馆。……所以，我们脑筋也要想一想，怎么处理这样的事情，怎么才能赚得到钱。

快快：到深圳去，就是想找找有没有老板包的机会。但很多机会我都放弃了，因为价格不是很高啦。有一次过去么，这个老板出一万二千块，而且有个房子，三室一厅的房子，房子给你弄好的。我说这么低的，我就不愿意了。他说你这个人这么笨，他说给你一万二千块钱的是个底价，他说另外东西我可以给你买，我就是，我不肯。

从中可见，性服务妇女选择性服务对象的原则之五是个人对于经济收入的需求。这是人们常常论及并遭到更多抨击的一种原则。尽管作为一种商业行为，性服务对于利润的追求原本是应有之义，人们对这一商业行为本身有着更多的道德评判难免有不公正之嫌，并且事实上，性服务妇女在从事性服务时，首先考虑的往往并不是收入而是安全问题——只有在确保或自信确保安全的前提下，她们才会“做生意”：生存状况的危机四伏使她们较之常人更明白一个浅显的真理——留得青山在，不怕没柴烧。

6. 对性服务对象的选择原则之六

DXY：像我们在桑拿浴室是这样的，反正一出去的话，肯定是有钱的才跟他们出去，像现在玩玩的哪里有很多有钱的，实在有钱的，一个月两三个，也就算是最好的。带出去肯定是钱比较多一些。

HXZ：我的定价一次最低不低于500元，他们说这么贵的？有这么贵，最起码陪我一夜。那我就说，市面上这种价格你应该知道的呢，你也是这种玩玩的人。如果你不给到，我也要翻脸的。

WHY：我最不喜欢的女人就是不管多少钱她都会去做，而且做的方式都很恶心，就是换花样、口交什么的。这种女人我店里有过一个，她长得很漂亮，但智力不太好的，她赚钱养男人的，她男朋友叫她做这事的，每天晚上一回去，她就把钱交给他。她生意好的话，一个晚上接七八个。这种女孩子我也不喜欢的。她回来以后，我就不要她了。我就讽刺她，你跟你老公到深圳去。其实，我是不会讽刺任何一个做这事的女孩子的，因为我曾经也这样过，我也从来没说过看不起做“鸡”的。她用这种方式去做“鸡”，觉得太恶心了，所以不喜欢跟她在一起，好像跟她同吃一个碗的饭都有一点恶心。

从中可见，性服务妇女选择性服务对象的原则之六是性服务所在地一般的“服务规则”和/或所在同伴群体的行事标准。这一规则和标准既包括价格的确定与浮动、地点的选定、对象的选择等，也包括服务的方式。

也许是多此一举，但为避免误解又不得不说明的是，性服务妇女在实施上述六大原则时，有时是较为单一的，有时是较为综合的；有时是主次分明的，有时是主次难分的；有时是有前后次序的，有时是前后不分、较为杂乱的。而无论如何，性服务妇女就是在性服务过程中坚守着这样或那样的原则。

三　在私人次空间中实践和实现自尊的策略

性服务妇女在性服务过程中营造了一个可以捡拾和安放自己自尊的私人空间，在这一空间中，她们又是如何实践和实现自尊，或者更具体地说，她们在性服务过程中通过/运用什么策略实践和实现自己的尊严？

在主流社会，年龄、容貌、健康、出身家庭等是个人自尊达致的先赋条件，教育、职业、婚姻等是自尊达致的后赋条件。而性服务妇女中的绝大多数原本处于社会的底层[①]，所从事的性服务使之处于污名之中，她们所在的亦是不同于主流文化的亚文化圈，因此，主流社会获得自尊的手段与方法对于性服务妇女的适用性较低。

进一步看，性服务妇女在性服务过程中自尊的捡拾和安放是必须以性消费男子的存在为前提的。以性服务妇女的性服务原则之一：个人对于经济的需求为例，个人对于经济收入的需求可以追溯到当事人个人和/或家庭在社会中的经济地位，如多数绝对贫困者、相对贫困者就是来自贫困山区/农村或城镇中的贫困家庭，但除了这一初始化的贫富差距外，性服务妇女个人的经济收入更主要的是由其“工具化”身份被男人认可、接受的程度所决定的。这一“工具化”主要是“性工具化”（不仅是性交工具，包括作为性观赏、性游戏对象，情感慰藉的提供者），也包括“家务劳动工具化”（即被包养者提供全套服务中的保姆、厨娘之类的家政服务）——被男人认可、

---

① 诸多调查表明，绝大多数性服务妇女来自社会阶层中的底层，包括出身于底层和处在底层：其地区身份以农村人为主，职业身份以服务员、农民、失业者、无业者为主。对性服务妇女的这一人口学特征，笔者在《新生卖淫妇女的构成、特征及行为缘起》（与徐嗣荪合作，《社会学研究》1993 年第 2 期）和《商业性性交易者的性别比较分析》（与高雪玉、蒋明合作，《浙江学刊》1998 年第 3 期）两文中也有详细的分析。

接受程度越大，男人支付的服务费用越多，性服务妇女也就收入越多，以持续的性服务来增加收入以减低经济迫切性的需求越低，经济的自尊心就越强。排除了性消费男子这个“他者”，性服务妇女在性服务过程中的自尊行动无法实践，自尊体验无法实现，自尊的私人空间也无法营建。正是在这个意义上可以说，性服务妇女在性服务过程中营建的自尊空间也是一个次空间：它并没有自身独立的空间，只有在他者存在之时和浪迹之地，它才能够存在和得以存在——它才显现自己的“能在”和“此在”。也正是由此，性服务妇女捡拾和安放自尊的行为从客体性的反抗进入主体性的对抗，不再是一个工具——客体（性服务妇女）对使用者——主体（性消费男子）的剥削/压迫行为的一种反对式的抗争——反抗，而是成为两个主体——作为性服务妇女的自我和作为性消费男子的自我之间的一种实力抗争式的对抗。恰如著名的女性主义政治学家莎伦·马库斯在《战斗的身体，战斗的文字：有关强奸防范的一种理论与政治》一文中的名言：“要建设一个我们不再会有恐惧的社会，我们首先必须把强奸吓得魂飞魄散。”[①] 这些性服务妇女在性服务过程中建设了一个自己不再被歧视、拥有自尊的私人空间，任何进入这一空间的性消费男子，在进入之初就会遭到贬低与矮化，不再成为自尊的主体。性服务妇女对于性服务原则的确定和实施表现出她们在这一服务中的主体性和能动性——自尊空间的“此在”和“能在”是对商业性性交易中男性性别+阶级/阶层霸权的主体性抗争。但是，这一自尊空间的建立和抗争行为的实施又是以性消费男子对于性服务妇女的工具化身份的认可和接受、将性服务妇女工具化为前提条件的。这似乎是一种悖论，而性服务妇女又是通过何种实用性策略消解了这一悖论，进而成功地营建起自己的自尊空间的？

1. 分离策略

LJF：我这个人虽然是在社会上混的，但如果碰到要求口交的男人，我还是要翻脸的。我觉得他不尊重我，我要不高兴的。虽然在你们看起来，我们是在卖淫，给别人当玩物，其实我脑子里不是这样想的。他不尊重我的话，我拿起包就走的，我不会像有些人那样，既然出来了，就要赚点钱回去什么的，不会强求自己去干自己不愿意干的事情。

PLL（A）：客人要求其他姿势，那我不高兴的，我说，你要那个的

① 莎伦·马库斯：《战斗的身体，战斗的文字：强奸防范的一种理论与政治》，朱荣杰译，载王逢振主编《性别政治》，天津社会科学院出版社，2001。

话，我不高兴的，烦也烦死的，快一点好嘛，还有什么这个姿势、那个姿势的，那我说，那你去找别的女孩子好了。

WTF：那我看到这个男的不顺眼的话，我有时候就好像，就希望他快点了事。好像是说我跟你是没有感情的，和你是做交易的，我只要你的钱，你也只是要得到你的性欲的满足。那我就拼命地催，希望他快点走掉，就是很讨厌他。有时也很讨厌这种生活，但我就觉得被生活所逼一样，觉得没办法的。我就这样想的，我就希望他快点下去。

CL：只要你能够放得开手，我可以，但如果你很小气的话，那对不起，我不愿意干的。我交换意识是很强的，如果说你今天只能给我300块，叫我陪一夜是不可能的。我一次最起码500～800，而我的价钱真正算是高的。

可以说，一是就总体而言，性服务妇女的自我工具化/被工具化和主体性抗争是同时存在的，但在个体之间，存在较大的差异性：有的更具自我工具化/被工具化的倾向，有的更具抗争性倾向；二是就性服务妇女个体而言，或多或少都具有这两种倾向，但在具体的性服务过程中，这两种倾向并非同时共地存在的：有时/有的场合会具自我工具化的倾向、更多地接受被工具化，有时/有的场合则更具抗争倾向。用她们的话来说，个体间的差异性就是“他们（指性消费男子）玩的是别人，而我是玩他们”；时间/场合的差异性就是“该低三下四的时候就低三下四，该搭架子的时候就搭架子”。

性服务妇女的这一策略可称之为“分离策略”，其中包括将自己与本群体中的他人分离和场景分离这两大类型。通过这一分离，这些性服务妇女或划出了自己与“自轻自贱”的“别的”性服务妇女之间的疆界，或划出了自己“自尊自重”之时/之地与“自轻自贱”之时/之地的疆界，使这一自尊空间具有了自有和私有的特质。

2. 非工具化的策略

PLL（A）：我没有感到他们看不起我，我也从不说钱，都是他们自己放的，算算上次放的钱差不多了，他们就会问是不是要付电话费、电费什么的，就拿我的包，放个几千块钱进去。

WTF：他们都对我很关心，我年纪小嘛，他们把我当妹妹一样，到时候就会来问问我，身体好不好啦，心情好不好啦，什么的。不是每次来都要发生性关系的，发生性关系这种事情不多的。

LJF：我实际上不是跟那些卖淫的一样，很低档的，给你几百块钱就行了。我一般跟的人就像是情人一样的关系。

WPR：我不像卖淫妇女租一间房子，我一般都是为了散散心，交交朋友，既然他们有这个要求，我也就顺其自然。在这个过程中，最大的乐趣是身心愉快，很放松，除此之外，还能得到钱。起先，不做这种事情，不自豪的，那时整天为家忙，烧饭，工作，后来卖淫后，打扮一下出去，有时三四个男的围牢，为了我吵架、打架的也有，我想想很开心的。这时，我觉得很浪漫，有点骄傲，有点自身价值。

一般认为，商业性性交易就是钱物与性服务/性服务与钱物的交换，并且在这一交换中，作为以性服务交换钱物的一方，性服务妇女只是性消费男子的性工具和某种赚钱工具，而这也正是性服务妇女最遭社会谴责之处。但从访谈资料可见，一些性服务妇女将自己与性消费男子的关系或整体或部分浪漫化为一种爱情/情感关系，在这一关系中，双方的感情被认为是最主要的，性服务与钱财则被置于次要乃至无关紧要的位置。这一浪漫化的建构消解了性服务妇女最遭社会诟病的“工具性”，将冷冰冰的商业性的交换转变为温情脉脉的情人交往、兄妹关系，将赤裸裸的性服务——钱物的交换行为转变为两性之间柔意绵绵的关爱和慰藉，性服务过程由此不再是工具被运用的过程，性服务妇女由此成为性消费者的情人及关爱和慰藉的对象。

性服务妇女的这一策略可称之为“工具的非工具化”策略，其中包括自己不再是性服务的工具和不再是赚钱的工具。通过这一“工具的非工具化”策略，这些性服务妇女将自己从某种工具的定位中解放出来，摆脱了作为工具的自卑和自鄙，性服务过程或整体或部分地被建构成为一个体验自尊的空间，其在主流社会丢失和流浪的自尊在此得以捡拾和安放。

3. 服务对象工具化策略

DLL：我跟客人之间并不是一种交易，我只想去伤害他，我只想去伤害他们每一个人。……我觉得我这个人真的很会演戏，要得到一个男人的喜欢很容易的。……然后，我再把他甩掉，我就很开心，我就是为了报复男人才去做的，玩他们，用他们的钱玩他们。

JMC：碰到我心情不好时，我要骂他们，我不要跟他们，就是他们来找我，我要给他们骂走的。反正我就是感觉到心里很烦的，我就是要骂人。

WSH：怎样多拿小费？就骗他嘛，骗他说，想和你晚上玩什么的……说等会儿出去和你吃夜宵。吃夜宵肯定是陪他的了，实际上是骗他的，等到夜宵吃了一半就溜掉了。还就是有的时候小费先拿到手，那等到下班了嘛，就跟老板说身体有点不舒服，就走掉了。叫他自己回去，就这样的。客人不会不再来，越是这样，他越会来的。你好像钩子一样地钩牢他嘛，你就是好像走掉了，说我身体不舒服，你要来就是过两天再来啊。就这样说的嘛，那意思好像是女孩的事情，就是见红的意思，就是说身体不舒服。

XJ：当我走上社会赚钱，我就脑子里想牢这个目的。我对男的从来没有感情，而且我是必须赚钱，不可能对他们有感情。……我这个想法就是无非为了赚钱，好像说舒服不舒服，你玩为了舒服怎样，我从来没想过。我只是和这个客人做好一次生意，我钱一拿到手，我就必须马上就走的，我也不和他谈任何事的。

QLX：丈夫，他一下就没有了，然后就自己睡觉。……那时我感到很痛苦，想，为什么？……以前他们说过性生活很满足的，我说我从来没有一次尝到过，他（性消费男子—引者注）说你在上面试试看，我在上面很舒服，跟丈夫从来没有过的。

JRAY：掌握到这些规律后，我一般会有目的地接触从政男人，因为他们只有权没有钱，所以跟他们更主要是彼此相互利用式的接触。比如，有一个相好三年之久的当官的，他很有实权，我就去找他办表弟调动的事①。

在进入性服务之前，不少性服务妇女已把自己的服务行为设定为实现自己某种目的、满足自己某种需求的方法或途径。所以，在性服务过程中，尽管性消费男子力图将她作为服务的工具，但她却尽可能地利用性消费男子去实现自己的目的、满足自己的需求。由此，在更大程度上，她成为性交易的主体，而性消费男子则转化成为她的工具，服务者为服务对象的服务转化成为服务者的自我服务和目标达致，这一转化甚至延伸到了性服务过程之外，如事后的索要金钱和利用资源。

性服务妇女的这一策略可称之为“服务对象的工具化”策略，其中包括将性消费男子工具化为报复的工具、出气的工具、性工具、赚钱的工具、

① 该访谈由本项目组成员、四川省社会科学院的马林英副研究员在四川进行。

利益实现的工具等。通过这一“服务对象的工具化”策略，这些性服务妇女实践着并实现了对那些原本以强者、尊者、优势者身份出现的性消费男子的操控，使之弱化、卑化和劣势化，最后在相当程度上成为被性服务妇女掌控于手中的工具乃至玩弄于手中的玩具。而也正是在这一掌控和玩弄中，性服务妇女体验到了前所未有的自尊——一种非当事的在场者难以体验到的私人体验，在自卑的自我中生长出自尊的自我，在男人面前的自卑、自弱、自鄙、自贱等开始成为过去，一个自尊的新空间诞生了。

著名女性主义哲学家艾莉森·贾格尔（Alison M. Jaggar）在论及西方后现代妓权主义时曾提炼出两个概念：“亲性后现代女性主义”（Pro-sex Postmodern Feminists）和“反性价值观”（Anti-sexual Values）。其中，前者将“卖淫妇女视为有力量的性主体”，将“卖淫视为是一种提供有滋养的、赋予生命力的性服务”，是妇女以性为基础的抗争；后者则认为性服务妇女提供性服务并不是基于或为了满足他人的性需求，而只是把性服务作为一种社会抗争的手段①。借鉴这两个概念，本研究所访谈的性服务妇女的基于自尊的抗争也可以分为“亲性抗争”（如QLX）和“反性抗争”（如DLL、JMC、WSH、XJ、JRAY）两大类，并以将性服务作为抗争手段的“反性抗争”为多数。而正由于这些性服务妇女或是将性服务作为一种抗争手段，或是将性服务作为满足自己性需求的主体性活动，作为服务对象的男子只是工具或玩具，性消费男子的满足，无论是性满足还是情感满足溢出性服务妇女的视界，以他人为对象的为顾客服务最终转变成以自己为对象的自我服务——性服务妇女成为性服务的主体，并通过性服务获得了以自我为中心的自尊体验。

四　认识一种自尊的私人体验和私人空间

让我们再回到日常生活的“自尊”。在日常生活中，自尊的含义只是“自我尊重”，这是一个十分私人化和个体化的命名。一旦脱离日常生活，上升到意识形态，被类型化为上层建筑的一大构件，自尊便更多地与较高的社会美誉度相关联，被赋予德性的意义，成为“高贵”的伴随物。于是，更多地居于/属于底边社会，从事着被高度污名化的性服务劳动的性服务妇

① 艾莉森·贾格尔：《西方女性主义论卖淫》，王金玲译，载王金玲主编《赋社会以社会性别——“社会性别与社会学读书研讨班”专辑》，内部资料，2000。

女不仅难以在主流社会中与他人共享自尊，也难以在自尊的公共空间中落脚，在被轻贱化/卑劣化的过程中，她们的自尊或丢失了，或浪迹天涯。

只是性服务妇女毕竟是人，即使作为从事着被认为是高度失尊、无尊的性交易的“经济人”，其最本质的要素依然是“人”，人之所以作为人的自尊无疑也是性服务妇女希望获得和拥有的。而当她们由于居于/属于底边社会，难以通过具有较高美誉度的公共途径，如升学、就业、提职、婚配等获得/拥有与“贵”相伴的、具有德性意义的“自尊”时，她们就不得不另辟蹊径。而就在这另辟的蹊径中，“自尊”回归了它的原始意义/本义，由意识形态回落到日常生活，成为性服务妇女一种私人体验和个体体验——“自我尊重”。也正是因为这一“自我尊重”只是一种自我体验而非他人认同/社会认同，性服务妇女得以/能够在被社会/他人高度轻贱化/污名化的性服务中心安理得、理直气壮地捡拾起在公共空间丢失的自尊，公然声称自己在性服务中获得了自尊——在性服务中营造起属于自己的自尊空间，享受着属于自己的自尊体验。

JMM：我觉得跟他们（性消费男子——引者注）在一起，我没有什么好顾及的，就是好像害怕什么的。但我谈恋爱的时候，我就觉得很害怕失去这个那个的。但是我觉得跟他们在一起，失去他们我无所谓。我就是这么个想法。

WHY：背地里都骂他们牲畜，他们走了，就说牲畜走了。接待客人的时候，就把他们当作猪什么的。

WTF：后来在我自己犯罪的道路当中，男人很少让我看到顺眼的，让我看到有好感的。我觉得你们男人在外面、在社会上是有头有脸的，但是在我觉得，你跟我在一起的时候，你至少好像是要听我的，而且你要给我钱，而且要听我的。我觉得你这个男人不是男人啦，根本就不配做男人。在女人面前还不是像一条狗一样，我觉得。我就这样想的。

快快：那些男人，我觉得他们，太可怜了。他们很虚伪，反正这些男人没得到你的时候，就求死求活，跪在地下啊，哪怕是哭啊，笑啊，反正想尽办法，都会来的。像狗一样，我觉得，真的。外面么，看上去冠冕堂皇的，都穿着西装怎么样，说起来还有的是经理啊，有的是什么当官的。哦，想想他们在床上这些，真的……基本上就是我摆平他们的。

谈论日常生活意义上的“自尊”，“自尊”就只能是也必须是一种个人对于自己是否尊重自己的判断和评价。它是如此高度私人化的，或者说是具有如此高度的私人性，乃至任何他人不是站在当事人立场上的评判都有可能是对“自尊”的曲解乃至亵渎。就如同我们这个社会中的大多数人曾认为并继续认为性服务妇女就是“失去尊严”、“没有尊严”的妇女，性服务妇女的性服务过程必定是“失尊”、“无尊”的过程，没有认识到或全然不理解有的性服务妇女其实是有强烈自尊感的妇女，有的性服务妇女就是在性服务过程中获得了自尊、强化了自尊。性服务妇女在性服务过程中营建了一个自尊的私人空间，体验着属于自己的“自我尊重”，这无疑是一种真实的存在和存在的真实。

（1）这是人之所以作为人的一种自尊。这一自尊甚至可以说是与生俱来的。

（2）这是一种职业的自尊。这一自尊可以追溯到性服务妇女是唯一职业妇女的古代。

（3）这是处于妇女性别群体中的下层/底层者的一种自尊以及抗争。在此，阶级/阶层的对抗打碎了“姐妹情谊”之类的女性主义神话。

（4）这是作为劣势性别群体的整个妇女群体的自尊以及抗争。在此，作为进行性别压迫和剥削的优势性别群体——男子，遭受妇女针对男子的挑战和反击。

（5）这是阶级/阶层的自尊以及挑战、反击和挤压。这一阶级/阶层除了性服务妇女个体自身所属的外，也包含其家庭的阶级/阶层归属。

由此，我们或许可以说，至少对某些性服务妇女而言，性服务也内蕴某种自尊的生产和再生产机制。

性服务妇女的这一自尊空间所具有的如此高度的私人性和个体性，使得我不得不以“次空间”加以命名：它有别于主流认同、可以共享共有的公共自尊空间——“主空间”，是遭主流排斥、十分个性化的私人自尊空间：“次空间”。借助于德勒兹和瓜塔里（Deleuze & Guattar）在《卡夫卡——迈向一种次文学》一书中对次文学特点的界定[1]，作为一个心理空间的性服务妇女的这一自尊“次空间”至少具有以下六大特征：第一，这一次空间并非建构于主流社会之外，而是由少数社群/个体在主流社会中营建起来的。

---

① 转引自潘毅《开创一种抗争的次文体：工厂里一位女工的尖叫、梦魇与叛离》，《社会学研究》1999年第5期。

第二，主流/公共自尊空间与社会认同相关，是意识形态的组成部分，而这一次空间则基于个人的私人的感受，只接受和安放具有主体性的自我尊重体验，是个体心理的组成部分。第三，这一次空间也会在一定程度上凝集成集体空间，从而具有某种集体价值。只是这一集体只是存在于主流社会，并不属于这一或那一主流。第四，相对于主流自尊空间而言，这一次空间是他者的空间。作为两两相对的他者，没有主空间就没有次空间，它在他者之地生存，在他者之地流浪，在无价值之中显现自己的价值，“他者化”就是它存在意义。第五，这一次空间只属于个人和私人，只属于隐蔽/非公开和自我，一旦它成为公共体验，它就消融为公共空间——主空间，从而不复存在。第六，这一次空间并非无中生有，它诞生于个人的经历和经验，并以一种鲜活的生命力在主空间内部实施着抗争和革命。

从将“自尊”视为一种个人的、私人的、自我的心理体验出发，认识到日常生活中自尊次空间的存在，一种关于自尊的私人体验和私人空间由此得以作为一种社会现象呈现在我们面前，具有了社会议题的含义，生长起社会研究对象的理论价值——对于自尊的研究将不再仅仅是一种意识形态的研究，而落地成为对日常生活的探讨，深化为对个人的非公共/公开的自我心理的探索。这对于重新认识和理解原本更受忽视和被曲解的沉默者（如底边人群）和沉默的声音（如边缘人群的话语）当是更为有利的。

进一步看，当“自尊”重新被认知为日常生活中“自我尊重”的一种私人体验时，对于上流社会中尊贵者们的某些越轨乃至违法犯罪行为也就有了基于当事人立场的新的解释。以屡见不鲜的官员性消费为例，当这些官员只有在性消费而不是官场的权力运作中才能获得自我尊重的私人体验（如雄风犹在、宝刀不老之类）时，性消费以及过程作为他们营建的自尊私人空间的重要性难免大大提升，而主流社会自尊公共空间的重要性则降低了。可见，有关自尊私人体验和私人空间的研究是可以推广至所有个体和整个社会的：只要个人具有公共性和私人性这双重属性，个人的自尊就必然具有公共体验/公共空间和私人体验/私人空间这双向维度；只要社会具有集体性和个人性这双重意义，自尊的公共空间和自尊的私人空间就必然同时存在于社会之中，个人的自尊空间必然在社会的自尊空间中凝集和实施自己的张力。

德国哲学家弗里德里希·阿斯特认为：“一切行动都有从其自己本质而来的它的方式和方法；每一生命行动都有它自己的原则……当我们从我们自己的精神世界和物理世界进入一个陌生世界……这些原则将成为最迫切需要的。如果我们自己能构造这些原则，那么我们将——虽然只是逐渐地和困难

地——领悟陌生现象，理解陌生精神的世界和推测它们的深层意义。”① 以性服务妇女对性服务原则的确定和实施为切入点，本研究在对自尊的私人空间和私人体验的探究中，所遵循的一大基本原则就是当事人立场。即通过换位思考、开放心理疆界，在研究者和研究对象原本隔离的两个心理空间之间搭建一座对话的桥梁，并努力以当事人的思路来感知、了解和理解当事人的理念，进而在一个陌生的世界中，作出尽量接近当事人生活世界和生活原则的解释。而这一原则对于非主流人群（如边缘、底边人群）的非主流行为（如违法犯罪）、非主流化生存（如底边生存状态）等溢出主流社会而存在的非主流社会现象的研究当具有较大的适用性和阐释力②。

当然，也恰如弗里德里希·阿斯特先生进一步指出的：“一般来说，如果没有任何精神性东西的原创统一和等同，没有所有对象在精神内在的原始统一，那么，所有对陌生世界和‘其它’世界的理解和领悟完全是不可能的。”③ 借用弗里德里希·阿斯特先生这段解释处于现代社会中的人们如何理解古代精神的论断，对作为“他者”的我们若要理解和领悟一个陌生的世界——他人有关自尊的心理空间或“他人”的世界——他人对于“自尊”的私人体验，也必须要有与研究对象在精神上的内在原始统一，而研究者与研究对象这一精神上的内在原始统一又需是“精神性东西的原创统一和等同”。

于是，诠释学作为一种认识和理解陌生世界/他人世界方法的终极关怀成为本研究最后的一个关注点。人类社会是一个以人类的生命存在为前提条件的社会，人类社会的存在与发展建立在生命个体的相互理解和信任的基础之上，而生命个体之间的相互理解和信任，又必须/不得不以表达（包括语言表达和非语言表达）为唯一途径。“表达与被表达者的关系变成了另一个人的生命表现的多样性与作为这种多样性之基础的内部关系两者之间的关系，而这种关系又使我们去考虑不断变化的环境。因此，在这里存在着一个从个别生命表现到生命关系总体的归纳推理。”“生命存在于体验表达的本

---

① 弗里德里希·阿斯特：《诠释学》，洪汉鼎译，载洪汉鼎主编《理解与解释：诠释学经典文选》，东方出版社，2001，第1页。

② 在对被拐卖/拐骗妇女——底边生存人群之一进行的研究中，我运用了这一原则，从而提出有关妇女被拐卖/拐骗流出的新观点，以及有关“打拐”转型为“反拐”的对策建议。详见王金玲《地方性行为、当事人立场与公共政策指向》，《浙江学刊》2009年第4期。

③ 弗里德里希·阿斯特：《诠释学》，洪汉鼎译，载洪汉鼎主编《理解与解释：诠释学经典文选》，东方出版社，2001，第2页。

质中”，“表达将生命从意识照不到的深处提升出来”，通过表达，“在知识和行为的边缘处，产生了这样一个领域：在这个领域中，生命似乎在一个观察、反省和理论无法进入的深处袒露自身。”[①] 对生命的尊重和理解是人类的一种原始精神，正是这一原始精神将研究者作为他者和性服务妇女作为自我在“自尊”这一生命—生活体验和生命—生活表达上联结在一起，形成了认识论上的“内在原始统一”，使有关认识一个捡拾和安放自尊的私人空间成为可能。也正是从这一原始精神出发的对他人生命—生活及其表现/表达的尊重和理解，使研究者能够突破自身“此在”和“此知”的疆界，进入研究对象，尤其是底层和边缘人群“自尊”的“此在”和“此知”之中，被研究对象的心理空间接纳，认识和了解/理解了有关自尊私人体验和私人空间的“能在”和“能知”。

通过对他人生命—生活及其表现/表达的尊重和理解，研究者挣脱了“他者”的桎梏，跨越了主流思维的局限，以当事人的眼睛，认识了一个底边人群用于捡拾和安放自尊的次空间，领悟到一种底边人群有关自尊的私人体验。从此，任何他人对于当事人“自尊”的评判或多或少都具有强权的含义，而当事人将成为自己自尊与否或多少的裁判。

参考文献

维特根斯坦：《哲学研究》，涂纪亮译，河北教育出版社，2003。

毕恒达：《生活经验研究的反省：诠释学的观点》，（台湾）《本土心理学研究》1995 年第 4 期。

D. 简 · 克兰迪宁、F. 迈克尔 · 康纳利：《叙事探究：质的研究中的经验和故事》，张园译，北京大学出版社，2008。

迈克尔 · 马尔凯：《词语与世界——社会学分析形式的探索》，李永梅译，商务印书馆，2008。

胡幼慧主编《质性研究——理论、方法及本土女性研究实例》，台湾巨流图书公司，1996。

洪汉鼎编《理解与解释：诠释学经典文选》，东方出版社，2001。

陈向明：《质的研究方法与社会科学研究》，教育科学出版社，2000。

① 威尔海姆 · 狄尔泰：《对他人及其生命表现的理解》，李超杰译，载洪汉鼎主编《理解与解释：诠释学经典文选》，东方出版社，2001，第 93 ~ 109 页。

两栖消费与两栖认同

——对广州市J工业区服务业打工妹身体消费的质性研究

王 宁　严 霞*

摘　要：服务业打工妹在消费文化与资方形象规训的合力下，激起了身体消费的欲望。然而经济收入、日常生活程式与社会关系网络等结构性因素制约着打工妹的消费行为。打工妹强烈的消费欲望难以得到满足，随之产生心理冲突与地位落差感。为了应对这种心理冲突和地位落差，她们采取了两栖消费的策略，这种消费策略与她们的两栖身份认同形成了对应关系。

关键词：农民工　打工妹　身体消费　两栖消费　两栖认同

在全球化背景下，发展中国家所面临的一个矛盾，就是当地居民的欲望被消费文化或消费主义所唤起，但他们的支付能力却无以满足这些被调动起来的消费欲望①。尽管导致这种消费欲望与支付能力之间脱节现象的原因有不少，全球化与城市化进程无疑是两个最为重要的宏观方面的原因。杜森贝里（Duesenberry）认为，在一个稳定的生活体系中，消费者往往会在消费和储蓄之间维持一个平衡。均衡的打破往往是由于更高水平的生活方式对消

* 王宁，中山大学社会学与人类学学院社会学系教授；严霞，中山大学社会学与人类学学院社会学系研究生。

① Belk R. W. , "Third World Consumer Culture," *Marketing and Development: Toward Broader Dimensions*, 1988: 103 - 127；陈昕：《救赎与消费：当代中国日常生活中的消费主义》，江苏人民出版社，2003。

费者所造成的“示范效应”①。对发展中国家来说，融入全球化过程就是打破这种消费预算均衡的力量，因为发达国家的生活方式或消费文化对发展中国家的居民造成示范效应。同样道理，在发展中国家的城市化进程中，伴随着乡村居民向城市的迁移，城市生活方式或消费文化也对这些乡村移民产生了示范效应，导致他们早期在乡村所形成的消费习惯被打破，消费欲望的增长快于可支配收入的增长速度。

然而，在中国，尽管从20世纪90年代就兴起了大规模的“民工潮”，消费欲望与支付能力的失衡现象只是到了第二代农民工身上才显现出来。关于老一代农民工的研究表明，农民工的消费结构呈现水平较低、边际消费倾向低的特征，其消费仍然以满足基本生存的保障性消费为主。农民工还未受到城市消费文化过多的影响，基本上维持着农村的消费习惯。这与其收入低、劳动时间长、社会保障缺失以及经济型的进城动机有关②。尽管他们在城里能赚取比在乡村务农更高的收入，但这份收入却无法让他们在城里维持一种城市生活水准。因此，他们往往最终回到农村消费，因为把在城里打工赚到的钱拿到农村来花，能获得比城里更高的消费效用（即比较效用）。

随着老一代农民工的退出，新一代农民工的消费观念和消费结构正在发生变化。他们的消费具有向城里人看齐的特征③。新一代农民工不再满足于老一辈农民工“在城市生产，回农村消费”的生活模式，而是希望今后能够留在城市生活。他们的进城动机已经由“经济型进城”转变为“经济型进城和生活型进城并存”或“生活型进城”④。因此，在新生代农民工的收入尚未与城里人同步的情况下，他们的某些消费欲望却在追赶城里人。他们

① Duesenberry J., *Income, Saving and the Theory of Consumer Behavior*, Cambridge, Massachusetts: Harvard University Press, 1959.

② 李琳、冯桂林：《试析农民工的消费行为——宜昌市农民工消费的调查与分析》，《社会主义研究》1996年第3期；李林、冯桂林：《我国当代农民工的消费行为研究》，《江汉论坛》1997年第4期；钱雪飞：《进城农民工消费的实证研究——南京市578名农民工的调查与分析》，《南京社会科学》2003年第9期；李晓峰、王晓方、高旺盛：《基于ELES模型的北京市农民工消费结构实证研究》，《农业经济问题》2008年第4期；李伟东：《消费、娱乐和社会参与——从日常行为看农民工与城市社会的关系》，《城市问题》2006年第8期。

③ 严翅君：《长三角城市农民工消费方式的转型——对长三角江苏八城市农民工消费的调查研究》，《江苏社会科学》2007年第3期。

④ 王春光：《新生代农村流动人口的社会认同与城乡融合的关系》，《社会学研究》2001年第3期。

的消费欲望与支付能力的失衡问题变得明显起来[①]。

尽管国内学者也注意到新一代农民工出现了消费欲望与支付能力的脱节现象[②]，对这一脱节现象的研究依然还存在不足。其中一个不足体现在，以往的研究更多是从城市消费文化这个外部环境的角度（如广告、时尚、商业促销等）来研究农民工消费欲望的升级[③]，但却忽略了生产空间这个内部环境对消费欲望升级的影响。本文的目的，就是结合城市消费文化外部环境和农民工所处的生产空间的内部环境来分析新一代农民工的消费欲望与支付能力失衡的形成过程，以及农民工应对这种失衡的方式和后果。

要了解生产空间的内部环境对农民工消费欲望升级的影响，不能不考虑行业和性别的差异。一方面，加工制造业和服务业的内部环境是不同的，企业对农民工进行规训的方式和内容也是有差异的[④]。如果说流水线工厂对农民工的消费欲望升级不起作用的话，那么，在服务行业尤其是在前台工作（如高档餐厅、休闲与娱乐场所、商店）的农民工的消费欲望却会受到服务业环境的影响，这不但是因为农民工有更多的接触城市生活方式和城市参照群体的机会，而且是因为服务业本身会对农民工的形象产生职业要求。因此，为了说明服务业生产空间的内部环境对农民工消费欲望升级的影响，本文选择服务业中的农民工进行研究。另一方面，进城农民工的性别对他们的消费欲望也有影响。一般来说，女性比男性更容易在形象或身体消费上受到城市生活方式的影响。为了控制性别变量，本文只对农民工群体中的年轻女性（俗称“打工妹”）进行研究。在农民工群体中，打工妹占有相当大的比例。2011 年 3 月国家统计局发布的《“十一五”经济社会发展成就系列报告之三》显示，2009 年我国流动人口规模已达 1.8 亿，占全国总人口的

---

① 严翅君：《长三角城市农民工消费方式的转型——对长三角江苏八城市农民工消费的调查研究》，《江苏社会科学》2007 年第 3 期；余晓敏、潘毅：《消费社会与“新生代打工妹”主体再造性》，《社会学研究》2008 年第 3 期；朱虹：《打工妹的城市社会化——一项关于农民工城市适应的经验研究》，《南京大学学报》（哲学·人文科学·社会科学版）2004 年第 6 期；朱虹：《身体资本与打工妹的城市适应》，《社会》2008 年第 6 期。

② 余晓敏、潘毅：《消费社会与“新生代打工妹”主体再造性》，《社会学研究》2008 年第 3 期。

③ 严翅君：《长三角城市农民工消费方式的转型——对长三角江苏八城市农民工消费的调查研究》，《江苏社会科学》2007 年第 3 期。

④ 朱虹：《身体资本与打工妹的城市适应》，《社会》2008 年第 6 期。

13.5%，其中女性占流动人口的43%[①]。在中国城乡差异的文化语境中，两种文化塑造出两类女性的身体形象。城市女性的身体受到更多消费文化的影响，被塑造成时尚、性感等商业化元素的载体[②]。而农村女性的身体较少受到消费文化的影响，保留着较多传统文化与民族文化的印迹，与城市女性的身体存在一定的视觉差异。这种视觉差异背后体现出不同文化对身体的塑造。因此，打工妹进入城市后，身体形象的变化与其对城市文化的认可、接受和吸纳不无关系。对打工妹的身体消费进行研究，将有助于我们进一步了解打工妹对城市文化的认同与适应情况，以及相应的消费欲望的变化。

2011年2~3月，本文第二作者以打工妹的身份进入广州J工业区，在一个化妆品店铺做了一个多月的售货员，切身体验服务业打工妹的日常生活并深入了解她们的消费情况。作者运用民族志方法，借助能讲贵州方言的优势，与来自贵州的打工妹同吃同住同工作，近距离观察打工妹的日常工作和消费生活。本文所运用的观察和访谈资料，就是从这次田野调查中获得的。

本文由三个部分构成。第一部分分析打工妹的消费约束机制；第二部分论述打工妹的身体消费欲望的唤起机制；第三部分讨论打工妹处理消费欲望与支付能力之间失衡的策略及后果。

一　消费的结构性约束

与老一代农民工相比，新一代农民工的收入确实有所提高。但是，扣除通货膨胀和生活成本等因素，农民工的收入并没有高到足以与城里的主流人群一样可以维持一种消费主义的生活方式。

在笔者调查的工业区，服务业打工妹的工资收入主要由三部分构成：底薪、提成和奖金。各个商铺的底薪1000~1500元不等，提成在3%~5%。如果业绩良好，超出了每月的销售指标，将会得到200元左右的奖金。这三部分加起来大约有2500元。年前销售业绩好时可以拿到3000多元，生意清

① 资料来源：《“十一五”经济社会发展成就系列报告之三》，见中华人民共和国国家统计局网站：http：//www.stats.gov.cn/tjfx/ztfx/sywcj/t20110302_402706838.htm。

② 毋庸置疑，在城市女性中也包含身体的差异性。本文所指代的城市女性的身体是一个相对理想的身体模型，以城市中产阶级女性的身体为代表，是受消费文化影响的城市女性身体特质的浓缩。

淡的时候一个月也有拿不到2000元的情况。

每月除去维持基本生活的住宿、饮食消费支出，打工妹至少能余下1000元左右。对于打工妹来说，1000元基本能够满足身体消费所需的费用。但问题是，这1000元并不能完全算作打工妹可以自由支配的收入。笔者与打工妹交流时发现，大多数打工妹还是会寄钱回家。像小丽[①]一样家中有两个弟妹在读书，家庭经济情况较差的打工妹，每月都要寄钱回家。即使家庭经济情况好一些的打工妹，也需要储蓄部分收入孝敬父母或者以备不时之需。除去寄回家和用于储蓄的收入，打工妹手头持有的可支配收入非常有限。服务业打工妹，一方面想购买各种消费品，另一方面经济条件有限，进行消费时有一定的心理压力。面对这种心理压力时，有的打工妹埋怨过家庭对自己的拖累，小梅曾向笔者抱怨父母修建新房给自己的经济负担。

> 2007年我和我姐刚出来，每个月只留300块在身上，其他全都寄回家，（姐妹俩寄回家的钱）[②] 至少有2000块。我家修房子的钱基本上都是我和我姐的。

打工妹通过抱怨只能暂时发泄情绪，要解决消费欲望与经济条件间的矛盾只能是在其他生活开销上省出一部分钱，或者减少寄回家和用于储蓄的钱。如果这两种方法都无法满足其消费欲望，打工妹也只好先抑制自己的消费欲望，不消费或者等到下次发工资时再消费。

很显然，低收入对打工妹的消费欲望构成了硬约束。从逻辑上来说，新一代农民工应该跟老一代农民工一样，不应该形成过多的消费欲望，主要原因就是可支配收入过低。然而，正如我们在下文所要论述的，收入低下的情况并没有妨碍打工妹形成一些脱离收入基础的消费欲望。这正是令人好奇的地方。

不仅如此，打工妹的日常生活程式和社会交往圈客观上也对她们的消费欲望的形成构成了约束。从打工妹的日常作息时间来看，她们大部分时间都在工作，很少有闲暇时间。

根据田野观察，广州J工业区打工妹大部分时间都在进行生产劳动，每个月只有2~4个休息日。J工业区各个商铺的工作时间一致，分为早班和

---

① 本文中受访者的姓名均为化名。

② 引文括号中的内容是笔者根据语境对被访者话语的补充与解释。

午班。早班从早上 9 点到晚上 11 点，中午有两小时的休息时间；午班从中午 11 点上到晚上 11 点，除了午餐与晚餐各半小时的就餐时间外，没有休息时间。按照这一工作时间来计算，打工妹每天要工作 11 个小时。可见，打工妹休闲的时间非常有限。

由于大部分时间都处于工作状态，工业区服务业打工妹主要的活动空间也在工业区内。服务业通常在节假日不安排员工休息，因此服务业打工妹休息的时间多在工作日，她们休息时朋友都在上班，一个人没有太大的兴致去市区玩。所以，打工妹很少有机会去市区的娱乐、消费场所，主要的休闲活动还是在工业区内。工业区内没有市区闪烁的霓虹、美丽的风景、整洁干净的路面，而是又脏又乱、有些拥挤的空间。时尚、靓丽的身体形象在工业区内显得不太协调。小丽生日那天精心打扮过后走在工业区的马路上，引来不少关注的眼光，有的带着好奇、羡慕和欣赏，有的眼光则带着对“穷讲究”的鄙夷。过分的关注和别人在背后的指指点点让精心打扮的打工妹感到不适。

除了日常作息时间的限制，打工妹的社会交往圈也十分有限和同质。农民工的社会互动关系网络主要建立在血缘、亲缘、地缘和业缘关系之上。虽然，业缘关系有助于农民工扩展社会关系，但是在工作上农民工接触到的群体非常有限。从总体上看，他们交往的群体以与自己同质性很高的人群为主，与市民的互动交往较少。相关研究也表明农民工与流入地居民的社会交往倾向与实际交往都非常少[①]。王春光通过对深圳、温州和杭州三个城市的调查表明，只有 21.16% 的人与周围的当地人经常有交往，48.16% 的人不经常交往，另外还有 10% 和 19.17% 的人与周围的当地人基本没有交往和完全没有交往[②]。许传新、许若兰把农民工与城市居民的关系视为“一种共同地理空间中的精神隔离”[③]。

这与笔者调查时观察到的情况一致。不论是工厂的打工妹还是在服务业的打工妹，她们的社会交往群体都以亲戚、老乡为主，范围比较狭窄。正因为如此，从消费参照群体的层面来看，打工妹的身体消费具有一定的局限

① 郭星华、储卉娟：《从乡村到都市：融入与隔离——关于民工与城市居民社会距离的实证研究》，《江海学刊》2004 年第 3 期。

② 王春光：《新生代农村流动人口的社会认同与城乡融合的关系》，《社会学研究》2001 年第 3 期。

③ 许传新、许若兰：《新生代农民工与城市居民社会距离实证研究》，《人口与经济》2007 年第 5 期。

性。打工妹主要的参照群体是与其关系密切的打工妹和诸如店长这类的管理者，以及化妆品公司的美容顾问。不像在市区高档服务中心的打工妹，有很多与城市女性互动的机会。

综上所述，打工妹面临三重消费的结构性约束：收入低下、休闲时间少、社会交往圈同质与窄小。这些约束条件客观上应该遏制打工妹的消费欲望，包括身体消费欲望的形成或升级。她们应该像老一代农民工一样，在消费上省吃俭用，无欲无望。然而，我们接下来将表明，新一代打工妹并没有按照我们所想象的方式进行消费。尽管她们并没有接受消费主义的生活方式，但是她们的一些消费欲望和消费决策的形成，脱离了她们的收入基础。她们不同于老一辈农民工，她们不再愿意做消费文化的弃儿。相反，她们在某些方面正在融入城市的消费文化。那么，这一切究竟是如何形成的？她们如何应对消费欲望与支付能力的脱节问题？

二　消费欲望形成的机制

尽管打工妹面临消费的三重结构性约束，但并不意味着她们就跟在农村完全一样。相对于在农村务农，她们的收入毕竟增加了，正如上文所述，她们获得了大约1000元的可支配收入。尽管她们的休闲时间少，但相对于农村，她们接触商品及其商品信息的机会大大增加了。尽管她们的社会交往圈窄，她们看到或接触城市的消费参照群体的机会还是大大增加了。事实上，视觉上的观察也会对人的行为造成影响。城市消费文化环境的确构成打工妹消费欲望形成和升级的影响因素。但如果仅仅限于这种宏观环境的解释，难以说明不同行业的农民工在消费上差异。要说明服务业农民工与流水线上的农民工在消费上的不同，还必须考虑工作环境对消费的影响。因此，我们的分析框架除了考虑城市消费文化这个宏观环境外，还把服务业内部环境因素整合进来（详见图1）。当然，其他因素，包括家庭、年龄或代、是否有意愿留在城市等因素，都对打工妹的消费欲望产生影响。图1是本文的整体概念框架。

在图1中，个人因素，包括家庭状况、年龄与代因素、是否愿意留在城市等，对打工妹的消费欲望的形成起重要的作用。但鉴于篇幅，本文不打算分析这些影响因素，而是集中分析宏观消费环境和微观职业环境对打工妹身体消费欲望形成的影响因素，以及打工妹面对欲望与约束之间的张力所采取的策略。

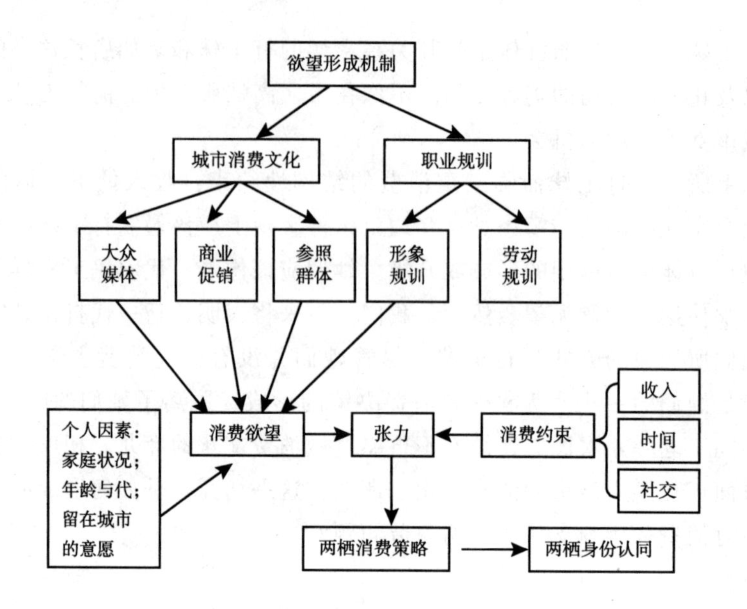

图 1　打工妹消费欲望的形成机制及其消费策略

（一）城市消费文化环境

尽管打工妹在城里受到种种结构性条件的约束，面对无处不在的城市消费文化环境，打工妹难免受其影响。进入城市社区，广告媒体的宣传无处不在，各种商业促销活动你方唱罢我登台，市民身上鲜活的消费示范让打工妹目不暇接。这些消费文化以一种温和的方式，潜移默化地将消费的欲望根植于打工妹心中。

打工妹接触城市消费文化的途径主要包括媒体宣传、商业促销和社会交往群体的消费示范三个方面。

1. 大众媒体

各种媒体图文并茂地将消费编织成一幅动人的生活图景，把商品转换成意义丰富的符号①。在媒体的渲染下，消费不只是单纯的购买行为，还是一种彰显个人品位的生活方式②。打工妹从媒体宣传中渐渐学会了“如何生

① McCracken, G., "Culture and Consumption: A Theoretical Account of the Structure and Movement of the Cultural Meaning of Consumer Goods," *The Journal of Consumer Research*, 1986, 13 (1).

② Bourdieu, P., *Distinction: A Social Critique of the Judgement of Taste*, translated by Richard Nice, London: Routledge, 1984.

活，如何消费”，一定程度上改变了原来的生活理念与消费观念。享受生活的观念渐渐地影响着一些打工妹，笔者常听到服务业打工妹感叹“干得好不如嫁得好”、“女孩子没必要搞得（工作得）那么累，该享受的时候就享受一下”。大众媒体将消费塑造成一种享受生活的方式，试图传递消费就是享乐，享乐是人生的真谛这一观念。打工妹对这些观念耳濡目染，慢慢受到这类观念的影响，不止一位打工妹认为“舍得花钱的人更懂享受”。

小碧是S厂的工人，曾在浙江嘉兴某服装店做了半年的售货员。她说厂里同事都说她穿衣有品位，喜欢和她一起逛街。她对穿着打扮比较“有研究”，还得意地带着笔者到她房间参观她的衣服和鞋子。

> 我以前在嘉兴商场也帮人家卖过东西，特别喜欢看店里面的那些书。我看里面的模特是怎么穿的。……女人嘛，都是靠打扮。那些模特其实长得也一般，穿上那些衣服就显得特别有气质……我就看不惯我们厂一些女孩子，每天只晓得上班赚钱，也舍不得花钱买点好看的衣服，打扮一下。我就喜欢做做（工作）玩玩，那么年轻没有必要那么累，有机会就要多享受一下。钱是自己挣的，该花的（钱）就花。

可见，小碧不仅从杂志上学会了如何穿着打扮，也慢慢接受了媒体对女人生活的定位。在城市生活多年后，她已经改变了原来一味赚钱的生活方式，更加注重享受生活。

看到电视剧中女主角在商场疯狂购物的情节，在酒店工作的小梅十分得意地向笔者描述她类似的经历。

> 她们都说我不把钱当钱，把钱当纸用。有一次，我在一家店就（总共）买了一千多块钱的衣服，她们（同事和朋友）都说我太恐怖了。……我觉得没必要那么计较，我看到喜欢的一般带钱了都会买。省那么多钱也没什么意思，钱挣来本来就是（用来）花的。

虽然小梅月收入只有2500元左右，但是正如她自己所说“钱挣来本来就是花的”，她认同这种享乐的生活方式。平时比较注重享受生活，能不加班时她宁愿休息也不愿为多挣些钱而工作。在朋友小亮的眼中，小梅是“懂得享受、花钱大方的人”。调查结束后，小梅还常常约笔者到公园游玩，请笔者去餐馆吃饭。

看电视是打工妹主要的休闲活动之一，电视剧中女主角的形象也成为打工妹讨论的热点话题。电视媒体中的城市女性形象是打工妹心中的理想模型，她们常以此为标准来衡量自己的身体形象，向这一理想模型靠拢。这些理想模型并非天生丽质，而是各种身体消费塑造而成的身体，打工妹可以通过类似的身体消费塑造相似的身体形象。打工妹对这类理想身体模型的渴望最后衍化成对身体消费品的购买欲望。

笔者调查期间，J工业区打工妹常常讨论当时正热播的电视剧《回家的诱惑》中女主角的穿着打扮。女主角成功改变自己的形象、气质，最终抢回出轨丈夫的情节不仅让打工妹感觉痛快，也让她们意识到身体形象对于女人的重要意义。某天晚上，看了这部电视剧后，和笔者一同住在店里的小丽意味深长地说：

> 所以说女人要靠打扮，品如（剧中的女主角）现在（打扮过后）比以前好看多了。她要是以前多打扮一下，这么漂亮也不会输给艾丽（剧中的第三者）。

通过这类电视节目，打工妹慢慢认识到身体形象对于女人获得家庭幸福、社会地位的重要作用。在这一过程中，萌生对塑造身体形象的消费品的购买欲望。媒体除了渲染消费氛围、激起受众的消费欲望外，还提供各种各样的商品信息，引导消费者选购具体的商品。服务业的打工妹比加工业打工妹更加关注媒体传播的商品信息，主动从中获取时尚与流行的信息。有的是出于职业兴趣，有的则是把这些商品作为自己消费的参考。

小英是笔者调查时所在店铺的美容师，她常常从电视广告和杂志中寻找适合自己的服装和发式。一天下午，她反复翻阅店铺内的一本时尚杂志后，指着杂志中一位模特的发型询问笔者：

> 你觉得这个头发好不好看？我想过年的时候去做这个（发型）。我的脸比较大，弄这个头发脸显得小一点，会比较适合我。

像小英一样，许多打工妹通过媒体吸收时尚与流行文化的元素。她们依照电视、杂志等媒体中的女性形象来建构自己的身体形象，将其作为以后身体消费的参照。媒体宣传不仅告诉打工妹她们需要消费，而且提供了大量的商品信息告诉她们应该消费什么、怎样消费。

2. 商业促销

显然，随着家电产品在农村的普及，电视媒体的影响力早已延伸到农村地区。大部分打工妹进入城市以前，在农村通过电视媒体已经对城市的消费文化有所了解。只是由于农村的商品经济相对比较落后，这些媒体宣传的商品对打工妹来说往往遥不可及。因此，她们对这些消费品的欲望并不强烈。打工妹进入城市，看到商店中琳琅满目的商品时，消费的欲望才被真正地调动起来。城市繁荣的商品经济使她们的消费成为可能，进入城市后她们会更加关注媒体与商家提供的商品信息，在这个过程中渐渐生出消费的欲望。故而，商家的销售活动是发掘其潜藏消费欲望的重要方面。

打工妹还可以从商家各类促销活动中获取商品信息，商业促销活动也是消费文化传播的一种重要途径。商店将电视媒体中的消费品带入打工妹的日常生活中，再一次激起了打工妹潜在的消费欲望。当然，商家的目的不仅仅是传播商品信息，而是唤起顾客强烈的购买欲望，并将这种欲望转化为消费行动。本文中所指的商业促销活动主要包括销售员的促销行为与产品促销优惠两个方面。

当打工妹去商店消费时，销售员作为信息传递者，向她们灌输商品知识和消费观念，试图引导打工妹进行消费。为了说服顾客购买商品，销售员适时采用各种销售策略强化顾客的消费欲望，包括传播消费观念、夸大商品功效等。其中，最具说服力的策略便是“身体问题化”策略。所谓“身体问题化”是商家将顾客正常的或者亚健康的身体问题化、疾病化，夸大不进行身体保养的后果，以说服顾客购买产品的销售策略。笔者所在店铺的店长便成功地使用这一策略劝说打工妹小乔一次花了8000多元买了几瓶口服精油。虽然，这是一个比较极端的例子，但是从中我们不难发现商业促销对打工妹消费欲望具有较大的影响力。

为了发掘更多的潜在顾客，商家还开展各种产品促销优惠活动。一到周末，工业区各店铺就推出各种形式的促销优惠活动。免费体验与特价优惠是常见的两种活动形式。笔者所在店铺的许多新顾客都是免费体验后第一次购买护肤品。特价优惠活动不仅对老顾客有吸引力，还可以引起一些有潜在消费欲望的顾客的兴趣。小英从未使用过A品牌的化妆品，一次与笔者逛街时，正好遇上A品牌的特价优惠活动。原价400多元的一套护肤品当时的促销价不到200元，小英非常动心，虽然刚购买了一瓶护肤品，思考再三后还是买下了A品牌的这款特价产品。

好郁闷啊！本来只打算买一瓶的，早知道这里搞活动就不在那边买了。现在买了就只剩这么多钱了（不到 100 元），我带出来的 500 块还没有一个下午就用光了。……算了，反正以后也要用，买了这一套今年都不用再买了。

服务业的打工妹处于消费空间中，每天接触各种商业促销活动，难免受其诱惑。试用是打工妹熟悉商品的途径之一。店长要求新来的员工在没有顾客时试用产品，亲身感受以深入了解产品的属性。笔者与另一位新来的销售员小英在试用过程中，都产生过强烈的购买欲望。小英试用后还列了一张购买清单，准备发工资时购买部分适合自己的产品。店里做产品促销优惠活动时，其他老店员也会借此机会以较优惠的价格购买特价产品。2011 年三八妇女节那天，店里大部分商品都推出了折扣优惠。老店员小雨和小丽分别买了一些优惠商品，小雨还买了很多护肤品准备带给在东莞打工的母亲和姐姐。小雨说：

我们在店里买东西比较方便，看到有什么产品搞促销，也会买一点。买多了以后也会用到，自己用不了也可以给亲戚朋友带一点。

此外，由于服务业打工妹对消费环境较熟悉，逛街时看到喜欢的店铺就会进去看看，详细了解里面的商品。而有的加工业打工妹逛街时顾虑较多，看到一些装修精致、档次高的店铺，即使喜欢里面的商品，也不敢走进店里。她们担心自己的形象不入时、买不起商品而被销售员看不起。所以，相较于加工业打工妹，服务业打工妹更易受商业促销的影响。

3. 参照群体的消费示范

参照群体是打工妹进行身体消费的参考对象。参照群体分为交往性参照群体（如同事）和渴望性参照群体（仰慕甚至渴望成为其中一员的群体）。交往性参照群体的身体消费对打工妹有一定的影响。打工妹的社会交往群体包括与自己同质性较高、同样是农民工的亲友、同事等，也包括在工作与生活中接触到的市民。

打工妹交往密切的同事、亲友对其身体消费的影响较直接，有时是正面的引导和鼓励，有时是反面的排斥与嘲讽。一些打工妹在朋友的带动下开始购买时尚流行的服装、学习美容化妆。笔者调查期间，一些穿着靓丽的打工妹会带着刚进城不久的朋友到店里买护肤品。正因为社会交往群体对打工妹的身体消费有一定的推动作用，店长招收了若干兼职销售员，借助兼职打工妹的人脉关系，扩大商店的顾客群。店长作为进城多年、较为成功的打工妹，是店员消费的主要模仿对象之一。小雨很喜欢店长新买的一双鞋，鞋子是达芙妮这个品牌的，一双要300多元。店长看出小雨很喜欢那双鞋后，便答应借给她穿几天。那几天，见到小雨的人都夸她的鞋好看。两个星期后，小雨专门到市桥的专卖店买了一双和店长一模一样的鞋。

有的打工妹是在亲友反面的讽刺和排斥下产生消费的欲望。她们因为穿着“土气”，不会打扮而招到同事、朋友的冷嘲热讽。在交往压力下，她们也萌生身体消费的欲望，希望用身体消费品改善自己的身体形象，融入交往群体中。小兰在工业区帮姐姐打理麻将馆，周围的人常常开玩笑说她看起来像30多岁的人（小兰在笔者调查时23岁），于是小兰便决定开始改善自己的形象。

> 我从来没有来过（美容店）。小时候脸上就有好多斑（雀斑）嘛，现在越长越多了。我在帮我姐姐开麻将馆，她们好多人说我看起来有30多岁了，说我皮肤不好，看起来好老。我没那么大年纪，说我那么大（年纪）。我知道她们也是我朋友，和我开玩笑的，但是我心里好难受。……我从来没用过（护肤品），所以今天过来，想把脸弄一下嘛。……要是有条件，我肯定舍得花钱，经常保养下自己。

那些穿着时髦、气质高雅的城市市民则是打工妹的渴望性参照群体。在打工妹眼中，一些前卫、时尚的市民是她们身体消费的正面参考对象。笔者与打工妹在店门口发传单时，经常听到她们讨论路过的“本地人”、“城里人”的穿着打扮，这些人一定程度上激发她们进行相似消费的欲望。诸如“她穿的那条裤子好有型（有风格），也不知她是在哪里买的”这类的话语在讨论中经常听到。

一天中午笔者去吃午饭时，错过了见识某化妆品公司漂亮“女老板”的机会。笔者一回到店里，店员就津津乐道地向笔者描述这位难得一见的女老板。

> 你（笔者）刚才要是晚点走就可以看到她了。她开着那个小车过来。哇！超漂亮的，都可以去拍电视了。好有气质啊，身材又好，穿的衣服一看就是那种很贵的，特别上档次。

她化的妆又好看又自然，我们都看不出她已经30多岁了。她去“超级女生”（附近一家化妆品连锁店），那边的店长一看她的样子（形象）就知道她是做这一行的。

打工妹虽然非常羡慕这位女老板，可能内心也渴望自己能像她一样穿高档服装，用好的护肤化妆品。但是，打工妹深知自己与她们的距离很遥远，这样的身体消费也许永远也无法企及。所以，她们不会将这位女老板的消费作为现实中的主要参照对象，而更多是模仿与自己差距不大的人群。每个月化妆品公司派到各个代售点的美容顾问，正是打工妹乐意模仿的身体消费模型。她们会详细询问美容顾问穿的漂亮服装、使用的化妆品的价格、品牌及购买地点等信息，作为以后消费的参考。

城市的消费文化通过以上三种途径，将消费信息传递给打工妹，唤起打工妹的消费欲望。这意味着城市消费文化使她们发生了不知不觉的变化，她们在城里逐渐摆脱了早年在农村形成的消费习惯，并形成了新的消费习惯。有的打工妹外出打工多年、适应了城市的消费生活后，回家乡反而不习惯农村商品匮乏的环境。她们回家时会带一些农村购买不到的身体消费品回去使用。小亮来广州前在浙江做化妆品销售工作，每次回家她都会带一些化妆品回去。

我老家那根本没有这些东西（护肤品和化妆品）卖，我回家都要把我的化妆品全部带回去，在那边买不到这些的。

可见，城市的消费文化不断地强化了打工妹的消费欲望，这些在农村罕见的消费品甚至已经成为部分打工妹的生活必需品。

（二）服务业职业环境：身体的形象规训

服务行业（如餐馆、休闲娱乐场所、商店等）的打工妹除了受城市消费文化的影响，还要受到来自资方的职业规训。职业规训包括劳动规训和形象规训。如果说，不论是在服务业还是在流水线工厂，农民工都需要接受劳动规训，那么，在服务行业，打工妹除了接受劳动规训，还必须接受形象规训。道理很简单，服务业的劳动不同于加工业或流水线上的劳动。在工厂中，打工妹的身体是生产的身体，是庞大生产体系中的一部分，被纳入资本攫取利润的过程。工厂主要是通过延长工时、增加工作强度获得更多的剩余价值。加工业打工妹的身体在资本的劳动规训下，成为驯顺、高效、适应机器生产节奏的身体。在这里，作为生产的身体，打工妹的外在形象与其生产效率无关。因此，打工妹的身体形象不在资方管理的范围之内，资方并不提倡打工妹关注自己的身体形象，太过精心的装扮在工厂也不被认可。在工厂工作的打工妹认为“上班你穿太好了，人家看了也要说你，不好”。而且，工厂从事的工作容易磨损衣服，打工妹也不舍得穿自己喜欢的漂亮衣服去上班。再加上长时间的劳动后，打工妹已经筋疲力尽，无心顾及自己的身体形象。有的打工妹为了上午能多睡一会儿，来不及洗漱就急匆匆地出门了。劳动性质使加工业打工妹对自身身体形象的关注较少。小丽转入服务业前，在工厂工作过两年。她说：

在工厂的时候，我们都不怎么想买衣服。天天穿工衣就可以了，还有什么好买的。又没有时间穿，天天都上班。而且我是做车工的，对衣服的磨损大，不好保养。就算不穿工衣，我们也不会穿好的衣服去上班。

与加工业打工妹不同，服务业打工妹的身体不仅是生产的身体，还是被消费的身体。她们的劳动并非单纯的体力劳动，而是一种融合了“情感劳动”①、“互动性劳动”② 的多重劳动。在服务业中，劳动者的身体动作、仪态展示、表情姿势以及情绪等都受管理，这些都是他们身体劳动的一部分③。顾客消费的不仅是她们的服务劳动，还包括对她们身体形象与情绪等方面的视觉消费。打工妹的身体形象、姿态和情感作为整个服务产品的一部分，被纳入资方管理的范围。

小柳曾在市桥一品牌服饰店做售货员，她告诉笔者品牌服装店对打工妹的要求较多。

我在圣迪奥那个品牌服装店做过销售，工资很高的。我才做了12

① Hochschild, A. R., *The Managed Heart: Commercialization of Human Feeling*, California: University of California Press, 1983.

② Leidner, R., *Fast Food, Fast Talk: Service Work and the Routinization of Everyday Life*, California: University of California Press, 1993.

③ 蓝佩嘉：《销售女体、女体劳动——百货专柜化妆品女售货员的身体劳动》，（台北）《台湾社会学研究》1998 年第 2 期。

天就有1000多的工资。那里要求很多，眼影、眼线、眉毛和口红都要画。走路要快，但又不能跑。公司统一发眼影，其他的都要自己买。……但是业绩要求高，压力太大了，受不了。那里的人（售货员）经常为争一件衣服（的业绩）吵起来。我不喜欢就出来了。

现在小柳在工业区的一个服装店重新找了一份工作，她觉得“虽然工资少一些，但是压力没那么大，过得开心一些”。工业区服务业的经营成本有限，支付给员工的工资较低。而且，由于面对的主要顾客群体是社会底层的工人，所以对应聘者的身体形象要求没有市区高档消费中心那么高。各个店铺门外张贴的招聘广告上，对应聘者外形的要求都是“五官端正”，当然“外形较好、形象气质佳者优先”。形象较好的打工妹在服务业较受青睐，大家都深谙其中的道理。小英觉得笔者穿着过于死板，便劝说笔者改变穿衣风格，增强笔者在就业中的竞争力。

你穿衣服死迷死迷的（死板），这样不好。穿衣服很重要的，你打扮得漂亮了，去找工作人家都喜欢要你。

虽然资方招聘时，对应聘者的要求不高。但是打工妹入职后，资方并不放松对其身体形象的管理与塑造。笔者被B化妆品店录用后，老店员小丽就给笔者列出了一系列的形象要求：“不能披头散发，要把额头露出来，必须带妆上班，不能穿牛仔裤，不能穿运动鞋。客人进店要热情，客人离开的时候把他们送到门口，而且要说‘慢走，有空多来店里坐坐’……”

这些是对初来乍到的打工妹的基本要求。在以后的工作中，类似的形象规训贯穿整个工作的过程。店长和老店员会不定期地给新店员进行护肤美容、形体塑造和服装搭配技巧等方面的培训。档次较高的店铺还会请专业人士对店员进行专业的训练。笔者所在的店铺，每月都会给员工安排一次美容护肤课和舞蹈课。每天上午，老店员要带领新店员在店里练习至少半小时的舞蹈。

在平时的工作中，店长也会一点点地对打工妹进行身体形象规训。小英走路时背有些驼，每次店长看见都会纠正她。

干我们这一行的，要非常注意自己的形象。你这样走路，看起来像个老头，一点精神都没有。如果没有形象气质，顾客是不会向你买东西的。

小萍是工厂流水线的工人，为了学习美容知识，多挣些钱，她下班后便到店里做兼职。天气热的时候，她喜欢脱下鞋，光脚踩在地板上。店长看见后非常生气，便把她“教训”了一顿。

> 赶紧（把鞋）穿上，以后别在店里这样。你这像什么样子，要是顾客看见你这样会怎么想。以后这样，我见了就罚你请店里所有的人吃饭。

对于从事服装、化妆品销售的打工妹来说，她们的形象就是商店的招牌。较好的外形在招揽顾客进店、树立专业形象、获取顾客信任等方面都起着重要的作用。相反，形象的缺憾会对打工妹的销售业绩产生影响。资方不仅通过培训、管理来敦促打工妹改善身体形象，而且每个月规定业绩指标，给打工妹的销售制造压力，迫使其改善身体形象，提高个人业绩。在资方培训、管理与业绩指标的双重压力下，打工妹不得不投身于改善自己身体形象的消费活动中。

小雨脸上长了许多青春痘，老板在录用她时就要求她一定要在店里把脸部保养好才行。虽然经过将近半年的治疗，小雨脸上的青春痘得到一定的改善，但是仍留有很多疤痕。一些顾客就此质疑产品的功效，“你天天用这些东西，为什么还是长那么多痘痘?”小雨也因此失去很多潜在顾客，难以建立顾客对产品的信任感。为了改善自己面部的皮肤状况，小雨非常舍得花钱。店长给她推荐的产品，她基本上都会全部买下。

笔者入职不久，店长也开始寻找笔者身上的缺陷。

> 你的肤质还行，就是有点暗黄，缺水所以没光泽感。你（用护肤品给皮肤）补补水，看起来气色会好一点。……那款圣蜜莱雅（国产化妆品品牌）的睡眠面膜很好用，店里几乎人手一瓶。你可以买一款来试试，店里的人（员工）都有7折的员工价，现在又有特惠装，比较实惠。

资方不仅通过工作培训与管理激发打工妹的身体意识，还通过类似的善意劝导，建议打工妹进行身体消费，以保养身体、完善身体形象。时间长了，被动的形象规训慢慢激起打工妹的身体意识，使打工妹树立身体保养的观念，主动进行身体消费。小丽觉得从事美容行业，“学到的东西比较多，至少你知道什么化妆品和衣服适合自己，知道怎么保养身体，以后年纪大了对自己也比较好啊。”在小丽看来，进行身体消费并非只对工作有利，更重要的是学会保养、装饰自己，对自己今后的生活有利。不难想象，在这类观念指导下，打工妹会成为身体消费品牌的忠实顾客。

显然，资方对打工妹的形象规训，意在获取更多的经济利润。打工妹进行身体消费，改善身体形象后，资方从中得利。然而资方并不承担打工妹的身体消费成本，也就是未支付打工妹进行形象塑造或形象再生产的费用，最多是以一种施恩者的姿态，给予员工一些免费商品、微薄的消费补贴或者员工折扣优惠。但是这些只是打工妹身体消费中很小的一部分，更多的费用是由打工妹自己承担。这就形成了一种消费的外部性，资方从打工妹的身体消费中获利，而消费成本由打工妹自己买单。从这个角度看，服务业打工妹受到资方的双重剥削，第一层是对打工妹身体劳动的剥削，第二层是对打工妹身体消费带来的外部性的剥削。

在以上各项因素的合力作用下，打工妹的身体意识被慢慢地唤醒，身体消费的欲望也渐渐植入她们心中。因此，服务业打工妹的身体消费欲望通常要高于加工业打工妹，前者的身体消费欲望在资方的形象规训的过程中被进一步强化。

三　两栖消费策略

尽管打工妹的消费受到各种条件的约束，她们中的一些人在身体消费上的欲望还是脱茧而出，突破了客观条件的约束。她们在身体消费上的欲望与可支配收入之间显然了失去了均衡。面对这种消费张力，打工妹是如何应对的呢？

面对消费欲望与支付能力之间的脱节，打工妹形成了一套适应策略：“两栖消费”策略[①]。这体现在两个方面，一方面，在收入有限的情况下，拿出一部分钱满足部分消费需求，抑制住其他部分的需求；另一方面，在特殊的时间和空间上满足被调动起来的欲望，在其他时间或空间上则抑制消费。从时间上看，打工妹集中在生日、回家前和春节期间进行身体方面的“高”消费；从空间上看，打工妹更关注在市中心和农村老家两种空间情境

① 王宁：《“两栖”消费行为的社会学分析》，《中山大学学报》（社会科学版）2005年第4期。

下的身体“高”消费。

在日常生活中，打工妹只能部分满足身体消费的欲望，为进行身体消费缩减其他生活开支。有时打工妹为购买上百元的化妆品，不得不减少饮食或者储蓄等其他方面的费用。一些打工妹在收入有限的情况下，根据自己的喜好购买化妆品和服装这两类商品中的一类，满足自己的部分消费欲望。

打工妹的两栖消费策略在时空情境上体现得更加明显。小雨生日前两周，她专门去市桥购买了一双品牌鞋和一条裙子，准备过生日时穿。生日当天她还到理发店让理发师给她做了一个发型。回家前，一些打工妹也会比较系统地进行身体消费，从美容化妆到购买服装，对于回家相亲的打工妹来说，尤其如此。一天早上店里刚开门，就有个女孩拎着行李，急匆匆地跑到店里化妆。一问才知道家里前天打电话让她回老家相亲，她买了当天中午返乡的火车票，准备在出发前将自己打扮得漂亮些去相亲。

> 回家了肯定要打扮一下啊，而且我要去相亲不能丢脸啊。你帮我化淡一点，再给我戴一下这个假睫毛……这件衣服是昨天买完票在市桥买的，你们觉得好不好看？我还买了一对耳环和这个眼镜（据说在笔者调查期间这种大眼镜框非常流行），一会儿你化好妆都帮我戴起。

即使不为相亲，回家乡前特意去化妆、买新衣服、做发型的打工妹也不在少数。临近春节时，从商业中心红火的生意上可以看出这一点。打工妹都想把自己打扮得漂亮些、时尚些回家。在家乡人的眼中，她们已经不再是打工前土里土气的乡下丫头了，而是见过世面的“城里人”。俗话说“一年土，二年洋，三年和城里人一个样”，也就是指打工妹打工后的转变，这种变化首先在身体形象上体现出来。此外，打工妹到市区休闲娱乐时，也十分关注自己的身体形象，进行身体消费。如店里打工妹去市桥 KTV 给小雨过生日时的情景就生动地说明了打工妹在市区时的身体消费情况。

打工妹的两栖消费策略反映了她们对自身社会身份的两栖认同。如上所述，各种结构性的因素对打工妹消费有一定的限制，城市只是将她们视为生产者纳入庞大的生产体系，而并未把她们视为消费者。资方支付给她们的工资只能维持她们最基本的日常生活花费，而不负责承担其形象塑造或再生产的费用。她们在城市只能获得生产者资格，难以获得严格意义上的消费者资格。

在服务行业，资方要求打工妹关注身体形象，引导其进行身体消费，通过形象规训唤醒了打工妹的身体意识，让打工妹意识到身体形象的重要性和进行身体消费的必要性。资方不断将身体消费的欲望植入打工妹的意识中，让打工妹成为主动的消费者，培养她们越来越强烈的消费欲望。但是，资方唤起打工妹消费意识的同时却没有支付打工妹身体消费所需的费用。工业区服务业打工妹的工资水平较低，资方支付给打工妹的工资非常微薄，显然不足以维持其身体消费。因此，资方对打工妹进行形象规训时，仍然是将打工妹视为生产者，为了从打工妹身上攫取更多的利润。服务业的资本不仅剥削了打工妹的生产劳动，还剥削了打工妹用血汗钱支付的身体消费带来的正面外部性。

与此同时，生产者的角色也限制了打工妹的日常生活程式与社会交往，这三项因素共同约束了打工妹的身体消费。打工妹被唤起的身体消费欲望与现实的消费条件之间便形成巨大的鸿沟。打工妹在消费欲望得不到满足时，产生越来越大的心理失落感和挫败感，其社会地位落差在这个过程中被凸显出来。经济、时空与社会关系等方面的屏障使她们只能在城市消费边缘徘徊。在城市她们难以作为典型的消费者而存在，只能作为廉价的生产者被整合到经济体系中去。

但她们并不甘心如此。她们既不能不考虑收入低下等条件对身体消费的约束，也不甘心沉沦为纯粹的只出苦力、不讲究形象的劳动者。她们也想消费，也想像城里人一样把自己打扮得漂漂亮亮的。但收入的限制使得她们不能完全向城里人看齐。于是，她们必须在身体消费欲望和支付能力有限之间找到解决办法。这个办法就是两栖消费策略。在某些特定的场合，她们满足自己的身体消费的欲望，按照消费文化的逻辑进行消费。在其他场合，她们则尽量省吃俭用，能省就省，按照节俭文化的逻辑进行消费，以便把省出的资源用于身体外表形象的消费。她们有如“两栖动物”，分别在水里和陆地采取不同的生存技巧。

当她们按照消费文化逻辑进行消费的时候，她们仿佛在把自己当作城里人。但当她们按照节俭文化进行消费的时候，她们又把自己拉回到现实：她们还是乡下人，沿用在乡下形成的节俭习惯。当她们对身体消费欲望进行满足的那一刻，她们仿佛把自己兑换成现代意义上的消费者，但当她们在日常消费上不得不省吃俭用的时候，她们又明白自己其实只是一个生产者。于是，她们的身份认同在城里人与乡下人、消费者与生产者之间来回游走，而无定型。正如她们的消费策略是两栖的，她们的身份认同也是两栖的。

她们渴望留在城市工作、生活，但是她们深知要在城市生活实为不易。一方面，许多打工妹都不愿回农村家乡，她们产生了对城市生活及市民身份的向往和认同。小亮说："（我）不愿意回去（农村老家），我就和我姐说我们要坚强点，争取留在城里。城市的机会要多一点，家里什么也没有，不知道做什么（工作）。都出来了就不想回去了，我们要在城里争取让自己过得更好。"另一方面，制度性的限制条件构成了她们融入城市的阻碍。她们无法超越她们的二等公民的身份。尽管她们身在城市，但她们依然是"农民工"。因此，尽管她们希望做城市市民，但她们明白，她们在城市是被户籍等各种制度所排斥的一群人。

因此，当她们在车间或柜台等工作空间的时候，她们只是以生产者和乡下人身份认同出现。然而，当她们回乡探亲或到市中心逛街的时候，她们便寻求着哪怕是片刻的身份超越。这个时候，她们想扮演一下城里人形象，体验一下消费者的滋味。由此，便不难理解打工妹回农村前进行频繁的身体消费，不仅穿着家乡买不到的衣服，使用家乡没有的化妆品，而且还会带给亲戚朋友一些只能在城市买到的商品。在家乡村民的眼中，打工妹是在城里赚了钱的见多识广的准市民。在城里进行休闲娱乐时，她们卸下生产者的身份，以消费者的角色进入娱乐休闲空间，享受城市的消费生活。在这种特定时空下，打工妹仿佛不再是一个处于社会底层的生产者，而是光鲜靓丽、让农村人羡慕的消费者。而她们在平时为此而付出的血汗和艰辛，则无人看得见。这时，她们与城里人的地位落差得到了补偿，她们获得了暂时的平衡。

然而，两栖认同并不能为打工妹找到归属。她们实际上是没有家园的人，农村是她们回不去的家园，城市是她们留不下来的家园。她们没有了家园，也就没有了可以让认同落脚的地方。这种认同的不确定，使得她们看不到自己的未来，对生活充满迷茫，只能"先过着，走一步算一步"。

四　结语

从农村进入城市的打工妹，在消费文化与资方的形象规训下，唤起了身体消费的欲望。但是有限的经济收入、日常生活程式和社会关系网络又限制了她们的消费，使她们的消费欲望无法得到满足。于是，她们只能采取两栖消费的策略进行应对。一方面，她们在局部领域满足自己的消费欲望，尤其是身体消费的欲望，因为这是具有"可视性"或"显示度"的消费行为，她们试图通过身体消费来与过去那种"土里土气"的"乡下妹"形象进行决裂，而以城里人的形象出现。另一方面，在收入有限的条件下，打工妹身体消费欲望的满足必然挤压其他方面的消费支出。因此，在那些不那么具有“可视性”或“显示度”的消费领域（如吃饭），她们便遵循早期在农村社会化过程中所形成的节俭习惯，省吃俭用。通过这种挤压一部分消费支出的方式来支持身体形象消费欲望的满足。

这种两栖消费策略反映了打工妹的身份困境。一方面，她们是“农民工”，一种身在城里务工，但依然被城里人当作农民的特殊身份。尽管她们不会种田，但她们的工人职业却依然被加上“农民”的前缀。她们因而是既非农民也非市民的流动性、季节性的移民工人。这种边缘身份决定了她们只是以生产者的身份被整合到城市经济体系中，而无法以消费者的身份被整合到城市社会体系中，因为要成为一个现代意义上的消费者，必须首先成为一个具有与他人享有同等权利的公民。作为只具有低收入的生产者，她们其实是没有足够经济能力来体验城市消费文化的。

另一方面，她们却渴望融入城市，希望留在城市工作和生活，具有很强的城市身份认同取向。这种认同取向在她们的身体形象的消费上得到了体现。由于她们不能在消费的各个方面都向城里人看齐，她们便选择性地在身体形象的消费上模仿城里人。她们固然无法在生产空间完成这种身份的亮相，她们便把亮相的时机选在到市中心休闲娱乐或回乡探亲之时。打工妹的身体消费因此便可以看做一种身份认同的亮相仪式。为了支持这种亮相仪式，她们借助了消费文化，但她们也为此付出了代价：她们不得不挤压其他领域的消费支出，并在这些“不可视”的生活领域再生产或强化她们的乡下人的消费惯习和认同。

参考文献

陈昕：《救赎与消费：当代中国日常生活中的消费主义》，江苏人民出版社，2003。

郭星华、储卉娟：《从乡村到都市：融入与隔离——关于民工与城市居民社会距离的实证研究》，《江海学刊》2004 年第 3 期。

李琳、冯桂林：《试析农民工的消费行为——宜昌市农民工消费的调查与分析》，《社会主义研究》1996 年第 3 期。

李林、冯桂林：《我国当代农民工的消费行为研究》，《江汉论坛》1997 年第 4 期。

蓝佩嘉：《销售女体、女体劳动——百货专柜化妆品女售货员的身体劳动》，（台北）《台湾社会学研究》1998 年第 2 期。

李伟东：《消费、娱乐和社会参与——从日常行为看农民工与城市社会的关系》，

《城市问题》2006 年第 8 期。

李晓峰、王晓方、高旺盛：《基于 ELES 模型的北京市农民工消费结构实证研究》，《农业经济问题》2008 年第 4 期。

钱雪飞：《进城农民工消费的实证研究——南京市 578 名农民工的调查与分析》，《南京社会科学》2003 年第 9 期。

王春光：《新生代农村流动人口的社会认同与城乡融合的关系》，《社会学研究》2001 年第 3 期。

王宁：《“两栖”消费行为的社会学分析》，《中山大学学报》（社会科学版）2005 年第 4 期

许传新、许若兰：《新生代农民工与城市居民社会距离实证研究》，《人口与经济》2007 年第 5 期。

严翅君：《长三角城市农民工消费方式的转型——对长三角江苏八城市农民工消费的调查研究》，《江苏社会科学》2007 年第 3 期。

余晓敏、潘毅：《消费社会与“新生代打工妹”主体再造性》，《社会学研究》2008 年第 3 期。

朱虹：《打工妹的城市社会化——一项关于农民工城市适应的经验研究》，《南京大学学报》（哲学·人文科学·社会科学版）2004 年第 6 期。

朱虹：《身体资本与打工妹的城市适应》，《社会》2008 年第 6 期。

Hochschild, A. R., *The Managed Heart: Commercialization of Human Feeling*, California: University of California Press, 1983.

Belk, R. W., "Third World Consumer Culture," *Marketing and Development: Toward Broader Dimensions*, 1988, pp. 103 – 127.

Bourdieu, P., *Distinction: A Social Critique of the Judgement of Taste*, translated by Richard Nice, London: Routledge, 1984.

Duesenberry, J., *Income, Saving and the Theory of Consumer Behavior*, Cambridge, Massachusetts: Harvard University Press, 1959.

McCracken, G., "Culture and Consumption: A Theoretical Account of the Structure and Movement of the Cultural Meaning of Consumer Goods," *The Journal of Consumer Research*, 1986, 13 (1).

Leidner, R., *Fast Food, Fast Talk: Service Work and the Routinization of Everyday Life*, California: University of California Press, 1993.

市场与政府的双重失灵

——新生代农民工住房问题的政策分析

王　星[*]

摘　要：新生代农民工有更强的城市化需求，“职业非农化—居所城市化—生活市民化”是其融入城市的基本步骤。住房是目前阻碍新生代农民工融入城市的最大阻碍。新生代农民工城市居住质量低下，居住格局呈聚居状，这为城市底层社会的形成提供了土壤。新生代农民工住房困境的背后是市场与政府的双重失灵。创新社会管理体制，鼓励社会参与，建构住房资源动态资源配置体系是解决新生代农民工群体住房困境的根本出路。

关键词：新生代农民工　居住格局　市场失灵　政府失灵

一　问题的引出

在当代中国，转型意味着两种内涵：一是经济社会管理体制的转型，由计划统管转向释放市场力量；二是人们生活世界的转型，由静态固化转向流动多变的生活世界①。两种转型内容相互作用，成为形塑中国社会转型特征与走向的重要力量。而在这个过程中，城市与农村之间制度上严格的二元分割与实践生活中异常活跃的互动交流同时并存现象，成为其中最具有特色的

---

*　王星，南开大学社会工作与社会政策系讲师。

①　前者表现为城市里固定的单位社会生活、农村的集体生活，城市与农村生活之间存在严格的二元分割；后者表现为城市里单位社会的瓦解，尽管城乡二元结构依然存在，但城乡之间的互动交流却开始活跃，农村城市化、城市中出现城中村都是这种趋势的体现。

一个场景。其实在改革开放前，城市与农村之间交流已存在，但交流是单方向的，表现为城市通过“剪刀差”向农村进行经济资本的提取；而今天，这种交流是双向的，除了资本对流，劳动力的流动——农民工——是其中重要的内容。

在这样的背景之下，农民工的城市融入成为一个具有重要现实意义的问题。关于农民工城市融入的研究，学界以往多从如下两点切入：一是立足于T. H. 马歇尔的公民权理论，批判城市社会管理制度对农民工群体的排斥①，倡导赋予农民工平等的公民权利；二是从社会心理与文化的角度，关注农民工社会认同的丧失与重构，以及城市生活世界中对农民工的歧视与排斥，进而主张通过增能于农民工（如培训）以促进其主动融入能力②。就公民权而言，其实质内涵包括两个层面：一是社会成员的身份资格，二是分享资源的权利。所以公民权属于一种排他性权利，只授予“特定边界内合法居住和生活的人”③，不过与西方以国家为边界不同，以城乡为界的排他性是中国公民权的主要内容之一。同时，对于农民工城市公民权获取路径，以往研究多宏观笼统地倡导自上而下地赋予，而忽略了公民权更为重要的获取路径，即农民工自下而上地参与。所以在政策操作实践中，出现了“政策文本规定与实践之间的严重错位”问题④，抵消了政策干预的效力。某种意义上，社会心理与文化的研究以自下而上的视角找回了农民工的主体性，关注了农民工群体需求的变化，并将问题由最初的“应该融入”扩展到“怎么融入”，一定程度上弥补了公民权视角的缺憾。可农民工生活世界层面的城市融入既是一种理想状态，也是一个长期而缓慢的过程。而且如果城市社会资源配置结构不改变，农民工（乃至其他社会群体）参与机会及参与能力持续短缺的话，心理与文化层面的融入将难以实现。

其实，农民工的城市融入除了政治层面的权利公平及心理文化层面的认同外，经济层面上的参与或许是其中更为重要的面向。因此，本文既没有从公民权的角度去进行宏观的应然讨论，也没有从社会文化的角度分析融入中的认同与歧视问题，而是选择新生代农民工住房——这个经济交换性极强的事实——为切入点来讨论其“如何融入城市”的问题。笔者以为，对农民工而言，城市融入需要遵循一个逐步展开的现实过程，即“职业非农化—

① 陈映芳：《“农民工”：制度安排与身份认同》，《社会学研究》2005年第3期。

② 王星：《农民工形象建构与歧视集中效应》，《学习与实践》2006年第11期。

③ 苏黛瑞：《在中国城市中争取公民权》，王春光等译，浙江人民出版社，2009。

④ 王春光：《新生代农民工城市融入进程及问题的社会学分析》，《青年探索》2010年第3期。

居所城市化—生活市民化”[①]，农民工只有在城市里“安居”之后，方能“乐业”。而目前我国的农民工只是实现了第一步，住房问题成为阻碍其在务工地长期稳定就业、生活，实现城市融入的主要“瓶颈”。另外，之所以选择新生代农民工，一是因为他们目前是农民工的主体。同时，较老一代农民工，新生代农民工处于农作技能短缺与遭受城市社会排斥的“漂泊无所”的尴尬境地，且他们城市化的渴望与需求更为强烈[②]。

本文主要围绕三个问题展开讨论：一是新生代农民居住现状及特点；二是分析造成新生代农民工住房困境的原因，指出其中存在的市场与政府双重失灵；三是构建解决我国新生代农民工住房问题的政策模型。笔者以为，能否解决好新生代农民工住房问题，不仅关乎其城市融入的问题，更重要的意义在于，对我国预防城市化过程中出现拉美式的“城市贫民窟”问题，以及创新社会管理体制，提高社会建设水平都具有重要价值。

二　新生代农民工的住房现状及特点

据国家统计局的数据，截至 2009 年全国外出农民工的数量已经达到 14533 万人，其中新生代农民工总人数为 8487 万，占全部外出农民工总数的 58.4%，已经成为外出农民工的主体。较之老一代农民工，新生代农民工更倾向于在城市中常住生活，希望离土离乡后在城市里扎根。据调查，有 71.4% 的女性、50.5% 的男性把选择在打工的城市买房定居作为自己的努力目标[③]。现实中，越来越多的新生代农民工为了更好地融入城市生活而迁出工棚，通过与人合租甚至独立租赁住房来拥有自己的小天地。对杭州农民工的一项调查表明，农民工及其家庭租住城郊农民房屋的比重已由 1995 年的 9.7% 猛增到 2008 年的 37.6%。同期，农民工租住城市居民房屋的比重也从 2.2% 大幅度上升到 7.2%[④]。

新生代农民工这些需求，使其居住方式选择及居住格局与老一代农民工有所差异（见表 1）。比如工地工棚的居住比例上，新生代农民工比例明显

---

① 刘文烈等：《关于新生代农民工市民化问题的思考》，《东岳论丛》2010 年第 12 期。

② 全国总工会 2010 年全国新生代农民工调查报告显示，关于“未来发展的打算”，选择“回家乡务农”的，在新生代农民工中只有 1.4%，而在当前仍旧外出就业的传统农民工中这一比重为 11%。

③ 刘俊彦主编《新生代——当代中国青年农民工研究报告》，中国青年出版社，2007。

④ 朱明芬：《农民工家庭人口迁移模式及影响因素分析》，《中国农村经济》2009 年第 2 期。

低于老一代农民工（分别为6.5%和18.9%），这说明新生代农民工对于居住条件以及生活质量的要求与期望更高。尽管新生代农民工改善居住条件的要求更强烈，但与老一代农民工一样，新生代农民工改善居住条件的能力也很低，务工地自购房的比例仅为0.7%。

表1 新生代农民工的居住情况

单位：%

住所类型	所有外出农民工	上一代农民工	新生代农民工	夫妻一起外出的新生代农民工
单位宿舍	37.4	27.2	43.9	32.7
工地工棚	11.3	18.9	6.5	5.4
生产经营场所	8.4	8.6	8.2	7.3
与人合租住房	19.3	16.0	21.3	18.5
独立租赁住房	18.8	24.0	15.5	32.7
务工地自购房	0.9	1.3	0.7	2.0
其他	3.9	4.1	3.8	1.4

注：此表中不包括在乡镇以外从业但是在家居住的外出农民工。

资料来源：国家统计局《新生代农民工的数量、结构和特点》，http://www.stats.gov.cn/tjfx/fxbg/t20110310_402710032.htm。

新生代农民工城市居住格局既与老一代农民工有相似之处，也有不同之处。总体而言，呈现如下特点。

1. 居住分布分散化

选择城市住所属于自我的市场交换行为，没有统一的安置或者安排，所以居住地点分散（见表1）。在居所地点选择上，新生代农民工一般遵循便宜性与便利性原则（比如说“就近原则”——离自己工作的地方近点或者离市中心近点）。但由于近些年城市房屋租金上涨，促使很多新生代农民工居住分布逐渐发生变化，如在城乡接合部或者城中村聚居，选择蚁族式的群租等。

2. 居住结构单一化

由于从事行业、城市规划等因素，使新生代农民居住类型多样，表1的调查数据表明，他们的居所基本上可以分为七大类。另外，他们的流动性很大，一部分新生代农民工在城市打拼几年后，由于无法融入城市而回乡自建房，扎根农村。虽然新生代农民工居住类型多样，但在居住结构上，却呈现明显的单一化特征，基本上以单位宿舍集中居住与租赁居住为主，两项占比达80.7%。居住结构单一化使新生代农民工在社会交往上多局限于内群体交往，而缺乏群际之间的交往，很多新生代农民工能够适应城市工作，但却无法适应城市生活，这直接阻碍了他们的城市融入。

3. 居住环境与条件恶劣

相比于父辈，新生代农民工的居住条件和环境虽有不同程度的改善，但依然恶劣。与老一代农民工类似，新生代农民工居住地选择基本上集中于三类地带：城市近郊区或城乡接合部、城市远郊区以及城市的老旧城区（如城中村）。这些地带的共同特点是社会控制与社会管理体系比较薄弱，房屋供给充足且租金便宜，交通相对便利等优势。同时，对初入城市的农民工而言，此类聚居区的另一个吸引力在于其生活环境与人际环境都是这些城市漂泊者所熟悉的，有助于其建构互助网络，增加其抵御风险的能力。就居住条件来说，新生代农民工住房条件普遍存在如下状况：居住面积狭小，大部分新生代农民工人均居住面积一般在6.5㎡左右，最小的只有3.72㎡；居住环境差，此类聚居区人员混杂，建筑密度大，绿化率低，公共卫生状况恶劣；住所内配套设施非常简陋且不齐全。

4. 家庭居住比例增加

在农民工家庭流动模式上，可以分为单身子女外出型、兄弟姐妹外出型、夫妻分居型、夫妻子女分居型以及全家外出型①。老一代农民工多是丈夫外出打工，妻子留守农村照顾老人与孩子，在居住方式上基本上是夫妻分居型。而新生代农民工中，很多是夫妻一起外出打工，这个比例在结婚的新生代农民工约占59.4%，其中约有62.9%的新生代农民工将子女留在老家，由其父辈照顾（留守儿童），由此形成的居住方式属于夫妻子女分居型。另外约有23.3%的新生代农民工是全家外出型（见国家统计局网站）。所以较之老一代农民工，新生代农民工改善住房条件的动机更强烈，夫妻一起外出的新生代农民工租房居住的比例约为51.2%。而全家外出型的新生代农民工，由于子女入学等问题，使其争取城市稳定居住的需求更为强烈。

这些居住特征告诉我们，新生代农民工以村落聚居型和单位聚居型为主的居住格局事实上在城市空间中划出了一个底层边缘社会与城市主流社会之间相互隔离的物理边界。在这些农民工聚居区里，住所拥挤不堪，治安混乱，公共施舍严重匮乏，对社会秩序的有效管理构成了很大挑战。而且更令人担忧的是，新生代农民工集中混杂的居住格局使他们的社会交往日益同质

---

① 李强：《农民工与中国社会分层》，社会科学文献出版社，2004。

化。研究已经证明，新生代农民工在城市社会里的社会交往圈子基本上局限于居住范围之类，其社会求助行为多围绕家人、亲戚及居住在一起的工友等群体展开，难以形成具有城市现代因子的制度化的社会支持网络[①]。对于生活在城市里的新生代农民工群体而言，如果说经济收入薄弱、社会地位低下以及权益弱势等因素使其在权利上一直处于城市社会的底层，那么，新生代农民工的居住特征则进一步推动了城市里所谓的“贫困亚文化圈”的形成，为底层社会的形成提供了土壤。

三　新生代农民工住房资源配置中市场与政府的双重失灵

世界任何一个国家在城市化过程中，都会面临城市流动人口尤其是贫困流动人口的住房短缺问题。在城市贫困人口住房供给模式上，尽管世界各国（地区）的做法不同，如美国的市场供应体系、中国香港的双轨制供应体系等，但基本上可以划分为两种供应路径：一是市场供应机制，强调住房的商品属性，认为只有市场化才是建构公平而有效率的住房体系的有效途径。市场化供应机制的主要特征体现为如下几点：在住房资源配置上以市场配置取代行政配置；开放住房投资，实现投资主体的多元化、社会化；在住房管理上，主张以市场经营的手段维持居住质量[②]。二是政府保障机制，强调住房属于准公共产品，具有商品和社会双重属性[③]，认为在住房供应上，政府具有不可推卸的社会责任，尤其是对城市中的贫困群体[④]。政府保障机制模式基本上包括如下几点：政府直接出资，开发廉价住房；政府间接出资，现金补贴住房；政府间接援助，配套优惠租售模式，等等。与此相对应的，在住房资源配置上以行政配置为主，如资格审查等。

当然，世界各国在住房政策设计上多会将市场供应与政府供应机制结合起来，建构多层次的住房供应体系；试图通过多层次住房供应体系实现市场机制与政府机制的有效结合，在满足不同城市群体居住需求的同时，提高他

① 蓝宇蕴：《我国“类贫民窟”的形成逻辑——关于城中村流动人口聚居区的研究》，《吉林大学社会科学学报》2007 年第 5 期。

② Aimin Chen, 1998, “China’s Urban Housing Market Development: Problems and Prospects”, *Journal of Contemporay China*, Vol. 17.

③ 王星：《调控失灵与社会的生产》，《社会》2008 年第 5 期。

④ 徐月宾、张秀兰：《中国政府在社会福利中的角色重建》，《中国社会科学》2005 年第 5 期。

们尤其是城市贫困群体的居住质量。可是在具体的政策实践中，问题则复杂得多：一方面要建立相关配套制度以保证市场供应机制与政府机制能够有效地得到协调与嫁接，从而既能够解决城市贫困群体的住房短缺，又要能够保证其居住质量，防止集中安置可能带来的“贫困窟”等社会问题；另一方面是住房供应主体的动机激励问题。对于市场资本而言，只有在与资本利益一致时才会承担社会责任。换言之，资本有利可图时才会有动机参与到解决城市贫困群体的保障房建设之中。对于政府供应机制而言，公共选择学派则认为任何个人和团体都不能毫无私利地代表公众利益，即使政府也是如此[①]。另外，政府供应机制还面临预算约束等问题，因而会出现政府失灵的问题。在中国，新生代农民工住房供给过程中，上述两个问题都暴露出来了，形成了市场与政府双重失灵的局面。

首先在城镇住房市场供给结构上，存在商品住宅急剧膨胀，而保障性住房增长缓慢的现象。地产资本的逐利性与土地招拍挂制度带来的土地财政使资本与地方政府在保障性住房建设动机上缺乏激励[②]。按照1998年国务院《关于进一步深化城镇住房制度改革加快住房建设的通知》，明确了中国的城镇住房改革的两个方向：一是重构了中央政府与地方政府的责任。1980年以前，中央政府是住房的主要提供者，有超过90%的住房投资来自国家预算[③]。改革后，中央政府将住房尤其是经济适用房和廉租住房的供给责任交给了地方政府，同时也下放了部分与住房供应相关的土地审批权力。二是住房供应上“去福利化”，通过住房商品化和货币化将住房责任由国家和单位转移至社会成员个人身上，个人支付能力成为其住房需求能否得到满足的决定因素。在住房供应机制设计上，从1998年中国城镇住房体制改革初，就建立了三级供应机制，即商品房、经济适用房与廉租房，并且规定以经济适用房为住房供应体系的主体。可是在政策实践过程中，尽管城镇住房制度改革使城镇居民的居住质量得到显著提高，人均居住面积从改革初的6.7㎡提高到28.3㎡，但同时也带来了严重的住房不平等问题：一方面住房市场规模飞速增长，商品房投资过热，商品房价过高；另一方面住房投资供给结构上却严重不合理，商品房投资急剧膨胀，而保障性住房供应严重不足。根据国家统计局数据，2009年全国商品住房投资达25619亿元，占全部住房

---

① 布坎南、托里森：《公共选择理论》，商务印书馆，1972。

② 周飞舟：《生财有道：土地开发和转让中的政府和农民》，《社会学研究》2007年第1期。

③ 朱亚鹏：《市场主导下的中国住房政策》，（香港）《二十一世纪》2007年12月号。

投资的70.7%，而同年全国保障性住房投资只有1676亿元，其中廉租住房投资资金为642.26亿元[①]。

在这种背景下，对于新生代农民工而言，虽然商品房住房市场是开放的，但他们根本无相应的支付能力。2010年《全国总工会关于新生代农民工问题研究报告》显示，有74.1%的农民工愿意承受的购房单价在3000元以内，有19%愿意承受3001~4000元的单价，愿意承受4000元以上的只有6.9%。然而，据调研，3000元/平方米的房子主要集中在中西部地区的县市及以下城镇，在农民工集中流入的东部沿海地区，即便是小城镇的房价也远远超过了3000元/平方米。新生代农民工集中的大城市，如广州、上海及深圳等地，房屋均价已经早已突破1.2万/平方米。市场供给与住房需求之间的严重错位导致新生代农民工住房短缺问题根本无法依靠市场手段来解决。可以说，市场手段在贫困的农民工群体住房资源配置中失灵了。

其次在住房资源的政府行政配置上，除了地方政府动机激励不足外，在农民工群体住房资源配置中的政府失灵主要表现为如下三点：一是政府角色缺位，将农民工群体排斥在城镇住房保障体系外。在我国目前的城市住房保障体系和相关政策中，经济适用房的提供对象主要是拥有当地常住户口的中低收入的家庭，而城市廉租住房的供应对象也主要是拥有城市户口的贫困家庭，并且是双困家庭。新生代农民工由于没有城市户口或者当地户口从而被排斥在城市保障住房供给体系之外。二是表现在住房供给体系内存在的制度冲突，尤其表现为土地政策与农民工住房集中安置之间的矛盾。目前，农民工群体集中安置的方式主要有三种：①开发区或工业园区内的企业利用受让土地，在工厂生产区附近兴建农民工宿舍；②通过企业与农民集体组织双方合作进行自主安置，在城乡接合部的农民集体土地上兴建农民工住所；③利用破产或倒闭企业的闲置厂房改造或修建农民工集体住所[②]。利用这三种方式其实都与现行的土地政策相冲突：利用工业用地兴建农民工住所，属于改变土地用途，与现行的工业用地政策相冲突；利用城乡接合部农民集体土地兴建农民工集体住所，某种意义上属于小产权房，与现行的集体建设用地流转政策相冲突；利用破产或倒闭企业的闲置厂房改造或修建农民工集体安置

① 国家审计署：《19个省市2007年至2009年政府投资保障性住房审计调查结果》，2010年11月17日。

② 金三林：《解决农民工住房问题的总体思路和政策框架》，《中国房地产金融》2010年第8期。

住所与现行的土地收购储备政策相冲突。三是政策文本与政策实践的严重错位。从2005年开始，中央政府为了解决新生代农民工城市居住问题，相继出台了6个文件[①]。这对督促和引导各级政府改善和解决城市农民工的住房问题起到了积极的作用。但在具体的政策落实过程中，却出现了文本与实践的严重错位。比如长沙利用城乡接合部农村集体土地建设民工公寓，这些小区环境好，配套基础设施健全。但由于地理位置较偏，交通成本高，居住成本优势不明显，遭到农民工群体的“集体冷落”。另外如湖州模式通过降低建立住房公积金账户的门槛，把非公有制企业的农民工纳入住房公积金管理体系中，但由于新生代农民工工作岗位流动性高，非正规就业现象普遍，同时公积金的提取限制较多，使这种公积金覆盖农民工的模式象征意义大于实际意义。

在新生代农民工住房供给上，过度市场化使弱势的农民工群体根本无支付能力购买商品房。与此同时，作为市场失灵补救手段的政府行政配置方式却将城市农民工群体排斥在资源供给体系之外。可以说，市场与政府的双重失灵直接带来的结果就是农民工群体城市居住格局混乱，居住质量低下。这使农民工群体更加弱势，催生了城市新贫困群体与空间分化，同时城市底层社会的逐渐形成也加大了社会管理的难度。

近些年来，面对农民工保障性住房供给中存在的市场失灵与政府失灵问题，中央政府一方面通过加大保障性住房建设，增加土地储备及住房供给量的方式来调控住房市场；另一方面通过中央政府采用行政管理手段来激励地方政府的参与动机。如住建部与各地方政府签订保障房建设的目标责任书，并将目标完成情况纳入住房和城乡建设部、监察部对各省区市住房保障工作的考核和问责之中。

国家通过行政控制力量对新生代农民工群体住房问题进行调控的效果如何尚待观察。但显然，行政干预的介入重点应该是在市场机制与政府机制之间建立有效的互动连接机制。同时，行政力量过度干预容易导致所谓的外部性，比如效率低、腐败问题等。所以笔者以为，动员社会力量参

① 如2008年1月，住建部等五部委在《关于改善农民工居住条件的指导意见》中提出，要将农民工住房问题纳入城市规划。2009年12月，中共中央、国务院在《关于加大统筹城乡发展力度进一步夯实农业农村发展基础的若干意见》中要求各地方政府多渠道多形式改善农民工居住条件，鼓励将农民工逐步纳入城镇住房保障体系。2010年6月，住建部等六部委在《关于做好住房保障规划编制的通知》中，进一步提出加快建设公共租赁住房、限价商品住房，着力解决新就业职工、进城务工人员等中等偏下收入家庭的住房困难。

与，建构动态的整体性住房资源配置体系才是解决新生代农民工住房问题的出路所在。

四　新生代农民工住房资源配置体系建构及结语

在福利资源配置上，西方理论界一直存在是市场至上还是政府主导的争论。市场至上论认为通过市场机制可以有效提高资源配置效率，降低福利成本，且能够激励个人奋斗动机。该理论运用到住房资源配置上，典型模式是美国的投保自助型，鼓励私营开发商为低收入阶层建造住房，政府则主要通过补贴提高需求者市场支付能力。而政府主导理论则认为，过度市场化会产生社会贫困与不平等，导致福利资源配置中的市场失灵现象，所以应该采取政府主导的福利资源配置方式。该理论运用到住房资源配置上，典型模式是荷兰的福利住房体制，中央政府通过直接投资大规模的住房尤其是低租金公共住房的建设和制定建筑规范两种形式介入住房发展。可是反对政府主导型的学者认为，这种模式貌似公平，但效率低下，社会成本巨大，而且容易导致福利依赖、福利欺诈等“道德公害”[①]。

针对福利资源配置中的市场失灵与政府失灵问题，福利多元主义理论主张通过多元化的路径供给与传输福利资源[②]，建构“国家—市场—社会”的福利三角模型，试图以多样化与竞争来实现公平与效率的均衡。该理论运用到住房资源配置上，典型模式是新加坡的强制储蓄保险型模式。新加坡住房分为三种：高级别墅或洋房；私人公寓；政府组屋。前两种住房完全是市场化机制运作，满足富人需求。政府组屋则采取多元化运作机制：建造主体是政府，新加坡建屋发展局通过土地储备建造组屋。在资金来源上强调责任分担，市场手段与政府供应相结合：①政府公积金，新加坡有中央公积金计划，强制要求公民实行住房储蓄；②银行贷款；③购房者的货币支付。在组屋发展上，强调社会参与。新加坡政府取消了住房发展局管理权，要求住户自我管理。居民自治组织联合所（相当于我国的居委会）和市政理事会则具体承担管理责任。

不过，福利多元主义模式多是在西方民主政治体制下展开实践的，其有

---

① 吉登斯：《第三条道路》，北京大学出版社，2000。

② Rose. R. , 1986, “Common Goals but Different Roles”, in Rose. R. & R. Shirtori, *The Welfare State East and West*, Oxford Univeristy Press.

效性依赖于三个前提：①私有化是社会服务提供和输送最有效的方式；②地方政府能够更好地满足公民的社会福利需要；③草根组织和社区基层组织比地方公共机构更有效①。同样，新加坡组屋计划之所以能够有效地解决新加坡82%人口的居住问题，与其成熟的选举政治体制以及发达的公民社会基础是密不可分的。

回到中国，对于新生代农民工群体住房面临的市场与政府双重失灵问题，无论是发生的制度环境，还是问题内在属性都完全不同于西方社会，这对福利多元主义理论适用性提出了挑战。首先，这里的政府失灵虽然有与福利国家相似之处，即地方政府供给能力不足的问题，但更多是指地方政府参与动机不足，政府责任缺位；其次，二元性的城乡分割结构将在中国长期存在，由此而形成的社会排斥、公民权不平等，以及新农民工群体的流动性等问题都是福利多元主义理论的盲点；再次，我们国家属于威权政治体制，社会参与途径单一化，社会自治能力严重不足。所以笔者以为，对于中国新生代农民工群体住房资源配置体系建构，关键点在于：①明确政府责任，建立良好的社会化合作机制，以新生代农民工为主体、政府宏观调控、市场主导、社会各方参与是基本原则；②整体性政策建构视角，将城乡二元分割长期存在事实，以及城市承载能力等因素纳入考量，从政策设计上鼓励新生代农民工回乡自建作为解决其城市住房问题的补充方式；③动态性，要建立开放而完善的进入与退出机制，如保障性住房的资格审查与收入现状的联动。可以说，新生代农民工的住房问题是一个庞大而又复杂的问题，并且随着社会环境状况和新生代农民工自身情况的变化而变化。只有进行整体性的社会政策调整，建立动态的资源配置机制才能逐步解决这个问题。

根据上文的分析，新生代农民工群体在住房选择上可以分为自购房群体，租住房群体，以及单位集体居住群体，另外还有一部分人会选择回到农村，进行自建房。市场与政府在这个过程中，根据城市的发展程度，提供廉租房、集体公寓、经济适用房、普通商品房、鼓励回乡自建房在内的多样化住房支持。具体而言，新生代农民工住房资源配置体系可以图1表示。

第一，金字塔最底层——返乡自建房。这是基于城乡二元分割长期存在，城市承载能力有限，以及城市化进展不断扩展而做出的理性选择。首先要建立农村自建房补贴制度，住房补贴是回乡的新生代农民工最愿意接受的

---

① Gilbert. N., 2000, "Welfare Pluralism and Social Policy", in Midgley, Tracy & Livermore (eds.), *Handbook of Social Policy*, Sage Publications.

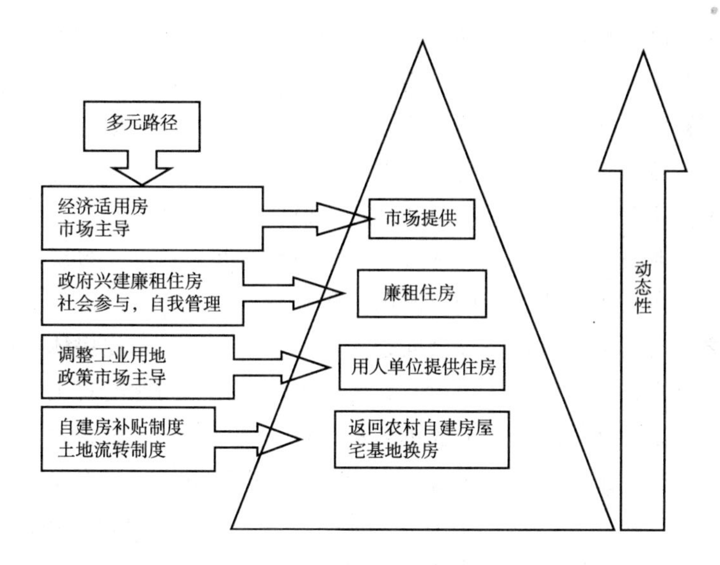

图 1　新生代农民工的“金字塔”住房模型

注：最初提出金字塔住房模型的是周衍露等，具体可参见《构建“金字塔”式住房模型》，《劳动保障》2009 年第 9 期。但笔者这里与他的模型在内容与原则上存在不同：①笔者将自建住房纳入住房体系，因为农村的宅基地换房是新生代农民工城市化的重要途径；②笔者的模型建构原则是“新生代农民工需求为主体，政府宏观调控，市场主导，社会参与”，而周衍露等的建构原则是以政府直接参与为主体。

住房支持方式；其次改革农村土地制度，探索土地流转的操作方式，如通过新生代农民工有偿转让农村宅基地和承包地办法，为新生代农民工真正实现城镇化和进城定居做好铺垫。

第二，金字塔第二层——单位提供房。这是新生代农民工通过其所在的用人单位提供住房来解决住房问题：首先鼓励用人单位兴建集体公寓。对其内部员工中新生代农民工占较大比例的企业，在参照自身的规划在获得合法用地范围之内为新生代农民工兴建集体宿舍；其次提高新生代农民工的工资水平；最后政府要调整相关的工业用地政策与单位集体建房政策。

第三，金字塔第三层——租赁房屋。首先兴建廉租住房，放宽申请资格的户籍身份限制；其次是建立多渠道住房保障资金来源体系：①政府的财政预算安排；②鼓励民间资本参与，如采用混合居住的模式，在保障房中规划一些商品性住房市场经营；③增强廉租房社区的自我管理能力，一方面建立居委会等组织机构，另外通过适当的租金收入来维持廉租住房的发展。

第四，金字塔最顶层——购买房屋。这是新生代农民工通过买房的途径获得属于自己的住房：首先要改革户籍制度，没有城市户口，新生代农民工也就不能购买城市中的经济适用房，甚至不能租赁廉租住房，更无法享受住房的租金补贴。其次是建立新生代农民工的住房公积金制度：①减低住房公积金进入的政策门槛。②实行低标准、广覆盖的原则。各地政府在制定新生代农民工住房公积金缴纳标准时初期可以设置一个较低的水平，因为这样既可以减轻企业负担，又可以保证覆盖的全面性。③多标准、多层次，对不同经济效益的用人单位要有不同层次的公积金缴纳标准。

总之，与其他所有经济社会问题一样，新生代农民工住房体系建立不是在政治文化真空中发生的。因此，新生代农民工住房问题的解决，根本上依赖于我们国家社会管理体制的改革创新，找回政府责任定位，为市场、社会力量的参与提供平等机会和平台，方能克服其中的市场与政府双重失灵。在政策建构中，建立有效地社会合作机制，实现动态的“福利组合”供给模式，寻求不同福利供给主体之间的均衡则至关重要。新生代农民工住房问题是一个广泛的社会发展问题，是和谐社会建设的重要议题。可以说，这个问题解决的成功与否，直接关系到我们社会的稳定与城市化的未来走向。

制度环境如何塑造公司战略：国家、资本市场与多元化战略在中国的兴起和衰落

杨　典*

摘　要： 本文采用社会学新制度主义组织分析的理论框架，强调外部制度环境（国家和资本市场）在塑造大公司内部结构和战略中的作用，尤其是权力和合法性在组织变革中的关键角色。基于676家中国上市公司2000～2007年的财务和公司治理数据以及相关深度访谈资料，本研究发现，无论是之前的多元化还是之后的去多元化和回归专业化，国家政策都起到了强大的形塑功能；同时，资本市场也有力推动了上市公司的专业化战略转型；多元化不但降低投资回报、损害公司股市表现，而且减缓公司成长。尽管多元化对业绩不利，但我国公司仍热衷多元化并由此使我国成为世界上公司多元化程度最高的国家之一。我国企业进行多元化有着更为复杂的制度和社会原因，而并非单单受经济和效率因素驱动。

关键词： 新制度主义　公司战略　多元化　去多元化　专业化

在20世纪60年代到70年代，尽管美国大公司广泛采用了集团公司模式（the conglomerate model）和多元化战略（diversification strategy），但并没有足够证据表明这些战略发挥了其应有的作用，相反，越来越多的事实证明多元化战略在提高公司业绩、增强公司竞争力方面是无效的。因此至20世纪80年代，多元化集团公司模式开始失宠，提升专业化成了美国大公司在

---

*　杨典，中国社会科学院社会学研究所助理研究员。

过去30年间的战略趋势。比如，1980年，只有25%的美国大公司集中于单一行业（a single 2-digit industry）运营，而到1990年这一比例达到了42%（Fligstein，1991；Davis，Diekmann & Tinsley，1994；Zuckerman，1999，2000）。在其他发达国家或新兴经济体，也有不少因素在推动公司模仿、采纳美国盛行的专业化战略：企业所在国政府会要求企业停止多样化运营以提高公司绩效；机构投资者会迫使公司去多元化（de-diversify）以提高投资回报；公司董事会中的外籍董事们也会要求企业采取更加集中化的战略；商业教育者和咨询顾问们在其教学和咨询服务中，也十分推崇美国大公司的专业化战略（Ramaswamy & Li，2001）。美国大公司的专业化趋势通过制度同构（institutional isomorphism）机制在全球各地得以广泛扩散，彰显了公司多元化战略研究采用经济社会学和新制度主义视角的必要性和重要性。

尽管专业化战略成为美国和不少全球企业的宠儿，但多元化战略却仍是中国企业的主导战略。如图1所示，在世界主要经济体公司多元化程度的比较中，中国是个特例：中国企业的多元化程度明显比其他所有国家都高，不仅比美国等发达国家高，也比同属发展中国家的印度和巴西高。

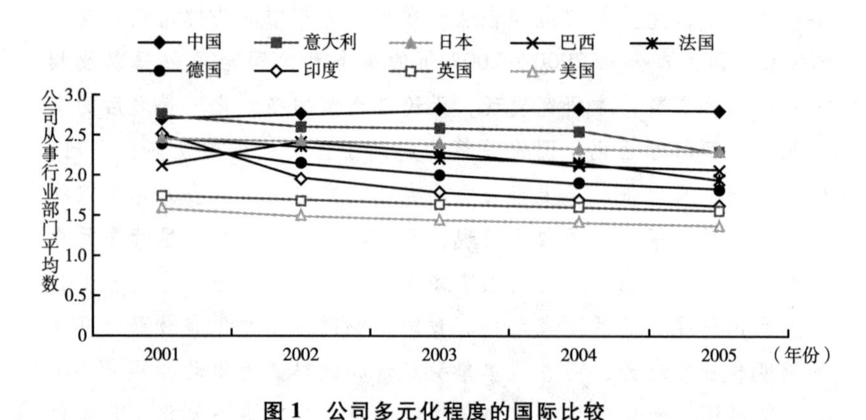

图1　公司多元化程度的国际比较

资料来源：Fan et al.，2007。

为更好地理解中国企业多元化的原因及其对企业绩效的影响，我们必须同时考虑多元化的传统解释（经济学/管理学）及中国的特殊制度环境。因为，尽管有大量证据表明多元化并不能显著提高公司业绩，有时甚至是成功企业走向崩溃的主要原因，但不少中国企业还是争先恐后地实施多元化并以此为荣。这些事实提醒我们，中国企业多元化的原因可能与其制度环境密切相关，而不单单是市场机制的自然结果。也就是说，在中国，塑造公司战略

的因素除了经济学家和管理学家声称的效率和利润之外，可能还有特殊的社会和制度因素。作为一项尝试，本文试图采用社会学新制度主义组织分析的理论框架去厘清、分析影响中国企业多元化战略的制度因素及其作用机制，为我们更好地理解多元化提供不同于经济学和管理学的第三种视角。具体来说，本文旨在研究国家和资本市场等外在制度因素对中国上市公司多元化战略的影响。

与多元化原因密切相关的一个问题是多元化如何影响公司绩效。虽然多元化在发达国家被认为不是一种好战略，但也有学者认为其在发展中国家可能是一种比专业化更优的战略，会显著提高公司业绩（Khanna & Palepu, 1997）。因为在发展中国家，产品市场、资本市场和劳动力市场很不完善，政府法规和合同的执行力度也不够，而多元化企业集团有自己的劳动力市场和资本市场，在遵守政府法规和履行合同方面比个体企业也更有效率和效果，因此，多元化企业的绩效会更好一些。中国多元化企业是否在业绩方面表现得比专业化企业更好？或者说，高绩效是中国企业采取多元化战略的原因吗？

为更好地理解中国企业多元化的原因及其后果，首先我们简单回顾一下中国企业多元化发展的历程，并对中国企业的政治社会环境进行简要说明。

一　多元化战略在中国的兴起和衰落：1978～2008

（一）多元化公司模式在中国的兴起：1978～1997

改革开放以来，中国企业呈现从单一企业向多元化企业集团转变的趋势，而且多元化企业的多元化程度也在显著加深。在20世纪90年代后期，即多元化战略的鼎盛时期，90%以上的中国上市公司实施了多元化战略，平均业务部门数量超过3个，有些企业甚至涉足12个行业之多。毋庸置疑，中国企业多元化有诸多经济驱动因素，例如快速变化和高度不确定的市场环境（因此企业采取多元化战略以分散风险），从短缺计划经济向市场经济转型而产生的各个行业的巨大市场机会（因此企业蜂拥到尽可能多的行业以期获取最大化的机会和利益）。但是，多元化公司模式在中国的广泛盛行也有不少制度因素的推动，特别是国家在塑造公司战略方面起了重大作用。

具体说来，中国政府在20世纪90年代推行多元化企业集团政策有几个动因。其一是中国政府认为中国企业应该模仿日本和韩国的多元集团公司模式，以提高企业竞争力、促进经济发展；其二，中国本土企业与在华运作的大型跨国公司日益激烈的竞争也迫使中国企业快速整合起来，打造多元化“企业航母”以有力应对外资竞争。此外，中国政府也把多元化企业集团当作吸纳日益增多的亏损企业和下岗职工的一个有效途径。与破产相比，多个企业兼并、重组为一个更大的多元化企业遂成为更优选择。当时有大量案例显示，各级政府曾主导一些大型国企吸收、合并亏损的中小国企形成大的多元化集团，说明90年代中国很多多元化企业集团的建立，更多的是基于政治考虑而不仅仅是经济方面的考量（樊纲，1996；Keister，1998）。

在改革初期，一些学者和官员就提出建立企业集团有助于整合国家经济的想法。但由于缺少相关产业政策支持，再加上地方官僚势力的反对，大型企业集团的打造遭遇难产。到20世纪90年代初，情况才有了根本好转。1993年两个法律政策的颁布成为中国企业集团命运的转折点。第一个是《中共中央关于建立社会主义市场经济体制若干问题的决定》，将“现代企业制度”作为我国企业改革的关键，呼吁建立跨地区、跨行业的大型企业集团。第二个是1993年通过并于1994年7月正式实施的《公司法》。《公司法》连同其他相关法律法规，成为我国现代企业制度的法律基础和影响我国企业集团战略的重要制度因素。在《中共中央关于建立社会主义市场经济体制若干问题的决定》和《公司法》颁布不久，国务院在1994年就选择了100家企业和56家企业集团作为建立现代企业制度的试点。这些企业在制定经济计划、融资运营和对外贸易中拥有更大的自主权。1997年春，国务院把试点企业集团的数量从56家扩大到了120家。中央对企业集团发展的高度重视，在各个部委、省市等层面引起了极大反响，后者纷纷采取各种措施以支持中央计划。1995年4月，原化学工业部宣布，将大力支持其属下的5个大型企业集团，力争在九五期间达到超过100亿元的年销售目标。国务院也于1995年宣布投入1000亿元支持8家重点汽车企业集团的发展。各省市也纷纷搭上支持企业集团发展的花车。1995年春，上海市政府率先采取措施鼓励企业集团的发展，各种企业集团随后在部、省、市、县等各层面蓬勃发展，农业部和地方政府甚至支持在乡镇层面打造乡镇企业集团（Shieh，1999；陈清泰等主编，1999）。

20世纪90年代中后期国有企业的普遍亏损和经营困难，使得我国政府认识到国企改革必须“有所为、有所不为”[①]，于是新的国企改革核心原则

① 参见1997年党的十五大通过的《中共中央关于国有企业改革和发展若干重大问题的决定》。

“抓大放小”战略随之产生了。“抓大放小”，即集中政府的有限精力和资源扶持大型成功的国企，而放松对中小国企的控制权和所有权。具体来说，就是将大中型国企转变为独立法人实体，并支持其兼并、重组、联合，形成大型多元化企业集团。而小型国企，尤其是那些亏损企业，或被出租，或被并购、出售，甚至被勒令破产（吴敬琏等，1998；张维迎，1999）。“抓大放小”战略的实施对我国企业90年代中后期的多元化浪潮更是起到了推波助澜的作用。

因此，自20世纪90年代初开始，我国掀起了一波又一波的企业集团化改制浪潮。虽然每个企业集团化的具体动因不尽相同，但都受到了政府的强烈推动。很多企业集团甚至是直接由国家建立的，政府强制往往是企业多元化背后的关键因素。在某些情况下，企业兼并、重组、集团化改制都是在相关政府主管部门一手操控下完成的，而这些监管、操控改制过程的政府机构在集团化改制完成后便成为新企业集团的总部，这些机构的政府官员则成了改制后企业集团的董事长或总经理。有些企业则通过非相关多元化（unrelated diversification）来履行社会责任，因为当时国家政策规定不能随意解雇冗余的工人。在90年代，我国还缺乏完善的社会保障体制和劳动力市场，就业对政府和社会稳定尤其重要，政府不允许企业随意解雇员工加重本已十分严重的就业形势，因此企业随便裁员是行不通的（李培林、张翼，2007）。但根据相关政策，企业可以把车间及其他服务设施转化为“附属三产公司”，从事母公司核心业务以外的商业活动，例如房地产管理、酒店及维修服务等（Guthrie，1997）。面对计划和市场的双重压力，非相关多元化为那些继承了沉重历史包袱的大型国企提供了既能提高核心竞争力，又能转移过剩人力资源的有效方法。总之，我国企业的多元化很大程度上是由政府的多元化集团改制政策推动的，在90年代全国性的、运动式的多元化浪潮中，政府起着关键作用。

（二）多元化战略的衰落：后1997时期

1997年是中国企业多元化进程的一个分水岭，因为“多元化热”自此逐渐冷却下来。这一年，亚洲金融危机及几个著名多元化集团的突然倒闭（如巨人、三株和太阳神集团），引发了商界和学术界关于中国企业究竟应该采取多元化还是专业化战略的大讨论。尤其重要的是，多元化集团公司模式被认为是导致韩国经济危机的重要原因，不少人开始担心中国效仿韩国大力推动多元化企业集团的政策也许是不明智的。而中国政府和企业集团之间的密切关系也让人更加担心，危机一旦发生，其后果可能更加严重。反思日韩多元化集团模式的负面效应，加上观察到美国专业化公司模式在全世界的风行，中国高层领导人和决策者开始将目光转向看似更优的美国模式。相应的，很多中国企业开始实施去多元化以提高核心竞争力（core competency）。例如，1997 年实施兼并重组的 95 家上市公司中，有 14 家剥离了非核心资产；在 200 家进行重组的企业中，有 50 家出售了非核心业务。

自 1997 年亚洲金融危机以来，在新的国家政策和美国专业化公司模式的强大影响下，中国企业出现了去多元化的新趋势。如图 2 所示，尽管中国企业的多元化程度在总体上仍然很高，但 2001 ~2007 年出现了明显下降[①]：2001 年 85%以上的企业从事多个行业，而这一比例在 2007 年下降到 70%；衡量企业多元化程度的指标熵指数（the entropy index）也从高峰年 2001 年的 0.56，大大降低到 2007 年的 0.42。此外，数据显示 2001 年中国上市公司从事的平均行业个数超过 3 个，而到 2007 年下降到 2.6 个（参见图 3）。

从图 2 和图 3 可以清楚地看到，2001 ~2007 年企业多元化的几个重要指标都呈下降趋势，由此我们不难得出结论：中国企业在过去几年中正在迅

① 相反，图 1 显示中国企业多元化在 2001 ~2005 年呈微幅增长趋势。图 1 和图 2 的差异主要是由于取样方法和样本企业的不同而引起的。图 1 引自范博宏等学者（Fan et al.，2007）的研究，他们把 2001 ~2005 年中国所有上市公司作为样本，这意味着他们的样本数量是逐年变化的，每年都有新公司加入。而图 2 是基于笔者自己的样本：1997 ~2007 年 676 家上市公司。因为跟踪了同一批公司过去 10 年来多元化情况的变化，所以本研究的数据在衡量中国企业多元化的趋势上会更准确。图 1 的数据能够很好地展现中国上市公司的整体多元化程度，但由于每年公司样本不同，无法获得同一批公司多元化程度的变化情况。更重要的是，本研究的数据与采用的理论框架更相关，因为本文的核心论点是国家和资本市场在塑造公司战略（例如去多元化战略）方面起到了很大作用。非上市公司和刚上市的上市公司在去多元化中并没有受到太多来自国家政策和资本市场的压力，所以如果我们想要确切知道国家政策和资本市场对中国企业去多元化的影响的话，应该排除这些公司。本研究的数据能够很好地呈现国家和资本市场的作用，因为样本中的 676 家公司，受国家政策和资本市场影响长达 10 年，它们在这样的双重压力下更可能去多元化。这就是为什么本研究数据显示中国企业多元化呈下降趋势，而 Fan 等学者的数据呈上升趋势（但新上市的企业上市时间越长越容易去多元化，这会降低中国企业的整体多元化程度）的原因。整体上看，尽管中国企业多元化程度仍然很高，但 1997 年后有显著的去多元化趋势。总之，去多元化/重归专业化是一个长期的历史进程，不会一夕之间发生。美国企业花了至少 20 年时间重归专业化，因而中国企业的去多元化也很可能是一个长期过程（但估计中国会比美国快，因为除了资本市场的力量，中国政府也在积极推动中国企业的去多元化和专业化进程）。此外需要说明的是，图 2 中 2006 年多元化程度的突然加深是由股票市场的繁荣引起的：我国股票市场在 2006 年成倍增长，很多上市公司都开始从事投资业务（在上市公司年报中会被当作一个新的业务部门），这是导致 2006 年上市公司业务部门平均数激增及多元化程度暂时飙升的主要原因。

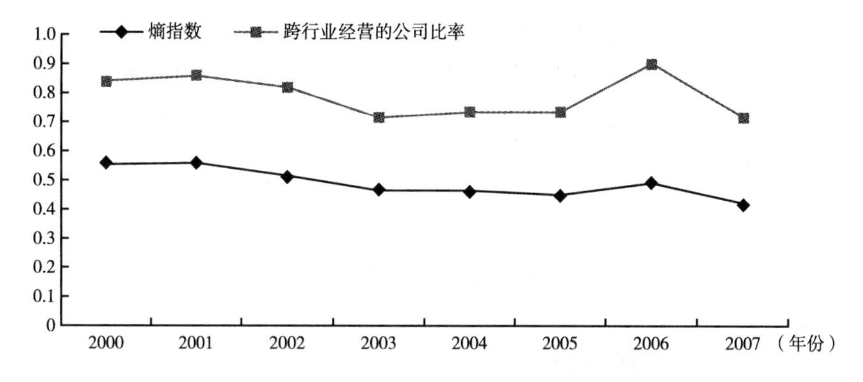

图 2　中国上市公司多元化战略的衰落，2000～2007

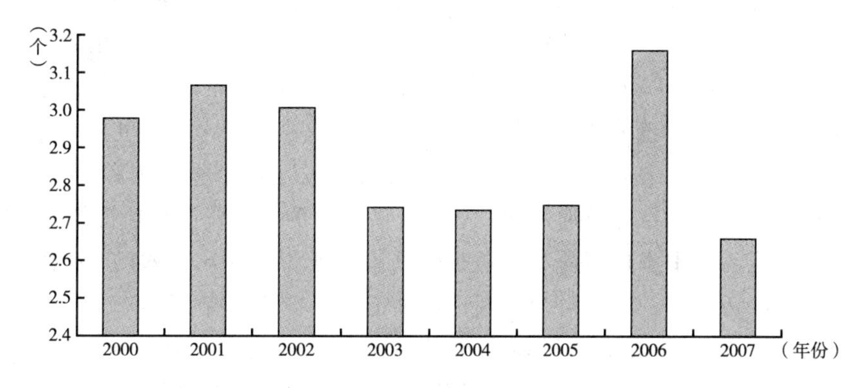

图 3　中国上市公司从事行业部门平均数，2000～2007

速地去多元化。除了数字量化指标外，人们谈论企业战略的话语和论调也发生了显著变化。在实地调研期间，笔者强烈感受到专业化这一中国商界的新时尚和大家对此的谈论热情。公司高管、学者和商业媒体经常讨论中国企业为什么要专业化而不是多元化，还常常举例说因为全球财富 500 强几乎都是专业化企业，所以中国企业若想进入 500 强就应该采取专业化战略。专业化论调如此强大，以至于连锁酒店出售了其餐厅业务，只因为商业顾问和媒体认为，酒店管理而非餐厅运营才是其核心业务。中国农业和食品工业最大的一家公司总经理 N 先生抱怨说："专业化战略在中国已经走得太过了……我也曾被 M 咨询公司所误导，去多元化得非常厉害，以至于把几乎所有有利可图的资产和业务（例如房地产）都出售了，只留下了 M 咨询公司所认定的核心业务（但都是一些非营利的业务），例如农产品业务，这最终导致我们的业绩变得很差……后来我们为了恢复到之前的盈利水平，只好又买回一些赚钱的业务。"（公司高管面访 E01）

总之，1997 年之后中国企业采取去多元化和专业化战略，很大程度上也是由制度因素驱动的，例如国家和资本市场的压力，咨询公司的建议，商学院和财经媒体宣扬的“核心竞争力”理论，以及对美国著名专业化公司的模仿，等等。

二　理论综述与理论框架

（一）效率、理性与多元化战略

企业为什么要进行多元化的问题受到经济学家和管理学家的广泛关注和研究，并由此产生了几种解释该问题的理论框架。首先，有学者用规模经济效应（economies of scale and scope）来解释多元化战略的动因，并由此认为多元化对企业绩效有积极作用（Chandler，1962；Rumult，1974）。该理论认为企业通过在更大规模上运用其固定资产投资（如市场营销和研发）能够获得更大收益，也能够通过把一些商业活动中的战略资源和独特能力运用到其他商业活动中来提高盈利。企业资源基础观（Barney，1991）和动态能力论（Teece et al.，1997）为该理论提供了进一步的支持。其次，与动态能力论密切相关的是组织学习理论和企业经营范围再定义理论。明茨伯格（Mintzberg，1988）把公司战略重新定义为几类“一般战略”。根据这种分类，多元化战略属于“扩展核心业务”类别的一部分。企业通过扩展核心业务加深对市场的理解，并有可能重新定义核心业务或产品市场领域。因此，多元化战略会影响企业未来的战略变化和长远公司绩效。多元化尤其是非相关多元化还有一个重要作用就是能降低风险（Chandler，1962）。公司高管可以通过非相关多元化提高公司绩效，尤其是当企业处于不确定或恶劣环境中的时候。最后，多元化战略的一个负面作用可以用代理理论（agency theory）来解释。公司高管会倾向于控制更大的企业，即使这种由多元化驱动的规模增长会降低股东价值（Denis，Denis & Sarin，1997）。特别是如果高管薪酬与公司规模密切相关的话，高管就会更倾向于多元化（Jensen & Murphy，1990）。此外，蒙哥马利（Montgomery，1982）认为公司管理者会通过实施多元化战略降低他们自身的雇佣风险。

（二）公司多元化：一个新制度主义的解释框架

如前文所述，1997 年以前多元化战略在中国企业中风行一时，然而

1997 年后却突然出现了衰落的趋势，如果真如经济学家和管理学家所言，多元化是最利于企业效率提升和业绩提高的最佳战略，那么，此战略应该长期为企业所用并更为普遍地扩散开来，而不是短短几年间就突然转向衰落。在很多经济学家和管理学家眼里，“理性”和“效率”是客观的，存在于社会和制度真空中，并不随外在制度、文化和社会环境的改变而改变。因此，如果多元化是最理性、最利于效率最大化的战略的话，为什么企业会放弃该战略而进行去多元化、回归专业化呢？难道企业作为理性行动者，突然变得不理性了吗？

显然，上述种种基于“效率”和“理性”的理论并不能为我们提供一个关于中国企业多元化战略的合理、满意解释。而社会学家对美国等西方企业多元化和去多元化历程的研究为我们理解中国企业的多元化和去多元化问题提供了颇为有用的经验参照和理论启示。与基于效率的视角不同，社会学家着重从制度、社会和政治视角解释多元化模式的兴起和衰落。他们认为多元化集团模式在长达 30 年的时间内通过一系列制度过程建构并扩散开来，这些制度过程包括国家行为、组织模仿、商业咨询顾问们的建议，以及组织理论家的效率逻辑论等（Fligstein，1991；Davis et al.，1994）。弗雷格斯坦（Fligstein，1985，1987，1991）认为公司在某段时期的经营决策和商业实践，反映了该时期的宏观制度和结构状况。通过将组织战略与其制度环境联系起来，他发现企业内部的个体行动者、企业的经济和结构状况，以及企业所处的制度环境对企业决策和实践都很重要，对那些处于快速社会转型和大变革时期的企业尤其如此。根据弗氏的分析，在美国多元化战略的产生主要受两个制度因素的强烈影响：其一，被政治定义的制度环境通过反垄断法和相关政策塑造了企业的多元化实践；其二，随着一些企业率先实施多元化战略，这一组织实践通过迪马吉奥和鲍威尔（DiMaggio & Powell，1983）所提出的“制度同构”机制在组织场域内进行快速传播，尤其是通过强制和模仿机制。此外，弗氏还强调了组织内部政治因素在多元化中的重要作用。他认为有销售、市场营销和财务运营背景的首席执行官（CEO）会更偏爱多元化战略。总体来看，弗雷格斯坦等社会学家关于多元化战略的社会学解释比那些以效率为基础的多元化理论要更为深入、细致，视野也更为宏大（比如 Coase，1937；Chandler，1962；Williamson，1975）。

需要指出的是，由于民族国家（nation-states）在现代世界中日益占据主导地位，迫使企业遵从国家相关制度和法规的压力也与日俱增（Meyer & Rowan，1977）。迪马吉奥和鲍威尔（1983）着重强调了国家和专业人士在一项组织实践产生及扩散中的重要作用，认为在现代世界，理性化和科层化的动力已由竞争性市场转向国家和专业人士。即使在美国这样的自由资本主义社会，国家在推动一些组织实践的产生和扩散中也发挥了重要作用，比如美国大公司中一些劳动和人力资源管理创新均与国家相关法规政策的影响有关（Baron，Dobbin & Jennings，1986）。另外，国家在一些组织实践的跨国扩散中也发挥了关键作用（Guillen，1994），例如科尔（Cole，1989）就描述了日本政府如何在日本企业的质量管理运动中发挥了突出作用。国家一般通过提供激励（或实施惩罚）来推动组织的转型和变革。专业人士也在新型组织实践的产生和扩散中发挥了很大作用，比如，基金经理和证券分析师等专业人士在推动美国公司实施专业化战略方面发挥了关键作用（Zuckerman，1999，2000）。

在我国，由于国家在整个社会中的主导作用，特别是由于计划经济传统，企业并非完全独立于政府的自主市场行动主体，企业的很多决策特别是像多元化这样的重大决策往往受国家政策和相关政府主管部门的强烈影响，因此，国家的强制（coercion）在塑造我国企业行为方面尤为重要。另外，在我国上市公司中，由于机构投资者和证券分析师等对公司市值及声誉的影响力，资本市场在形塑公司战略方面正在发挥越来越重要的作用，尽管这种影响由于我国资本市场本身发展的不完善仍有待加强。基于中国现实和上述新制度主义组织分析的有关理论，本文试图提出一种不同于传统经济学和管理学解释的新制度主义公司战略分析框架来理解多元化战略在中国的兴起和衰落。

这种新制度主义公司战略观强调权力及合法性（legitimacy）在形塑公司战略方面的重要作用（Fligstein，1991；Roy，1997；Perrow，2002）。毋庸置疑，中国公司的多元化有诸多影响因素，包括经济及非经济的、企业内部及外部的，但新制度主义公司战略观更着重外部制度因素——特别是国家和资本市场作为两个强大外在制度力量——在形塑公司内部发展战略中的作用，并强调权力和合法性在组织变迁中所扮演的重要角色。这种新制度主义公司战略观可以让我们从一个既包括经济因素又包括制度因素的更全面而周密的理论视角来审视多元化，从而可以加深我们对公司战略的理解。

三　理解中国企业的多元化：几项假设

国家无论是对理解宏观中国经济还是微观中国企业行为都是一个必不

可少的关键因素。作为一个增长导向的发展型国家，中国政府在推动社会发展方面可谓不遗余力，积极借鉴世界各国先进经验，引进了很多国外经济和组织形式，以促成中国企业的现代化，加速经济成长。在公司战略方面，前文已经提及，无论是多元化还是之后的去多元化，中国政府都起了重要作用。本部分涉及国家作用的假设主要是国有股权和公司行政级别，这两个变量都与公司受国家力量影响的强弱有关：国有股比例较高及行政级别较高的公司与国家联系更紧密、受国家的影响也更大。另外，尽管我国资本市场还处于初级发展阶段，但已显示出在塑造上市公司发展战略方面不可小觑的力量，本部分用机构投资者持股比例来测量资本市场对上市公司的影响力。

（一）国有股权与公司多元化

要想了解中国企业为什么实施多元化战略，就必须考虑中国企业的所有制结构。基于美国经验的研究显示所有权与很多战略都密切相关，其中就包括多元化战略（Hoskisson & Turk，1990）。作为一个涉及企业经营领域的战略变量，产权类型往往与整个公司层面的重大决策有关（Gedajlovic，1993）。这从产权与交易成本理论的联系中可以清楚看出（Williamson，1985）。但是，产权类型对于转型期中国企业的多元化战略来说具有超越降低交易成本的更关键意义。

一般说来，国有制使企业更倾向于多元化。尤其在中国，政府推动和国企高管偏好同时起作用，从而使国企更偏爱多元化。前文也提到，政府会推动其属下的企业多元化、建立大型企业集团，以期提高企业竞争力、推动经济发展。政府还会为了维持社会稳定和增加就业而推进多元化（Li et al.，1998）。因此，在中国，多元化不仅仅是企业自主的战略选择，更多的是国家权力和行政强力干预的产物。此外，国企领导人面临的“制度激励”及“利益刺激”也是推动国企多元化的重要原因。由于国企经理面对的是软预算约束，因此他们往往很随意地实施多元化。国企经理们也很乐意用多元化这种更易于为外界观察（特别是他们的上级主管部门）的战略来作为企业的战略发展方向。因为规模扩张是企业增长的一个非常明显的表现，也是政府官员和职工都希望看到的，所以国企经理往往通过多元化来扩大公司规模、提高自身的职位和权力。此外，寻租行为也是多元化的推动因素之一。国企老总可以从多元化投资中获得不少收益，不管是直接贪污投资资金，还是从承包商处获取回扣和贿赂。

基于以上理论和事实，我们不难预测国有企业会比非国有企业更可能实施多元化战略。1997年以前这也许是正确的。但是，1997年后我国的企业多元化政策发生了急剧转变。上文曾提及，1997年亚洲金融危机后，中国政府放弃了日韩的多元化企业集团模式，转而推动中国公司实施美式专业化战略。因此，中国政府近些年来在企业的去多元化过程中也起到了重要作用。总的来说，中国政府的角色正逐渐从国有企业的微观管理者向大型企业或金融机构的战略投资者转变。特别是2003年成立国资委和2007年成立中国投资公司后，中国政府越来越像投资者和掌管投资组合的超级基金经理，而不是具体负责公司运营的管理者。目前，国资委是中国最大工业企业的控股股东：截至2010年7月，它控制了125家大型工业企业，包括中石油、国家电网、中国电信等，这些都是名列财富全球500强的企业。中投公司则是中国最大几家金融机构的控股股东（通过中央汇金公司）：它控制了四大商业银行——工商银行、中国银行、中国农业银行和中国建设银行。此外，中投公司还拥有一个类似私募股权投资的部门（所谓的主权财富基金），对世界范围内尤其是美国的工业企业和金融机构进行投资，它拥有美国一些最知名公司的股权，包括摩根士丹利、花旗、苹果、可口可乐、强生、摩托罗拉和维萨等公司。

自成立以来，国资委出台了关于国有企业去多元化（或至少要限制其过度扩张）的一系列规定。2002年原国家经贸委等八部委联合下发了《关于印发〈国有大中型企业主辅分离辅业改制分流安置富余人员的实施办法〉的通知》，对主辅分离、辅业改制提出具体操作办法。该文件的下发，改变了国企计划经济时代形成的“大而全，小而全”的主导模式，开始引导央企向“主业为王”的道路上发展。2003年7月，在国资委成立后的第一次央企负责人会议上，国资委主任李荣融定下了央企整合、突出央企主业的调子。其思路是，央企“先做强，再做大”。做“强”就是把主业做上去，主业不要超过三个，不要把摊子铺得过大，过大的要逐步收缩。李荣融着重指出，央企主业不突出、核心竞争力不强的问题比较突出。一是相当一批企业主业过多。据统计，央企存在4个及以上主业的有53家，占中央企业的28%，最多的达8个。二是部分企业尚未明确主业方向，仅有约50家企业主业比较明确。三是央企之间存在结构趋同、相互竞争现象（朱江雄，2005）。李荣融为央企投资划定“三条红线”，其中一条即是“不符合主业投资方向的坚决不准搞”。2004年，国资委下发了一系列通知，包括《关于加强中央企业重大投资项目管理有关问题的通知》、《关于加强中央企业收

购活动监管有关事项的通知》以及《中央企业发展战略和规划管理办法（试行）》等，要求各央企做好主业，剥离非主业业务。2005年进一步下发了《关于推进国有资本调整和国有企业重组的指导意见》。2006年7月，《中央企业投资监督管理暂行办法》正式实施，其中一项重要原则是“突出主业，有利于提高企业核心竞争能力”。国资委指出该办法出台的背景是“少部分企业非主业投资比重偏大，存在盲目多元化投资问题，投资管理上漏洞和隐患较多，亟待加强监管”。自2004年国资委开始对央企的主业进行进一步明确以来，先后8次公布央企主业名单（武孝武，2007）。

而中投公司的投资风格与美国典型的机构投资者相比并没有什么不同（中投公司的不少高管都是之前在华尔街投行或律所工作的专业人士）。来宝集团董事长埃尔曼（Richard S. Elman）就认为，中投公司高管的投资方式很有效率，说“他们非常商业化，只注重结果，并不干预所投公司的日常运营”①。除了国资委和中投公司，中国证监会在推动上市公司专业化战略上也起了很大作用。例如，它明确规定通过股市筹集到的资金只能用于发展核心业务，否则筹资申请将被驳回。

中国政府官员从“经理人思维”（managerial mentality）到“投资者思维”（investor mentality）的转变有诸多因素。很多政府官员都是学经济和法律出身的，有些在商业和金融领域还有丰富的实践经验。这种教育背景和专业经验极大影响了他们对公司战略的理解，使其理所当然地认为专业化要优于多元化（比如经济学理论和商学院教科书就明确声称专业化要优于多元化）。美国公司重回专业化的风潮也影响了他们的想法。总体来说，中国政府官员从“经理人思维”到“投资者思维”的转变，深刻影响了中国政府对公司战略的认识。与华尔街的机构投资者一样，如今中国政府也更倾向于专业化公司，并要求国有控股企业逐步去多元化。与此同时，中国很多私营企业却由于没有政府约束和行政指导，仍在非常积极地向多元化发展。初步数据分析显示，在2000~2007年，非国有控股上市公司的多元化程度明显高于国有控股上市公司（参见图4）。由于我国公司的去多元化和重归专业化主要是由国家驱动和引导的，而较少由企业自身自觉、自愿而达成，因此，那些国有股比例更高的上市公司由于和国家的联系更紧密、受国家政策的影响更大而更有可能实施去多元化战略，其多元化程度由此可能更低。所以，我们提出第一个假设。

① 2010年2月8日《纽约时报》。

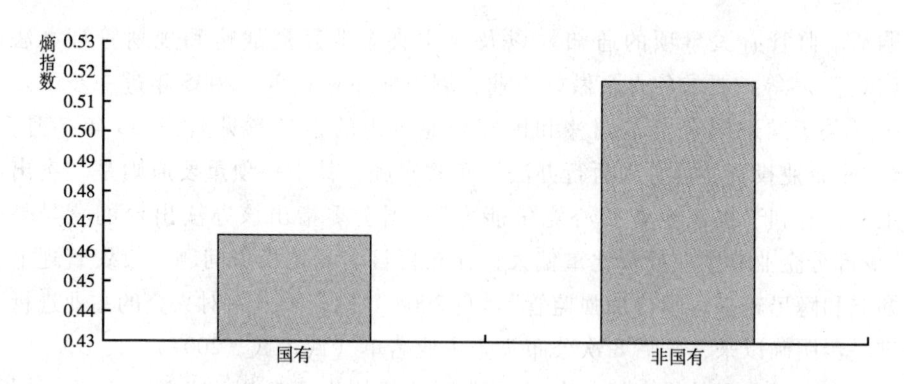

图 4　国有控股上市公司与非国有控股上市公司多元化比较，2000 ~ 2007

假设 1：在 2000 ~ 2007 年，我国上市公司中国有股的比例越高，该公司的多元化程度越低。

（二）企业行政级别和多元化

在我国计划经济时期，企业围绕着“层层嵌套”的庞大政府机构而组织起来，每一级政府都有一些自己控制的企业。相应的，这些企业也有不同的行政级别，比如由省级政府管理的就是省属企业，由市里管理的就是市属企业。倪志伟（Nee，1989）认为当市场机制作用加强时，这种计划经济的等级制就会消失，但其他学者（比如 Guthrie，1997）断定这种范式转移在短期内不大可能实现。尽管经济责任和行政责任已经下放，但这一官僚等级制本身并不会消失。魏昂德（Walder，1995）的研究显示不同行政级别的政府治理环境对公司实践有显著影响。行政级别越高的公司，其市场或政治权力也越大，越容易获得政府提供的资金和各种资源，因此也就比行政级别低的公司更有能力也更有可能进行多元化。但顾道格（Guthrie，1997）发现行政级别较高的企业更可能实施多元化，不是因为它们拥有更多的资源及更大的市场和政治权力，而是因为它们在经济改革中面临的不确定性更大，为了分散风险并在市场中生存下来，它们更可能进行多元化。总之，无论是基于何种原因和机制，已有不少证据表明行政级别越高的企业在 20 世纪 90 年代越有可能进行多元化。

然而，自 20 世纪 90 年代后期以来，中央关于公司战略的新政策重塑了那些行政级别较高的大公司的发展战略。比如，随着上述国资委一系列“突出主业，提高企业核心竞争力”政策的出台，各个央企纷纷有所行动：2007 年 12 月，中石化集团向外界传递出拟转让旗下金融资产的信息；2008

年6月，中石油对外宣布，本着突出发展主营业务、核心业务的原则，清理现有投资项目和规划中的项目，将对49个项目作停缓建或调减投资处理（家路美，2008）。各央企逐步剥离金融等资产，可以看出其放弃“非主业”而专攻“主业”的决心。

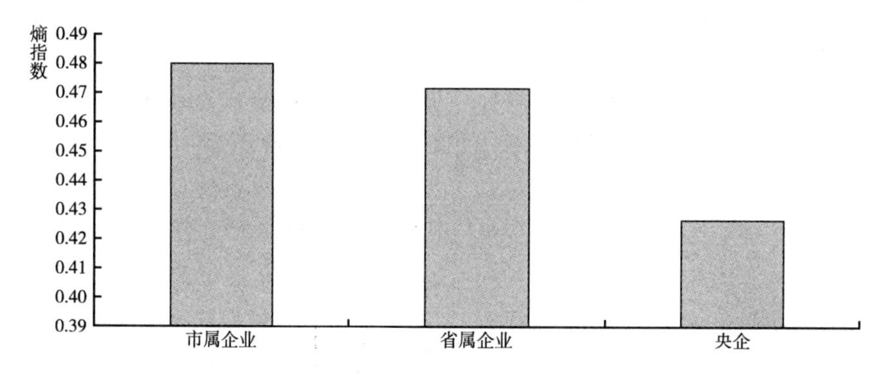

图5　不同级别上市公司多元化程度比较，2000～2007

尽管中央正力推企业专业化，但范博宏等人（Fan et al.，2007）发现不少省市等地方政府仍在强力推动其所属企业朝特定行业进行多元化扩张，尤其是向那些所谓的“支柱产业”。例如，我国除两个省外都进入了汽车装配行业，结果是大多数企业规模都很小，而且很难盈利。显然，有很多经济因素（例如不同的利益激励机制）造成中央和地方政府对多元化持不同观点，但中央和地方政府官员对公司战略的不同理解也起了重要作用。中央政府官员，和省市县等地方官员相比，受过更好的教育和专业训练，并更多地受到国外专业化公司模式的影响。因此，中央政府官员会认为专业化是当今企业的标准规范和值得中国企业学习的全球最佳实践，而地方政府官员可能会真的认为多元化才是更好的战略（比如他们会觉得企业越大越好，从事的行业越多越有实力）。此外，由于行政级别高的企业在其所在行业更大、更强，它们更可能有自己的核心竞争力（例如品牌和专利技术），从而更有能力实施专业化。核心竞争力事实上是个奢侈品——并不是每个企业都拥有能够支撑其实施专业化的核心竞争力。很多企业由于没有核心竞争力，为了生存只能多元化发展，尤其是私营企业和行政级别较低的国有企业。总之，行政级别更高的企业更可能实施去多元化战略，不仅仅因为它们受中央政府专业化政策的影响更大，也因为它们更具有实施专业化战略的能力。初步的数据分析也证实了这一点。如图5所示，中央政府控制的企业多元化程度显著低于省市政府控制的企业。由此，我们提出第二个假设。

假设 2：2000～2007 年，企业的行政级别越高其多元化程度越低。

（三）资本市场与公司多元化

研究表明，证券分析师和机构投资者在美国大公司的去多元化过程中发挥了重要作用（Zuckerman，1999，2000）。据朱克曼（Zuckerman，1999，2000）分析，一个公司的股票在“报道错位”（coverage mismatch）的情况下会出现折价贬值交易。“报道错位”是指该公司的股票没有被其所在行业的分析师关注、分析和报道。这种“报道错位”对多元化公司来说问题尤为严重，在很大程度上导致了多元化公司的股票在 20 世纪 80 年代到 90 年代一直处于折价交易的状态。因此，多元化公司的高管们迫于压力而进行去多元化，以使其股票更易于被分析师理解，从而提高公司价值。关于机构投资者在多元化中的作用，研究发现所有权的集中度与多元化程度有负向关系（Hoskisson & Turk，1990），这意味着所有权集中于机构投资者（如共同基金、养老基金等）手中能有效抑制公司管理层的过度多元化冲动。博伊德等人（Boyd et al.，2005）也证实机构投资者在限制公司管理层出于自身利益而追求非相关多元化方面能够发挥很重要的监督制衡作用。

经过 20 多年的发展，我国资本市场取得了很大进步。尽管还存在种种不足，但资本市场在改善公司治理、形塑公司战略方面已发挥了积极作用，特别是自 2005 年股权分置改革以来，资本市场中机构投资者的角色越来越重要。我国的机构投资者和证券分析师们与其全球同行一样，都希望公司有明确的主营业务及核心竞争力，对那些主营业务不清、过分多元化的公司要么调低其估值，要么用脚投票、敬而远之。许多证券分析师在为公司股票评级时，往往将主业是否突出当作其未来盈利能力的一个标志，如 S 三九药业在剥离了非主业资产后，证券分析师提高了其评级。在实地调研中，当笔者问一些证券分析师是否喜欢多元化公司以及如何评估这些公司的价值时，一位分析师回答说：“我们在制定投资组合时几乎不考虑多元化公司，无论它们的业绩有多好。”（分析师访谈 S01）因此，面对资本市场的压力，上市公司不能过分多元化，而要将主要精力集中于一个或若干个核心业务上。尽管所有上市公司都会受到资本市场的影响，但由于各个公司的机构投资者持股比例非常不同（多的可能占到公司总股份的 50% 以上，少的可能连 1% 都不到），因此各个上市公司所受的资本市场压力是不一样的，那些机构投资者

持股比例越高的公司，所受到的专业化压力也就越大。因此，我们的第三个假设如下。

假设3：机构投资者持股比例越高的公司，其多元化程度越低。

总之，虽然同是上市公司，然而由于各公司间在国有股比例、行政级别及机构投资者持股比例等方面存在较大差异，各公司所受到的来自国家和资本市场的压力其实是不一样的，而这些不同强度的外在制度压力也会导致企业在实施去多元化战略方面程度和速度的差异。

（四）多元化和公司绩效

多元化如何影响公司绩效一直是战略管理和产业组织的研究重点（Chandler，1962；Rumelt，1974）。产业组织经济学家首先考虑多元化和非多元化企业的相对绩效，接着，战略管理和金融领域的学者提出了更明确具体的研究范式，重点研究相关多元化和非相关多元化的绩效差异（Rumelt，1982；Galai & Masulis，1976）。虽然有很多实证研究，但并没有得出统一的结论。既有研究发现多元化和公司绩效有显著的正向关系（Campa & Kedia，2002），也有研究发现两者没有显著关系（Villalonga，2004），还有研究发现两者存在负向关系（Lang & Stulz，1994），甚至一些学者发现多元化水平和公司绩效之间存在倒U型关系（Palich，Cardinal & Miller，2000）。

关于多元化和公司绩效的研究大多基于发达国家的经验，这些国家的各种市场制度很完善，企业能够对市场状况作出有效反应。基于新兴经济体的战略研究发现了多元化和公司绩效之间的新关系（Chang & Hong，2002；Khanna & Palepu，1997）。肯纳和派勒普（Khanna & Palepu，1997）指出新兴经济制度环境的五个关键特征作为研究多元化和公司绩效关系的重要影响因素。具体说来，新兴经济体缺乏完善的产品市场、资本市场、劳动力市场，还缺乏必要的法律法规和强有力的合同约束，因而其中的企业很难积累资源、实施专业化。在这种不完善的制度环境中，企业应该实施非相关多元化，作为一种获取自发（self-generated）制度支持的有效手段（Khanna & Rivkin，2001）。因此，在新兴经济中，多元化集团比单个公司在这五个方面都更有优势，因而更能提升企业价值（Lins & Servaes，2002）。

作为计划经济转型和新兴市场的混合体，中国具有新兴经济体的大部分制度特点。在中国很难建立和维护品牌，费力创建的品牌和形象可以被仿冒品牌很轻易地毁坏；消费者没有可靠的信息来源来判断产品质量；资本市场还处于发展的初期阶段；市场纪律尚未完全建立和执行；劳动力市场仍然分散且不透明；尽管商业教育取得了很大进步，但优秀管理人才的数量还远远不够；法律法规还在发展完善中，合同执行力也不容乐观。这样一个典型的新兴市场制度特征使我国成为验证多元化对企业绩效影响的理想环境，因此笔者提出以下假设。

假设 4：在中国，多元化程度和企业利润率成正向关系。

假设 5：在中国，多元化程度和股票回报率成正向关系。

假设 6：在中国，多元化程度越高的企业增长越快。

四　数据和研究方法

（一）样本

上市公司多元化数据以及会计和财务数据主要从上市公司年报、中国股票市场和会计研究数据库（CSMAR）和万德（Wind）数据库中搜集整理而来。所有制结构和公司治理数据主要来自色诺芬（Sinofin）信息服务数据库。中国证监会要求上市公司披露其所从事的所有主要行业部门的详细信息，只要这些行业部门超过该企业总体销售额、资产或利润的一定比例。披露信息包括行业名称、产品和服务描述，及行业部门的销售、成本和利润情况。笔者从上市公司年报和 Wind 数据库中收集2000 年以来的数据[①]，并进行编码，最终得到 2000 ~ 2007 年 676 家上市公司的多元化数据。此外，还对基金经理、证券分析师、上市公司高管等进行了深入访谈，并对《财经》、《中国企业家》等商业杂志进行了综述，作为对定量数据的补充。

（二）测量指标

1. 因变量

多元化程度：本研究用基于销售的熵指数来衡量多元化程度[②]。熵指数既是自变量又是因变量。作为因变量，用来验证假设 1、假设 2 和假设 3；

---

① 也有 2000 年之前的一些零散数据，但数据质量很差。

② 熵指数是将每个业务部门的销售额占公司总体销售额的比率（Pi）乘以 1/Pi 的对数，然后加总求和，即 E = ΣiPi * ln（1/Pi）。当企业完全专业化时 E 取最小值 0，但是 E 没有上限。E 值越大说明多元化程度越高。

作为自变量验证假设4、假设5和假设6。本研究选择了3项绩效指标：用利润率（profit margin）来衡量盈利能力；用年股票回报率（stock return）来衡量股市表现；用年销售额增长率来衡量企业增长。

2. 自变量

国有股比例：国有股占总股份的比率。公司行政级别：虚拟变量，1 = 非国有控股企业，2 = 县及乡镇政府控股，3 = 市政府控股，4 = 省政府控股，5 = 中央政府控股。机构投资者[①]持股比例：所有机构投资者持股量占总股本的比例，用来衡量资本市场对上市公司的影响程度。

3. 控制变量

基于相关文献和中国企业的特点，本研究选择以下变量作为控制变量：外资股比例（外资股占公司总股本的比例）、大股东控股比例（控股大股东所持股份占总股本的比例）、沿海地区[②]（虚拟变量，1 = 公司属沿海地区，0 = 非沿海地区）、总资产收益率（净利润/总资产）、公司规模（公司总资产取对数）、资产负债率（负债总额/资产总额）、行业和年度（虚拟）变量。具体来说，绩效越好的公司越可能多元化，因为它们多元化的能力更强，也有充足的资本和管理经验成功实施多元化（Lang & Stulz，1994）。但顾道格（Guthrie，1997）发现在中国财务绩效越差的公司越可能进行多元化，因为这些公司在快速经济转型中为生存而努力挣扎，而在低风险、快回报的服务业进行多元化发展是获得稳定和生存的理想途径。另外，规模越大的企业产生的利润也越多，从而更有能力应对风险，所以大企业更倾向于多元化（Denis，Denis & Sarin，1997）。另一个重要的控制变量是资本结构，多元化需要大量资金投入，因此资产负债率较高的企业是不太可能采取多元化战略的，因为它们既不能从资本市场融资又缺乏自有资金来实施这项战略（Stearns & Mizruchi，1993）。此外，行业结构特征可能也会促使企业实施多元化。最后，本研究把年份也作为一个控制变量，以验证中国企业多元化程度是否随时间推移而递减。

表1列出了回归分析中主要变量的均值、标准差和相关系数。我们可以看到变量之间所有显著的相关系数都低于0.5，说明自变量之间不存在多重共线性。

---

① 主要指证券公司、保险公司、养老基金及共同基金等专门进行有价证券投资活动的法人机构。

② 包括以下东南沿海省市：上海、江苏、浙江、福建、广东、海南。

表 1　主要变量的描述性统计和相关系数矩阵

变量	1	2	3	4	5	6
观察值	3816	6198	2379	6138	6132	6120
均值	0.479	0.407	0.038	0.149	0.0127	0.516
标准差	0.435	0.257	0.067	0.217	0.193	0.981
熵指数	1					
国有股比例	-0.12***	1				
机构投资者持股比例	-0.11***	-0.034*	1			
外资股比例	0.053***	-0.59***	-0.017	1		
总资产收益率	0.018	0.099***	0.146***	-0.03**	1	
资产负债率	-0.05***	-0.031**	-0.033	0.015	-0.3***	1

注：* $p<0.1$，** $p<0.05$，*** $p<0.01$。

（三）模型

控制变量会出现在所有模型中，因为它们既影响多元化程度又影响企业绩效。所有自变量和控制变量都是因变量前一年的数据（即滞后型数据，lagged data），以更好地厘清自变量和因变量两者的因果关系。因为是纵贯面板数据（panel data），违反了非关联误差的假设，本研究采用随机效应模型，以应对面板数据中常见的误差项的未被观测到的异质性（unobserved heterogeneity）。

五　模型分析结果

（一）多元化程度作为因变量

表 2 显示了验证假设 1、假设 2 和假设 3 的结果情况。国有股比例的回归系数为负值且显著，意味着国有股比例越高，多元化程度越低。因此，假设 1 得到验证。所有行政级别变量的回归系数都是负值，但只有县乡镇和中央政府的回归系数是显著的，这说明两点：第一，总体上来说各个级别的国有控股公司多元化程度低于非国有控股公司；第二，行政级别和多元化程度的关系并不是简单的线性关系，而是一种倒 U 曲线关系，即级别最低的（县乡镇控股企业）和最高的（中央控股企业）多元化程度较低，而中间的省企和市企多元化程度较高。但县乡镇企业和央企多元化程较低的成因可能

有所不同，县乡镇企业是由于能力和资源有限而无法提高多元化程度，而央企是因为国家政策限制和专业化意识较强而不能或不愿去提升多元化水平。总之，假设2只部分得到了验证。假设3认为机构投资者会迫使企业去多元化，而统计结果显示机构投资者持股比例的回归系数为负值且显著，这验证了假设3是正确的。至于各个控制变量，外资比例的回归系数为负值且显著，说明外资持股比例越高，多元化程度越低。结果还显示，沿海企业比内陆企业多元化程度更高。总资产收益率和多元化程度没有显著关系，意味着在中国环境下，绩效好和绩效差的企业进行多元化的可能性是基本相同的。公司规模与多元化程度也没有显著关系，说明无论大型还是小型企业都很可能进行多元化。2002～2006年的年度变量回归系数大多都呈显著的负值，意味着在过去几年中，随着时间的推移，中国上市公司有去多元化的趋势。

表2　中国上市公司多元化程度的随机效应估计模型，2000～2007

	多元化程度（熵指数）					
	模型1		模型2		模型3	
国有股比例	-0.1774***	(0.04)			-0.196***	(0.05)
上市公司行政级别（非国有控股企业为参照）						
县乡镇控股企业			-0.1038**	(0.04)		
市政府控股企业			-0.0213	(0.02)		
省政府控股企业			-0.0227	(0.02)		
中央政府控股企业			-0.0549*	(0.03)		
机构投资者持股比例					-0.7304***	(0.15)
外资股比例	-0.0657*	(0.04)	0.0322	(0.03)	-0.1188**	(0.05)
沿海地区（沿海=1）	0.0538***	(0.02)	0.0608***	(0.02)	0.07***	(0.02)
总资产收益率	-0.0296	(0.04)	-0.0282	(0.04)	-0.0014	(0.07)
公司规模	0.0037	(0.01)	-4.60E-04	(0.01)	0.0054	(0.01)
资产负债率	-0.0559***	(0.02)	-0.0551***	(0.02)	-0.0501*	(0.03)
行业（制造业为参照组）						
商业	0.0547**	(0.03)	0.0626**	(0.03)	0.1069***	(0.04)
综合	0.3269***	(0.02)	0.3373***	(0.02)	0.262***	(0.03)
公用事业	0.1283***	(0.02)	0.1154***	(0.02)	0.1355***	(0.03)
地产业	0.1967***	(0.03)	0.2***	(0.03)	0.1656***	(0.04)
金融业	-0.1699*	(0.09)	-0.1439	(0.09)	-0.2065*	(0.12)

续表

	多元化程度(熵指数)					
	模型 1		模型 2		模型 3	
年份(1999 年为参照组)						
2000	0.0016	(0.04)	0.0047	(0.04)		
2001	-0.0299	(0.03)	-0.0271	(0.03)		
2002	-0.0674 **	(0.03)	-0.066 **	(0.03)		
2003	-0.0662 **	(0.03)	-0.0635 **	(0.03)		
2004	-0.0798 **	(0.03)	-0.0766 **	(0.03)	-0.0049	(0.03)
2005	-0.0395	(0.03)	-0.034	(0.03)	0.05 *	(0.03)
2006	-0.1131 ***	(0.03)	-0.1013 ***	(0.03)	-0.0137	(0.03)
常数项	0.4766 ***	(0.15)	0.4997 ***	(0.15)	0.462 **	(0.21)
N	3759		3759		2039	
R^2	0.0976		0.0927		0.0856	

注：括号内是标准误差。在模型 3 中，机构投资者持股比例只有 2003 年以后的数据。

* $p<0.1$，** $p<0.05$，*** $p<0.01$。

（二）公司绩效作为因变量

验证多元化对公司绩效的作用时往往存在一个“共时性”(simultaneity) 问题（Martin & Sayrak，2003）。多元化能影响公司绩效，而公司绩效也能影响多元化。本研究通过滞后的熵指数的方法来纠正这种相互依赖性。表 3 呈现了三个绩效指标的回归结果。结果显示多元化程度和利润率没有显著关系，说明即使在中国这样的新兴经济体中，多元化对公司绩效也没有积极的影响。但是，和代理理论的预测相反，多元化也没有降低企业的利润率。关于多元化程度对股票回报率的影响，熵指数的回归系数在显著性为 1% 的水平上为负值且显著，意味着提高多元化程度会损害公司绩效、降低股东价值。也就是说即使在中国这样的新兴经济体，多元化的收益也不足以弥补由于资本分配不合理和代理问题所导致的多元化的高昂成本。和假设 6 的预测相反，回归结果显示多元化会减缓企业成长。这一结果颇为令人吃惊，因为它和所有传统理论预测都不一致，无论是代理理论还是其他战略管理理论。但我们可以从新制度主义的角度提供一种解释：多元化能否促进企业成长取决于企业的制度环境。在统一、大规模的全国性市场（如美国），销售经理能够把本行业的销售和市场经验很便利地运用到其他行业，

即他们的销售经验不是行业专有的（industry-specific），而能在不同行业间进行移植。但我国是一个地区和行业分割非常严重的市场（很大程度上是地方保护主义和行业进入壁垒造成的），再加上中国社会重视关系，销售往往也是关系型和长期导向的，因此企业的销售经验很大程度上往往局限于某些行业和地区，而不具有全国性及跨地区、跨行业的通用性。我国市场的这些特点使得企业在进入新的行业和地区时，需要花费很多时间、精力和资源与新客户从头建立值得信任的长期关系。这种特殊的市场结构和制度环境也许能够解释为什么在中国多元化反而会抑制企业成长。

表 3　多元化和中国上市公司绩效，2000～2007（随机效应多元回归模型）

	绩效指标					
	模型 1（利润率）		模型 2（股票回报率）		模型 3（销售增长率）	
熵指数	0.1033	(0.11)	-0.0799 ***	(0.02)	-0.5195 ***	(0.13)
控股股东控股比例	0.2056	(0.29)	0.0165	(0.05)	-0.1501	(0.34)
外资股比例	0.2316	(0.22)	0.0257	(0.04)	0.778 ***	(0.26)
沿海地区（沿海 =1）	-0.1677 *	(0.10)	-0.045 **	(0.02)	-0.0846	(0.12)
公司规模	0.1841 ***	(0.05)	0.0633 ***	(0.01)	-0.1408 ***	(0.05)
资产负债率	-0.5986 ***	(0.05)	-5.40E-03	(0.01)	0.0035	(0.03)
行业（制造业为参照）						
商业	0.1301	(0.16)	-4.00E-04	(0.03)	0.0806	(0.19)
综合	-0.1101	(0.15)	3.15E-02	(0.03)	0.2001	(0.18)
公用事业	-0.0264	(0.15)	8.30E-05	(0.03)	-0.0196	(0.18)
地产业	-0.0627	(0.19)	0.0293	(0.04)	1.379 ***	(0.22)
金融业	-0.1889	(0.70)	-0.1012	(0.10)	0.276	(1.00)
年份（2000 年为参照）						
2001			-0.8983 ***	(0.04)		
2002	-0.2216	(0.21)	-0.8719 ***	(0.03)	0.3448	(0.25)
2003	0.0252	(0.20)	-0.7976 ***	(0.03)	0.2371	(0.23)
2004	-0.1187	(0.19)	-0.8637 ***	(0.03)	0.0755	(0.23)
2005	-0.0012	(0.19)	-0.8527 ***	(0.03)	-0.0337	(0.23)
2006	0.0075	(0.20)	0.2455 ***	(0.03)	0.1346	(0.23)
2007	0.2727	(0.20)			0.3708	(0.24)
常数项	-3.795 ***	(0.94)	-0.6119 ***	(0.18)	3.334 ***	(1.11)
N	3775		2904		3741	
R^2	0.0473		0.5445		0.0205	

注：括号内为标准差。在模型 1 和模型 3 中，2001 年数据由于数据多重共线性而删除。
* $p<0.1$，** $p<0.05$，*** $p<0.01$。

六　结论和讨论

在传统的多元化研究中，公司战略几乎完全是以企业为中心的，而很少考虑外部制度因素的影响。本文从社会学新制度主义组织分析视角出发探索制度环境如何影响多元化战略，特别是国家和资本市场在形塑公司战略中发挥的作用。研究发现，无论是中国公司的多元化还是之后的去多元化，很大程度上都是由国家政策驱动的；中国新生的资本市场对公司战略也起到了很大影响作用。此外，本研究发现在中国多元化和绩效之间的关系远比既有理论预测的要复杂。中国公司多元化对股票回报率的显著负向作用，反驳了肯纳和派勒普（Khanna & Palepu，2000）关于多元化创造股东价值的理论，表明即使在新兴经济体中多元化的收益也不足以抵消其巨大成本和负面效应。与代理理论和各种管理理论的预测相反，本文发现多元化在中国环境下对企业成长具有明显的抑制作用。这一独特现象用既有理论很难作出解释，但如果我们采用社会学制度视角来作分析，考虑中国高度分割的市场结构、地方保护、行业壁垒、基于关系的销售模式等，问题就迎刃而解了。在这种独特的制度环境中，企业如果要进入新的行业，就必须投入大量的人力、财力和时间成本，在新行业中从头艰难建立客户关系，这必然导致销售效率大大下降。因此，中国独特的制度环境可能是解释为什么多元化会延缓企业成长速度的关键因素。总之，中国案例打破了多元化总是企业规模扩张的一项有效战略的神话。

尽管事实证明多元化并不利于公司绩效，我国企业还是争先恐后地实施多元化战略并使我国成为世界主要经济体中企业多元化程度最高的国家，这意味着中国企业的多元化发展更多的是取决于制度过程，而非经济过程。本文以新制度主义公司战略理论来阐明这种制度过程，并试图展示这种新制度主义视角为我们理解中国公司的多元化和去多元化提供了一种更丰厚的理论解释。本文的核心论点是国家和资本市场这两大外部制度力量利用其政治和市场权力推行一种“最佳”（the best）或“理想”（ideal）公司战略，迫使企业去采纳新的组织形式以符合“最佳”公司战略的特征。“最佳”公司战略是由国家、资本市场、大公司、财经学术界和商业媒体等重要行动者共同建构的结果，在不同时期，其表现形式不一样。比如在20世纪60～70年代，多元化是“最佳”公司战略并被制度化；而到了80～90年代，专业化成为主导战略，于是专业化成为“最佳”公司战略并广为

效仿[①]。这些“最佳”公司战略首先在美国等西方发达国家产生，随后通过全球化及三种“制度同构”机制——强制性同构（coercive isomorphism）、模仿性同构（mimetic isomorphism）和规范性同构（normative isomorphism）——在世界各国广为扩散并被制度化。以我国为例，我国政府官员、学者、企业领导人、财经记者等先后受当时世界上盛行的多元化和专业化战略的影响（组织实践的跨国传播阶段，主要通过模仿性和规范性同构机制），然后利用其政治、经济及话语权力，通过政策制定、学术论证和媒体宣传等促成企业战略行为的改变（组织实践的国内扩散阶段，强制性、规范性和模仿性同构同时发挥作用，但由于政府在我国的主导作用，强制性同构在促成我国企业战略改变方面发挥了更大、更有力的作用）。总的来讲，新型国际管理和组织实践在我国的传播一般要经过两个阶段、通过三种制度机制完成。本

① 这种“最佳”公司模式的社会建构性在公司治理领域也体现得很明显。世界主要公司治理模式大致可以分为以英美为代表的“英美模式”（the Anglo-American Model）和以德国、日本为代表的“德日模式”（the German-Japanese Model）。早期公司治理学者认为美式公司的分散所有制结构（dispersed ownership）及所有权和管理权的分离使其比那些家族公司、国有公司、银行主导的企业集团及工人合作社都更有“效率”、更为“现代”，因此美式公司治理模式将不可避免地在世界上广为扩散（Berle & Means，1932）。由于美国经济在第二次世界大战后至20世纪70年代一直在世界占主导地位，因此美式公司治理模式确实在这段时期被誉为国际最佳惯例（the international best practice）并被其他国家大力仿效。然而，从60年代起到80年代，德国和日本经济崛起，对美国经济造成了极大挑战，特别是在制造业领域，很多德国和日本公司的管理模式和组织实践被认为是优于美国公司的（比如著名的“丰田模式”），德日公司模式因而被世界很多国家所效仿，甚至很多美国公司也纷纷引进德日“先进”管理和组织模式（Kester，1996）。80~90年代美国经济的强劲复苏，及金融市场全球化和资产管理行业的兴起，特别是日本经济在90年代的衰落，引发了另一轮对美式公司治理模式的推崇，商界和学术界再次预测其他国家将效仿美国，因为它们认为美式公司治理是优于其他公司治理模式的全球最佳模式（Shleifer & Vishny，1997）。但好景不长，2008年发端于美国的国际金融危机再次引起世人对美式公司治理模式的深深怀疑和不信任，美式公司治理模式又一次深陷危机，并有可能引发“去美国化”的风潮。由此可见，某种公司模式被其他公司、其他国家广为效仿，更多的并非因为其超越时空和制度环境的“绝对效率”，而是基于其在某段特定时空范围的“相对表现”。因此，即使在“最理性”的公司行为领域，并不存在一个经济学家和管理学家所声称的“客观”的“最佳模式”，如果有的话，这种“最佳”或“理想”模式也更多的是一种“事后解释”，是一种社会建构的结果：某种模式在某段时期表现最优，人们便对其进行理论化和事后解释，声称该模式之所以表现最好是因为其是理论上的“最佳模式”或“理想模式”（实际上是一种循环论证）；而当该模式表现不佳时，人们便对其进行“负向论证”，用各种理论和事实论证其为什么不是最佳模式而应该被抛弃，同时又对新出现的“最佳模式”进行理论论证，以赋予其正当性和科学性。总之，组织理性的这种社会建构性和事后解释性决定了某种组织模式广为效仿和扩散更多的是因为其被社会和制度环境定义为是“正当的”、“高效的”和“先进的”，而并非因为其具有超越时空的恒久“先进性”和“高效性”。

文主要揭示了由国家和资本市场推动的强制性同构机制在我国企业多元化和去多元化过程中的作用。

由于我们把企业外部制度压力看做推动中国企业战略变化的主要力量，我们期望看到那些受国家和资本市场影响更大的企业也更可能实施多元化或去多元化战略。本文的定量及定性数据都证明了这种新制度主义公司战略观的正确性和解释力：作为对国家和资本市场所推崇的专业化“最佳”公司模式的回应，中国上市公司近年来普遍出现了去多元化、回归专业化的趋势，但那些受国家和资本市场影响更大的公司比如国有股比例更高、行政级别更高以及机构投资者持股比例更高的公司去多元化的程度更深，回归专业化的步伐更快。

在更高的理论层面上，本文试图以社会学视角与经济学、管理学等学科在组织研究领域进行对话。对比经济学理性主义视角和社会学新制度主义解释，不难看出，此两种多元化理论观在以下四个方面均存在显著差异。①多元化的原因：前者强调效率和理性，而后者着重权力和合法性的作用。②多元化的扩散主体（diffusion agents）：前者认为是公司本身，多元化是公司自身理性决策的结果，而后者认为国家和专业人士在形塑公司战略方面发挥了重大作用。③扩散机制（diffusion mechanisms）：前者认为是市场竞争机制迫使公司采用多元化这种最利于效率最大化的战略以求在激烈的市场竞争中生存并获胜，而后者认为多元化的盛行主要是通过迪马吉奥和鲍威尔（1983）提出的三种“制度同构”机制进行大规模扩散，即强制性同构、模仿性同构和规范性同构。④多元化的后果：前者认为多元化将导致公司效率的提升，而后者认为多元化并不一定会提高公司绩效，在某些情况下甚至会损害公司价值，但由于多元化战略的广泛实施及由此带来的合法性和理所当然性（taken-for-grantedness），奉行该战略会使公司获得合法性收益，满足国家、资本市场等重要外部利益相关者的期望和要求，推行该战略的公司管理层等掌权者也会获取权力、经济利益等多项收益。本文经验分析证明了在上述所有四个方面，中国企业的多元化和去多元化历程都更契合新制度主义的解释框架，而那些效率导向的经济学和管理学理论的解释力则远逊一筹。

需要特别指出的是，这种新制度主义公司战略观并非完全否定“理性”和“效率”在企业多元化决策中的作用，而只是试图修正、拓展经济学家所假设的“绝对”理性观和效率观。经济学所定义的理性和效率是一种内生的“绝对”理性和效率，不随外在时空、制度条件的变化而变化；与此相反，社会学认为理性和效率也是一种社会建构（socially constructed

rationality and efficiency），会随不同时空、外在制度条件的变化而被重新定义（redefinition of rationality and efficiency）。因此，看似最客观的“理性”和“效率”也是一种社会过程的产物，是一种在复杂制度互动过程中形成的社会建构。比如，关于多元化和公司业绩的关系，虽然有很多实证研究但并没有得出统一的结论。基于西方国家的研究显示有四种可能：多元化和企业绩效有显著的正向关系、没有显著关系、负向关系或倒 U 型关系（参见第三部分第四节“多元化和公司绩效”）。也就是说，至少从纯粹“理性”上来看，多元化与公司绩效的关系并不明确，并没有一致的研究结论表明多元化一定不利于公司业绩，但多元化战略自 20 世纪 80 年代以来在美国等西方国家还是被污名化和去制度化了（deinstitutionalization），失去了合法性和正当性，导致各大公司纷纷去多元化，而不管到底去多元化和回归专业化是否真的对公司业绩有利（从组织决策上来说，在实际结果出来之前，也无法提前知道业绩结果）。因此，企业进行去多元化更多的是由于外在制度压力（比如国家和资本市场）以及对行业领导者或公司同伴的模仿，尤其是在不确定性比较大和快速变化的社会环境下。在多元化失去正当性，而专业化日益盛行并被众多公司采用后，那些多元化公司实施去多元化就成为一种“理性”的选择，因为就算这些多元化公司业绩很好，但迫于资本市场、国家等强大的外部制度压力（比如证券分析师会调低其估值，即使其财务指标很好），如果继续坚持多元化反而显得“不理性”。显然，在这一过程中，公司理性被外部制度环境重新定义，公司行为也随之改变，一切都显得很“理性”，但这是一种被社会建构了的“建构理性”而非天然的“绝对理性”。“理性”之外，“效率”也是一种社会建构。譬如，本研究发现，多元化并没有显著降低企业利润率，但却对股票回报率造成了显著负面影响（参见表 3）。虽然一般而言，企业利润率越高，其股市表现越好，但这两种“效率”指标的生成机制有所不同。利润率更多地体现出一种“客观性”，而股票回报率却具有相当程度上的“主体间性”（inter-subjective）或社会建构性：股票价格受投资者和证券分析师等影响较大，当某只股票受部分投资者追捧时，会刺激更多投资者跟进，从而推动价格进一步上涨；反之，当该股票受部分投资者抛售时，会刺激更多投资者恐慌性抛售，从而加剧价格下跌。此外，证券分析师们的看法对股票价格影响很大，由于多元化在资本市场失去正当性，证券分析师会调低多元化公司的估值，从而导致多元化公司的股市表现远远不如专业化公司，即使其利润率与专业化公司相比并无显著差异（Zuckerman，1999）。需要指出的是，尽管很多组织行为实质上是

“建构理性”甚至是“非理性”的产物，但企业界、经济学和管理学界往往会对其进行“绝对”理性化包装，使这些“建构理性”、“非理性”的组织行为披上一层“绝对理性”的外衣以求得正当性和“科学性”。而在社会学家看来，有太多的组织行为是以“科学”、“理性”或“效率最大化”为名，实际上却被用来增强组织的稳定性、合法性，及巩固相关行动者的权力（Fligstein，1991；Roy，1997；Perrow，2002）。

总的来看，中国案例证明公司战略与公司制度环境密切相关，并主要通过诸如强制和模仿这样的制度机制扩散和传播。本研究深化了我们对外部制度环境如何塑造公司内部结构的理解，特别是阐明了国家和资本市场作为现代世界最重要的两个外部制度压力来源，在组织趋同和变革中的关键角色。从更高的理论层面上来讲，本文试图与经济学、管理学等以“理性”、“效率”为导向的组织研究范式进行对话，揭示“权力”及“合法性”在组织变迁中的重要作用。公司战略看似是最理性的市场行为，实则是社会建构的产物，受其外在制度环境的强烈影响。因此，公司战略的社会学分析对理解公司行为和现代市场经济非常必要，也是值得社会学家探索的一个新的重要研究领域。

参考文献

陈清泰、吴敬琏、谢伏瞻主编《国企改革攻坚15题》，中国经济出版社，1999。

樊纲：《渐进改革的政治经济学分析》，上海远东出版社，1996。

家路美：《央企整合剥离金融地产接盘者“想吃又怕烫”》，2008年8月28日《证券日报》。

李培林、张翼：《国有企业社会成本分析》，社会科学文献出版社，2007。

吴敬琏、张军扩、刘世锦、陈小洪：《国有经济的战略性改组》，中国发展出版社，1998。

武孝武：《主业为王》，2007年12月22日《上海国资》。

张维迎：《企业理论与中国企业改革》，北京大学出版社，1999。

朱江雄：《央企定身》，2005年1月5日《中国投资》。

Barney, J. 1991, "Firm Resources and Sustained Competitive Advantage." *Journal of Management* 7.

Baron, J. N., F. Dobbin & P. D. Jennings 1986, "War and Peace: The Evolution of Modern Personnel Administration in U. S. Industry." *American Journal of Sociology* 92.

Berle, A. & Means G. C. 1932, *The Modern Corporation and Private Property*. New York: MacMillan.

Boyd, B. K., Gove S. & Hitt M. A. 2005, "Consequences of Measurement Problems in Strategic Management Research." *Strategic Management Journal* 26 (4).

Campa, J. M. & Kedia S. 2002, "Explaining the Diversification Discount." *Journal of Finance* 57.

Chandler, Alfred D. 1962, *Strategy and Structure*. Cambridge, MA: MIT Press.

Chang, S. J. & J. Hong 2002, "How Much Does the Business Group Matter in Korea?" *Strategic Management Journal* 23 (3).

Coase, Ronald 1937, "The Nature of the Firm." *Economic* 16.

Cole, R. 1989, *Strategies for Learning: Small Group Activities in American, Japanese, and Swedish Industry*. Berkeley, CA: University of California Press.

Davis, G., K. A. Diekmann & C. Tinsley 1994, "The Decline and Fall of the Conglomerate Firm in the 1980s: The Deinstitutionalization of an Organizational Form." *American Sociological Review* 59.

Denis, D. J., D. K. Denis & A. Sarin 1997, "Agency Problems, Equity Ownership, and Corporate Diversification." *Journal of Finance* 52.

DiMaggio, P. & W. Powell 1983, "The Iron Cage Revisited: Institutional Isomorphism and Collective Rationality in Organizational Fields." *American Sociological Review* 48.

Fan, Joseph P. H., J. Huang, F. Oberholzer-Gee, Troy D. Smith, and Mengxin Zhao 2007, "Diversification of Chinese Companies: An International Comparison." Harvard Business School Strategy Unit Working Paper No. 08 - 007.

Fligstein, Neil 1985, "The Spread of the Multidivisional Form among Large Firms, 1919 - 1979." *American Sociological Review* 50.

Fligstein, Neil 1987, "The Intraorganizational Power Struggle: Rise of Finance Personnel to Top Leadership in Large Corporations, 1919 - 1979." *American Sociological Review* 52.

Fligstein, Neil 1991, "The Structural Transformation of American Industry: An Institutional Account of the Causes of Diversification in the Largest Firms, 1919 - 1979." in W. Powell & P. DiMaggio (eds.), *The New Institutionalism in Organizational Analysis*. Chicago: University of Chicago Press.

Galai, D. & R. Masulis 1976, "The Option Pricing Model and the Risk Factor of Stock." *Journal of Financial Economics* 3.

Gedajlovic, E. 1993, "Ownership, Strategy and Performance: Is the Dichotomy Sufficient?" *Organization Studies* 14 (5).

Guillen, Mauro 1994, *Models of Management: Work, Authority and Organization in a Comparative Perspective*. Chicago: The University of Chicago Press.

Guthrie, Douglas 1997, "Between Markets and Politics: Organizational Responses to Reform in China." *American Journal of Sociology* 102.

Hoskisson, R. E. & T. Turk 1990, "Corporate Restructuring: Governance and Control Limits of the Internal Market." *Academy of Management Review* 15 (3).

Jensen, Michael C. & Kevin Murphy 1990, "Performance Pay and Top-Management Incentives." *Journal of Political Economy* 98.

Keister, L. 1998, "Engineering Growth: Business Group Structure and Firm Performance in China's Transition Economy." *American Journal of Sociology* 104.

Kester, W. C. 1996, "American and Japanese Corporate Governance: Converging to Best Practice?" in S. Berger & R. Dore (eds.), *National Diversity and Global Capitalism*. Ithaca, N. Y.: Cornell University Press.

Khanna, T. & K. Palepu 1997, "Why Focused Strategies May be Wrong for Emerging Markets." *Harvard Business Review* 75.

Khanna, T. & K. Patepu 2000, "Is Group Affiliation Profitable in Emerging Markets? An Analysis of Diversified Indian Business Groups." *Journal of Finance* 55 (2).

Khanna, T. & J. Rivkin 2001, "Estimating the Performance Effects of Business Groups in Emerging Markets." *Strategic Management Journal* 22.

Lang, L. H. P. & R. M. Stulz 1994, "Tobin's Q, Corporate Diversification, and Firm Performance." *Journal of Political Economy* 102.

Li, Shaomin, Mingfang Li & Justin Tan 1998, "Understanding Diversification in a Transition Economy: A Theoretical Exploration." *Journal of Applied Management Studies* 7.

Lins, Karl V. & Henri Servaes 2002, "Is Corporate Diversification Beneficial in Emerging Markets?" *Financial Management* 31.

Martin, J. D. & A. Sayrak 2003, "Corporate Diversification and Shareholder Value: A Survey of Recent Literature." *Journal of Corporate Finance* 9 (1).

Meyer, John W. & Brian Rowan 1977, "Institutionalized Organizations: Formal Structure as Myth and Ceremony." *American Journal of Sociology* 83 (2).

Mintzberg, H. 1988, "Generic Strategies: Toward a Comprehensive Framework." *Advances in Strategic Management* 5.

Montgomery, Cynthia A. 1982, "The Measurement of Firm Diversification: Some New Empirical Evidence." *Academy of Management Journal* 25.

Nee, Victor 1989, "A Theory of Market Transition: From Redistribution to Markets in State, Socialism." *American Sociological Review* 56.

Palich, L., L. Cardinal & C. Miller 2000, "Curvilinearity in the Diversification Performance Linkage: An Examination of over Three Decades of Research." *Strategic Management Journal* 21 (2).

Perrow, Charles 2002, *Organizing America: Wealth, Power, and the Origins of Corporate Capitalism*. Princeton, NJ: Princeton University Press.

Ramaswamy, Kannan & Mingfang Li 2001, "Foreign Investors, Foreign Directors and Corporate Diversification: An Empirical Examination of Large Manufacturing Companies in India." *Asia Pacific Journal of Management* 18.

Roy, William 1997, *Socializing Capital: The Rise of the Large Industrial Corporation in America*. Princeton, NJ: Princeton University Press.

Rumult, R. P. 1974, *Strategy, Structure, and Economic Performance*. Boston: Harvard Business School Press.

Rumult, R. P. 1982, "Diversification Strategy and Profitability." *Strategic Management Journal* 3 (4).

Shieh, S. 1999, "Is Bigger Better?" *China Business Review* 26.

Shleifer, A. & R. Vishny 1997, "A Survey of Corporate Governance." Journal of Finance 52.

Stearns, L. B. & MS. Mizruchi 1993, "Board Composition and Corporate Financing: The Impact of Financial Institution Representation on Borrowing." *Academy of Management Journal* 36 (3).

Teece, David J., Gary Pisano & Amy Shuen 1997, "Dynamic Capabilities and Strategic Management." *Strategic Management Journal* 18.

Villalonga, B. 2004, "Diversification Discount or Premium? New Evidence from the Business Information Tracking Series." *Journal of Finance* 59.

Walder, Andrew 1995, "Local Governments as Industrial Firms: An Organizational Analysis of China's Transitional Economy." *American Journal of Sociology* 100.

Williamson, Oliver 1975, *Markets and Hierarchies.* New York: Free Press.

Williamson, Oliver 1985, *The Economic Institutions of Capitalism: Firms, Markets, Relational Contracting.* New York: Free Press.

Zuckerman, Ezra 1999, "The Categorical Imperative: Securities Analysts and the Illegitimacy Discount." *American Journal of Sociology* 104.

Zuckerman, Ezra 2000, "Focusing the Corporate Product: Securities Analysts and De-Diversification." *Administrative Science Quarterly* 45.

[illegible]

Williamson, Oliver (1975). Markets and Hierarchies. New York: Free Press.

Williamson, Oliver (1985). The Economic Institutions of Capitalism [illegible]. New York: Free Press.

[illegible]

三

二等奖论文

社会救助中的“福利依赖”研究：以城市低保制度为例*

郭 瑜 韩克庆**

摘 要： 本文采用“中国城市低保制度绩效评估”项目的实地调查数据，采用定量与定性研究探究“福利依赖”在当今中国是否存在。描述性统计结果显示，低保户具有较强的求职意愿。在回归模型构建过程中，作者通过对有健全劳动能力和有部分劳动能力人群的对比分析，发现低保受助者的工作决策主要受到劳动能力、健康状况、性别、年龄等因素的影响。定性研究结果显示，低保金目前起到了重要的救助作用，被访者也显示出了较强的就业与改善生活的意愿。基于定量与定性结果，本文认为城市低保制度中尚不存在“福利依赖”效应。但在前瞻性视角下，不能忽视福利依赖未来出现的可能性，并据此提出完善制度的相应政策建议。

关键词： 福利依赖 社会救助 城市低保制度 就业

一 研究背景

一般认为，社会救助是社会保障体系中的最后一张安全网。社会救助在资产审查的基础上，为有需要的人提供福利和服务，以助其达到基本生活水

---

* 本文初稿曾作为会议论文提交给中国社会学2011年年会，感谢与会专家的意见与建议。后发表于《社会学研究》2012年第2期，作者亦感谢匿名审稿人的宝贵意见。文责自负。

** 郭瑜，香港大学社会工作与社会行政学系；韩克庆，中国人民大学劳动人事学院社会保障系。

平（Gough et al.，1997）。经过资产审查而后提供社会救助，是许多国家都长期采用的一种福利形式，并且被认为是公平与效率的有机结合（Hill，2006：83）。

大多数支持“福利国家”的学者与政策决策者都相信，社会福利项目可以减少贫困。但是也有不少反对意见，认为社会福利事实上并不能够减贫。其弊端主要是对于贫富差距的调和作用甚微、可能造成福利依赖，甚至可能影响经济发展（Kenworthy，1999）等。

社会福利对于贫富差距调节和经济发展的作用学界已多有论述，本文主要关注的是福利依赖问题。从国外相关文献看，批评者认为福利会对接受者和他们所处的环境产生一系列的负面影响（Ayala & Rodriguez，2007；Meyer & Duncan，2001），其中包括直观的福利依赖（Saraceno，2002），以及广义上与依赖相关的种种弊端，如福利领取的代际传递（Beaulieu et al.，2005），贫困陷阱和福利欺诈（Hill，2006：83－85），以及福利持续时间过长（Ayala & Rodriguez，2007；Cooke，2009）等。然而，无论是福利领取时间过长、福利领取的代际传递，还是贫困陷阱和福利欺诈，从根本上讲都是源于福利依赖及其对就业的负面影响。

依赖是人生中一种不完整的状态，在孩童中较为常见，在成人中则属于异常。福利依赖来源于贫穷，但福利依赖有别于贫穷。贫穷是一种客观状态，而产生依赖则是一种主观状态（Moynihan，1973）。福利依赖假设社会救助会影响受助者的行为，因此未受救助的穷人反而比福利受助者更善于解决问题和满足自身需要（Saraceno，2002）。依赖总是与被动性和对经济援助/福利的自我毁灭式的长期依靠相伴而生，是为“福利依赖”（Yeatman，1999）。

“新右”和“第三条道路”理论流派都相信，传统福利国家会滋生福利依赖，并培育出一种“依赖文化”（Moore，1987；DSS，1998）。政策专家已经普遍同意（福利）依赖是有害的，它会侵蚀人们自我支持的动力，还会培养甚至加重底层心态，从而孤立和污名化福利接受者（Wilson，1988）。福利依赖早已成为美国政界的关键词之一，并为不同派别的政治家所批评（Fraser & Gordon，1994）。在当今经济低迷的情况下，我们不难看到在欧美主要国家，人们更多地开始反思福利制度；而对福利依赖的批判，也可谓甚嚣尘上（TVNZ，2011）。

过去的10余年间，为改进福利体制，福利国家的社会救助制度也相应发生了诸多重大变革。西方工业国家越来越担忧，政府福利项目是否会对福

利接受者的就业意愿与就业状况造成影响，从而造成福利依赖（Ayala & Rodriguez，2007）。这种“担忧”影响了西方国家福利项目的主要设计。政府进行了许多带有限制性的改革，在民众领取福利时附加了诸多就业要求（Zippay，2002）。例如，1996年美国《个人责任与工作机会调和法案》将福利制度从“资格机制”改为“工作优先”模式，具体做法包括对福利采取时间限制，以及强制提出工作要求，以此来刺激其就业（Ybarra，2011）。

在这种宏观背景下，国外学界也对社会救助制度变革中的福利依赖文化展开研究，但相对较为严谨和深入，不会受政治、经济、社会的气候影响而草率做出结论。例如瑟润德等人（Surender et al.，2010）假设，社会救助可能会削弱就业动机，并且造成“福利依赖文化”。他们通过定性与定量研究来探究是否有这样一种“依赖文化”存在。其结论是受访者都很重视有薪工作。在福利接受者中，失业并未成为一种常态，且总的来看，失业者都有较强的就业动机。其结论认为，福利接受者仍然遵守着主流的价值观和志向，并未形成一种独特的依赖文化。

在我国，自1999年《城市居民最低生活保障条例》开始实施以来，社会救助各项制度逐步完善，供养和补助标准持续提高，救助覆盖范围不断扩大。2010年全国城市低保平均标准为每人每月251.2元，低保对象月人均补助189.0元；截至2010年底，全国共有1145.0万户2310.5万位城市居民得到了最低生活保障。全年累计支出城市低保资金524.7亿元，比上年同期增长8.8%；其中中央财政补助资金为365.6亿元，占全部支出资金的69.7%（民政部，2011）。随着财政投入的加大和低保制度自身的不断完善，低保制度在反贫困方面发挥了重要作用。但是，在我国社会救助体系初见成效的同时，我们仍要注意社会救助潜在的负功能，防患于未然。

结合西方国家已经出现的福利弊端，本研究选取建立时间相对较长的城市低保制度作为研究对象。研究问题包括：城市低保人员是否形成福利依赖，他们的就业状况与求职动机如何，低保人员的就业状况由哪些因素决定。基于城市低保制度的大规模问卷调查与深度访谈，本文将通过实证研究回答这些问题。

二　数据介绍与描述性分析

本文所采用的实地调查数据来源于民政部社会救助司（原最低生活保障司）2007年委托中国人民大学劳动人事学院进行的“中国城市低保制度

绩效评估”项目①。该研究主要采用问卷调查和个案访谈法，对城市低保制度执行情况进行了调研与评估。根据分层随机抽样方法，先从全国选取部分典型城市作为抽样单位，这些城市为：北京市、重庆市、湖南省长沙市、广东省中山市、甘肃省天水市和辽宁省朝阳市。然后，基于《民政事业统计信息管理系统——台帐子系统》内记录的低保人员信息，通过软件提供的抽样调查功能随机抽样，选取了1462名调查对象，得到有效问卷1209份。被访人员的基本情况如表1所示。在问卷调查的基础上，本研究选取部分低保对象和低保干部作为个案访谈对象，从北京市宣武区、重庆市渝中区、湖南省长沙市天心区、广东省中山市石岐区、甘肃省天水市秦州区、辽宁省朝阳市双塔区抽取了访谈对象108人。其中，低保户90人，低保干部18人。

表1　被访对象的基本情况

单位：%

变量	比例	变量	比例	变量	比例
性别		受教育程度		就业状况	
男性	50.3	小学及以下	30.9	正式就业	2.7
女性	49.4	初中	43.3	灵活就业	17.7
婚姻状况		高中及职高	20.3	登记失业	27.3
未婚	9.9	大专及本科	5.4	未登记失业	9.7
已婚	53.9	健康状况		离退休	5.9
离婚	14.6	健康	19.3	老年人	12.3
年龄(岁)		一般	23.5	其他**	17.5
<30	4.5	体弱	17.3	平均每家每月领取低保金额	325.5(元)
31~40	19.8	慢性病	17.9	经济困难的首要原因	
41~50	38.9	严重疾病	12.1	没有工作	40.0
51~60	17.6	劳动能力*		就业不稳定	9.7
61~70	9.2	健全	40.7	家里有病人或残疾人	31.6
71+	10.0	部分丧失	39.7	子女教育费用过高	6.4
		完全丧失	19.4		
样本数		1209			

注：* 劳动能力状况通常可分为完全丧失劳动能力、大部分丧失劳动能力、部分丧失劳动能力和劳动能力健全。在问卷调查过程中，我们将完全丧失劳动能力和大部分丧失劳动能力的人视为完全丧失劳动能力。

** 多属于因残、因病而缺乏劳动能力的情况。

① 项目负责人米勇生、王治坤，项目总协调人刘喜堂，课题研究主持人韩克庆。项目编号：34107050。

通过表1可以大致勾勒出低保受益对象的人口、社会、经济特征。我们要重点探讨的是低保户对低保制度的认识和评价。首先关注的是受访者对低保制度的总体评价，近1/3（32.3%）的被访者表示“非常满意”；另有接近一半（47.6%）的人表示满意，但认为低保制度仍需改进；14.7%的人表示“勉强满意”；只有极少数人不满意（4.3%）或非常不满意（0.6%）。总体来看，低保户对制度的满意程度还是比较高的。

表2　被访对象对于低保金对家庭和生活需要作用的评价

对家庭的作用	%	是否能够满足基本生活需要	%
生活必需的“救命钱”	39.4	完全能够	3.7
大大改善了生活状况	45.7	勉强能够	47.9
主要还是依靠自己挣钱，有低保更好	11.2	不能满足	32.5
		差得太远	15.4

被访者对低保制度的满意究竟建立在什么基础之上？我们首先关注低保对于家庭收入的作用。虽然低保金数额并不高（平均每户每月325元，见表1），但是从被访者的回答来看，这份补助被看做至关重要的“救命钱”（39.4%）或是能够大大改善生活状况（45.7%）。其次，低保金是否能够满足基本生活需要？仅有3.7%的被访者认为完全能够满足，接近一半人认为勉强能够（47.9%），约1/3的人认为不能满足基本生活需要（32.5%），更有接近1/6（15.4%）的被访者认为现有的低保金距离满足需要还差得太远。因此，可以认为，现有低保补助不论是绝对值还是相对值（满足家庭生活需要的程度）都不算很高。但是低保领取者总体上还是维持了较高的满意度，从这个意义上我们判断，低保对象对于福利并没有过高期盼，较易得到心理满足。

除了总体评价和救助对家庭收入的作用之外，低保对象对于救助的理解还需要从另一个重要角度来衡量，那就是福利自我退出机制。表3显示，接近2/5（39.4%）的受访者曾经向街道或居委会报告过收入变化情况，另有约1/3（34.2%）隐瞒不报。在回答更直接的问题时，即“什么情况下会主动提出不要低保”，仅有约1/6（16.5%）的人表示不会提出不要。大部分被访者还是选择当家庭收入超过低保标准（28.7%），或是有了固定工作与稳定收入（34.0%）后，会主动提出退保。另有17.5%选择“其他”并作出说明，笔者简单统计后发现，与表1中的经济困难原因相呼应，多属于因残、因病、子女教育费用过高等情况。

表3　被访对象对收入变化和退出低保的态度

是否向街道或居委会报告收入变化	%	什么情况下会主动提出不要低保	%
报告过	39.4	家庭收入超过低保标准	28.7
没有报告	34.2	有了固定的工作和稳定的收	34.0
不知道要报告	14.5	不会主动提出不要	16.5
没发生过不清楚	10.4	其他*	17.5

* 主要包括本人或近亲病情好转、子女学业完成找到工作、可以领取退休金或因残无法改善收入等情况。

低保户的求职意愿也是一个重要的判断标准。事实上，对于"如果有劳动能力，是否愿意积极找工作"的问题，超过9成的受访者表示愿意，仅有极少数表示不愿意（2.3%）或是无所谓（3.3%）。

关于就业促进政策，近一成（9.5%）受访者表示，希望通过就业增加的收入只有一部分计入正式家庭收入；超过两成（22.7%）的受访者希望，当找到工作提高收入后，政府能够再保留2~3个月的低保待遇；更有接近1/4被访者表示，工作以后如果没资格领取低保，但可以享受其他优惠政策，会令他们更愿意积极就业。

大多数（60.7%）被访者参加过小区组织的公益劳动。没参加过的样本中，超过一半是由于身体不好、残疾、年老或无劳动能力（57.6%），另有一部分人表示因为无人组织（29.3%），4.5%是在外工作而没时间参加，仅有极个别情况（0.9%）是因为怕碰见熟人难堪。

直观地看描述性统计结果，并没有明显证据显示被访者由于低保救助而削弱了就业动机；而就业状况则大多受劳动能力和身体状况的制约。事实上目前我国的低保金额普遍偏低，造成"福利依赖"的可能也相应较低。当然，直观的判断不能作为学术讨论的依据。本文将进一步探究，哪些因素会影响低保领取者的就业状况和就业动机。具体来说，将采用回归分析方法进一步探究就业状况的影响因素，并辅以定性访谈资料加以论证，从而判断是否存在"福利依赖"。

三　模型构建和回归结果分析

目前在我国，低保制度作为最后一道社会安全网，在缓解城市贫困、维

护社会稳定方面发挥了重要作用。从救助对象的劳动力特征来看，一般可以分为两类：一类是无劳动能力的人群，即城镇“三无人员”，包括孤寡老人、儿童及残疾人等；另一类是仍处在劳动年龄且有劳动能力的群体。针对这两类群体的差异，政府提出了“应保尽保，分类施保”的方针，对不同目标群体采取不同的制度设计。对完全无劳动能力的低保对象来说，低保目标是保障其基本生活水平；对于有劳动能力的低保对象，则旨在通过实施就业培训和提供劳动岗位使其重回劳动力市场，低保救助只是过渡性的救助方式。

我们假设对具备劳动能力的个体而言，低保可能产生正负两方面作用：一方面，作为其满足基本的生活需要，并通过自身努力最终获取稳定工作的经济保障；另一方面可能会造成“福利依赖”效应，导致低保受助者的求职动机降低或求职要求提高。

为了对“利依赖”的程度和作用机制进行量化分析，本文以低保受助者的工作状况作为研究切入点，建立模型并进行回归。被访者的就业状况可能会受到劳动能力影响，事实上，“有劳动能力”是一个非常笼统的概念。问卷设计时格外注意了这一点，对劳动能力作出了进一步区分，即“有部分劳动能力（丧失部分劳动能力）”和“有健全劳动能力”①。因此，将样本分为“劳动能力健全”、“丧失部分劳动能力”和“完全丧失劳动能力”三种。这种区分非常具有现实意义，从数据上看（参见表1），劳动能力健全的有40.7%，丧失部分劳动能力也高达39.7%，这证明劳动能力不能仅用“有”和“无”来区分，在劳动能力健全与完全丧失劳动能力之间，还有一个较大的灰色区域，也就是具有部分劳动能力的人群。从现实生活来看，例如肢体残疾或慢性病患者，可能并未丧失劳动能力，但也与一般劳动者有一定差别，因此不可一概而论。基于上述考虑，我们对“有劳动能力（即劳动能力健全和丧失部分劳动能力者）”的样本和“有健全劳动能力”的样本分别进行回归考察，探析“劳动能力”和“福利依赖”之间的互动关系。

模型的被解释变量是样本在接受访谈时的工作状况（有工作为1，否则为0），解释变量则涵盖了个人特征变量和制度评价变量。为了控制调查区域对被解释变量的系统性影响，城市虚拟变量也被纳入模型。解释变量和被

---

① 关于劳动能力鉴定，可参见人力资源和社会保障部《职工非因工伤残或因病丧失劳动能力程度鉴定标准（试行）》（2002）。在本调查中主要采取自行汇报（self-report）的方式。

解释变量的定义参见表4。个人特征包括样本年龄、性别、教育背景、婚姻、健康状况、劳动能力等六组变量；制度评价变量则包括低保金额、低保张榜公布要求和低保满意度等①。

表4 计量变量简介及构建方法

变量	定义	预期符号
被解释变量		
工作	如被访者已经参加工作，该变量为1；否则为0	
解释变量		
个人特征变量		
男性	如被访者为男性，该变量为1；否则为0	+
年龄	被访者的实际年龄	–
婚姻状况	如被访者已婚，该变量为1；否则为0	+/-
受教育程度	如被访者为高中以上学历，该变量为1；否则为0	+
健康状况	如被访者健康状况良好，该变量为1；否则为0	+
劳动能力	如被访者有健全劳动能力，该变量为1；部分劳动能力者为0	+
制度评价变量		
人均低保金	被访者家庭所获得的人均低保补助（百元）	+/-
张榜公示	如被访者不愿在小区内公示自己获得低保，该变量为1；否则为0	-
满意程度	如被访者对低保制度表示满意，该变量为1；否则为0	+/-
区域特征		
甘肃天水为参照组	如被访者处于相应城市，该城市变量为1；否则为0	+/-

我们构建了二元离散选择 Probit 模型（Wooldridge，2002：451－469），具体考察“福利依赖”效应的作用程度。首先是构建一个线性的潜在变量模型：

$$y^* = \beta_0 + \beta_1 RWC + \beta_2 MIGC + \beta_3 City + \varepsilon$$

其中，y^*代表一个未被观察的潜在变量，*RWC* 代表个体特征变量，*MIGC* 是低保制度评价特征，*City* 代表城市虚拟变量，ε 满足标准正态分布。y 代表被解释变量，并和 y^* 之间存在如下关系：

---

① 福利领取时间也是一个重要概念。但是本研究中的数据显示，绝大多数低保对象是在1999年以后开始享受最低生活保障待遇的。经过计算，被访者平均领取时间为42.1个月，为时尚短。而相应的国际文献则以5年或10年为衡量单位。因此我们假设，低保领取时间更多是与个人和其他政策因素相关的。故领取时间不纳入回归分析。但我们认为，在今后研究中，该变量是值得关注的。

$$y = \begin{cases} 1, \text{如果 } y^* > 0; \\ 0, \text{其他} \end{cases}$$

当 y 取 1 时，表明样本更倾向于满意低保制度（或愿意参加工作）。我们可以得到 y 的相应概率：

$$P(y = 1) = P(y^* > 0) = \Phi(\beta_0 + \beta_1 RWC + \beta_2 MIGC + \beta_3 City)$$

采用最大似然估计法估计其中参数即可。为考察劳动能力对“福利依赖”效应的影响，本文分别对“具备劳动能力”的样本和“具备健全劳动能力”的样本进行了回归（回归模型 1、回归模型 2），结果正如表 5 所示①。解释变量和被解释变量的定义参见表 4，城市虚拟变量不是本文讨论的重点，简明起见，系数在此省略，备索。

表 5　被访样本工作情况的 Probit 模型回归结果

	有劳动能力的样本回归结果（回归模型 1）		有健全劳动能力的样本回归结果（回归模型 2）	
	Probit 回归系数	边际效应（dF/dx）	Probit 回归系数	边际效应（dF/dx）
个人特征变量				
男性	0.24** (2.26)	0.07**	0.37*** (2.73)	0.14***
年龄	-0.02*** (-2.69)	-0.005***	-0.01* (-1.74)	-0.005***
婚姻状况	0.09(0.75)		0.12(0.78)	
教育程度	-0.11(-0.99)		-0.17(-1.16)	
健康状况	0.27** (2.12)	0.08**	0.31* (1.74)	0.11*
劳动能力	0.54*** (4.48)	0.16***		
制度评价变量				
人均低保金	-0.13* (-1.79)	-0.04*	-0.13(-1.36)	
张榜公示	0.12(0.87)		0.08* (1.76)	0.03*
满意程度	-0.22* (-1.67)	-0.07*	-0.08(-0.53)	
样本总数	829		415	
似然比检验量	167.27		87.09	
拟合优度 Pseudo R^2	0.168		0.145	

注：系数代表边际效应（dF/dx），它表示自变量一个单位的变化，或者相对于参照类而言，发生比的变化。括号内的数据为 Z 值，*，**，*** 分别代表 10%、5%、1% 的显著性水平。

① 本文使用 Stata10.0 软件中的“dprobit”命令求得各解释变量的边际效应。为提高回归结果对实际情况的解释能力，作者对年龄、样本家庭人均低保补助金额等变量进行了中心化处理，在此感谢匿名审稿人对计量模型提出的意见。

（一）个体特征变量分析

首先来看个体特征变量的影响。性别虚拟变量和年龄因素对于“有劳动能力”（回归模型1）和“有健全劳动能力”（回归模型2）的样本均存在显著影响，作用方向也同预期相符合。特别是在有健全劳动能力的被访者中，男性工作的概率比女性高出14%。这一方面是因为在我国的传统观念中，男性更多担负着养家糊口的责任，求职动机更为强烈。另一方面也是由于男性的就业机会要多于女性。

在回归模型1中，“有健全劳动能力”虚拟变量的系数为正数，且通过了显著性检验。回归结果显示，与只有部分劳动能力的被访者相比，“有健全劳动能力”的样本工作的概率高出16%。这表明健全的劳动能力对就业状况的影响非常显著，同时也验证了我们把“劳动能力健全”和“丧失部分劳动能力”的样本区分回归的必要性。

值得注意的是，健康状况虚拟变量在回归模型1和回归模型2中都非常显著，且系数均为正。在回归模型1中，身体健康的样本有工作的概率比不健康的要高出8%；健康因素在回归模型2中的影响更为明显，身体健康的样本工作的概率要高出11%。教育和婚姻状况的影响在两个模型里都不显著。

（二）制度评价变量

制度评价变量的回归结果，在回归模型1和回归模型2中存在较大差异。回归模型1中，低保户的家庭人均受益金额每提高100元，其参与工作的概率会降低4%；而当低保户对低保制度表示满意时，工作概率降低7%。而在回归模型2中，这两个变量，即家庭人均受益金额和低保满意度却均未通过显著性检验。因此我们推测，丧失部分劳动能力的人群产生依赖的可能性更为明显，但是没有证据显示有健全劳动能力的样本目前已经产生了福利依赖。

再来看“是否愿意在小区内张榜公布低保名单”这个变量的影响。在回归模型1中，“张榜公示”的系数为正，但并未通过显著性检验，这说明低保的“福利依赖”效应对于有劳动能力的受助者总体而言确实存在，但“福利依赖”效应对样本工作决策的影响远小于性别、健康和是否具有健全劳动能力等因素。在回归模型2中，对于有健全劳动能力的样本来说，“被访者不愿在小区内公示自己获得低保”显著为正，也就是说，被访者不愿

在小区内张榜公布低保名单，公布时其就业的概率反而会更高一些（3%）。据此我们判断，低保的“污名化效应”反而会对劳动能力健全的低保户产生刺激就业的作用。

回归结果显示，现行的低保制度对于丧失部分劳动能力者，目前不排除在一定程度上产生福利依赖的可能。但是，低保户的工作决策仍然很大程度上受到健康、性别、年龄等因素的影响，且依赖程度和样本的劳动能力高度相关。我们认为，无论是描述性数据还是回归模型分析，都不能证明劳动能力健全者对低保产生了明显的依赖。由此我们判断劳动能力健全者只是借助低保维持基本生活，求职意愿仍然比较明确。

（三）定量分析结果

①不排除有部分劳动能力的低保对象产生福利依赖的可能性；②有健全劳动能力的低保对象具有较强的就业动机；③污名化效应对福利依赖具有反作用；④低保受益金额与就业概率呈现负相关。

四　定性研究

定量数据与分析只能在一定程度解释和预测，须辅以必要的定性分析，才能更清晰地呈现事物的本质。因此，接下来将结合深度个案访谈的典型资料，来判断“福利依赖”是否存在。

（一）制度受益水平分析

通过访谈发现，不管是没有收入来源的残疾人、孤寡老人，还是重病、慢性病和精神疾病患者；不管是离婚、丧偶家庭的成员，还是退休下岗、买断工龄的“4050”[①] 人员，乃至“两劳”（劳动教养、劳动改造）释放人员，贫困曾经让他们绝望无助、情绪低落，让他们为吃饭穿衣而发愁。最低生活保障为他们化解了生存危机，让贫困者及其家庭有了起码的生活保障，重燃了他们生活的希望。

几乎所有的被访者都对低保制度赞誉有加，认为低保是党和政府的一项惠民政策，实实在在解决了贫困群体生活中的一些问题。可以说，低保制度保障了城市贫困家庭的基本生活，发挥了重要的“兜底”作用。在一定程

① 指女职工 40 岁、男职工 50 岁以后下岗失业者。

度上，低保制度成为一种安慰剂、一种稳定剂，一种希望、一种安全感，并且已然成为一些人心中和生活上不可脱离的制度安排。

尽管被访者对制度赞誉有加，但是又普遍反映低保金额较低。除个别受助者受“多拿多占”的心理影响外，许多被访者处在“上有老下有小”的年龄阶段，家中父母等老年人需要医药费、子女需要教育费，甚至许多人自身也疾病缠身。虽然政府建立低保制度的初衷是为了解决贫困居民柴米油盐等基本生活问题，但是低保家庭必然将低保金用于最迫切的地方，例如医疗与教育支出（请参见前文表1致贫原因）。除此以外，受物价上涨等因素的影响，受益对象关于提高低保金额的呼声也很高。

个案1：邓女士，40岁，丧失部分劳动能力，长沙市天心区书院街道居民。

问：你的生活困难吗？

答：非常困难。我们就吃点蛋菜饭，买肉很少。因为只有这点钱，买米、买油都要钱。去年我摔了手，都没去看。一看就要几百。我的肩膀也摔过，都在屋里坐，坐好的。现在肩膀有点痛。要是有钱就会去看。现在什么都涨价了，我们只能勤俭节约，也不能增加国家太多负担，还是不经常去找领导。

问：对你家来说，上个月的家庭收入除了吃饭，其他支出情况怎样？

答：就用在吃上，我们做不了别的事情。两个人就艰苦奋斗过日子。比起流浪的，我们还是好多了，心境还是满足喽，起码有个屋住。

个案2：孔先生，34岁，有健全劳动能力，北京市宣武区大栅栏街道居民。

问：你对低保制度还有别的要求吗？比如说医疗保险啊，像其他家庭的一些减免之类的……

答：其实这个，我太关心了，你说到我心里去了。像去年我孩子看病，俩孩子花了……关键是我对低保这个报销不太了解，后来才知道。后来我孩子花了2000多了，我没辙了。

问：应该有报销的制度啊。

答：是啊！我两个孩子花了2000多点，给我报了400多，为什么

啊？其中一个孩子花了1200多，一个孩子花了800多。那800多才报100多。都不超过500，那就不合适，等于说自己还是花了1500。1500对我来说什么概念啊？两个多月的低保钱没了，两个多月的饭钱没了！就是这病这块啊，我就觉得挺可怕的。包括我这不也病了，2000多进去了，还没检查明白。

上述两个案例较为典型地反映了低保对象的生存困境。低保制度使贫困人口在获得救助后能避免挨饿受冻，并能享受到起码的生活条件。但是，很大比例的低保户正是因为长期生病和突发疾病而深陷贫困，他们无力通过劳动就业改变贫困状态。对很多有病人的低保家庭来说，相对于高昂的医疗费用，低保金不啻杯水车薪。

（二）救助对象的就业意愿

如前文所述，低保受助对象的求职意愿能够较为直观地反映福利依赖是否存在。在访谈中我们发现，许多有劳动能力的受助者迫切需要自力更生，他们并不甘于依赖政府的救济过活，而是希望自己有份长期稳定的工作。

个案3：徐先生，55岁，有健全劳动能力，重庆市渝中区两路新村居民。

问：除了低保制度之外，你希望政府出台什么政策解决你的困难？

答：这些政策不好说，希望有让这些低保户能够自力更生的政策，比如小额贷款、提供一些就业机会。我如果有小额贷款，我就可以起来，重新站起来。……还有，就是帮我们找到工作，50、60的人，身体确实可以的，能够给我们解决一些力所能及的工作。

类似的案例有很多。这些案例反映了有劳动能力的救助对象的就业诉求。对他们而言，工作并不单单是解决钱的问题，更重要的是关系到他们在社会上、在家庭中的地位，以及由职业地位赋予他们的心理自尊和社会地位。但是，在社会结构转型和经济发展过程中，有劳动能力的低保户大多属于结构性失业群体，政府整体上对促进下岗失业群体的再就业政策力度欠缺。虽然有些地方能够为低保对象提供社区公益性岗位，但一方面公益岗位数量有限、待遇偏低，另一方面很多岗位对技能有一定的要求，这使得一些想工作的人因为自身技能、素质限制而不能就业。

（三）贫困的代际传递

代际传递是考察父母和子女职业地位变化的重要指标。访谈发现，“知识改变命运”的观念以及重视教育的社会文化传统，使得很多被访者希望通过让子女接受好的教育来改变家庭贫困的状况，或者通过技能培训让子辈走向自立，诸如“自暴自弃”、“甘于贫穷”等与福利依赖文化相关的负面情绪并没有异常凸显。

个案4：袁女士，45岁，有健全劳动能力，重庆市上清街道居民。

> 问：除了低保制度，你还希望政府出台什么政策来解决你的家庭困难？
>
> 答：我希望国家出台那种暂时的困难能暂时补助的政策。光吃低保也不能脱贫，光吃低保只能越来越穷，就200多块钱完全是在吊命！现在藤藤菜都是五角钱、一块钱一斤，最便宜的东西都是一块钱一斤，光靠吃低保根本都不行。要发达，只有从教育上给孩子下工夫，年轻人才能够读书，才能出来。大一点的孩子，出去能找工作，你没文化怎么出去找工作嘛，只有一代一代地穷下去……恶性循环。孩子读了书，有文化、有知识了，就不可能一代一代地还再继续穷下去了。对年轻的人可以采取一些技能培训，让他们自食其力。我觉得只要满了20岁的年轻人，20岁到40岁之间都不该吃低保，这个阶段身体各方面都是最好的，我觉得不该吃低保。40多岁的人，各方面的机能都在衰退了，我觉得这一种可以享受低保，还可以做一点力所能及的事情。

我们认为这个案例非常典型。此受访人虽然语言朴素，但是言谈之中表露了对低保制度使中青年产生福利依赖的担忧，并触及“贫困代际传递”问题，显示了较强的就业自立动机。本案例也较好地呼应了实证结果，对于现有的低保救助对象，并没有显著证据表明已经产生了福利依赖；相反，低保对象的就业动机与就业倾向都很强烈。当然这并不意味将来仍会如此，如不与时俱进地完善制度，“福利依赖”就有可能在年轻一代产生。

（四）定性分析结果

综合定性分析结果，我们的基本结论是：①有劳动能力的救助对象普遍具有较强的就业意愿和改变贫困的动机；②很多低保家庭把摆脱贫困的希望

寄托在子女身上，希望避免贫困的代际传递；③影响低保人群就业的主要因素是年龄、健康状况、劳动能力、就业机会和国家政策。

五　研究结论与政策建议

综上所述，通过对城市低保人群的定量与定性研究，本文认为，现阶段我国城市低保制度还未形成“福利依赖”效应。由于我国城市低保对象中包括大量有劳动能力者，因此，如何合理改进低保制度，促进有劳动能力的受助群体积极求职与就业，是目前以及未来我国城市低保制度都需要重点关注的难题之一。在我国公共政策制定过程中，从地方试点到中央决策的“自下而上”机制扮演了重要的角色。基于实证研究结果，在此我们参考部分地区城市的低保制度创新，以“自下而上”的方式，从理论上提供政策改进的可能。

从各地政策创新与实践看，本文选取北京、广州和重庆作为典型代表。北京市政协委员建议对有劳动能力者降低低保。提案建议：“改革现有低保金发放制度，降低劳动年龄内有劳动能力者低保标准，对有劳动能力者实行临时救助，明确规定其享受低保救助的期限。”在此基础上，提案指出“对低保政策‘搭车’的救助、补助和其他保障项目要慎重，引导这部分低保人员积极再就业”（《新京报》，2006）。广东省佛山市禅城区启动了低保与促进就业联动机制，针对有劳动能力的低保群体建立了就业、再就业的激励与约束机制。有劳动能力的低保人员应进行求职登记，再就业后其家庭人均月收入达到或超过低保标准的可继续保留一年的低保待遇。如出现不参加就职登记、拒绝接受就业培训、拒绝参加公益性岗位等情况的将被取消低保资格（《南方日报》，2010）。重庆市有人大代表认为，“劳动年龄段的人员吃低保，要严格审查，尤其要杜绝那种有劳动能力人员宁愿闲着打麻将也不上班。居民处在劳动年龄段，具备劳动能力，在申请获得了吃低保的资格后，必须参加政府的职业技能培训，增强就业能力，将有限的政府财力用在最需要帮助的人身上。”对有劳动能力的中青年，确实因家庭困难需要吃低保的，可以设置一个过渡期，允许享受半年或一年的低保待遇，并在这期间通过职业培训实现再就业（《重庆晨报》，2009）。

可见，地方政府在执行中央政策的过程中，会根据现实状况发挥主观能动性，采取一定政策创新。在我国，政策改革也通常建立在试点的基础上，由点到面，从而达到稳定地协调发展。上述三地的做法，不约而同地对有劳动能力的低保户采取或规管或协助的方法，目的是促进就业、削减贫困。结合实证结果与地区创新，本文对低保制度的完善提出如下几点建议。

（一）规范以家庭经济状况调查为重点的资格审查制度

规范以家庭经济状况调查为重点的资格审查制度是完善低保制度的核心问题，是实现社会公正和促进制度公平的重要保证，也是预防福利依赖的第一道屏障。

我国低保制度实施以来，在国家没有形成统一的受助对象资格审查实施细则的前提下，各地结合实际情况对低保对象的收入和家庭财产状况核查进行了很多探索，包括对消费形态的控制，如有的地方禁止低保户使用空调、禁止养宠物，等等，有些虽然略显刻板僵化，有损伤受助者尊严的不良影响，但对低保对象的甄别和监督起到了一定的积极作用。只有建立一套完善的家庭经济状况调查制度，才能从根源上杜绝福利依赖与福利滥用。

目前，家庭经济状况调查难以有效实施，既有我国金融信用体系不完善的问题，也有制度本身的设计问题。我们建议，借助现有的信息网络平台，包括利用银行、证券、税务、工商、劳动、社会保障等部门的信息管理系统，依法获取申请者和受助者的家庭财产和收入状况，结合个人申报，明确各个机构和个人在低保资格审查中的权利和义务。如有需要，上述部门应积极配合民政部门进行存款、证券交易、用工、社会保险缴费等信息的取证。

（二）完善与促进就业相关联的动态管理机制

我国现行低保制度的一个重要原则就是动态管理，即当家庭收入低于当地最低生活保障线时，将其纳入低保群体，提供相应的低保待遇；当家庭收入变化时，相应地调整低保金额；当家庭收入高于当地最低生活保障线时，应让其退出低保。

无论定量计算还是定性分析都表明，目前的低保制度设计存在一片很大的灰色地带，即有部分劳动能力的低保人群面临“主动失业”的困境。我们建议，政府对劳动年龄人口特别是中青年人群，提供就业培训以及就业资讯；努力提供更多公益岗位或鼓励兴办社会企业，吸收有劳动能力的低保人群就业。同时，在促进就业层面，也应发展“激励措施”。一旦家庭平均收

入超过低保标准，应继续保留短期待遇直至收入稳定；超过低保标准的“边缘户”，可以保留与低保制度相关的配套福利措施，消除其就业的后顾之忧。

（三）构建全面的社会救助体系

低保制度的基本目标是解除贫困家庭的生活困境，而现行制度却正在演变成一个综合性的社会救助体系，承载了过多的救助责任。低保制度不是“万能良药”，不能期待它解决所有的问题。解决的出路就是在这一制度之外建立相关制度，包括住房救助、教育救助、医疗救助、失业救助等。通过对不同人群及不同需要的特定救助，形成一个网状结构的救助体系。同时，要将完善低保制度与社会保险制度、社会福利服务等制度设计有效衔接。否则，这种替代思路会妨碍其他社会救助和福利制度设计，例如不利于老年人福利、儿童福利、残疾人福利等其他专项制度的全面建设。

也许，世上并不存在完美的制度，而改革亦从来不易。在我国经济社会迅速发展、国家与人民逐渐富裕的过程中，如何维持就业与救助之间、发展与福利之间的动态平衡，将是一个持续而重要的议题。

参考文献

《北京朝阳政协委员建议对有劳动能力者降低低保》，2006年12月14日《新京报》。

韩克庆：《转型期中国社会福利研究》，中国人民大学出版社，2011。

《佛山禅城：有劳动能力不就业将取消低保资格》，2010年4月28日《南方日报》。

《有劳动能力还吃低保——或将设半年至一年过渡期》，2009年5月21日《重庆晨报》。

中华人民共和国民政部：《2010年社会服务发展统计报告》，民政部门户网站，2011。

Ayala, L. & Rodriguez M. 2007. “What Determines Exit from Social Assistance in Spain?” *International Journal of Social Welfare* 16.

Beaulieu, N., Duclos, J. Y., Fortin, B. & Rouleau M. 2005. “Intergenerational Reliance on Social Assistance: Evidence from Canada.” *Journal of Population Economics* 18 (3).

Cooke, M. 2009. “A Welfare Trap? The Duration and Dynamics of Social Assistance Use among Lone Mothers in Canada.” *Canadian Review of Sociology* 46 (3).

Dean, H. 2003. “The Third Way and Social Welfare: The Myth of Post-Emotionalism.”

Social Policy and Administration 37 (7).

Des, Gasper. 2005. "Subjective and Objective Well-Being in Relation to Economic Inputs: Puzzles and Responses." *Review of Social Economy* Vol. Ⅷ 2.

Department of Social Security (DSS). 1998. *New Ambitions for Our Country: A New Contract for Welfare*. London: The Stationery Office.

Fraser, N. & Gordon L. 1994. "A Genealogy of Dependency: Tracing a Keyword of the U. S. Welfare State." *Signs* 19 (2).

Gough, L., Bradshaw, J., Ditch, J., Eardley T. & Whiteford P. 1997. "Social Assistance in OECD Countries." *Journal of European Social Policy* 7 (1).

Graham, Carol, Eggers A. & Sukhtankar S. 2004. "Does Happiness Pay? An Exploration Based on Panel Data from Russia." *Journal of Economic Behavior and Organization* 55.

Hill, M. 2006. *Social Policy in the Modern World: A Comparative Text*. Oxford: Blackwell Publishing.

Hsee, C. K., Yu, F., Zhang, J. & Zhang Y. 2003. "Medium Maximization." *Journal of Consumer Research* 30.

Kenworthy, L. 1999. "Do Social-Welfare Policies Reduce Poverty? A Cross-National Assessment." *Social Forces* 77 (3).

MacDonald, R. 1996. "Welfare Dependency, the Enterprise Culture and Self-employed Survival." *Work, Employment and Society* 10 (3).

Meyer, B. & Duncan G. (eds.) 2001. *The Incentives of Government Programs and the Well-Being of Families*. Joint Center for Poverty Research, Chicago.

Moore, J. 1987. "Welfare and Dependency." Speech to Conservative Constituency Parties Association, September.

Moynihan, D. 1973. *The Politics of a Guaranteed Income: The Nixon Administration and the Family Assistance Plan*. New York: Random House.

O'Neill, John. 2006. "Sustainability, Well-Being and Consumption: The Limits of Hedonic Approaches." *Economics and Philosophy* 22.

TVNZ. 2011. "National Welfare Reform Plan Sparks Criticism." http://tvnz.co.nz/ Aug, 15.

Saraceno, C. 2002. *Social Assistance Dynamics in Europe: National and Local Poverty Regimes*. Bristol, UK: Policy Press.

Surender, R., Noble, M., Wright G. & Ntshongwana P. 2010. "Social Assistance and Dependency in South Africa: An Analysis of Attitudes to Paid Work and Social Grants." *Journal of Social Policy* 39 (2).

Tumulty, K. 1991. "Thomas' Sister Accepts Hard Life in Shabby Home." *Los Angeles Times* 5.

Wilson, W. J. 1988. "Social Policy and Minority Groups: What Might Have Been and What Might We See in the Future." In *Divided Opportunities: Minorities, Poverty, and Social Policy*, ed. Sandefur, G. D. and Tienda, M., New York: Plenum. pp. 231 - 252.

Wooldridge, J. 2002. *Econometric Analysis of Cross Section and Panel Data*. Cambridge,

MA：MIT Press.

Ybarra, M. 2011. “Should I Stay or Should I Go? Why Applicants Leave the Extended Welfare Application Process.” *Journal of Sociology & Social Welfare* 38 (1).

Yeatman A. 1999. “*Mutual Obligation: What Kind of Contract is This?*” Sydney, National Social Policy Conference.

Zippay, A. 2002. “Dynamics of Income Packaging: A 10-Year Longitudinal Study.” *Social Work* 47 (3).

城市广场生产中的政府、市场与社会*

——基于甘肃省TS市某个案城市广场的实地调查分析

李 怀　赵雁鸿**

摘　要：本文以甘肃省某个案城市广场从传统集市变成现代广场的变迁过程为研究对象，通过实地调查，探讨了政府、市场（企业）和社会（居民）等三个不同行动者在城市广场生产中的不同影响。政府通过制定城市规划对城市广场的功能与性质进行定位，主导城市广场的变迁趋向；市场（企业）受到政府的招商引资政策吸引而进入城市广场，逐步变成一支独立的力量从中获取巨大经济利益；以城市居民为代表的社会力量则以维权者的角色来影响城市广场的变迁过程，他们用或与政府谈判或以集体抗争的策略来争取自己应得的拆迁补偿，尽可能保全自己的既有利益不受损失。如此，城市广场的生产过程体现了政府、市场与社会三个行动者为实现各自目标的相互博弈，而非政府单方面主宰的结果。

关键词：城市　城市广场　集市　政府　市场　社会

---

* 此文在2011年中国社会学学术年会获奖论文《城市空间重构的多元动力机制——以甘肃省某城市广场为例》基础上修改而成，文责自负。

** 李怀（1970～），男，汉族，甘肃环县人，社会学博士，西北师范大学社会学与社会工作系教授，中山大学城市社会研究中心研究员，复旦大学社会学系博士后，从事组织社会学、城市社会学研究；赵雁鸿（1985～），女，汉族，甘肃天水人，西北师范大学社会学专业硕士研究生。

一　现象与问题

广场起源于传统农业社会，是公共生活的产物，反映着人的社会本质。据说在原始社会后期中国出现广场的雏形，那时的广场面积较小，只是氏族或部落聚会或仪式活动的公共空间。从夏代到19世纪末，中国传统广场空间依据发展历程可以依次分为，“祭祀性的坛庙广场、政治功能为主的殿堂广场、宗教活动与世俗活动并行的寺庙广场、以娱乐功能为主的广场、与市场功能相结合的广场、以军事操练与检阅为主要功能的阅武场广场等”（曹文明，2006）。近代以来，随着西方广场文化逐渐传入中国，我们也有了现代城市广场的规划与设计。新中国成立以后，中国的大城市先后建成了许多城市广场，这些广场大多成为当地群众性大型集会的场所，体现了浓厚的政治性、仪式性特征。城市广场在中国传统社会中经历了从体现神圣权威意义的围合空间向满足城市市民需要的半围合空间的逐步转变。街道广场空间正是后一种城市广场空间的典型代表（耿波，2009）。

改革以来，中国城市建设日新月异，发展速度令世界惊叹。中国各地城市广场的建设如雨后春笋，遍地开花，其数量之多、面积之大、花费之大，在东亚地区是首屈一指的。大量修建宽阔的城市广场，使之成为显示城市发展新气象和政绩优异的橱窗，同时也敞亮了城市的立体空间，改善了市民的城市休憩场所，这些都是城市广场之所以流行不衰的理由（严明，2008）。21世纪初，随着中国城市空间扩张的快速发展，城市广场的商业和市场价值不断得到挖掘，地方政府对城市广场的建设如火如荼、愈演愈烈，几乎任何一个城市都有一个体现该城市地标意义的城市广场。

基于上述背景，本文以甘肃省东部某城市一个城市广场为研究个案，探讨从传统集市到现代城市广场的生产过程中，城市政府、市场（资本）和社会（居民）三个行动者是如何为实现各自的利益目标进行博弈的。本文总体上还是一个描述性研究。

二　资料来源与研究方法

（一）资料收集方法

1. 文献法

文献法是一种通过收集和分析现存的，以文字、数字、符号、画面等信息形式出现的文献资料，来分析各种社会行为、社会关系及其他社会现象的研究方式（风笑天，2009：233）。根据文献的形式和来源的不同，文献可以有很多类型：个人文献（如传记、回忆录等），官方文献，大众传播媒介的资料等。本文的主要文献有：TS 市档案馆对广场历史记录的文献，报纸杂志中有关城市广场记录的文章和市政府、建设局等行政机构相关广场的政策、文件。

2. 半结构式访谈法

半结构式访谈法指的是研究者对访谈的结构具有一定的控制作用，同时也允许受访者积极参与，通常是研究者在事先准备好的一个提示性的访谈提纲上，根据自己的研究设计对受访者提问，且根据谈话的具体情况对访谈程序和内容进行灵活调整（陈向明，2006：171）。

本文的访谈对象分为三类：一是亲历广场拆迁改造的原居民与目睹广场空间变迁的普通市民；二是经历广场规划与建设的相关政府官员；三是在广场四周做生意的企业老板。笔者紧紧围绕"广场变迁事件"这个主题对以上对象进行了深入访谈，获得了生动、丰富的第一手资料。广场改造更新的时间较长、涉及相关人员较多，笔者只选取参与或真正了解这一"事件"的人员访谈，对地方政府官员的访谈是通过"正式方式"进行的，即提前预约访谈时间与地点，确定访谈"主题"，但不确定访谈的具体问题。对在广场四周做生意的老板以及城市居民的访谈是通过"非正式方式"进行的，因为笔者在调查期间，几乎每天都会见到老板和居民，后来与他们建立了友好的关系，因而，"聊天"是笔者访谈老板和城市居民的主要方式。

（二）资料分析方法

本文的资料分析方法是话语分析，主要分析访谈对象（参与城市广场变迁的相关行动者）关于城市广场变迁的事件（记忆、描述、表达）的谈话版本是如何被建构出来。分析的重点是谈话的内容、谈话主题以及在政策、文件或媒体中对相关事件的说明，特别是分析当事人如何利用自己的"解释库"来进行这种建构。

本文的资料编码及规则是："类型—序号—性别—年龄"，"类型"表示相关访谈对象的分类，"1、2、3……"表示访谈对象的序号，P 表示当事人，O 表示局外人，G 表示政府官员；用 F 代表女性，M 代表男性。

三 传统集市的变迁过程

本文实地研究的城市广场在历史上长期是一个繁荣昌盛的传统集市，它见证了TS市的发展史，也见证了当地人在此贸易往来的美好记忆。甘肃省TS市境内山水秀丽、风景如画，被誉为“陇上江南”。TS市境内商业贸易发源甚早，早在夏代末期，已有商业贸易。汉武帝时，丝绸之路开通，TS市与周边地区的贸易日益繁荣。到唐代，陇邸道上商旅往来频繁，TS市已发展成为一个颇具规模的城市。宋初，TS市成为中央政府在西北的重点经营地区。熙宁七年（1074年），宋神宗在秦州（TS市旧称）正式设茶马司，以茶易马遂成定制。宋隆兴二年（1164年），金国在TS市西子城（西关）设榷场，与南宋、西夏发展贸易①。元明清时，以茶马为主的商贸活动更为活跃，繁荣的商业贸易催生了TS市集市（城市广场雏形）的出现。

（一）集市的形成（北宋元丰三年—清朝末年）

本文中的个案城市广场曾经是TS市历史上著名的集市，位于五城的中城（城市中心地段）。据《TS市志》记载，这个集市最早于北宋元丰三年（1080年）出现，当时罗拯（1016～1080）做知州，在TS市中城取土修筑中城城墙，取土的地方便形成了一个面积不小的坑洼之地。TS市北面的罗玉河经常洪水泛滥，加之地势较高，洪水由罗玉河冲下直接淹没中城地势最低的这片坑洼之地，久而久之洪水中的泥沙将这片大坑的地面冲洗得相对平整，这块平整之处后来成为当地人贸易往来的集市②。

> 据我爷爷讲，这里的集市原来是一个大坑。坑有多深？坑里的房顶还没有路面高！站在集市的这头就可以直接看见集市那边的房屋，集市的房屋根本看不到。别看那个集市的地势低得厉害，从咱们迷信上说，那可是个金盆养鱼的聚宝地方，要不怎么就那里的集市最热闹呢！（O-1-M-83）

清朝初期，不断有外来商人在集市所在地周边搭建店铺和住房，北端娘

① TS市地方志编纂委员会编《TS市志》（中卷），方志出版社，1996。

② TS市地方志编纂委员会编《TS市志》（中卷），方志出版社，1996。

娘庙前摆摊设点的商人受到外来商人的影响，也在庙前空地上修建数座店铺。清代初期，这里日渐形成一处颇具规模的市场，有十几家店铺，经营珠宝古玩、图书字画、银物首饰、铁铜火盆等（侯若志，2006）。后来，越来越多的人开始在这一带兴建店铺，行商坐商在此日渐扎根生长，久而久之，城乡赶集的人越来越多，集市也日趋成型。

（二）集市的兴盛（民国初期—新中国成立初期）

民国初期，集市的铺面由北向南又发展了几十间，多经营估衣和日用杂货，行商坐商在此扎根生长，形成了一条小街市，城乡赶集的人越来越多（侯若志，2006）。1944 年，TS 市专员胡受谦利用罚没收入，整修了集市，并改名为民众市场。修整后的集市规模扩大，出现了一些有相当规模的商铺。如创办于乾隆戊辰年间的中药材铺“万裕茂”就坐落在集市，职员在最多的时候达到 20 人。后来，集市周围商贾聚集，店铺林立。抗日战争时期，不少穷困潦倒的人在这里找到了谋生的出路得以东山再起。据 1945 年统计，集市里有坐商 53 家，摊贩 113 处[①]。

抗战时期，深处西北腹地的 TS 市成为支援军民的大后方，一些流亡此地的社会名流和当地的没落世族，迫于生计，在这里变卖家什和珍藏的文物字画等，使表面看上去破旧、简陋的集市呈现空前的繁荣景象，一些震撼海内外的稀世珍宝曾在这里出现过，如秦公殷[②]、秦公钟[③]、铜镜[④]、汉唐铜镜及宋瓷碗[⑤]等（侯若志，2006）。

在集市经营古董的商人中，最出名的要算“陈古董”和“金古董”

---

① TS 市地方志编纂委员会编《TS 市志》（中卷），方志出版社，1996。

② 秦公殷：1920 年出土于 TS 市北乡（俗名小 TS 市），是春秋时期秦景公（公元前 576 ~ 公元前 537 年）用来奉祀陵庙的祭器，有铭文 104 字，刻款 9 家。铭文记载了秦景公的自述，大意是说，秦在华夏建都已经历十二代，威名大震，自己继承祖先的事业，有很好的武士和文臣辅佐，所以保有四方的土地。此物对研究秦国早期的历史，有着非常重要的价值，曾经王国维、郭沫若等专家鉴定，并题有跋语。现藏故宫历史博物馆，列为国家特级文物。

③ 秦公钟：1918 年于 TS 市北乡（俗名小 TS 市）出土，钟内铸造刻铭文 29 行，每行 5 字，共 145 字。TS 学者冯国瑞先生曾对此钟作过考证研究，并作释文。

④ 铜镜：据传某教师曾在集市所购，制作极其精美，图案饰天马葡萄。经考证，为前蜀王王妃严氏妆镜，镌有铭文，甚为珍贵。

⑤ 汉唐铜镜及宋瓷碗：1953 年，中央文化部组织的麦积山勘测团途经 TS 市，吴作人、王朝闻、萧淑芳、邓白、陆鸿年、常任侠等艺术家，专门游览了这条近似北京琉璃厂的 TS 集市，在勘测团的工作日记中写道：“7 月 26 日团员游 TS 市集市旧货摊，见有汉唐铜镜及宋瓷碗。”

两家，他们对文物的鉴赏有高超的水平，民国时期TS市出土的重要文物，都曾经过他们的鉴赏，并写有笔记和跋语。集市的文物古玩店铺在新中国成立前多达十几家，曾出现过清明藩王后裔王子的不少墨迹；最具传奇色彩的国画艺术大师张大千先生曾于1943年8月来TS市，游览了麦积山石窟，作画数十幅，据言，确有人曾在集市以几元钱购得大千先生的作品“黑芍药”尺幅；还有清代康有为、左宗棠、骆秉章的条幅和中堂；宋伯鲁的巨幅山水，于右任的草书等都被行家或爱好者买去收藏（侯若志，2006）。

集市里许多风味小吃远近闻名，有闻名全市的陈、万两家的醪糟[①]，人称“三碗辣椒”的夏马哥的面皮[②]、张大娃的油饼、刘黑求的熟肉等都闻名遐迩。更有百姓乐道的价格低廉的风味小吃，如张家祖传三代的浆水面，马元才的荞面饸饹，王三喜的面水饭，回民老李的羊杂碎等，都有显著的地方特色（侯若志，2006）。

集市里还盛行多种民间曲艺形式。据老人们回忆，一位姓王的掌柜开设的茶座棚，招来京沪卖艺的“京西鼓子”曲艺说唱、杂技表演；外号叫“天爷牌”的说书艺人张富谷，聚众演说《三国演义》、《水浒》等；还有一位TS人更熟悉的说书艺人王月胜，曾师从著名说书艺人张大爷（我国著名作家张恨水之兄），拿手绝活是《三侠剑》和《七侠五义》（侯若志，2006）。

在物质文化和精神文化生活极度贫乏的那个年代，集市成了TS当地百姓丰富生活的好去处，并逐渐发展成为当地百姓眼中的“小天桥”[③]。

（三）集市的衰落（“文化大革命”时期）

1966年“文化大革命”开始后，TS市大批领导干部被揪斗，机关瘫痪，社会秩序混乱，群众的文化活动受到限制，国民经济濒于崩溃的边缘。同时，TS市的集市贸易也被作为“资本主义尾巴”加以批判，被“严格限

---

① 万记菊花醪糟：始创于清道光年间的“万记醪糟”，距今已有150多年历史，是TS市历史上的名优小吃之一。万家醪糟的第三代传人万荣，在集市（现市中心广场）口设摊销售。

② 三碗辣椒：辣椒有三种不同的调制方法，来满足不同人的口。一种是用清油浇的辣子，并掺有少许驴油；一种是用香油的辣子；还有一种是把辣椒籽捣细后再泼上清油，再加之他的面皮柔软适度，所以他的面皮在TS市风行一时，俗称“三碗辣椒”。

③ 小天桥：这里与北京的老天桥相比，北京老天桥形成于晚清时期，延续至20世纪50年代，是旧时北京民间艺人最集中的地方，也是北京民间艺术和市民文化的摇篮。有各种货摊和百货店，有茶馆、食摊和酒馆，有江湖医生和占星卜相者，多为娱乐场所。

制”和“逐步代替”，强调国营经济与集体所有制经济至上，动员个体商户上山下乡，城乡地区的集市贸易被强行关闭。

“文化大革命”时候，要除四旧割掉资本主义尾巴，集市里私人的小摊小商店都被强行关闭了，政府实行公私合营，有的集市摆摊子的人，都被纳入到了国营单位，这样人家也就再不用起早贪黑的自谋出路了。“文化大革命”后，集市的门市一下少了好多，冷冷清清，就只有几家卖破烂的。（P－1－M－60）

几位在“文化大革命”期间见证了集市走向衰落的老人告诉笔者：

改革开放之初，当我们再次回看昔日繁荣的集市时，地势低洼的集市区已彻底变成了一个破烂的旧货市场，并逐渐变成了TS市城区的棚户区最集中的地区，也是TS市名副其实的贫民区。

这样，过去在人们记忆深处的繁荣集市逐渐走向了终结。

四　政府、市场与社会在城市广场生产中的博弈

（一）城市政府对城市广场生产的主导

1950年2月20日，TS市人民政府成立，在TS市政府的组织下，1952年编制了《TS市建设计划》。1958年4月至1959年10月，甘肃省勘测设计院与TS市委城建部门对TS市功能分区作了总体规划，包括公共建筑分布、城市广场功能规划等20个项目，形成了城市规划的雏形。1965年6月，甘肃省城市建设主管部门工作组赴TS进行规划指导，并将原来的集市所在地域定位为TS市城区未来的中心。1978年1月31日，中共TS地委常委会议研究决定，制定一部长远的《TS市城市总体规划大纲》，《规划大纲》于1981年9月完成并报省政府批准立项，确定TS市的性质为现代化中等工业城市，强调公共建筑分布要形成以集市广场、大众路、民主路、工农路、解放路为城市中心区域的布局。1983年3月19日，省政府原则批准了《TS市总体规划》，此后经过不断的完善，1989年8月28日，省政府委托省建委以甘建发〔1989〕228号文，对《TS市总体规划（修订稿）》予以批复，原

则同意规划方案，要求认真贯彻执行[①]。其中，《规划》提出，1995年前建成城市广场，将其作为未来城市公共交通集散、经济文化生活的中心，围绕城市广场的其他建筑布局为：在城市广场以东建设文化展览馆，以西建设综合性商场，西北建设邮电大楼，东北建设综合性饮食服务餐厅，以南建设文化科技等大型建筑。调整和增加公共交通线路，仅有的四条公交线路都途经城市广场，使广场成为城市的交通枢纽中心[②]。

从20世纪80年代后期开始，TS市进行了大规模的旧城改造更新。1990年6月23日，市政府领导直接指挥对集市所在的棚户区进行拆迁改造，7月底拆迁结束。自拆迁工作开展以来，分管副市长做了大量的组织协调和实施工作，听取了居民对拆迁补偿的看法和意见，先后定期和不定期地召开了10多次现场办公会和工程调度会，解决有关搬迁、资金和施工中的疑难问题，共安置棚户区居民101户，其中市政府解决31户，省市属企业解决49户，区政府解决21户，拆迁总面积达5300平方米，比原建筑面积扩大了2.7倍[③]。昔日被当地居民称为“龙须沟”的低洼区集市所在地，将被改造更新为一座现代城市广场。1990年10月31日，城市广场建设指挥部成立，1992年7月至11月，城市广场的绿化、装饰及配套工程完工，建设面积1.1万平方米。

1993年1月5日，TS市政府市长办公会议研究决定，对城市心广场西侧进行综合开发，建设成为“中国西部商品交易会”[④]场馆——“展贸中心”。市政府成立了拆迁领导小组，确定了“展贸中心”建设的资金来源，开工、竣工时间。最后，由新建开发公司和天港房地产开发公司各按50%的比例，共同投资开发建设，保证1994年9月“西交会”召开前完成裙房工程。7月初，历时40天的展贸中心建设用地拆迁工作完毕[⑤]。1994年7月3日下午，分管副市长对拆迁工作表示肯定：“拆迁工作，受到广大市民的

---

① TS市城乡建设环境保护委员会文件，TS市建发〔1991〕12号。

② TS市Q城乡建设环境保护局资料：赵建强、邓承宗等人编《Q区城建志》（上册），1994年第1期。

③ TS市城乡建设环境保护委员会文件，TS市建发〔1993〕10号。

④ 中国西部商品交易会（简称“西交会”），是由陕甘川宁毗邻地区经联会（陕西省宝鸡市、汉中市，甘肃省TS市、平凉市、庆阳市、陇南市，四川省绵阳市、广元市、巴中市、南充市，宁夏吴忠市、固原市等）在1989年创建了一个大跨度、开放型、综合性商品交易会。定名为“中国西部商品交易会”，并常设办事机构。

⑤ TS市人民政府文件，市政府第一次常务会议纪要，天政纪〔1993〕1号；TS市人民政府文件，TS市人民政府关于中心广场西侧综合开发有关问题的专题会议纪要，天政纪〔1993〕11号。

理解支持，住户和工商户得到妥善安置，政府是满意的。”[①] 1993年10月，甘肃省建设委员会批复TS市“展贸中心”在城市广场西侧动工兴建。

自此以后，包括地下停车场在内的周边幢幢写字楼、购物大厦等标志性建筑渐次拔地而起，如此，过去那个在当地人眼中的简陋的传统集市所在地变成了一座集娱乐、商贸等于一体的综合性城市广场。这里四通八达的道路、便利的交通与宽敞的空间，使城市广场成为了TS市的交通枢纽、经济中心与休闲中心。

（二）市场（资本）为城市广场的生产注入了活力

城市作为一种社会空间存在，是一种物化的资本力量，这种力量表现为典型意义上的经济要素的攒聚（张鸿雁，2005）。从20世纪90年代起，中国城市建设进入一个黄金时期，城市建设一改重大基础设施建设由政府组织实施的计划经济模式，开始利用房地产等市场经济手段来实现城市建设的良性循环。城市建设的总体规模将继续扩大，各地为改善投资环境、吸引外资而投入城市基础设施建设的热情将持续。

市建设局副局长JXD说：

> 中国城市发展的第一个阶段应该就是计划经济阶段，有多少钱，干多少事，第二个阶段就是负债建设，主要集中在1990年代。第三个阶段就是现在的城市建设模式，投资模式，就是经营城市。城市广场的变化也正是得益于此。1992年有了现在的雏形。1996年重修。2006年，城市广场经过大规模的整修后变成了现在的模样。（G－1－M－47）

由于TS市政公用事业建设资金匮乏，1992年，16家房地产开发公司和五大银行共预计投资3.28亿元，重点围绕城市广场西侧、东南侧、西南侧进行整体开发。城市广场西侧建两栋24层东西走向的综合楼，预计投资1亿多元，以五大银行为主投资筹建。上文所说的“展贸中心”工程，是由新建开发公司和天港房地产开发公司各按50%的比例共同投资开发建设的，政府给予了一定的优惠政策。“展贸中心”自1993年10月动工兴建以来，如期为1994年的第六届“西交会”只提供了4万平方米的展馆场地，而并

① TS市城乡建设环境保护委员会资料，房地产开发简报第四期，1993年7月9日；TS市城乡建设环境保护委员会资料，房地产开发简报第五期，1993年7月31日。

未整体建成。这一年“西交会”结束后，建设工程进展缓慢，主要原因是资金缺口太大，政府无力来投资建设，最后还是由开发商来投资建设起来的。

早在1989年8月，首届中国西部商品交易会（“西交会”）在TS市开幕，商品成交额达6.3亿元，带来巨大的社会经济效益。对有过举办“西交会”经验的TS市来说，更加重视“西交会”对城市经济和社会发展的积极的意义。因此，1993年市政府元月5日市长办公会议研究决定，为迎接1994年第六届中国西部商品交易会在TS市召开，1993年1月起，市政府下决心对城市广场西侧进行综合开发，建设TS市“展贸中心”，并因此对TS市进行大规模的旧城改造，改善城市投资环境、提升城市形象和竞争力，实现会展业和城市发展双赢的格局。而城市广场的生产与发展正也得益于“展贸中心”的建设。

有学者指出，中国的城市建设运动与西方资本主义国家的城市更新运动在一些方面很相似，同样离不开资本的进入与参与。自19世纪末韦伯分析经济增长与城市化之间的关系以来，众多学者把城市化动力机制的研究放在经济增长特别是工业化进程之上。20世纪70年代末出现的结构马克思主义者则认为，资本以不同形式流通推动城市空间发展，促进了城市化。随着我国经济体制的改革，资本力量在城市空间的生产以及塑造城市环境的方面的作用越来越大，资本造城现象十分明显，如很多旧城改造或拆迁，新的城市建设都是由一些房地产商经营，一些城市的大片土地被房地产商开发（张应祥、蔡禾，2009）。

（三）社会（居民）对城市广场生产的影响

上文说过，集市所在区域是一个低洼地，随着政府的城市建设过程，那里的生活环境日渐恶化，住在集市南坑的居民逐渐萌发了搬迁的想法。

> 84年的洪水把我们南坑先淹了，房子本来就是土夯的，水一泡就塌了，咱南坑的居民实在是住不下去了，都盼望着早点搬走。（P-3-M-76）

但对集市北坑的住户来说，他们居住的地势相对南坑较高，受洪水淹没的概率小，人身财产安全没有受到威胁，熟悉的人缘、地缘环境不断强化了他们的归属感，他们更愿意在此继续居住下去。

我们祖祖辈辈三代人都在集市住着呢，住习惯了，不愿意搬。如果不是政府要拆，那时候没想过要搬。(P-2-F-66)

实质上，在集市区域居住的居民最关心的问题是，政府将要进行的拆迁是否损害了个人利益，或个人利益是否得到了合理的补偿。

1984年TS市下了一场大雨，集市南坑的居民被水淹了，集市本来就是个大坑，比TS市的地面都低，让水渠保持通畅就特别重要。65年罗玉河水泛滥，大水从城壕直冲下来，TS市的其他好多地方都被淹了，但这个地势很低的地方却没有淹，主要因为那时候集市住的人相对少，大家都经常自觉清理水渠，保持通畅，所以水灾时，从城北罗玉河冲下的大水，顺着水渠排入了南面的河道。但是，后来随着外来人口的增加，在七十年代末、八十年代初，在集市、新街周围盖满了民房，人多地方也杂乱，即时通畅水渠的自觉习惯也被遗忘了。所以，84年下的一场大雨，水渠堵塞，集市被水淹也就是意料之中的了，并且还被政府定为TS的"灾区"。(P-1-M-60)

被定为"灾区"就不对，就被水冲了一次，何况还是南坑淹得比较严重，还达不到灾区的程度。道理很明显，就是政府逼迫我们要搬迁呢，当时谁都晓得我们住的这一块地方是中心地带，地段好、交通方便。(P-4-F-65)

如此看来，居民对"灾区"这个说法有强烈的抵触情绪，因为被定义为"灾区"有着诸多不合理性，被定为"灾区"就意味着政府以保护政府自身利益为条件，牺牲住户的利益来制定不平等的拆迁补偿条例。

1990年的时候，政府决定拆咱们集市了，我没有单位，就靠在集市摆小摊维持生计，但是好处是，当时拆迁政策是有单位的人，单位解决，没有单位的人，由市政府解决。按照政策，拆了给我们有住处就行了。作为咱老百姓，人家决定要拆了，咱们只能搬呗，再者，咱那个时候的老百姓思想上也想不了太多，只就是顾好眼前有住处就行了。(P-1-M-60)

政府拆迁补偿的总原则是：有工作单位的住户由住户所在单位解决，没

有工作单位的由政府解决。具体来说，第一类是在集市的住房属于公房性质且住户有工作单位，这类住户由单位解决住房，根据统一标准，单位给予住房，这类住户对在搬迁中可能出现的利益矛盾发生在与本单位之间。第二类是公房性质，但住户没有工作单位，这类住户由市政府按照补偿标准解决住房。第三类，私房住户，由政府集中解决。这类住户在搬迁中提出的异议最多，在集市一百来户住户中，有私房的住户达到十多户，占近10%①。

我的情况不像其他人的，他们都是公房，但我们家的房子是私房，集市自从被TS市定义为所谓的“灾区”，我们这些住的是自己的私房的人，就被按“灾区”的低补偿标准给拆迁了，这样不公平，我们和他们的情况不同么，最后水、电都被切断了，硬是把我们逼着搬走了。到现在我心里还是不舒服，想不通，一定要和他们讨个补偿的说法。(P-5-F-65)

我们家当时在集市里有一院房，属于私房性质。正北堂屋，东西厢房，而且南厢房还是集市里有名的饭馆“杨家馆子”，当时拆迁我们就很不愿意，一院私房按划定“灾区”后的不合理补偿标准硬被政府给逼走了，当时不搬，被拆迁队断水断电，最后一院房就换来了一间房，我越想越气，这些年我们这些受到不公平拆迁补偿的私房居民一直在联合上访，一定要讨个说法。(P-6-M-66)

如上所言，因为地方政府拿不出旧城改造的大量拆迁费用而不得不将拆迁工作通过转让土地收益的方式，转让给了开发商，开发商受利益的驱动在居民对拆迁的补偿并不满意的情况下强行推进拆迁进程，使拆迁中的矛盾变得非常尖锐。

我当年是最后一个搬离集市的，原因是我和父亲不在一个单位，根据搬迁政策：有单位的各单位解决。这样我和父亲就被分开了，父亲年龄也七十多了，这样就不方便照顾父亲。后来我将困难多次向市上的领导说明，最后经过市政府、区政府、拆迁办会议商议，决定让我父亲的单位给我的单位给6300元，将父亲的住房面积和我的合并在一起，这样，我的房子由三十多平方米换成了一个五十多平方米的大房，当时来

① TS市人民政府文件，市政府第九次常务会议纪要，TS市政纪〔1993〕33号。

看，五十多平方米还算个大房呢！这样我的困难解决了，才搬迁的。(P-1-M-60)

正如著名社会学家帕克所说的，城市不是人之间、各种社会设施、各种服务部门和管理机构的简单聚集，而是由各种礼俗和传统构成的一种心理状态，包含随传统而流传的那些统一思想和感情所构成的整体。换言之，城市绝非简单的物质现象，它已同其居民们的各种重要活动密切地联系在一起，是自然的产物，更是人类属性的产物，即城市的深层内涵是城市的社会结构和精神特质（陈锋，2003）。换言之，一旦人们在某一地域空间范围内生活相当长一段时间之后，会产生对居住区格局、空间尺度备感亲切的感觉，并以此强化自我对居住空间环境的社区归宿感。

五　研究结论

上文所见，从传统集市到现代城市广场的变迁过程实质上体现了城市空间的生产过程。空间生产不是指在空间内部的物质生产，而是指空间本身的生产，也就是说，空间自身直接和生产相关。生产，是将空间作为对象。即是说，空间中的生产现在转变为空间生产。从空间生产这个角度出发，我们就会将目光转向各种各样的都市建造、规划和设计——这是最为显著的空间生产现象。正如列斐伏尔强调所言，现代资本主义经济的规划，倾向于成为空间的规划，人们现在通过生产空间来逐利，这样，空间就成为利益争夺的焦点，它吸引了社会的一切目光（汪民安，2006）。换言之，在列斐伏尔看来，“（社会）空间就是（社会）产品”（Lefebvre，1991：30）。也就是说，空间是生产资料、政治工具，充斥着各种意识形态，有使用价值并能创造剩余价值，可以被消费；空间是强者的领域，空间与马克思提出的生产、消费、阶级等核心概念具有直接的对应关系，这种对应构成了空间生产理论的基石（吴宁，2008）。

城市广场的生产过程体现了政府（权力）、市场（资本）与社会（居民）三个行动者为实现各自目标的相互博弈，而非政府单方面主宰的结果。进一步说，城市广场的生产过程充分表明了“我们可能比以前任何时候都更加意识到自己根本上是空间性的存在者，总是忙于进行空间与场所、疆域与区域、环境与居所的生产。这一生产的空间性过程或‘制造地理’的过程，开始于身体，开始于自我的结构与行为，开始于总是包裹在与环境的复

杂关系中的、作为一种独特的空间性单元的人类主体”（Soja，2006：431－437）。从个案城市广场的生产过程来看，其中蕴涵三种不同理性的存在，笔者试用图1来总结本文的研究结论。

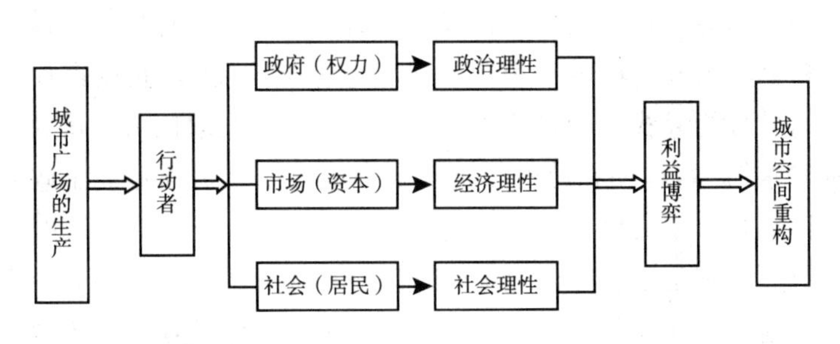

图1　城市广场生产的解释框架

（一）城市广场生产的政治理性

从上文不难看出，地方政府对城市广场的生产过程仍然起主导作用，政府作为城市资源的拥有者、决策者，有权力来规划城市，决策城市空间的布局与功能。这是因为，一方面，地方政府是城市管理的主体；另一方面，城市土地所有权属于国家，地方政府作为国家的代理者来管理土地。政府对城市广场的规划、设计与建设过程，仍然很大程度上取决于对经济、交通、景观等因素的考虑，或者首先考虑把城市广场建设成为一座符合政府意愿的政绩工程或形象工程，而往往容易忽略对百姓日常生活的细致考虑。质言之，因为政府的主导力量体现在对市场和居民两者关于城市广场建设的优先抉择权上，因而城市广场的生产过程体现了强烈的政治理性。

（二）城市广场生产的经济理性

城市广场的生产同样体现了市场在资本利益驱动下追求自身效用最大化的结果。城市广场在城市发展中的重要位置让其商业价值也日益凸显，在地方财政捉襟见肘的前提下，吸引越来越多的企业家投资于城市广场建设并从中获得巨额经济利益。

改革以来，国家由计划经济逐步向市场经济过渡，城市建设也开始由政府组织实施的计划经济模式，向利用房地产等市场经济手段来实现城市建设的良性循环过程转变。各地政府通过提供各项优惠政策，吸引资本投入城市基础设施建设，达到改善城市环境、促进城市发展的目的。拥有权力的政府为尽快改善城市形象，建设城市“地标”，不得不和开发商在城市基础设施建设领域默认结成“合作”关系。地方政府有义务改善城市环境，推动城市社会的发展，为城市居民提供良好的生活环境和社会环境，但城市建设需要的大量资金成为政府的棘手难题，即政府有所“需”。企业家拥有大量的资本，它们尽可能寻找机会投资于城市建设并从中获取巨大经济收益，即企业家有所“求”。这样便在政府与企业（资本市场）之间形成了政府提供城市建设项目、企业家提供建设资金的“供求关系”，既解决了政府建设城市的资金难题，也满足了企业家追求经济理益最大化的目的。但是，企业家一旦进入城市建设，往往只顾计算经济利益得失，经常迫使政府不得不做出尽可能多的让步，如给予更多的优惠政策和措施，以保证建设工程顺利完成。如果政府不满足企业家的意愿，双方就会处于僵持状态，城市建设项目常常会在中途被迫停滞，影响城市发展的进度。

（三）城市广场生产的社会理性

在城市广场生产过程中，当地居民与政府、市场之间形成了天然的权力不对等，必然处于三者中的弱势地位。在城市广场建设引起的拆迁改造中，居民与开发商之间是一种矛盾对立关系。开发商依政府给予的执行特权，直接面对居民，居民把目光大都聚焦在搬迁补偿是否合理，是否损害自身利益等问题上。当民众不满意政府制订的拆迁政策和补偿标准时，最直接的行动策略是拒绝搬迁，而这一举动同时激化了居民与开发商之间暗藏已久的矛盾。开发商与政府有约在先，必须按合约如期建设工程，没有权力和资本的民众以拒绝搬迁抵制在自己看来不合理的搬迁补偿。在此僵局之时，政府只能以第三方名义调解民众与开发商之间的矛盾，但是巨额的拆迁款仍然由开发商支付，拥有权力的政府通过收集居民的利益诉求，并将民众的利益诉求转告于拥有资本的开发商，希望开发商能再加大拆迁款项的补偿，施惠于民众。这样民众与开发商之间的利益矛盾，因权力的介入而被化解。但是，如果政府调解无效，或者政府和开发商做出的让步仍然不能达成居民的认同，双方矛盾就可能激化。

但是，从居民的利益诉求来看，一方面，他们往往看重的是自己原有利益能够没有损失；另一方面，他们熟悉的社区或家园能够保存完好，而非通过城市广场建设中的拆迁补偿来追求经济利益最大化，这是一种社会理性的表征。

参考文献

〔美〕Edward W. Soja：《后大都市——城市和区域的批判性研究》，李钧等译，上海教育出版社，2006。

曹文明：《中国传统广场与社会文化生活》，《东方论坛》2006 年第 6 期。

陈向明：《质的研究方法与社会科学研究》，教育科学出版社，2006。

陈锋：《城市广场、公共空间、市民社会》，《城市规划》2003 年第 9 期。

风笑天：《社会学研究方法》，中国人民大学出版社，2009。

耿波：《旧北京天桥广场及其现代启示》，《西北师大学报》（社科版）2009 年第 4 期。

侯若志：《“猪羊市”的记忆》，2006 年 3 月 12 日第 3 版《TS 日报》。

石崧：《城市空间结构演变的动力机制分析》，《城市规划汇刊》2004 年第 1 期。

吴宁：《列斐伏尔的城市空间社会学理论及其中国意义》，《社会》2008 年第 2 期。

严明：《东亚城市广场的启示》，《甘肃社会科学》2008 年第 3 期。

张鸿雁：《城市空间的社会与“城市文化资本”论——城市公共空间市民属性研究》，《城市问题》2005 年第 5 期。

张应祥、蔡禾：《资本主义城市社会的政治经济学分析——新马克思主义城市理论述评》，《国外社会科学》2009 年第 1 期。

汪民安：《空间生产的政治经济学》，《国外理论动态》2006 年第 1 期。

Lefebvre, *Production of Space*, Blackwell, 1991.

无产阶级化历程：理论解释、历史经验及其启示*

刘建洲**

摘　要： 无产阶级化历程被普遍认为是一个劳动者失去对生产资料的控制并为了生存向他人出卖劳动力的过程，无论是对个体或社会而言，都产生了广泛而深远的影响。作为资本主义发展的一个重要环节，作为"现代性的一个关键主题"，作为工业化和现代化的核心内容，无产阶级化历程为研究者们提供了审视社会变迁的一个新的视角。对于发达国家而言，大规模的无产阶级化历程已经成为历史；但对于发展中国家而言，无产阶级化历程则正在进行和展开之中。如何在无产阶级化历程的宏大视角下，比较发达国家无产阶级化的历史路径并借鉴其经验教训？与发达国家（尤其是欧洲国家）早期的无产阶级化历程相比，新型工业化国家的无产阶级化历程，具备何种特点、存在那些差异？如何运用无产阶级化的理论视角与相关概念工具，来对社会主义国家（尤其是中国）的"无产阶级化历程"予以解读与阐释？要想回答上述问题，首要的工作是对无产阶级化历程的经典论述与相关研究加以回顾和评价。基于这一目的，本文首先对无产阶级化研究的困境进行了分析，主

* 本论文是笔者主持的上海社科规划一般课题"农民工的阶级形成与阶级意识研究"（2010BSH002）的部分研究成果。论文初稿曾经在2011年7月南昌举行的中国社会学年会及同年8月在北京师范大学召开的"中国劳动关系发展现状分析"国际研讨会上宣读，得到了参会专家学者（尤其是香港理工大学应用社会科学系副教授潘毅）的点评，特此致谢。

** 刘建洲，上海行政学院。

要引介了C. 蒂利关于无产阶级化的定义与分析框架。其次，对欧洲和新兴工业化国家曾经出现的无产阶级化的不同模式进行了简要的分析和评价，指出了这些历史经验对于分析社会主义国家中无产阶级化历程的深远意义。最后，针对“社会主义国家是否存在无产阶级化历程”这一重大的理论与现实问题，通过对塞勒尼等人研究的引介，探讨了这些研究对分析农民工的阶级形成与无产阶级化历程的启示。

关键词：无产阶级化　C. 蒂利　新兴工业化国家　社会主义国家　阶级形成

无产阶级化的历程，被普遍认为是一个劳动者失去对生产资料的控制并为了生存向他人出卖劳动力的过程。作为“现代性的一个关键主题”[①]，作为资本主义发展中的一个关键阶段，无产阶级化历程无论是对个体或社会而言，都产生了广泛而深远的影响。这一历程不仅改变了人们的工作方式及其彼此间的关系，还改变了家庭和社区的结构，创造出新的政治需求与集体行动[②]。作为工业化和现代化的一个核心内容，无产阶级化历程构成了审视社会变迁的一个颇具启发性的视角。对于发达国家而言，无产阶级化历程已经是历史的事实；对于发展中国家而言，无产阶级化历程则正在进行和展开之中。如何在无产阶级化历程的宏大视角下，比较发达国家无产阶级化的历史路径并借鉴其经验教训？与发达国家（尤其是欧洲）早期的无产阶级化历程相比，新型工业化国家的无产阶级化历程以及在这一过程中诞生的当代雇佣工人的阶级意识、集体行动等，具备何种特点、存在那些差异？如何运用无产阶级化的理论视角与相关概念工具，来对社会主义国家的“非农化进程”与无产阶级化历程予以解读与阐释？

要想回答上述问题，首要的工作是对无产阶级化历程的经典论述与相关研究加以回顾和评价。基于这一目的，本文首先对无产阶级化的概念及其研究困境进行了辨析，重点引介了C. 蒂利（Charles Tilly）关于无产阶级化的定义与分析框架；其次，通过对研究文献的梳理，对欧洲和新兴工业化国家曾经出现的无产阶级化的不同模式及其历史经验，进行了初步的检视和评

---

① Katznelson, Ira. 1986. “Working-Class Formation: Constructing Cases and Comparison.” in *Working-Class Formation: Nineteenth-Century Patterns in Western Europe and the United States.* edited by Ira Katznelson and Aristide R. Zolberg. Princeton University Press, p. 9.

② Tilly, Charles. 1979. *As Sociology Meets History.* New York: Academic Press, p. 179.

介；最后，结合“社会主义国家是否存在无产阶级化历程”这一重大理论问题，引介了 I. 塞勒尼（Ivan Szelenyi）（或译作 I. 扎列尼——编者注）等人的相关研究，指出这些探索性研究对于分析农民工的阶级形成与无产阶级化历程所具有的深刻启示。

一 无产阶级化历程：概念辨析、研究困境与分析框架

（一）“无产阶级”与“无产阶级化”

何谓无产阶级？这是解读为数不多的关于无产阶级化历程的研究论著时研究者们需要面临的第一个问题。对该问题的回答，不仅涉及“无产阶级”这一术语的语义学分析，还要求研究者回到经典作家（尤其是马克思、恩格斯）的相关论述中去。否则，我们不仅难以区分无产阶级与所谓“穷人”或“劳动者”之间的差异，甚至还会认可雷蒙·阿隆在《知识分子的鸦片》一书中所持的观点：马克思创造了一个关于“无产阶级的神话”[①]。

德语中的 proletarier（无产者）一词，源自拉丁文 proletarius。在古罗马，该词原指居于最下层、最贫困的自由民。该词前的几个音节，源自“proles”一词，意为“后代”。原因在于，这些居于社会最下层的自由民，既不服兵役（当时的自由民士兵须自备铠甲、武器，他们无力置办），又无须缴纳赋税，他们对国家的唯一贡献在于生育和抚养后代。正因为如此，古罗马时期的高贵者们，常常满含鄙夷地对他们吐出“proletarius”一词。此后，人们不断尝试赋予 proletarier 新的含义。马克思、恩格斯使用“雇佣工人”来界定 proletarier 的现代意义[②]。他们在《共产党宣言》中指出，“资产阶级不仅锻造了置自身于死地的武器；它还产生了将要运用这种武器的人——现代的工人，即无产者。”“随着资产阶级即资本的发展，无产阶级即现代工人阶级也在同一程度上得到发展。”[③] 应该说，在经典作家的论述中，“现代的工人”、“无产者”及“现代工人阶级”，是“无产阶级”在不同问题域下的一种“同出而异名”的表达。值得关注的是，恩格斯在《共

① 雷蒙·阿隆：《知识分子的鸦片》，吕一民、顾杭译，译林出版社，2005。

② 金海民：《〈共产党宣言〉中的三个外来语词》，《德语学习》2011 年第 3 期。

③ 马克思、恩格斯：《共产党宣言》，载《马克思恩格斯选集》（第 1 卷），中共中央马克思恩格斯列宁斯大林著作编译局译，人民出版社，1995，第 278～279 页。

产党宣言》1888年英文版中加了一个注释，它实际上对资产阶级和无产阶级作出了明确而清晰的定义："资产阶级是指占有社会生产资料并使用雇佣劳动的现代资本家阶级。无产阶级是指没有自己的生产资料、因而不得不靠出卖劳动力来维持生活的现代雇佣工人阶级。"① 由此可见，"无产阶级"（或"无产者"）和"劳动者"的含义是不同的。无产者是劳动者的一种，但劳动者并非只有无产者②。对此，恩格斯在《共产主义原理》一文中，采用问答的形式对这种区别作出了清楚的阐述："穷人和劳动阶级一向就有；并且劳动阶级通常都是贫穷的。但是……这种工人，即无产者，并不是一向就有的"；"无产阶级是由于工业革命而产生的，这一革命在上世纪下半叶发生在英国，后来相继发生于世界各文明国家"；"无产阶级或者无产者阶级是19世纪的劳动阶级"③。

无产阶级化理论曾经是阶级阶层分析与社会史学者争论的重大问题④。综合各位研究者关于无产阶级化的定义与论述，至少可以发现两种关于无产

① 马克思、恩格斯：《共产党宣言》，载《马克思恩格斯选集》（第1卷），中共中央马克思恩格斯列宁斯大林著作编译局译，人民出版社，1995，第272页。

② 关于是否应该将"全世界无产者，联合起来！"的口号改译为"所有国家劳动者，联合起来！"的一个有趣而意味深长的"争鸣"参见郑异凡《"全世界无产者，联合起来！"的口号无需改译——与高放先生商榷》，《探索与争鸣》2008年第5期。

③ 恩格斯：《共产主义原理》，载《马克思恩格斯选集》（第1卷），中共中央马克思恩格斯列宁斯大林著作编译局译，人民出版社，1995，第230~233页。关于《共产党宣言》中的三个德语外来词（proletarier［无产者］、bourgeois［资产者］和kommunismus［共产主义］）的语义学辨析，参见金海民《〈共产党宣言〉中的三个外来词语》，《德语学习》2011年第3期。唐文明在《究竟什么是无产阶级?》一文中进一步指出：在1844年之前，马克思很少使用阶级（class）一词，而是使用等级（德文为"stand"，英文为"estate"）一词。到了1843年之后，马克思开始倾向于用来自法语的阶级（class）一词代替原来来自德语的等级（estate）一词。这一用词上的转换，主要是为了区别古代社会与现代社会的不同特征，以及资本条件下新的等级制（hierarchy）与古代等级制的根本不同。至于马克思首次明确提出无产阶级的概念，当是在被称为马克思的"无产阶级宣言"的《〈黑格尔法哲学批判〉导言》一文中（写作于1843年3月到9月期间），参见唐文明《究竟什么是无产阶级?》，《中共天津市委党校学报》2008年第6期。

④ 在20世纪60年代，资产阶级化论题（the thesis of embourgeoisement）构成了西方社会学界阶级分析论战中的一个核心论题；到了80年代，这一论题让位于各种关于阶级结构的无产阶级化论点。参见Erikson, Robert and John H. Goldthorpe. 1992. *The Constant Flux: A Study of Class Mobility in Industrial Societies*. New York: Oxford University Press; Roy. William G. 1984. "Class Conflict and Social Change in Historical Perspective." *Annual Review of Sociology*. Vol. 10: 483-506; Wright, Erik Olin and Bill Martin. 1987. "The Transformation of the American Class Structure. 1960-1980." *The American Journal of Sociology*. 93 (1): 1-29; Marshall, Gordon and David Rose. 1988. "Proletarianization in the British Class Structure?" *The British Journal of Sociology*. 39 (4): 498-518。

阶级化历程的论点或研究取向：第一种论点将无产化历程，看成直接生产者的其他生活资源逐渐减少或逐步被剥夺，不得不依靠出卖劳动力换取工资、谋求生存的过程，这种关于无产阶级化历程的分析多来自历史学家，可以称之为一种“人均的无产阶级化历程”（proletarianization per capital）的研究取向[①]。第二种论点来自社会学家的阶级分析研究，将无产阶级化历程等同于无产阶级在劳动人口比例中的增加过程，将其视作一个雇佣劳动者逐渐由低度无产化的产业类别（生产位置）向高度无产化的产业类别（生产位置）移转的过程。这种关于无产化历程的研究取向，可称之为“经过阶级位置变化而实现的无产阶级化历程”（proletarianization by class）。有学者认为，前一种关于无产化的定义是一种“弱无产阶级化理论”，后一种关于无产化的定义，是一种“强无产阶级化理论”[②]。这两种不同的研究无产阶级化的操作化定义与研究取向，有助于我们把握无产阶级化研究的不同学科分野背后的观点预设，审视两种分析视角之间的差异与联系，对无产阶级化历程的历史复杂性与地域差异性抱有充分的估计，特别是将有助于人们自觉地避免将“人均的无产阶级化历程”视野中的职业结构上的变化直接等同于整个阶级结构的无产化。毕竟，许多国家无产阶级化历程的历史表明：在一国的特定发展阶段，“弱无产阶级化理论”将会具有相当的解释力。因为，在迈向资本主义的转型过程中，生产者从前资本主义生产模式所获得的收入来源，未必会被迅速而彻底地剥夺。马克思、恩格斯曾构想和论述过的资本通过类似“圈地运动”的形式来剥夺农民的土地或小生产者的收入来源，从而将劳动力推向市场与充分的无产阶级化的过程，未必会得到国家暴力手段的支持，未必一定会大规模或迅速地发展。其中的一个重要原因在于：剩余价值既不能由工人，也不能由资本家来实现，而是由那种属于非资本主义生产方式的社会阶层和社会结构来实现的[③]。换言之，资本的积累需要非资本主义的社会经济形态作为前提（这是罗莎·罗森堡的一个激发诸多理论争议的深刻洞见）。这意味着，虽然存在“人均的无产阶级化历程”的历史趋

① Humphries, Jane. 1990. “Enclosures, Common Rights, and Women: The Proletarianization of Families in the Late Eighteenth and Early Nineteenth Centuries.” *The Journal of Economic History*. 50 (1).

② 林认为，中国改革开放过程中阶级结构的变化，较接近“弱无产阶级化理论”的观点；主要表现为：在无产阶级比例扩大的同时，新中产阶级也随之扩张，而小资产阶级萎缩速度缓慢。参见林宗弘《城市中国的无产化：中国城镇居民阶级结构的转型与社会不平等，1979～2003》，《台湾社会学》2007年第14期。

③ 陈其人：《卢森堡资本积累理论研究》，东方出版中心，2010，第135页。

势，但某一国家无产阶级的实际扩张的速度与规模，将取决于历史的发展；在特定的历史时段，低收入的自雇者或小农生产方式，会持续而顽强地存在下去[①]。

（二）“无产阶级化”的传统叙事及其研究困境

传统观点认为，无产阶级化是一个与工业化、城市化进程有着密切联系的历史过程。C. 蒂利对这一观点提出了异议。在题为“无产阶级化历程：理论与研究”的工作论文中，他颇具洞察力地指出：无产阶级化历程并非一个和工业化相联系的过程，毋宁说，它是一个和资本主义的进展有着密切关联的历史过程；无产阶级化并非仅仅发生在工业部门中，它同样会发生在农业和服务业当中。人们之所以将无产阶级化与19世纪的工业化联系在一起，很大程度上是因为关于该时期工业化进程的线性叙事，将这一进程假定为一个不可逆转的过程。C. 蒂利指出，这种叙事并非历史的事实。众多的社会史研究表明：在欧洲的很多地方，工业化首先从乡村开始；无产阶级化的历程，也首先发生在乡村之中。正是由于存在这样一个原初工业化的时期，欧洲的无产阶级化过程因此得以发生在农村，其工业化也平稳地在农村中进行，且并未伴随着大规模的技术变革（如象征“工业”及工业大生产的烟囱等）。直到19世纪，欧洲才发生了另一种类型的变革——工业化向城市的集中。这里所发生的无产阶级化过程，并非农民从乡村转移到城市，而是原本起源于乡村和城镇的工业发生了转移罢了。这种转移过程告诉我们：与其说是城市和工业使人们被无产阶级化，不如说是已经无产阶级化的人们，向城市和工业部门集中。这一过程，还包括许多以前曾经是工业区的去工业化的过程[②]。

C. 蒂利认为，必须纠正人们以前关于工业革命叙事的诸多习以为常的

---

① 基于英国在18世纪早期和19世纪晚期的工业化进程的历史经验，汉弗莱斯指出：无产阶级化历程是一个自给自足的农民（peasants）转变为靠挣工资谋生的雇佣劳动者的历史过程。但是，很多研究者过于强调男性工人关于无产阶级化历程的体验，忽视了现实中的无产阶级化历程乃是与整个家庭的生计密切联系在一起的，而不仅仅取决于某位挣工资者的工资性收入。换言之，无产阶级化历程是一个漫长的历史过程；在这一过程中，家庭获得的非工资收入的来源将被缓慢地消解（Humphries，Jane. 1990. “Enclosures，Common Rights，and Women：The Proletarianization of Families in the Late Eighteenth and Early Nineteenth Centuries.” *The Journal of Economic History*. 50（1）：41－42）。

② Tilly Charles. 1979. “Proletarianization：Theory and Research.” Working Paper. No. 202. Center for Research on Social Organization（CRSO）. The University of Michigan.

误解，即过分强调技术变革以及对资本的使用。19 世纪的欧洲确乎发生了各种巨变：譬如，资本的大量集中，资本家根据利润情况转移资本；他们对整个生产过程的控制与重组，取消了工人对生产要素的控制，包括对自己的劳动力的控制；工人聚集于同一地点，为了提高自身的劳动回报，他们不得不遵从工作纪律，处于持续的监督和标准化的规范管理之下。工人对生产的依赖以及这些变化所造成的各种后果——生产地点向资本密集和劳动力集中的地方转移、从事生产的劳动力在就业上的集中、无产者从乡村向城市的集中，都意味着无产阶级劳动者脱离农业生产，其劳动力再生产的费用，必须依靠非农业性的雇佣工作……所有这些变迁及其叙事，常常导致一种误解：似乎工业化一定与城市、技术变革是联系在一起的；似乎无产阶级化历程，一定发生于城市和工厂之中；似乎今天的乡村缺乏工业，就等于过去的乡村缺乏工业；似乎工业发展过程中的各种可逆现象（例如去工业化以及农村居民的再农民化）从来就不存在[①]。概言之，对无产阶级化历程的误解，与研究者们关于线性工业化模式的预设有着密切关系。这种预设忽略了其他已经发生的各种可能性，正包含在今天的工业化模式之中。这种线性叙事所假想工业化的模式，是一个渐进的，不可逆的，从技术、组织和文化方面对传统进行变革和解放的过程；它将过去看成铁板一块和没有变化的稳定农业社会。但是，这种叙事并没有反映历史的事实。

C. 蒂利强调指出：很多社会学家与历史学家的研究，往往集中于工业化这一传统的研究领域，过分关注工业化、经济增长以及资本主义的发展过程。无疑，这些研究构成了无产阶级化历程研究的一个很好的起点，却不能够替代对无产阶级化的研究。尤其是社会学对无产阶级化历程研究，表现出了惊人的忽视。譬如，在欧洲的社会人口学研究路径中，人口学的各种特征并未与无产阶级化的历程结合起来进行研究；研究者并不试图去揭示与资本主义的起源相伴随的，与前工业革命、工业革命相联系的无产阶级的起源问题。传统的社会学研究路径，往往侧重对社会分化尤其是职业分化进行研究，忽略了对无产阶级被剥夺的时段及无产阶级化历程的集中化过程的研究。由于社会学研究常常重视对当前社会现象的研究，忽略了对过去进行历史社会学的研究，这使得无产阶级化的历程在研究中被遮蔽和悬置。其中主

① Tilly Charles. 1981. "Protoindustralization, Deindustrialization, and Just Plain Industrialization in European Capitalism." Working Paper. No. 235. Center for Research on Social Organization (CRSO). The University of Michigan.

要的原因在于：对无产阶级化历程进行研究，是一件既艰难却又很可能不会有多大收获甚至突破的事情。结果是，社会学对无产阶级化历程的把握是如此不尽如人意，以至于采用何种理论视角与概念工具去把握无产阶级化这一重大的社会历史进程，成为一个令社会学家们颇感棘手和难堪的问题。其中的主要困难，不仅来自研究的方法，还来自理论。社会学中的各种关于分化与整合理论，难以胜任对无产阶级化历程进行历史分析。有鉴于此，C. 蒂利认为：为了能够正确地把握无产阶级化发生的时间与地点，同时，为了深刻地理解该过程所引发的各种后果，研究者最需要做的事情之一，是基于历史对无产阶级化历程进行分析①。

（三）“无产阶级化历程”：历史逻辑及其分析框架

面对无产阶级化研究的种种困境，C. 蒂利力图将人口学研究与阶级形成、无产阶级化历程等因素结合起来，从“长时段”的历史社会学视野，来把握资本主义进程的无产阶级化进程。在题为“欧洲无产阶级的人口学起源”的长篇工作论文中，他区分了无产阶级化的两个明显不同的历史逻辑：其一，工人日益与生产资料的分离，这意味着剥夺（expropriation）的不断增长；其二，工人越来越依靠出卖劳动力而生活，这意味着雇佣劳动的不断增长。在马克思看来，无论是剥夺抑或是雇佣劳动，都是一个异化的过程②。因此，剥夺、雇佣劳动及其所包含的异化形式，构成了无产阶级化过程的基本面相。不过，C. 蒂利指出：从历史的角度来看，剥夺和雇佣劳动未必一定联系在一起。可能存在这样的历史场景：特定的社会中存在严酷的剥夺，但却没有雇佣劳动的存在；同时，也可能存在这样的情形——特定社会中存在雇佣劳动，但却没有剥夺的发生。譬如，在矿场工作的工人，因为工作外包的原因，老板可以实现对工人的剥夺，但工人的劳动却并非雇佣劳动。在这样一种情形下，无产阶级化的历程表现为劳动关系的非资本主义化和超级剥夺③。

基于上述分析，C. 蒂利认为：在资本主义条件下，剥夺和雇佣劳动作为无产阶级化的两个主要方面，其可能的关系如图 1 所示。①在一般情况

---

① Tilly Charles. 1979. “Proletarianization: Theory and Research.” Working Paper. No. 202. Center for Research on Social Organization (CRSO). The University of Michigan.

② 马克思：《1844 年经济学哲学手稿》，载《马克思恩格斯选集》（第 1 卷），中共中央马克思恩格斯列宁斯大林著作编译局译，人民出版社，1995，第 41 ~ 51 页。

③ Tilly Charles. 1979. “Demographic Origins of the European Proletariat.” Working Paper. No. 207. Center for Research on Social Organization (CRSO). The University of Michigan.

下，剥夺和雇佣劳动的增长是同步的；②不过，在某些时候，在雇佣劳动没有发生大的变动的情况下，可能发生大量的剥夺行为①；③除非是在低度无产阶级化的情况下，如果没有相应的剥夺形式的变化，雇佣劳动很少会发生增长；④在某些极端条件下（甚至在资本主义条件下，这种情况也很少发生），可能出现这样的情况：工人完全失去对生产资料控制的可能性，要大于其完全依靠工资而生活的可能性。原因很简单，雇主不会按照雇佣劳动本身对劳动力进行定价；他们将雇佣劳动看成完成剥夺劳动者的一种手段，而不是相反。只要他们能够控制劳动力而不用支付工资，他们就会那样做。

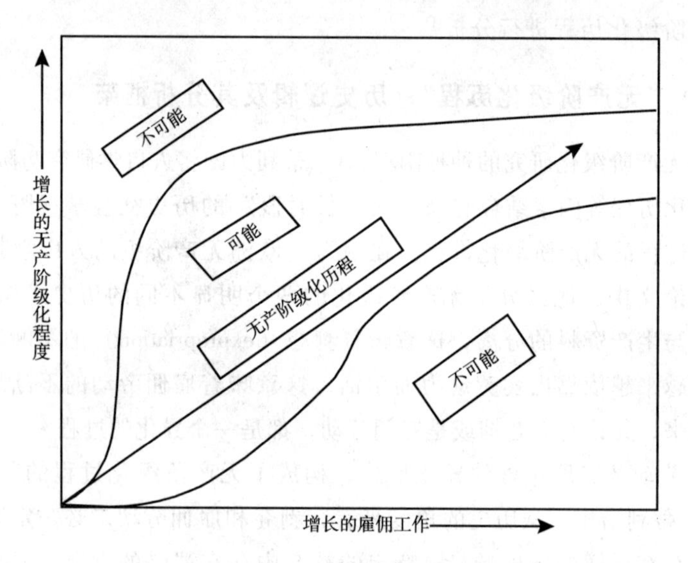

图 1　无产阶级化的内容及其可能的相互关系

图表绘制来源：Tilly Charles. 1979. “Demographic Origins of the European Proletariat.” Working Paper. No. 207. Center for Research on Social Organization（CRSO）. The University of Michigan，p. 21.

根据这一图示，C. 蒂利提出了衡量某一社会特定人口群体的无产阶级化程度的标准：dp = d（1）/d（2），其中，dp 是指对“无产阶级化程度的

① 例如，欧洲农民的农奴化过程（enserfment），就体现为农民日益失去对其耕种的土地的控制权；但是，他们的生存并非依赖于雇佣劳动。相反，地主们往往要求分配给农家一小块糊口的土地，并要他们缴纳货币形式的捐税、农业产品和劳役。在这种情况下，剥夺的程度增加了，但雇佣劳动性质的工作岗位并未增长（Tilly Charles. 1979. “Demographic Origins of the European Proletariat.” Working Paper. No. 207. Center for Research on Social Organization（CRSO）. The University of Michigan，p. 19）。

大致表达”；d（1）是指“总人口被剥夺的程度×总人口对工资的依赖程度”；d（2）是指“总体的人口”。换言之，特定社会的无产阶级化程度（或去无产阶级化的程度），取决于剥夺程度与人们对工资的依赖程度以及该社会中总人口的增长速度的关系的变化。这一公式，反过来也可以初略表达为：dp＝1－｛d（a）/d（b）｝。其中，d（a）表示“不断增长的能够控制生产资料的岗位数量”；分母d（b）表示“总人口的增长数量”①。亦即，特定社会中拥有的能够在一定程度上控制生产资料的岗位数量的增长越缓慢，总人口的增长越快，其人口的无产阶级化程度便越快。以数值衡量，若dp大于1，则该社会的人口正处于无产阶级化过程之中；若该数值小于1，那么发生的是一个去无产阶级化的过程；若该数字接近1，则意味着该社会的人口结构的无产阶级化程度处于稳定状态②。换言之，特定社会中能够控制自己的生产资料的人的数量越少，其人口的增加速度越快，那么，其无产阶级化的速率也就越高。C. 蒂利认为，这一关于无产阶级化的定义与分析框架，不仅有助于避免将无产阶级化历程仅仅视作与资本主义相关的现象，更有助于使用其来分析社会主义苏联的工业化过程；同时，这一定义还能够帮助人们深化对无产阶级的贫困化、工人参与管理等现象的认识③，

① 蒂利认为，有四个主要变量决定着特定社会中总人口的增长速度：（1）对商品和服务的需求的变化（一般为正向影响）；（2）抚养孩子的机会成本的变化（一般为负向影响）；（3）此前的人口的无产阶级化程度（一般为正向影响），它最终会影响这些孩子们从事生产性劳动的平均年龄；（4）其他外生变量的影响，如生育率与死亡率的“自然”变动（取决于疾病、营养、灾难以及其他体系外因素，影响可能为正向，也可能为负向）。并且，随着无产阶级化的推进，前三个变量会越来越具有主导作用，而出生率和死亡率的“自然”波动的重要性则会下降。决定“能够控制生产资料的岗位数量的增长”的四大因素为：（1）对各种商品和服务的需求的变化（一般为正向影响）；（2）成立新的生产单位的成本（一般为负向影响）；（3）资本的集中程度（一般为负向影响）；（4）雇主的强制权力（一般为负向影响）。

② Tilly Charles. 1979. “Demographic Origins of the European Proletariat.” Working Paper. No. 207. Center for Research on Social Organization (CRSO). The University of Michigan, p. 22.

③ 譬如，工人参与管理，确乎在一定程度上增加了工人对生产决策的控制权，并在某些情况下能够降低工人对工资的依赖。蒂利认为：这些措施实际上是将劳动力的位置，移向图1的左下角方向罢了。至于像苏联这样的社会主义体制国家，曾采用资本主义的某些方法（引发了具有报复性质的各种后果）、借助国家的全部权力来推进剥夺的过程，并在工人的名义下，使雇佣劳动的范围扩大。从这个意义上讲，无产阶级化历程并非一定就发生在资本主义国家，社会主义国家同样可能发生无产阶级化历程（Tilly Charles. 1979. “Demographic Origins of the European Proletariat.” Working Paper. No. 207. Center for Research on Social Organization [CRSO]. The University of Michigan, p. 24）。

避免只是将收入、教育、生活方式乃至阶级意识等因素看成把握社会进程的主要因素，从而帮助研究者抓住社会关系变迁的主要方面——无产阶级化历程。

概言之，C. 蒂利关于"无产阶级化历程"的两个逻辑及其决定因素的分析表明：其一，过去的数个世纪中资本主义的发展和无产阶级化程度的增长之间的关联，足以显示这样一个事实，大体而言，是资本主义发展导致了无产阶级化的过程。其二，资本积累和农业中的无产阶级化及其他非工业形式的无产阶级的产生，使人们有理由质疑这样一种观点，即工业化是无产阶级化的必需条件。换言之，即便没有发生工业化，也有可能出现无产阶级化的过程。其三，总体而言，资本家们要比其他权力所有者更有兴趣去剥夺工人，并采用雇佣劳动的形式去剥夺他们。其四，在一些社会主义国家所出现的无产阶级化的进程中，其资本所有者的做法大体上效仿了资本家的做法。

二　无产阶级化的不同模式：欧洲与新兴工业化国家的历史经验

（一）欧洲无产阶级化的历史经验及其适用性

传统观点认为，随着蒸汽机和机械化工厂生产方式的引进，欧洲的工业化过程在1760年左右开始发生；并且，该过程是一个突生的、非连续性的变迁过程。而新的历史学研究表明：实际上，欧洲的工业化是一个缓慢发生、逐步成长的连续过程。它从16世纪的原初工业化开始，经历了超过五个世纪的时间①。原初工业化（或"工业化之前的工业化"）主要由商业资本所组织起来的乡村散工制工业（rural putting-out industries）组成。正是在某些市场和行会对劳动力的控制匮乏或薄弱的地方，乡村工业得以建立。

① 参见 Tilly Charles. 1981. "Protoindustralization, Deindustrialization, and Just Plain Industrialization in European Capitalism." Working Paper. No. 235. Center for Research on Social Organization (CRSO). The University of Michigan; Kriedte, Peter, Hans Medick, and Jurgen Schlumbohm. 1981. *Industrialization before Industrialization*: *Rural Industry in the Genesis of Capitalism*. New York: Cambridge University Press; Levine, David (ed.). 1984. *Proletarianization and Family History*. New York: Academic Press; Walton, John. 1987. "Theory and Research on Industrialization." *Annual Review of Sociology*. (13): 89-108。

随着工匠们（artisan）被吸收到工厂之中，城市手工业生产逐渐被工业资本主义摧毁。许多研究表明：直到19世纪晚期，在工厂工作的工人还只占英国、法国和德国产业工人中的一小部分；一直到大规模的工厂化生产时代，家庭依旧是最为重要的生产单位。在法国，“工人不仅没有成为服从机器的抽象原则和苛刻工厂管理规则的原子化的大众；相反，大多数具有工厂性质的工作，似乎发生于家庭这一单位，并在父母、叔婶等的监督下进行。”① 对女性工人而言，情况更是如此②。此外，欧洲无产阶级化的历史还是一部手工业工人与资本主义生产体系发生持续冲突的历史③。面对资本家对手工业生产工人组织的侵蚀，手工业工人们进行了不屈不挠的战斗。原初工业化的过程之所以能够在乡村区域得到发展，原因在于：城市中的劳工被16世纪的各种行会组织所牢牢控制。为了获得资本主义生产所需要的劳动力，商业资本将散工制工业引入那些不存在强大的手工业工人组织的区域。最终，手工业工人沦为工业资本主义的牺牲品。许多手工业工人在新的工厂中寻找工作；一些人因竞争而失业，其中的一小部分手工业主则成为了小资本家。不过，“涌入工厂，并不意味着手工业工人的最后失败；尽管已经失去了自己的小店铺，他们依旧集体控制着车间生产的各个方面。”④ 总之，手工业工人而不是工厂中的工人，在这一早期阶段的斗争中表现得最为积极。

与这一欧洲的早期经验相比，新兴工业化国家的无产阶级化过程，似乎并非抗争的一个主要来源。相反，经济发展不足以吸收快速增长的劳动力并使其成为全职的雇佣劳动者，构成了发展经济学研究者们关注的焦点（他

---

① Sewell, Jr. William. 1986. “Artisan, Factory Workers, and the Formation of the French Working Class. 1979-1984.” in *Working-Class Formation: Nineteenth-Century Patterns in Western Europe and the United States*. edited by Ira Katznelson and Aristide Zolberg. Princeton University Press, p. 69.

② Tilly, Louise and Joan Scott. 1987. *Women, Work and Family* (2nd edition). New York: Methuen.

③ 参见汤普森《英国工人阶级的形成》，钱乘旦等译，译林出版社，2001；Aminzade, Ronald. 1981. *Class, Politics, and Early Industrial Capitalism: A Study of Mid-Nineteenth Century Toulouse, France*. State University of New York Press; Calhoun, Craig J. 1981. *The Question of Class Struggle: The Social Foundations of Popular Radicalism during the Industrial Revolution*. University of Chicago Press; Ira Katznelson and Aristide Zolberg (ed.). 1986. *Working-Class Formation: Nineteenth-Century Patterns in Western Europe and the United States*. Princeton University Press.

④ Aminzade, Ronald. 1981. *Class, Politics, and Early Industrial Capitalism: A Study of Mid-Nineteenth Century Toulouse, France*. State University of New York Press, p. 11.

们往往借用“半无产阶级化”、“非正式经济部门就业”等各种模糊而复杂的概念，来描述和应对这一棘手的问题）。在一些发展中国家，部门间劳动力转移的主要方向，并非从第一部门（农业）向第二部门（工业）再向服务业转移，而是直接从第一部门向主要是由小型贸易以及大量个体服务组成的第三部门转移。通常，其第三部门的很大一部分劳动力，从事着各种边缘贸易或个体性的服务活动。因此，这些国家的“第三部门化”或“虚胖的第三部门”所折射出的，更多的是不发达状态，而不是发达状态[①]。即使是在制造业部门，许多产业工人基本上是临时工人；他们要么是自我雇佣者，要么是家庭作坊的工人；或是作为雇员在没有劳动合同、缺乏政府劳动保护的状态下工作[②]。譬如，拉丁美洲制造业中的“非正式工人”的比例，在1950年以来的整个快速工业增长期间，基本上没有发生什么变化。非正式经济的大量出现及其随着时间的推移而表现出的稳定状态，表明这里的无产阶级化进程受到了阻碍。并且，在其他的各边陲化的经济体中，人们也能够观察到这一现象[③]。

世界体系理论家们倾向于将这种状况解释为资本积累的全球化逻辑的结果。譬如，亚历杭德罗和沃尔顿认为，通过为正式部门的工人提供廉价生产的各种产品和服务，以使他们能够在低于生存线的工资状况下维持生存，非正式部门实现了对正式部门资本主义企业的补贴[④]。沃勒斯坦则用“半无产阶级化”的概念，在更宽广的历史时段中对这一过程进行解释。他认为：世界资本主义的扩张，基本上是一个寻求更低成本的劳动力的过程。资本家“更愿意其雇佣工人位于半无产化的家庭中，而不是处于无产阶级化的家庭中”。这是因为，半无产阶级化家庭中的工人们，更可能接受低于生存和再

① Browning, Harry and Bryan Roberts. 1980. "Urbanization, Sectoral Transformation, and the Utilization of Labor in Latin America." *Comparative Urban Research* 8: 86 - 104; Evans, B. Peter and Michael Timberlake. 1980. "Dependence, Inequality, and the Growth of the Tertiary: A Comparative Analysis of Less Developed Countries." *American Sociological Review* 45: 531 - 552.

② Ray, Bromley and Chris Gerry (ed.). 1979. *Casual Work and Poverty in Third World Cities*. New York: John Wiley & Sons; Alejandro, Portes, Manuel Castells, and Lauren Benton (ed.). 1989. *The Informal Economy: Studies in Advanced and Less Developed Countries*. Johns Hopkins University Press.

③ Amin, Samir. 1976. *Unequal Development: An Essay on the Social Formations of Peripheral Capitalism*. New York: Monthly Review.

④ Alejandro, Portes and John Walton. 1981. *Labor, Class and the International System*. New York: Academic Press.

生产最低成本之下的工资。从“半无产阶级化家庭”向“无产阶级化家庭”的转型，将导致实际的最低工资水平的提高。沃勒斯坦认为：无产阶级化的压力并非来自资本家而是来自工人：“工人们常常比那些自称是工人代言人的知识分子更清楚地知道，半无产阶级化的家庭所遭受到的剥削，比更为完全的无产阶级化的家庭所遭受的剥削，要严酷得多。”[①] 对沃勒斯坦而言，问题并不在于“为什么无产阶级化是不完全的”，而在于“无产阶级化的程度究竟如何”。他认为，随着边陲经济中的半无产阶级化的劳工被吸纳到全球劳动分工体系之中，核心经济体中不受限制的无产阶级化过程的程度，将不断加深和加剧。

（二）罗得西亚非洲农民的无产阶级化：阿里吉对传统观点的挑战

乔凡尼·阿里吉的长篇论文《历史视野中的劳动力的供给——罗得西亚非洲农民无产阶级化研究》[②]，对资本主义条件下传统的无产阶级化观点提出了挑战。

首先，彻底的无产阶级化，会给资本原始积累带来阻碍。阿里吉指出：事实上，罗得西亚农民彻底的无产阶级化，为资产阶级带来了更多的麻烦而不是好处。只要无产阶级化的过程是局部的，它就会为非洲农民资助资本积累创造条件，因为非洲农民生产了他们自己所需的部分资料；而农民越是无产阶级化，这种动态机制就越容易被打破。彻底无产阶级化的劳动力，只有在拿到谋生的工资的条件下才可以被剥削。因此，无产阶级化程度的提升，不是使劳动力易于被剥削，而是相反，它使得对劳动力的剥削变得越来越困难；并且，此时的剥削通常要求政权更为强硬。换言之，对南部非洲农民（C. 阿明谓之“非洲的劳动力储备库”）的极端掠夺及其彻底的无产阶级化，带来的是资本主义发展的自食其果：最初，它确乎为农民服务于资本主义农业、采矿业、制造业等创造了条件；但逐渐地，它也增加了利用、动员和控制这些无产阶级的难度。

其次，无产阶级化历程的不同阶段，对资本的积累具有不同的影响，并非所有阶段的无产阶级化，都是有益于资本的。和那些认为资本主义发展总

---

① Wallerstein, Immanuel. 1983. *Historical Capitalism*. London: Verso, p. 37, 187.

② 该论文的中译本，参见乔凡尼·阿尔利吉《历史视野中的劳动力的供给——罗得西亚非洲农民无产阶级化研究》，张群译，载许宝强等编《反市场的资本主义》，中央编译出版社，2001。

是要伴随无产阶级化的学者相反（如布伦纳[①]），阿里吉认为，罗得西亚的无产阶级化历程存在三个阶段，只有一个阶段对资本积累是有利的[②]。在这一阶段，作为对农村地区资本主义发展的响应，农民会提供农产品，且只有在工资很高的情况下，农民才会提供劳动力。于是，整个地区会出现劳动力的缺乏，因为不论资本主义农业或采矿业何时开始发展，它们都会产生对当地农产品的需求，非洲农民很快就能满足这种需求；他们更愿意通过出卖农产品来参与货币经济，而不是通过出卖劳动力。国家支持移民农业的目的之一，便是在非洲农民之间制造竞争，迫使他们去出卖劳动力而不是提供农产品。这样一来，就开始了他们漫长的、从部分无产阶级化向彻底的无产阶级化发展的过程。但是，就像上文所论及的那样，这是一个充满矛盾的历史过程。南部非洲农民的经历表明，仅仅是无产阶级化本身对资本主义发展而言并无益处——资本主义的发展，需要依靠其他各种因素的支撑[③]。把无产阶级化视作资本主义发展的一个过程的这种简单化的模式，不仅忽视了南部非洲殖民资本主义的现实，而且也忽视了许多其他模式的存在（例如，美国就曾经采用一种完全不同的模式——奴隶制、对土著居民的屠杀和来自欧洲的剩余劳动力的结合，来实现资本主义的发展）。

最后，彻底的无产阶级化（更确切地说，当人们意识到他们被彻底无产阶级化时），会导致城市中的人们为争取生存工资而进行的一系列斗争。

---

① 布伦纳认为：相对于“无产阶级化”所指的彻底剥夺，劳动从属于资本更普遍的是受生活资料的商品化推动。换言之，在迈向资本主义的转型过程中，农民可能确实无法脱离商品关系和市场来生产，但他们未必就一定会被剥夺土地以及其他生产资料。被迫“自由”出卖劳动力以换取工资的情况，可能只代表了生活资料商品化的一种形式，尽管是最“高级”的形式。参见 Brenner, Robert. 2001. “The Low Countries in the Transition to Capitalism.” *Journal of Agrarian Change*. 1（2）：169 - 241。

② 阿里吉将罗得西亚的劳动力转移分为三个历史阶段：在 1903 年以前，劳动力供给是短缺的，但大体上是按照完全竞争的市场原则来进行的。在 1903 年之后，买方的独家垄断组织通过强制性的殖民机制，加快了资本原始积累的进程，其基础是表现为劳动力供给不断扩大的罗得西亚农民的无产化。20 世纪 50 年代以后，资本主义生产方式在罗得西亚经济中占据了主导地位，一方面，强制性的殖民机制逐渐变得不必要；另一方面，劳动力素质的提高以及工人斗争意识的增强，都促使了实际工资的上升（乔凡尼·阿尔利吉：《历史视野中的劳动力的供给——罗得西亚非洲农民无产阶级化研究》，张群译，载许宝强等编《反市场的资本主义》，中央编译出版社，2001）。

③ 这里的矛盾在于：通过剥夺原有生产者使之彻底无产化的资本积累，最终会成为南部非洲资本主义顺利发展的最大障碍之一；……尽管经典理论认为这种积累是资本主义发展的起源。于是，是否彻底剥夺劳工，是否实行种族隔离政策，这些资本积累途径上的差异，造成了东亚和南部非洲在发展方式上的根本分野，参见雷弗·汤姆《乔万尼·阿瑞吉：资本的绘图师》，张焕君、王志超译，《国外理论动态》2011 年第 3 期。

换言之，一旦农民不得不在城市里生活，那种认为“我们是单身汉，我们的家人还可以在乡下继续过农村生活”的幻想是行不通的。

阿里吉的核心观点在于：资本主义发展并不一定要依靠彻底的无产阶级化；无产阶级化的各个阶段，未必就对资本一定是有益的；无产阶级化具有不同的发展路径和表现形式。这些观点实际上构成了对沃勒斯坦和布伦纳论点的批判[①]。沃勒斯坦坚持认为生产关系是由其在中心—边陲结构中所处的位置决定的。根据这一观点，处于边缘地带的经济体，更倾向于保有强制性生产关系，因此这里发生的无产阶级化是不彻底的，彻底的无产阶级化只会发生在中心国家。在某些方面，布伦纳的观点与沃勒斯坦正好相反，但两人的观点却又很相似：他们都认为生产关系取决于其在中心—边陲结构中所处的位置，都认为在中心—边陲结构中所处的位置与生产关系之间，存在特定联系。如此一来，无产阶级化历程似乎表现为一个单一的过程，尽管历史事实并非如此。阿里吉的研究，还对某些解释工业化过程和劳动力流动的经典理论（如刘易斯模型）提出了批评：不是自由的市场机制而是强制性的殖民机制采用各种政治手段剥夺了罗得西亚农民的各种生存资料，使他们逐渐陷于不得不通过出卖劳动力来维持生计的地步；罗得西亚非洲农民无产阶级化的历程表明——在刘易斯那里被“省略”的“劳动力转移”问题，其实并不像某些学者经常强调的那样，是由市场按照“比较利益”来加以调节的，这一过程甚至是“反市场”的过程。

（三）韩国与中国台湾的工业化进程与无产阶级化模式

尽管发生在欧洲的大规模的无产阶级化历程，已经成为历史；但在亚洲、非洲及拉丁美洲的新兴工业化国家或地区，它却是正在呈现的现实[②]。尤其是在东亚的新兴工业化经济体中（典型的如韩国、中国台湾、新加坡），研究者能够观察到剧烈的无产阶级化和阶级形成的过程，尽管其方式和社会后果有所不同[③]。如果说，“半无产阶级化”的理论主要是基于拉丁

---

① 参见 Reifer, Thomas E. 1999. “Histories of the Present: Giovanni Arrighi & the Long Duree of Geohistorical Capitalism.” *Journal of World-Systems Analysis*. 15 (2): 249 - 256。

② Munslow, Barry and Henry Finch (ed.). 1984. *Proletarianization in the Third World*. London: Croom Helm; Deyo, Frederic C. (ed.). 1987. *The Political Economy of the New Asian Industrialism*. Ithaca. N. Y.: Cornell University Press.

③ Val, Burris. 1992. “Late Industrialization and Class Formation in East Asia.” *Research in Political Economy*. 13: 245 - 283.

美洲和非洲的经验，而手工业工人与资本主义生产体系发生持续冲突的无产阶级化模式，则几乎完全来自欧洲和美国经验，那么，欧洲的无产阶级化模式或半无产阶级化理论，又能在多大程度上适用于东亚新兴工业化国家（地区）的经验与现实呢？

通过对亚洲四小龙中最大和最具活力的国家——韩国的无产阶级化模式的考察，具海根认为，韩国的经验不仅与世界体系理论家们的半无产阶级化的论点相矛盾，同时，在无产阶级化的速度、形式以及社会动力机制等方面，也与无产阶级化过程的欧洲模式存在巨大差异，这主要表现在以下七个方面[①]。

第一，韩国职业的结构性变迁的主导趋势，显然是无产阶级化过程而不是半无产阶级化过程[②]。韩国的依附式发展，并没有阻碍大规模的无产阶级化过程，而是使这一过程较之19世纪欧洲与美国的工业化进程而言，表现得更为快速和剧烈。韩国的产业转型中所包含的变迁的突然性与非连续性，在很多方面都甚于欧洲的产业转型。第二，韩国的后发工业化过程导致其无产阶级化过程，具有19世纪和20世纪欧洲与美国无产阶级化模式的双重特点。在韩国，典型意义上的产业无产阶级和更现代的白领工人同时出现，并以相似的速度增长。这也决定了韩国的工人阶级政治要比西方早期工业化时期的工人阶级政治，显得更为复杂。第三，决定韩国无产阶级化的速度和形式的最重要因素，是国家所扮演的角色，而不是资本的自主性活动。通过采取出口导向的工业化战略以及压制性的劳工政策，韩国的发展型国家不仅对劳工流动的主导模式产生了影响，还对各产业中的就业结构与工作关系，产生了深远影响。第四，韩国的无产阶级化过程主要是一种城市现象。韩国的农业部门是工业部门的产业劳工的来源，农业部门本身并非无产阶级增长的地点所在；这和早期欧洲的工业化进程颇为不同。韩国工业化的区域集中模式，推动了人口从乡村到城市的持久移民，使得移民工人完全从事各种产业性工作，促进了各种工人阶级社区的快速发展。第五，韩国的工业化过程，很少包含前工业化的文化模式与现代工业化工作要求之间的冲突。尽管韩国工人主要来自农民家庭，他们却能够很平稳地适应工业化的工作节奏及其权

① 具海根：《韩国工人：阶级形成的文化与政治》，梁光严、张静译，社会科学文献出版社，2004；具海根：《从农场到工厂：韩国的无产阶级化历程》，刘建洲译，《开放时代》2009年第10期。

② 具海根对无产阶级化的定义是：数量不断增长的人口失去对生产资料的控制，不得不依靠出卖自身的劳动力而生存（《从农场到工厂：韩国的无产阶级化历程》，刘建洲译，《开放时代》2009年第10期）。

威结构。高度的城市化水平与教育水平，极大地促进了韩国工人从农场到工厂的转型；而儒家文化所反复灌输的守纪律的工作取向，也极大地促进了这种转型。第六，手工业工人的组织及其文化传统，在形塑韩国工人对无产阶级化经验的集体反应方面，并没有发挥重要作用。由于缺少这样的文化资源，韩国工人以孤立的个体身份对工作场所中的艰苦工作条件作出反应，他们缺少有效的反向意识形态（counter-ideology）[①]。这一点能够解释在韩国出口导向的工业化进程的早期阶段中，其产业关系为什么处于高度和平的状态。第七，尽管韩国工人对无产阶级化的最初反应是微弱的，他们还是在经历了工业化的一个相对较短时期内，发展出一种强有力的工会运动。这种工会运动出现的主要原因，在于韩国迅速的工业化进程及韩国工人之中存在的无产阶级经验的集中程度。工业发展的高度集中模式，促进了工人阶级社区的发育；国家对工业领域的广泛干预，则使得工作场所中的劳动关系具有政治化的色彩。其结果是，与18世纪和19世纪欧洲的工人阶级形成相比，韩国的工人阶级形成要显得更为迅速和突然。

沈幼荪等对中国台湾工业化历程与无产阶级化模式的研究，同样得出了不同的结论[②]：其一，就农业部门人口的急剧下降、工业部门雇佣工人数量的迅速上升以及其后在服务产业中出现的白领工人数量的大规模增长等现象而言，台湾的无产阶级化的经验不同于拉丁美洲国家。正如许多依附论者所观察到的那样，拉丁美洲国家的经济变迁，更可能伴随着“不正常的”庞大服务部门或非正式经济的增长。拉丁美洲和非洲的依附式发展，意味着迈向无产阶级化过程遭到“阻碍”；在台湾，依赖世界市场的工业化过程所带来的，是不可阻遏的无产阶级化历程。与曾经发生于核心工业经济体中的无产阶级化历程相比，其表现要更为快速，其范围也要更为宽广。其二，在台湾的经济发展中，外国资本扮演着重要角色；但外国资本卷入台湾经济的程度与方式，却与其渗透进拉丁美洲经济体的方式不同。与各拉丁美洲经济体相比，台湾不仅依赖国际资本的程度较轻，其依赖国际资本的主要形式也是

---

① 譬如，当韩国早期劳工运动的标志性人物全泰一试图要求一些资深工人参加他的愚人社（一个具有自主工会性质的工人组织）时，所有的工人都拒绝参加。工人们的回答是：“你以为你在做什么呀？你觉得自己头脑中的想法有可能实现么？只有傻子才会想着去发动一场劳工运动。”参见 Cho Young-rae. 2003. *A Single Spark*: *The Biography of Chun Tae-il*. Translated by Chun Soon-ok. Seoul, Korea: Dolbegae Publishers, p. 173。

② Sen Yow-Suen and Hagen Koo. 1992. “Industrial Transformation and Proletarianization in Taiwan.” *Critical Sociology*. Jan. 19: 45 - 67.

各类贷款，而不是跨国资本的直接投资。如果说，大型跨国企业的投资可能会在拉丁美洲创造出一个小规模的“劳工贵族”阶层；那么，在台湾，小型和中等规模的本地资本的积极作用，则有助于创造出一个规模庞大的、受雇于劳动密集型制造业的半熟练工人阶层。不过，东亚和拉丁美洲经济体各自追求的不同工业化战略——出口导向的工业化战略和进口替代的工业化战略——最终导致了伴随这两个地区的经济发展的劳动力转型的不同模式。出口导向的工业化战略会产生更为深远的就业效应，尤其是，它能够在劳动密集的产业中，创造出各种需要半熟练技能的工厂中的工作岗位。其三，相对而言，外国资本在台湾的经济发展中扮演着较为次要的角色；而政府及其经济政策在形塑台湾的产业结构进程中，则扮演着极为关键的角色。

认识到政府所扮演的角色，对于解释存在于东亚资本主义经济体之间的各种区域间差异，显得尤其重要。特别令研究者感兴趣的，是存在于中国台湾与韩国之间的差异。韩国基本上也遵循着同样的出口导向的工业化战略，但却采取了一种相当不同的资本积累模式，并因此经历了不同的产业结构变迁形式。与中国台湾不同，韩国的国家发展政策导致了一种高度集中和集权的工业化模式，其工业发展主要高度集中于大型企业，这导致了产业结构方面尖锐的城乡和地区差异。相应的，二者各自的无产阶级化模式也显著不同，韩国的无产阶级化更多表现为工人集中于大型工业中，其从乡村到城市的移民过程，表现得更为持久，且较早出现工人阶级的社区以及较高层次的集体行动。比较而言，台湾的无产阶级化模式对工人阶级形成的影响较轻。台湾无产阶级化历程所具的几个重要特征，都与台湾地理上分散的工业发展模式有关。台湾的工业发展并未集中于少数都市中心，而是广泛散布于城市和乡村地区间，大量的农村家庭同时从事着农业和非农活动并因此成为“半无产阶级”家庭。乡村的发展不仅延缓了农村人口的流出，还鼓励城市移民与其乡村家庭保持着密切联系，并在某种程度上维持着一种与工业工作相关的“半无产阶级”取向。小型和中等规模的生产单位所占据的主导地位，广泛的外包生产网络的存在，意味着对工厂中的工人而言，存在大量可供利用的“退出”机会。尽管存在快速的工业转型，台湾的自雇佣部门一直都保持着顽强的生命力。虽然不太可能估计其规模，在台湾，位于乡村抑或都市的大量家庭，都可以被划分为多元阶级家庭（multi-class households），其成员大多位于无产阶级和小资产阶级的阶级位置之上。此外，台湾分散和非集中的工业化模式，具有延缓强大的工人认同和工人阶级社区发展的作用，尤其是对阶级意识发育的阻碍作用。直到 20 世纪 80 年代

中期，台湾的工业化历程中之所以缺乏强大的工人阶级运动，在部分程度上是因为存在这种特殊的无产阶级化形式；当然，还有一些其他关键因素也能够解释这一点，尤其是政府对劳动体制的法团主义控制策略。尽管如此，过去数十年间所发生的快速无产阶级化过程，极大程度地改变了台湾产业工人的社会和人口统计学特征，这对其未来的工人阶级运动的发展具有重要意义。在80年代，台湾的产业工人越来越多地来自非农村家庭，尤其是具有工人阶级背景的家庭。正在浮现的第二代产业工人，其中的大多数人接受了中等教育，其社会化过程是在城市环境中进行的；到了80年代末期，台湾的劳工运动开始表现出新的活力。主要表现为：工厂中频繁与密集发生的劳动争议数量显著增长；工人越来越努力在小型或中等规模的企业中积极组建各类独立工会，或对大型企业中的既有工会进行重组，以便从政府那里获得更多的自主权。有很多因素导致台湾的劳工运动不断增长，其中的一个重要因素，便是台湾快速的无产阶级化历程。其中，农业部门作为供应工业劳动力的基础地位的不断下降，城市工人阶级再生产趋势的不断增长，蓝领工人受教育程度的提升，以及从雇佣就业中"退出"机会的逐渐减少，都有助于工人阶级认同感的不断增长，以及存在于工人中的对共同经济利益的不断增长的认识①。

要言之，与发达资本主义国家不同，影响后发国家或地区的无产阶级化历程的晚期工业化进程，与19世纪欧洲的工业化模式相比，存在诸多不同。譬如，工业化启动的历史时间节点；在世界资本主义体系中的边陲或半边陲的位置；文化与制度环境；国家的经济干预方式等。因此，这些国家或地区的无产阶级化模式与阶级形成，有自己的种种独特之处。但遗憾的是，学界关于工业化过程的社会学知识储备，主要还是来自19世纪的欧洲经验。当然，这种以欧洲为中心的工业化理论，后来遭遇依附理论和世界体系理论的挑战；但应该看到，依附理论的视角本身也具有区域的局限性，其基本灵感依然来自拉丁美洲的经验。在这种情形下，传统的和经典的无产阶级化理论，对于理解不发达国家尤其是社会主义国家的工业化进程与无产阶级化的历史经验而言，显得捉襟见肘。社会主义国家的工业化进程，是否也会引发类似的无产阶级化历程？社会主义国家的无产阶级化历程，具有什么样的独特特征？它会带来什么样的经济、政治、社会和文化后果？在对欧洲、非洲

---

① 亦可参见 Sen, Yow Suen. 1994. "The Proletarianization Process and the Transformation of Taiwan's Working Class." Ph. D. Thesis, University of Hawaii at Manoa, Sociology Department。

及新兴工业化国家的无产阶级化历程进行审视与反思之后，人们不免会提出上述各种问题。

三　社会主义国家的无产阶级化历程：一个新兴的学术议题

马克思曾深刻指出："人体解剖对于猴体解剖是一把钥匙。反过来说，低等动物身上表露的高等动物的征兆，只有在高等动物本身已被认识之后才能理解。"[①] 应该说，欧洲、非洲以及新兴工业化国家的工业化模式及其无产阶级化历程，为理解中国农民工的历史命运和透视社会主义国家转型与发展的演化路径，提供了"一把钥匙"。吊诡的是，对于社会主义国家工业化进程是否会带来类似的无产阶级化历程这一重大理论与现实问题，学界的讨论极少[②]。其中的一个重要原因在于："无产阶级化历程"这一论题在社会主义国家具有高度的政治敏感性。这种并非出于"学术反思"的政治敏感，使研究者很难将无产阶级化历程看成一个客观的历史发展过程，而过多赋予这一概念以意识形态的内涵。结果是："无产阶级化历程"往往被等同于"无产阶级贫困化"[③]。由于问题误置与意识形态负载过于沉重，研究者们很难将因社会主义工业化而引发的无产阶级化历程的独特之处，与全球化进程中其他类型的无产阶级化历程进行系统、深入的比较，很难客观评价并汲取不同国家无产阶级化历程中不同历史阶段的经验与教训[④]，为社会主义国家的转型与发展提供镜鉴。

---

① 马克思：《政治经济学批判》，"导言"，载《马克思恩格斯选集》（第2卷），中共中央马克思恩格斯列宁斯大林著作编译局译，人民出版社，1995，第23页。

② 2011年10月，笔者检索中国期刊网"人文与社科学术文献总库"，在"题名"一栏输入"无产阶级化"一词进行检索，仅得10篇文献：其中，只有《开放时代》刊载的一篇译文（《从农场到工厂：韩国的无产阶级化历程》，2009年第10期）和会议记录（《农民工：未完成的无产阶级化》，2009年第6期），真正涉及"无产阶级化"这一学术议题。

③ 关于"无产阶级贫困化"问题的论战，在20世纪80年代早期中国曾是一个学术热点问题。在笔者看来，这一论战和社会主义"异化"问题的论战一样，都属于"密涅瓦的猫头鹰到了黄昏才起飞"，并且，面临将抽象的理论演绎（或者说纯粹抽象条件下的理论概括）推论到现实中的具体工人身上去的困境。这种"抽象工人"与"具体工人"之间的张力，在一定程度上与迈克尔·布洛维所指认的困境（即"将理想中的社会主义与现实中的资本主义"进行比较）高度"同构"。

④ 尤其是阶级整合的策略，参见Flemming Mikkelsen. 2005. "Working-Class Formation in Europe and Forms of Integration: History and Theory." *Labor History*. 46 (3): 277-306。

（一）“无产阶级”、“农民工”抑或“资产阶级”：社会主义国家阶级形成的多种可能性

的确，对社会主义国家无产阶级化历程进行研究，存在更多的理论和方法上的困境，尤其是需要破除各种意识形态迷雾。尽管如此，仍有一些学者试图从长时段的历史出发，通过对工业化模式、阶级结构与阶级流动、阶级再形成等论题的考察，来对社会主义国家的无产阶级化历程及其独特之处进行探索性研究。其中特别值得关注的，是塞勒尼等对匈牙利这一前社会主义社会的家庭农业生产的社会学特征所作的理论分析。在《被中断的资产阶级化——社会主义匈牙利家庭农业企业家的社会背景和生活》一文中，塞勒尼等指出：存在三种不同的描述和解释集体社会主义农业中的家庭生产的社会学特征的理论，它们分别是“无产阶级化理论”（proletarianization theory），“农民工理论”（peasant-worker theory）以及“被中断的资产阶级化理论”（interrupted embourgeoisement theory）[①]。

在这三个理论中，“无产阶级化理论”得到了匈牙利官方理论家数十年来的宣传。在这一理论看来，家庭性质的农业生产只是一种暂时现象；其存在应归咎于落后的小农意识、集体农场中技术和组织发展的不充分等因素。随着社会主义农业逐渐且不可避免地发展为工业化和工厂体制的形式，在经过适当的时间后，从前的小农将完全转化为无产阶级。在这一无产阶级化理论中，家庭中的农业生产者被看做一个转型中的阶层，且在很多方面都具有双重特征：他们仍然跟小农身份发生联系；在其价值系统和生活方式中，小农的特征较多，小农旧习还扮演着重要角色。这一转型阶层中的成员，既没有成为工人，同时也已经不再是农民。当他们沿着从农民到无产阶级生活的轨迹前进时，其特征是无产阶级化程度的逐步加深。不过，这一无产阶级化理论将家庭农业生产看成仅仅涉及一代人的现象，并未考虑阶级的再生产或代际延续的问题。到了20世纪60年代，新的证据开始挑战其有效性。毕竟，社会主义下的家庭农业生产并非像该理论所暗示的一样，仅仅是过渡性或暂时性现象。家庭生产仍然保持着相当的稳定，尤其是当集体农民的第一代老去且从不再在自留地上耕作时，会有更年轻的工人甚至是白领家庭成员

① 伊万·塞勒尼、罗伯特·曼钦：《被中断的资产阶级化——社会主义匈牙利家庭农业企业家的社会背景和生活》，王颖曜译，载伊万·塞勒尼等《新古典社会学的想象力》，吕鹏等译，社会科学文献出版社，2010。

开始接手生产。

“农民工理论”的提出人，是伊斯特万·马库斯（István Márkus）。在20世纪70年代早期，马库斯在匈牙利的格拉噶山谷（Glaga Valley）（位于布达佩斯东北部的村庄，以园艺市场为特色）进行田野调查时观察到：一些农村家庭（其中许多家庭的户主是产业工人）开始在其果园或菜园中加强生产，其表现更像是农场主（farmers）而不是小农（peasants）。为了描述这一新现象，马库斯采用了“后小农”（post-peasantry）这一概念。“后小农”的概念描述的是一种发生质变的新现象，而不是简单的“小农”和“工人”的混合。“后小农”具有新的文化行为和经济行为，他们生活在两个世界中（城市/农村、农业/工业），并且试图从这两个世界中都获得最大的利益。与此同时，在20世纪70年代，伊斯特万·喀迈尼（István Kemény）关于匈牙利工人阶级的社会分层的研究发现，大约有一半的产业工人是出身小农的第一代无产阶级。这一“新工人阶级”和城市的无产阶级存在很大的不同：他们中的大多数仍在农村居住，并且继续参与家庭农业生产。“后小农”和“新工人阶级”这两个概念互相补充，都挑战着此前的无产阶级化理论。不过，马库斯和喀迈尼都在某种程度上坚定地延续了无产阶级化理论中的某些传统，都认为“新工人阶级”或“后小农身份”是迈向无产阶级化的过渡阶段，只不过他们仅仅假定：完全的无产阶级化被一代人延迟了。

在挑战传统的无产阶级化理论方面，农民工理论无疑迈出了很大一步。但其后关于匈牙利迷你型农场生产动态的大多数研究，开始显示该理论的局限性。1972～1982年，匈牙利的家庭生产呈现集中的趋势。而且，这些小农场变得越来越高度专业化，主要是为市场进行生产。换言之，原先的农民工的一部分，已开始像真正的企业家一样行动起来，参与到资本积累活动中来。经营小型农场不再仅仅是一种创新的工人阶级生存策略，而更多的是企业家阶层出现的标志。帕尔·朱哈慈（Pál Juhász）尝试用“资产阶级化理论”来对这些新现象作出概括。朱哈慈第一个意识到：这些市场导向的小农场的运作者们经营农场时，会像经营企业一样考虑投资的回报；他们开始有效利用劳动力和资本。这些人并非拿工资的工人，而是企业家，是“资产者”（burgers），或者用一些匈牙利社会学家更喜欢的概念来说，他们是“资产阶级分子”（bourgeois）。换言之，这里发生的社会变革，并非某种“无产阶级化的历程”或“新工人阶级的形成”，而是一种“资产阶级化过程”（embourgeoisement 或 bourgeoisification）。

塞勒尼等将上述进程概括为“被中断的资产阶级化”。原因在于，1945

年之后的匈牙利发生了乡村士绅统治的崩溃和土地改革，开始了资产阶级化的浪潮；但是，这一浪潮被 1948 ~ 1949 年的斯大林主义所中断，被迫转到地下。“被中断的资产阶级化理论”的关键在于：具有市场导向的家庭农业生产，在 20 世纪 70 年代下半期和 80 年代初期的匈牙利重新出现。这一进程应该被理解为同样的资产阶级化过程，重新浮现出来。塞勒尼等从各个维度对上述三个理论进行了假设检验（参见表 1）。他们认为，“被中断的资产阶级化理论”更具解释力，社会学分析应该在该理论的指导下进行。不过，“被中断的资产阶级化理论”、“农民工理论”和“无产阶级化理论”并非相互排斥，而是能够加以整合并用来预测不同社会阶层的历史命运。譬如，“被中断的资产阶级化理论”在解释谁会抵达资产阶级这一目标方面，显得特别有用。但是，由于农业人口中的大多数不太可能参与创业活动，因此，在可以预见的未来，大多数人仍然会是农民工。换言之，“农民工理论”在描述这些人的特征方面会很有帮助。而对少数已经被无产阶级化了工人来说，“无产阶级化理论”具有更多的解释力。塞勒尼等认为，在社会主义的转型过程中，不同的阶层会发生不同的转型轨迹，其阶级形成的解释，也遵循不同的理论路径①。在社会主义的转型过程中，谁将成为农民工？谁将成为资产阶级？谁将成为真正的无产阶级？面对这些问题，一些研究者往往将关注的重点投向制度、结构等因素，而对不同阶级主体的形成以及影响其最终归宿的不同路径有所忽视。塞勒尼的分析，无疑为研究者审视社会主义国家中农民家庭分化及其阶级形成的多种可能性，提供了很好的理论透镜。

表 1　谁是家庭农业生产者：不同理论提供的假设

比较的维度 \ 解释的理论	“无产阶级化理论”	“农民工理论”	“被中断的资产阶级化理论”
生产者的现有职业	农业体力劳动者	产业工人	无假设
年龄	年纪更大	更年轻	没有相关性
人口构成	具有更多劳动力和消费需求的家庭	同左，但彼此间的相关性更弱	与消费没有相关性，与劳动离供给有弱相关性
家庭背景	无假设	贫农	中农和富农
生产的性质	生存经济	存在一些依靠市场而获得的生活来源	主要依靠市场获得生活来源

资料来源：伊万·塞勒尼、罗伯特·曼钦：《被中断的资产阶级化——社会主义匈牙利家庭农业企业家的社会背景和生活》，王颖曜译，载伊万·塞勒尼等《新古典社会学的想象力》，吕鹏等译，社会科学文献出版社，2010，第 202 页。

① 值得关注的是，塞勒尼等在后期的研究中，重点关注的是知识分子与资本家阶级的形成。

（二）社会主义中国的无产阶级化历程与阶级形成

早在1984年，美国著名学者魏昂德便指出：1949年标志着中国工人阶级历史连续性方面的一个急剧中断。此后，中国的工业、资本积累、新产业工人的数量开始空前剧增。与此同时，工人阶级的经验在几乎所有方面都开始发生急剧转变：无论是工人就业的企业规模与类型，还是其就业方式、培训方式及领取工资的方式；无论是工人的工作安全、社会保障和其他各项福利，抑或其获得住房与购买日常必需品的方式，以及家庭依附于工作场所的程度、社会生活的性质，等等，都发生了急剧的转变。中国劳动力丰富的人口学现实、重工业优先发展的工业化模式与高度集权的社会主义国家对人口的控制结合在一起，使一种颇为广泛的世界历史进程——无产阶级化的进程（在过去数个世纪中，正是这一进程造就了现代产业工人阶级）——在中国被终结了[①]。

根据C.蒂利的定义，无产阶级化的进程包括三个客观的重要环节：对乡村生产者的剥夺；对从农民到雇佣劳动者的乡村人口进行再分类；乡村人口向城市的转移[②]。通过对中国工人阶级再形成的历史考察，魏昂德认为，从1949年到改革开放前的近30年时间里，中国无产阶级化历程中的上述三个环节，都通过各种复杂的方式发生了改变。譬如，对乡村个体生产者的剥夺，在20世纪50年代晚期的广泛的农业集体化运动中，得到了有效的完成；事实上，农民还成为各个集体耕作单位中的雇佣劳动者。这个过程无疑具有社会主义的特色，具备其历史的合理性。不过，尽管前两个环节的无产阶级化过程（对乡村生产者的剥夺以及对从农民到雇佣劳动者的乡村人口进行再分类）在中国似乎进行得颇为迅疾且达到了历史高潮（其形式与西方国家早期的无产阶级化形式存在较大的差异），但第三个环节——人口从

---

① 参见Walder, Andrew G. 1984. “The Remaking of the Chinese Working Class, 1949 - 1981.” *Modern China*. 10 (1): 3 - 48; Walder, Andrew G. 1986. *Communist Neo-traditionalism: Work and Authority in Chinese Industry*. Berkeley: University of California Press。

② 譬如，在国家话语体系中，中国农民工的称呼大致经历了从“盲流”到“外来工、外来妹”，从“打工族”到“弱势群体”，直到“农民工成为中国工人阶级主要力量”的变化。这些不同的针对打工者进行意识形态定义的话语体系，实际上是不同的权力主体在对“从农民到雇佣劳动者的乡村人口进行再分类”。参照蒂利关于无产阶级化的不同环节与维度的论述，这些方面构成了农民工无产阶级化的一个重要环节，参见Tilly Charles. 1979. “Proletarianization: Theory and Research.” Working Paper. No. 202. Center for Research on Social Organization (CRSO). The University of Michigan。

乡村到城市转移的城市化过程——却发生了停滞，在某些时期还发生了逆转。概言之，在新中国成立后30余年的社会主义发展进程中，中国工人阶级得到了重塑。发生在产业工人阶级身上的所有这些变化，构成了一个更为基本的变化——从一个阶级社会到身份社会的转变——的一部分。工人阶级形成过程中的诸多特征——不断增长的政治统一、集体性的组织、与其他阶级对立的关于共同利益的意识等——所有这些被汤普森描述为19世纪早期英国工人阶级"形成"的特征，在中国工人阶级"再形成"的过程中，都发生了移位、变形乃至有效的逆转①。魏昂德的分析，对于透视新时期传统产业工人阶级的再形成②，对于基于历史的视野来把握和分析农民工无产阶级化进行中的众多问题（如身份的逐渐消解、公民权的获得、"半城市化"问题、"新二元社会"等)③，无疑具有极大的启迪意义。

值得关注的是，近年来一些学者尝试从无产阶级化历程的理论视角，来对农民工阶级形成的特点与路径进行描述和分析，并得出了若干引人瞩目的研究结论。譬如，潘毅等认为④：农民工的无产阶级化历程，就是让农民变成工人的历史发展过程。从无产阶级化历程的比较视角而言，过去30年中国变成世界工厂的过程和大量的城乡人口流动现象，更多地体现为一种历史的普遍性，而不是什么"史无前例"的伟大创举。18世纪的英国、20世纪的亚洲四小龙以及今天的南亚与拉丁美洲，都曾在其工业化历史中的某个阶段，出现过农村劳动力向城市大量转移的现象。用马克思的术语来说，这种无产阶级化过程贯穿整个资本主义的发展历史。在通常情况下，这一过程是由市场力量所决定的。而中国工业化过程的最独特之处，便在于农村人口进入城市之后的无产阶级化过程，除了受到市场力量的深刻影响，更受到国家

---

① Walder, Andrew G. 1984. "The Remaking of the Chinese Working Class, 1949 - 1981." *Modern China*. 10 (1): 3 - 48.

② 参见刘建洲《传统产业工人阶级的"消解"与"再形成"——一个历史社会学的考察》，《人文杂志》2009年第1期；吴清军《国企改制与传统产业工人转型》，社会科学文献出版社，2010。

③ 参见 Solinger, Dorothy. 1999. *Contesting Citizenship in Urban China: Peasant Migrants, the State, and the Logic of the Market*. Berkeley: University of California Press；王春光《农村流动人口的"半城市化"问题研究》，《社会学研究》2006年第5期；刘平《新二元社会与中国社会转型研究》，《中国社会科学》2007年第1期；王小章《从"生存"到"承认"：公民权视野下的农民工问题》，《社会学研究》2009年第1期。

④ 潘毅、卢晖临、严海蓉、陈佩华、萧裕均、蔡禾：《未完成的无产阶级化》，《开放时代》2009年第6期；潘毅、卢晖临、张慧鹏：《大工地：城市建筑工人的生存图景》，北京大学出版社，2010。

政治和行政力量的干预。农民工的阶级形成历程在国家与资本的共同作用之下，从诞生伊始便面临各种结构性力量的压制和破坏，至今仍然只能维持在“半无产阶级”的尴尬状态之中[①]。中国农民工的无产阶级化的经验的特殊之处在于：农民在转化为工人时，并没有完成转化任务，而不得不暂时处于“未完成的无产阶级化”状态。而“农民工”这一语词所暗含的劳动力使用与再生产之间的辩证关系，构成了理解农民工的无产阶级化的过程为何无法在城市中完成的关键。“农民工”这一语词折射出这一劳动主体的劳动力使用与再生产之间的关系的扭曲和错位。“工”是指职业身份，它意味着一种新型的工业劳动力的出现及其使用方式；其前缀“农民”，则指向正式的制度性身份，它一方面表明这一劳动主体的职业和身份转化受到以户籍制度为基础的城乡二元体制的约束，另一方面，更加重要的是，它暗含这一主体的劳动力再生产形式、内容以及本质。从这个意义上来说，农民工作为一个劳动的主体，其劳动力的出现和使用与其劳动力的再生产——劳动过程中辩证统一的两个方面——在空间和社会的意义上被割裂和拆分开来，前者发生在城市，其身份是工人；后者却只有回到农村社会才能进行，其身份是农民。“农民工”这个语词的内涵充分表明其无产阶级化过程中存在无法逾越的结构性障碍。

在这一分析视角下，农民工的无产阶级化的路径及其历史命运，实际上是由国家和资本的力量所共同决定。农民工身份中辩证统一的两个过程——劳动力的使用与劳动力的再生产——在全球资本的经济逻辑（最大限度获取劳动剩余价值，迅速进行资本积累）与社会主义国家的政治逻辑（通过控制劳动者的流动和使用方式以尽快实现工业化和城市化的目标）的共同作用之下，在空间和社会的意义上表现出严重的分裂状态。一方面，国家允许农村外来人口进入城市参与经济活动满足全球资本与国家发展战略的需要；另一方面，却拒绝（或者说无力）承担其无产阶级化及其世代再生产的成本[②]。结果是，尽管对农民工的劳动力的使用推动了国家

① 潘毅等认为：“所谓无产阶级化，是指伴随着一个国家的工业化过程，往往会同时出现一个急剧的城市化过程，即劳动力由农业向工业转移，农业人口不断地转化成为城市人口，并在城市中逐渐扎根，形成自己的社区，成为新的工人阶级。”显然，其重点关注的是C. 蒂利所论述的无产阶级化历程中三个环节中的第三个环节——“乡村人口向城市的转移”。参见潘毅、任焰《国家与农民工：无法完成的无产阶级化》，《二十一世纪》2008年第107期。

② 任焰、潘毅：《农民工劳动力再生产中的政府缺位》，《中国社会科学》（内部资料）2007年第2期。

的工业化和城市化进程，但其工业化与城市化却由于劳动力使用与再生产的割裂状态而无法统一；其无产阶级化过程无法在城市中完成，只能停留（更确切地说是流动）于“半无产阶级化”的特殊状态之下。随着工业化、城市化进程的发展，工业化对产业发展模式以及劳动力素质的需求发生了转变；而城市化所带来的城市生活成本提高，则引发了农民工对工资及集体性消费资料的需求的增长。在这两种力量的共同作用之下，无论是资本主导抑或是社会主导的农民工劳动力再生产模式，都因其自身所固有的局限性而无法填补劳动力使用与再生产之间的日益加深的裂痕[①]。随着农民工的代际更替，新生代农民工已成为农民工群体的主体[②]。尽管就阶级结构以及都处于未完成无产阶级化的过程之中而言，他们与老一代农民工的处境有相似之处；但与老一代农民工相比，新生代农民工在成长经历、参照目标、身份认同、生活方式、价值取向等方面存在巨大差异。他们更期待能把自己转变为在城市居住的工人，然而横亘在他们眼前的却是有着巨大反差的社会现实。生活在“宿舍劳动体制”之下的农民工，在物质和精神层面都遭遇城市的排斥。这种反差使他们感到愤怒、沮丧、怨恨，而这些情绪进一步带来工人自我意识的出现并促成他们共同的阶级地位的形成[③]。

潘毅等的分析，侧重从“拆分式劳动力再生产”的角度，来透视影响农民工无产阶级化历程的宏观因素之间的关系，以及工业化、城市化与农民工无产阶级化的困境和巨大的张力。张谦等的研究，则从农业生产的非农化形式的视角，概括了中国正在发生的六种非农化的农业生产形式，比较了不同形式下的劳动体制与直接生产者的社会经济地位[④]，同时，评价了中国土地产权制度对这些农业生产形式的影响（参见表2）。

---

① 任焰、梁宏：《资本主导与社会主导——“珠三角”农民工居住状况分析》，《人口研究》2009年第2期。

② 全国总工会新生代农民工问题课题组：《关于新生代农民工问题的研究报告》，《中国职工教育》2010年第8期。

③ Pun Ngai and Lu Huilin. 2010. “Unfinished Proletarianization: Self, Anger and Class Action among the Second Generation of Peasant-Workers in Present-Day China.” *Modern China*. 36 (5): 493 - 519.

④ 根据三个“决定因素”（生产者与生产资料是否分离、是否存在超经济强制以及是不是“自由的”雇佣工人），亨利·伯恩斯坦将殖民时代的劳动体制（labour regime）分为四种类型：强迫劳动的劳动体制；半无产阶级化的劳动体制；小商品生产的劳动体制；无产阶级化的劳动体制。参见亨利·伯恩斯坦《农政变迁的阶级动力》，汪淳玉译，敬忠译校，社会科学文献出版社，2011，第78~81页。

表2 农业生产的非农化形式

分化路径 比较维度	商业化的农场主	作为企业家的农场主	合同制农业工人	具有中国特色的半无产阶级化的农业工人	半无产阶级化的农业工人	无产阶级化的农业工人
生产单位	家庭	家庭加雇佣劳工	被公司组织起来的家庭	公司性质的农场	公司性质的农场	公司性质的农场
土　地	被分配的家庭土地	被分配的家庭土地和租赁来的土地	被分配的家庭土地	租赁给公司的集体土地	在公司的土地上工作；家里也有自有的土地	劳动者没有自己的土地，在公司的土地上工作
劳动力	家庭劳动	家庭劳动加雇佣劳动	家庭劳动	雇佣劳动	雇佣劳动	雇佣劳动
资　本	中等水平，主要靠自我积累	大量，主要靠自我积累	中等水平，主要靠公司提供	大量，公司提供	大量，公司提供	大量，公司提供
产出和收获	全部销往本地市场	全部销往本地市场	卖给签订合同的公司	属于公司	属于公司	属于公司

资料来源：参见 Zhang，Q. Forrest and John A. Donaldson. 2010. "From Peasants to Farmers: Peasant Differentiation，Labor Regimes，and Land-Rights Institutions in China's Agrarian Transition." *Politics & Society*. 38（4）：458－489。

他们的主要研究发现有三：第一，农民的不同分化路径。农业生产的资本主义形式，使得农民在不同的新的阶级位置上发生分化。这里同时发生着资产阶级化和无产阶级化的过程。换言之，资产阶级化和无产阶级化构成了同一历史进程的两个方面。第二，农民基于市场的分层。资本主义农业中的生产者，其分层主要取决于其在劳动力和土地市场中的位置；亦即，农民在劳动力和土地市场中的位置，决定了其分层的位置。第三，土地制度的中介作用。乡土中国的双重土地制度，在塑造多元而独特的市场经济生产形式方面，扮演着至关重要的角色①。这一点往往被研究农民工无产阶级化历程的学者所忽视。应该说，张谦等的这一研究，和上文所引介的塞勒尼等人的研

① 中国农村土地制度的核心是其二元性，即所有权与使用权的分离：所有权归集体，使用权分配到农户。有趣的是，中国目前的农业现代化进程，正是在现有的二元土地体制下、在土地所有权没有私有化的情况下实现的。基于经验研究，张和杜认为：农村土地不应私有化，因为那样只能促使土地的兼并和大量农民从土地游离。土地承包制度赋予农民一个与企业谈判的重要资源，在一定程度上维护了农民的利益。结果是，有产的（"半无产化"）农民工人的经济地位，要优于完全无产化了的农民工人（Zhang，Q. Forrest and John A. Donaldson. 2010. "From Peasants to Farmers: Peasant Differentiation，Labor Regimes，and Land-Rights Institutions in China's Agrarian Transition." *Politics & Society*. 38［4］：458－489）。

究，存在惊人的异曲同工之处。其研究发现提醒研究者：对于社会主义国家的无产阶级化历程的研究，不仅要借鉴世界历史进程中发达资本主义国家无产阶级化历程的历史经验，更要关注其与后发的新兴工业化国家和已经发生剧变的前社会主义国家中所发生的无产阶级化历程之间的异同。这里的关键在于：如何从历史社会学的比较视野，去建构适合中国特点的分析框架；同时，通过类型学的分析，来揭示正在中国发生的无产阶级化历程的特点与发展趋势，提出符合历史潮流的应对之策。

四　结语

改革开放后，中国社会学界针对社会主义中国农民工问题的研究文献，可谓蔚为壮观。但是，由于长期以来受阶层研究范式和利益群体分析等视角的局限，这些研究很少被纳入“转型期工人阶级再形成”的研究视野和无产阶级化的理论视角①。尤其是，很少有研究能够从历史社会学的比较视野出发并借用C. 蒂利的分析框架，对农民工“成为工人阶级的一部分”的无产阶级化历程，对该群体在不同历史阶段的无产阶级化的程度，对制约农民工无产阶级化的历史与现实因素等，进行系统的深入探讨。“把工人阶级带回分析中心”，分析并透视农民工无产阶级化历程的特点、制约因素及其可能的路径，无论是从学术价值还是实践意义来看，都具有现实的紧迫性和必要性。本文所引介的C. 蒂利关于无产阶级化的定义和相关论述，欧洲、非洲以及新兴工业化国家的无产阶级化不同模式与历史经验，以及塞勒尼等针对社会主义国家无产阶级化历程的研究，对于后续的研究者而言，至少具有以下几个方面启示意义。

其一，在产业工人阶级形成的背后，是一个无产阶级化的过程。基于对更广范围的历史变迁资料的考察可知，无产阶级化历程，以产业的角度看，它不仅发生在大规模生产的工业领域中，也同样表现在服务业和农业领域之中；以地域空间的角度看，它不仅发生在城市中，也发生在乡村地域中。这提醒研究者在研究农民工的阶级形成与无产阶级化历程时，要跳出固有范式和叙事的束缚。譬如，农民工以“离土不离乡”的形式在当地乡镇企业中的就业以及在各地城乡大量存在的非正规就业②，都可视为其无产阶级化历

① 沈原：《社会转型与工人阶级的再形成》，《社会学研究》2006年第2期。

② 参见黄宗智《中国被忽视的非正规经济：现实与理论》，《开放时代》2009年第2期。

史进程的有机构成部分。惟其如此，才能够以更为广阔的历史视野，去看待农民工无产阶级化面临的独特困境、特点与趋势，审视其对于国家形成、资本积累与公共治理的意义。

其二，无产阶级化历程与一个国家的工业化模式选择，存在密切联系。社会主义国家的无产阶级化历程，深受资本主义世界体系这一基本格局的影响。尤其是国际性的产业转移深刻地影响着一国的结经济发展模式与产业的升级与转型。改革开放以来中国的工业化进程，同时存在不同类型的产权及用工模式，社队企业、乡镇企业、集体企业、国有企业乃至“世界工厂”，这些都不过是其载体与表现形式。而且，其工业化进程与城镇化、城市化的进程密切相关。如何借鉴无产阶级化的分析框架来把握农民工的无产阶级化历程的现状与趋势，比较这一进程与其他后发工业化国家无产阶级化的异同，无疑是一个亟待关注的重大课题。

其三，C. 蒂利关于无产阶级化的定义，尤其是关于剥夺和雇佣劳动不断增长及其与人口增长趋势的关系的分析框架，无疑有助于研究者厘清无产阶级化与资本主义的关系，打破长期以来附着在这一概念之上的各种意识形态窠臼。其中很重要的一点，就是可以使人们认识到：并非只是在资本主义条件下才存在无产阶级化的过程，社会主义同样存在无产阶级化的客观过程。C. 蒂利的这一理论启示无疑将有助于人们以更广阔的视野去关注这一重大的历史进程。毕竟，正如马克思和恩格斯所指出的：“问题已不在于目前某个无产者或者甚至整个无产阶级把什么看做自己的目的，问题在于究竟什么是无产阶级，无产阶级由于其本身的存在必然在历史上有些什么作为。”①

① 马克思、恩格斯：《神圣家族》，载《马克思恩格斯全集》（第2卷），中共中央马克思恩格斯列宁斯大林著作编译局译，人民出版社，1957，第57页。

"财绅政治"的兴起[*]

——对民营企业主担任人大代表或政协委员影响因素的实证考察

吕　鹏[**]

摘　要： 让民营企业主担任人大代表或政协委员职务，是吸收新兴社会阶层参政议政最重要的机制之一。通过使用"中国民营企业主抽样调查"的数据，本文试图回答以下两个问题：第一，促成当选为人大代表和政协委员的影响因素之间存在哪些差异。第二，当选为"县乡镇"级和当选为"地级及以上"的人大代表或政协委员的主要影响因素之间是否存在差异。本文发现，不管是在较高层级还是较低层级的人大和政协中，经济财富只是门槛，党员身份也不是当选的保证；而像具有社会责任感的"士绅"那样去行事，则扮演着重要的角色。在此经验发现的基础上，本文提出了"财绅政治"这个概念。

关键词： 财绅政治　民营企业主　参政议政

随着20世纪80年代传统的计划经济向市场经济转型，我国出现了大量的民营企业主。于是，许多学者开始热衷于提出这样的问题：一个蓬勃发展的私营部门是否会引发政治上的激烈变革。然而，多年的期望现在看来已经

---

[*] 本文离不开张厚义、戴建中和陈光金的支持，他们使我能够使用"中国民营企业主抽样调查"的数据，并且解答了我的诸多疑问。我还要感谢夏传玲、David Goodman、李路路、刘欣、毕向阳、黄荣贵、赵联飞、孙明、Nicole Talmacs 以及中国社会学会2010年年会社会分层与流动分论坛的与会者，他们对我的这项研究提供了宝贵的建议和帮助。

[**] 吕鹏，中国社会科学院社会学研究所。

越来越渺茫。根据全国性的调查和深入访谈，许多实证研究表明，中国商界的精英人士不太可能采取激进的方式进行政治变革（Goodman，2008，2010）。与之相反，他们更喜欢使用一些非正式的网络来影响官员（Tsai，2007），一些学者开始称他们为“合作式资本家”（Dickson，2000）或者“国家的盟友”（Chen and Dickson，2008）。

作为对民营企业家的勉励，同时也是作为统一战线的主要机制，党和政府通过多种途径授予民营企业主以政治荣誉和地位，已经成为一种常态。这些措施中，一个制度化的安排就是吸纳他们进入各级人大或者政协。一些境外的政治评论家将这两个机构分别类比为“上议院”和“下议院”（Li，Meng，and Zhang，2006），然而这个比喻是不准确的和带有误导性的。我们将在下一节详析这两套机构以及它们的不同之处。在这里需要记住的是，进入人大和政协这两个机构更多的是代表一种信任和荣誉。

被选为代表是一种“政治勉励”，这意味着只有少部分的民营企业家可以入选。因此，可以说有两种类型的民营企业家：一是已经是人大代表或者政协委员的“入选者”[①]，另一种类型是没有进入两者中任何一个机构的“普通者”。那些在各种情况下总是成为焦点的“入选者”们，常常也是大众传媒和“商业成功之道畅销书”中最喜欢关注的话题。另一方面，虽然现在已经有大量关于民营企业主参与政治生活的经验性的文章和著作，但是，很少有研究是在全国的层次上分析谁会被选入人大或者政协（Li，Meng，and Zhang，2006）。大多数的文章只是单纯的描述或者演绎（Chen，Li，and Matlay，2006；Guiheux ，2006；Heberer，2003b；Tian，Gao，and Cone，2008）。还有些文章通过揭示“新富阶层”怎样和当地的政治精英合作，提供了关于地方一级“选举”的有趣观察（Oi and Rozelle，2000；Wank，2001）。另外一些则强调人大或者政协内部成员之间的“政治关系”，但是这种关系往往被当作因变量而不是需要解释的对象（自变量）（Hu and Shi，2009；Kennedy，2008）。

事实上，缺乏针对民营企业主政治参与状况进行全国性分析的原因，很

---

① 无论是中外媒体抑或是一些社会科学家，都喜欢给前者贴上“红色资本家”或者“红顶商人”的标签。然而，这些词语拥有太多的含义，常常是性质混杂甚至被滥用的。它最常用的定义是拥有党员身份的资本家（Dickson，2007），但是有时任何一个与党和国家有或多或少联系的企业家都被贴上这个标签。更重要的是，如我接下来要论证的那样，党员身份并不总是有助于被选为政协委员。因此，“入选者”这个词在本文中更加合适。

大程度上是许多研究者，尤其是外国的研究者，很难有机会接近可靠而真实的全国性民营企业主的数据信息。如果自己搜集数据的话，没有有关部门的支持，这样的研究也很难进行下去。幸运的是，我得到了"中国民营企业主抽样调查"团队的支持，被允许使用全国性的调查数据。因此，在这样一个有利的条件下，我得以较为恰当地描述全国层面上的民营企业主的政治参与情况。

本文的目的不仅仅是运用最新的数据进行经验性的评述，而且希望能够在理论上归纳概括在人大和政协的框架内民营企业主的政治参与情况。正如在后面将总结的那样，本文认为这种民营企业主的政治参与可以被概括为"财绅政治"，因为如果在政治和社会上像"绅士"一样行动，当选为人大或者政协代表的可能性就会增加。其他的因素如"财富"（经济实力）只是一个门槛而已。

一　研究对象和假设

每年人大和政协都是同时召开，构成了中国式的"两会制"。在中国的政治环境中，媒体和官员都喜欢将它们相提并论，无论成为这两个机构中哪一个的一员都会被视为在参政议政。然而，事实是，从宪法地位和历史传统上来说，人大代表的地位比政协委员的地位要更高一些。

根据中国宪法，全国人民代表大会是最高国家权力机关和唯一的立法机关。人大代表是依法通过五年一次的多层级选举体系选出的。虽然人大代表的职责通常被西方记者比作"橡皮图章"（Bristow，2009），然而人大代表确实拥有某些政治权力，他们中的一些人从20世纪90年代初开始一直坚持承担自己对选民的责任，尤其是在地方一级（O'Brien，1994，2008）。毕竟，他们能被选民"选出"，也可以被依法"弹劾"[①]。

相比之下，政协不是立法机构而是政治协商机构，一项人大的法案被通过就具有法律效力，而政协的建议无论它通过与否都不具有这样的效力，尽管政府承诺在一定时间内会给予答复。此外，与人大基于"选区"的"半竞争式"选举体制（Chen and Zhong，2002）不同，政协的"推

① 最近一个事例是，广州的64个市民申请弹劾当地的一个人大代表，因为他的公司声称将会非法毁坏这些市民的房子。这个申请最终被法院否决了，但是由于他人大代表的身份，此事得到了全国范围的关注。

选”是基于“界别”而不是“选区”进行的。他们来自一系列的政治党派（比如中国共产党和其他民主党派）和其他的半官方组织（例如妇联），以及一些无党派人士。这几种界别的比例根据历史习惯和政治惯例来协商确定。有鉴于此，民营企业主通常应该要通过全国工商联或其地方分支机构的提名进入各级政协，尽管有些人是通过其他组织（比如民主党派）而安排的。

总之，在制度设计上，人大的地位要比政协略高。在中国层层的行政体制之下，全国人大和全国政协有着相应的各级地方机构。在很多地方，各级人大的领导同时也是该行政区域的最高领导人（党委书记），而各个级别的政协的主席则往往来自在党委中排名第三或者第四的副书记。对民营企业主来说，人大代表是一个比政协委员更为荣耀的称号，而事实上前者的大门对民营资本家敞开得也更加缓慢和谨慎[①]。民营企业家刘永好早在 1998 年就成为全国政协常委会委员，另外两位名营企业家徐冠臣和尹明善在 2003 年成为省级的政协副主席。到目前为止，却没有民营企业家被选为全国人大常务委员会委员，更不要说提拔成为省一级的人大副主任。据公开媒体报道，2008 年江苏的周海江和北京的张大中开创了历史，作为民营企业家被选为省级人大常委，这几乎比民营企业家成为省级政协常委晚了 15 年。鉴于这些情况，本文第一个问题（Q1）将检验：

Q1. 影响民营企业主成为人大代表或政协委员的因素之间有什么差异？

中国目前有五层行政区划：中央、省、市、县、乡镇。对西方的读者来说，值得注意的是中国地级市的范围很大，在这个意义上完全不同于传统词义上的“city”。县则是相对小一点的区域，它介于地级市和乡镇之间，这与英美的“county”的概念不同。此外，每个层级上的预算都是由该地区的财政主管部门独立管理，这使得中央和地方的人大和政协事实上成为在人事和财政上相互独立的体系。

此前有学者的研究指出，中国县乡两级的政治有许多特点，特别是这两级中的民营企业大多是与亲属关系网交织的家族企业（Peng，2004）或者由所谓的农民企业家操控（Fan，Chen，and Kirby，1996）。考虑到人大和

① 这仅仅适用于普通人大代表和普通政协委员的对比。一旦某位政协委员成为常务委员会的成员，甚至是政协副主席，他（或者她）的行政级别就比一般的人大代表高。这也可以解释为什么本文分析时要使用多层次 logistic 回归方程而不是普通回归方程。

政协的"等级组织结构"，本文旨在找出"县乡级"和"市—省—中央级"人大和政协委员资格的影响因素的不同。具体来说，就是对于各级人大和政协，该分析将会得出两组对比：

Q2. 乡—镇级人大代表与"普通民营企业主"。

Q3. 市—省—中央级人大代表与"普通民营企业主"。

Q4. 乡—镇级政协委员与"普通民营企业主"。

Q5. 市—省—中央级政协委员与"普通民营企业主"。

在很多政治学家看来，党和国家选举人大代表的逻辑和选举政协委员的逻辑在某种程度上是不同的，虽然在某些方面它们有很多共同的特征（例如，党委在遴选中的领导作用）。此外，经验证据表明，不同的"等级组织结构"之间可能存在差异。因此，问题是：对民营企业家而言，哪些因素可能影响个人当选为人大代表或者政协委员？

一个广为接受的说法是，这是一场"金钱游戏"，也就是说，企业家的政治地位与他们的财富多寡有关（Choi and Zhou，2001）。经济增长这个共同的目标促使干部和企业家形成"地方性增长联盟"，这样反过来又刺激了寻租和政治资助行为。然而，经济实力是否就是选入人大或政协的唯一或者最重要因素，这一点值得商榷。事实上，一些地方政治案例研究表明，最有政治名望的民营企业主并不总是取得最大经济成就的人（Zhang，2004）。因此，本文提出如下假设。

假设1：一个企业家成为人大代表或者政协委员的可能性，与他的经济实力正相关，但是这个因素不足以起决定性作用。

像很多学者强调的那样，政治可靠性在与政府建立政治关系方面，发挥着重要的作用。尤其值得一提的是中共党员的身份。大量的论文将民营企业主的党员、人大代表或政协委员身份当作独立变量，来研究它们对企业家的公司业绩（Nee and Opper，2009）、国有银行的金融支持（Li，Meng，Wang，and Zhou，2008）、股市市值（Fan，Wong，and Zhang，2007；Luo and Tang，2009）的积极或者消极影响。只有少部分的文献将人大代表和政协委员资格作为因变量。另一篇使用了"中国民营企业主抽样调查"2002年数据的论文提出，一个企业家的政治参与可能性随着他的政治资本的增长而增加，尤其当他是党员或者是某个国有企业的前任领导时（Li，Meng，and Zhang，2006）。

党员的身份是重要的，但这个身份可被分为两类：一类是"老党员"，他们在经营自己的企业之前就已经入党；另一类是直到经营自己企业后才入党的“新党员”[①]。已有的研究指出，大多数的“老党员”有在党政机关和/或者国有企业任职的经历（陈光金，2006；张厚义，2007）。应当注意到的是，“老党员”和他们昔日党政机关的同事们有着更加长久而广泛的联系。因此，我们有如下假设。

假设 2.1：拥有党员身份的民营企业主更加有可能被选为人大代表；特别是，当涉及“地市级以上”层次时，那些“老党员”当选可能性更大。

由于政协委员和人大代表获得委任方式的差异，政协委员不包括在假设 2.1 内。作为立法机关的人大倾向于选择执政党党员。事实上，据报道，70% 现任全国人大代表是中共党员（Andrew，2010）。与之相反，作为政治协商机构的“统一战线”，政协是在协商的基础上在各不同界别的社会政治团体中分配席位。一位学者准确地评论道，大多数政协委员是“统一战线”的受益者，因为作为参政党的民主党派可以在政协系统中拥有确定比例的席位。换句话说，共产党在政协中的代表比在人大中要少得多。接下来的假设如下。

假设 2.2：民主党派的民营企业主更加有可能被选为政协委员，尽管党员身份发挥着弱的显著作用。

无论共产党还是“民主党派”都属于政党。另一个不容忽视的可以用来指示政治可靠度是工商联系统。工商联是一个半政治化的机构，被视为连接私营部门和政府的桥梁。其网站显示，截至 2010 年底，工商联已经拥有 271 万的民营企业成员。全国工商联和地方工商联的关系是指导关系，但是全国工商联的章程对地方工商联也有效。作为“统一战线”的一部分，工商联在政协中组成了一个“界别”，它主要由民营企业主和一些为工商联工作的党政干部组成。因此，它在提名各级政协候选人中起着重要作用。此外，如果民营企业主被选为人大代表候选人，党的地方机关经常会向工商联咨询，而工商联也倾向于推荐自己的成员。由工商联的保证的重要性导出假设 2.3。

假设 2.3：在“县乡镇”和“地级及以上”这两个行政级别中，工商联成员身份有助于民营企业主在人大和政协系统中获得席位。

除了政治和经济因素，一些学者强调承担社会责任是获得政治认可和社

---

① 布鲁斯·迪克森（Bruce Dickson）在他的文章中将“老党员”和“新党员”分别称为“下海企业家”和“增选企业家”（Dickson，2007），这也是两个很好的概念。但我的概念强调政党身份是出于本文分析的需要。此外，值得注意的是迪克森文中“下海”和“增选”的民营企业主都对人大选举有重要影响。

会地位的有效途径。例如，通过使用“中国民营企业主抽样调查”1995 年的数据，有学者提出至少是在进入 20 世纪 90 年代后，中国的民营企业主通过慷慨地捐助政府的福利项目，相应地获得地方人大代表的提名（Ma and Parish，2006）。作者将它描述为“托克维尔式的特殊时刻”（Tocqueville special moment），认为这非常类似于 19 世纪晚期的法国，当时的新兴商业阶级为慈善事业和名誉机构提供了大量的资金支持。虽然作者使用的数据是 1995 年收集的，并且只讨论了人大代表，但他们提出的“托克维尔式的特殊时刻”具有启发性。另一篇使用了“中国民营企业主抽样调查”2006 年数据的论文也得出结论：通过党、人大和政协成员资格来衡量的政治参与也和企业家的慈善事业正相关。事实上，不仅是慈善事业，其他承担社会责任的方式对于提升民营企业主的社会形象和政治声望起着越来越可靠的作用。在现今的中国，民营企业主的慈善行为被摆在聚光灯下，每年会公布很多“慈善排行榜”和“企业社会责任排行榜”，几乎可以和“财富排行榜”相比。在本研究中，作者根据所能得到的数据资料，增加一个用以测量企业社会责任的变量：企业主的公司是否得到了上市产品质量认证。这种测量方法将在下一节介绍。我们在这里得出第 3 个假设。

假设 3.1：在“县乡镇”和“地级及以上”这两个行政级别中，对慈善事业投入的增加将提高民营企业主在人大或者政协系统中获得席位的可能性。

假设 3.2：在“县乡镇”和“地级”这两个行政级别中，获得产品质量认证有助于增加民营企业主在人大或者政协系统中获得席位的可能性。

我们还应当考虑几个人口统计学上的变量：年龄、性别、从事商业的年限和受教育程度。由于人大代表和政协委员都是兼职工作，或者说是一种荣誉，年龄（和健康状况，通常是难以测量的）通常不被认为是很重要的因素。在中国，人们普遍认为女性在此种政治中具有优势，但是这一点没有能够得到全国性实证研究的证实。尽管某些群体（例如艺术或者科学领域）中少数杰出的女性确实会被认为更容易地获得政治荣誉，但事实上，中国的商业领域依旧是由男性主导的。因此，接下来将提出这样的假设。

假设 4.1：在“县乡镇”和“地级及以上”行政层级中，年龄、性别、从事商业的年限对于当选为人大代表或政协委员没有统计学上的意义。

然而，教育因素应当被考虑。历史上中国民营企业主的平均受教育水平很低，但这种情况从 20 世纪 90 年代后期以来已大大改善。1993 年以来的“中国民营企业主抽样调查”一系列数据显示：1998 年之后文盲消失，而到

2006 年硕士学历增加了 6.5 倍。在 1993 年，有 17.2% 的受访者大专毕业，47% 受访者学历低于高中；到了 2006 年，这两部分比例分别变为 49.3% 和 17.1% 。因此，可以预计，对于高等教育资质认证的要求一直在增加，这将导致以下假设。

假设 4.2：较高的学历有助于增加私营企业家在人大和政协系统中获得席位的可能性；特别是，“地级以上”行政层级比“乡—镇”一级具有更高的标准。

二　研究设计

（一）数据

本文的统计数据来自“中国民营企业主抽样调查”，此项调查由中央统战部、全国工商联、国家工商行政管理局、中国民营经济研究协会联合主办和资助。其中中央统战部是党政机关，国家工商管理行政局是所有私营企业注册登记的国家管理机构，全国工商联和中国民营经济研究协会都有党政背景。这是唯一一个国家级别的系统性地收集民营企业主经济和社会政治状况信息的大型调查。更加出色的是，这个调查从 1993 年开始每两年进行一次，调查为历时性的比较提供了动态的数据库，虽然本文只用了 2008 年的截面调查数据。

考虑到这个数据库的官方性，有人可能会质疑它的效度和“独立性”。事实上，在调查时，中央统战部、全国工商联和国家国家工商行政管理局确实会插入一些他们自己感兴趣的问题，例如：你如何评价全国工商联去年一年的工作/成就？但是从总体上来说，研究团队具有较高程度的自治性，从而使得数据是值得信任的。研究团队由社科院和知名高校的专家组成并负责问卷设计和数据分析，每两年出版一次独立报告。处于该研究团队监督下的执行小组分别由全国工商联和国家工商行政管理总局的地方分支机构负责组织。

此项调查采用多阶段分层抽样法，从全国 30 多个行政区域的私营企业和个体企业总体中抽取样本。根据国家工商行政管理局的注册系统，每个省将会得到 0.5‰的配额。每个省从概率上来说（0.5‰）至少选取三个城市和三个县（对于那些注册企业数等于或者超过 10000 的省，至少抽取六个市和六个县）。在被选中的市或者县，样本被按照城/乡和行业类别分类。抽样时从各个类别中选取企业直到满足配额要求，同时保证每一个类别至少有一家企业被选中。在2008年的调查中，工商联总共发放了2888份问卷，回收2405份问卷，净回收率达到了83.3%；工商行政管理局发出2000份问卷，回收1693份（净回收率为84.7%）。笔者在本文中被允许使用工商行政管理局所收集的这部分数据。

（二）因变量

在2008年的调查中，被访者首先被问及是否是哪一级（镇、乡、县、地、省、国家或者不是）的人大代表。当时被问及同样的问题，即是否是政协委员时，排除了乡镇一级的选项。值得注意的是，这些问题都不是多选题，这样能够使被访者选择自己拥有的最高级别的政治身份。

本研究中，人大代表和政协委员被分为三类：“县乡镇级代表”，“地级及以上代表”，“普通企业家”。对于人大来说是这样的：①“县乡镇级代表”由县和乡镇级的代表组成；②“地级及以上代表”包括地级、省级和国家级的代表；③“普通企业家”的人大代表。

同样的，对于政协委员来说，将以下面三个分类作为因变量：①“县级政协委员”；②“地级及以上政协委员”；③“普通企业家”政协委员。这里有一个难题，在2008年的调查中，根据政协章程第40条相关规定，没有涉及镇一级的政协委员，而是将县设定为政协的最低层级。也就是，标记在这里的只有县级这个层次。然而在实践中，20世纪80年代后期到90年代初一些镇通过各种方式建立了它们自己的政协，这是“机构膨胀”带来的后果。然而镇级政协的存在带来一个潜在的问题就是，使得此次的调查中部分该级的代表被忽略。另一方面，实证经验告诉我们这一部分的人数很少，对于整个政协的构成影响不大，所以可以打消以上顾虑。

（三）自变量

如同上述的因变量一样，所有自变量也在文后附录中列出。本研究一共有10个自变量，它们可以根据以下四个方面被分类：政治可靠度（变量1~2），经济实力（变量3~4），社会责任感（变量5~6），以及人口统计学特征（变量7~10）。

（1）政党身份分为四类：①“老党员”，即那些在改革开放或者“改制”之前就入党的经营私营企业的被访者。在2008年的调查中，对于那些从改组国有或者集体资产中获得企业所有权的民营企业主，一个问题就是“改制”[①] 的时间；对于其他的被访者来说，问题就是他们什么时候开始经营自己的企业。由于入党时间是已知的，这个变量用来估计一个人在开始经营自己的生意之前还是之后入党。②“新党员”，就是在开办自己企业之后入党的被访者。③“民主党派”。另外，我们不能够确定被访者是在开始经营自己企业之前还是之后加入这些民主党派的，因为此项调查没有涉及这些信息。从经验上来看，他们大多是在自己的事业发展之后被当地干部劝说加入的。④“群众”，值得注意的是那些认为自己是共青团成员的被访者也被归为此类，主要是因为共青团主要是在中学生中发展成员，所以它不能作为测量政治可靠度的指标[②]。

（2）工商联成员指被访者是否是工商联的成员，虽然工商联也设置了与人大和政协相同的行政级别，但是2008年的调查中没有收集该信息。因此，它是一个二分变量，其中0表示否，1表示是。

（3）2007年职工人数。有人会质疑这个变量在是否有效，因为职工人数更多的是与公司相关而不是与所有者有关。然而，一定程度上，中国私营企业的特性更多的是与领导者的特质有相关，尤其是很多公司所有者也同时是管理者（Chen，Li，and Matlay，2006）。此外，该数据库中没有受访者是来自同一家企业，因此不存在重复计算的问题。

（4）营业额：此次调查收集了被访者私营企业的营业额，以人民币1万元为测量单位（调查进行时间为2008年6月，1元人民币≈0.14美元）。

（5）慈善：用个人企业成立后对慈善事业的投入来测量（1万元人民币）。

---

① “改制”可以被粗略地理解成中国将国有或者集体所有企业“私有化”的委婉说法，管理者可以以一定的价格获得企业，这个价格根据企业实际盈利能力来定。然而，更具体地说，实际上“改制”不等同于私有化或者管理层收购，因为它提供了合法的政策支持使得民营企业主摆脱模糊的产权安排：中国20世纪80年代到90年代普遍的做法是民营企业主使用“红色帽子戏法”，通过将自己企业注册为公有组织来掩饰私人所有权（Chen，2007）。因此，那些“红帽子企业”，大多数采取集体所有制的乡镇企业形式，在“改制”之前就已经是由民营企业主实际掌控了。不过，本文中数据库没有告诉我们哪些企业戴过“红帽子”。因此，我们别无选择，只能忽略这些公司复杂的财产权。

② 此外，大多数声称自己是共青团员的被访者都已经超过最高年龄28岁的限制。根据团的章程，任何超过28岁的共青团员都将不再是团员，除非该团员担任团内领导职务（该团员必须同时也是共产党员）。在2008年的调查中，全部314个声称自己是共青团员的被访者只有34人没有超过28岁，比例不到12%。2010年的调查以后关于团员身份的问题就不再涉及了。

（6）认证：以企业是否获得以下认证来评估，ISO 9000、CCEE、UL、CE 标志和 QS[①]。

（7）教育水平分三个类别：高中及以下；大学；研究生。这里大学包括大专，它类似于 2～3 年的社区大学，只是不授予学士学位。

（8）性别是一个二分变量：男性和女性。

（9）2008 年时的年龄。我们可以从表 1 中看到被访者年龄最小为 21 岁，最大的达到 84 岁。在中国，法定人大代表当选年龄不低于 18 岁，但是对于人大代表和政协委员最高年龄的限制却没有明确的规定——有的甚至担任代表直到去世。

（10）从商年数，指的是开始经营私人企业的时间，测量方式是 2008 年减去被访者开始经营自己的企业的年份，无论当时企业主是作为实际的所有者还是戴“红帽子”的“集体企业”的老板。

（四）方法

对于两个因变量的基本分析策略是使用多项式 logistic 回归（也被称为多项 logit 模型）。这个模型与一般的 logistic 回归模型不同，因为它的因变量可以拥有两个以上的类别。这里将会有不止一个回归方程，而是两个或者以上的方程会被同时估计（方程的数目等于因变量内部的数目减一）。模型参数表示自变量每变化一个单位对某一因变量类别产生的影响，这个影响是相对于其他参照类别来说的。

三　结果

（一）描述性结果

表 1 显示了在人大模型、政协模型和样本中的自变量、因变量的描述性

---

① ISO 9000 质量认证体系是国际认可的质量管理体系。中国电工产品认证委员会（CCEE）是代表中国参加国际电工委员会电工产品安全认证组织（IECEE）的唯一机构。美国安全检测实验室公司（UL）是一家独立产品安全认证机构，总部设在美国芝加哥。CE 标志（法文“Conformite Europeenne”的字母缩写）为符合欧洲健康、安全和环境要求的产品提供认证。QS 是质量安全的缩写，是中国食品安全的标志，代表对食品和食品制造企业的监管体系。作者在这里没有将所有的认证体系一一列举，因为不同的认证体系与不同行业紧密相关。例如，一家 IT 企业就不会想要得到食品质量认证。因此，大量的认证并不代表更高的产品质量。

统计结果。从数据来看，民营企业主平均拥有超过6年的管理经验。其中男性企业主超过80%。各个企业的营业额之间的差距非常大，企业规模由雇佣10人的个体家庭企业，到雇佣6167名员工的大型企业不等。下面是一些主要的发现。

表1 人大模型、政协模型和样本中因变量和自变量的描述性统计

因变量	分类	人大		政协	
		N	边际百分比(%)	N	边际百分比(%)
人大代表或政协委员	县乡镇级人大(县级政协)	102	12.0	110	13.1
	地级及以上	58	6.8	50	6.0
	普通	690	81.2	680	81.0
自变量	分类				
政党身份	“老党员”	232	27.3	224	26.7
	“新党员”	27	3.2	26	3.1
	“民主党派成员”	28	3.3	34	4.0
	群众	563	66.2	556	66.2
工商联成员	是	291	34.2	297	35.4
	否	559	65.8	543	64.6
教育	研究生	93	10.9	95	11.3
	大学生	421	49.5	414	49.3
	高中及以下	336	39.5	331	39.4
性别	女	160	18.8	154	18.3
	男	690	81.2	686	81.7
认证	是	279	32.8	266	31.7
	否	571	67.2	574	68.3
有效值		850	100.0	840	100.0
缺失值		843		853	
总　计		1693		1693	
分组人数		847[a]		835[a]	

	观测值	最小	最大	平均值	标准差
雇员人数(人)	1625	10	6167	85.17	314.554
营业额(万元)	1566	0.2	118929	2701.82	9443.8913
慈善(万元)	1583	0	8666	27.1172	239.64421
年龄(岁)	1687	21	84	44.14	8.865
从商年限(年)	1693	2	25	6.33	3.829

a. 因变量在全部847（100.0%）子类中有唯一取值。

首先，"县乡镇"级和"地级及以上"人大代表和政协委员席位是稀缺资源。690名被访者（81.2%）从未被选为人大代表，680名（81%）从未当选为政协委员①。对于那些"入选者"，可以理解为"地级及以上"比"县乡镇"一级更加罕见：102名受访者是"县乡镇级"人大代表，58名是"地级及以上"人大代表，分别占总样本数的12%和6.8%。至于政协代表，有110名（13.1%）"县级"代表和50名（6%）"地级及以上"代表。事实上，进一步分析发现，地级以上的省级和国家的代表更是稀少：这两级的人大代表分别占1.1%和0.3%；两级的政协委员分别占1.4%和0.1%。

其次，有相当大比例的被访者是共产党员，分别占人大系统的30.5%和政协系统的29.8%。然而，"新党员"即那些开办自己企业之后才入党的被访者，只占很小的比例，分别占人大模型的3.2%和政协模型的3.1%。虽然进一步的分析揭示，68.6%的"新党员"是在2001年以后加入共产党，但是可以认定的是，一般民营企业主的入党方面的热情不高，他们只占党员总数的11.5%。这一事实在某种程度上与媒体的炒作相反：当1998年民营企业主正式获准可以入党时，许多记者和评论家预计这将会掀起民营企业主入党的高潮。事实上，之前的研究表明多数拥有党员身份的民营企业主是"老党员"，他们大部分都有在国有机关工作的经验，例如曾经是国有或集体企业员工。

最后，一些技术上的问题将在这里讨论。表1中涉及人大和政协代表身份时，存在大量的缺失值：分别为843和853。我认为多数没有回答此项问题的人是因为他们既没有进入人大也没有进入政协。当然一些其他可能性也不能被排除，即他们出于隐私和安全方面的考虑。因此，缺失值将不被考虑。

大量的缺失值不会影响多项logistic回归方程对于最小样本量的要求，即每个自变量要求15~20个个案。数据库已经收集了850名和840名分别拥有人大和政协成员身份的个案，以及10个自变量。因此比率分别达到了

① 有人认为，有证据表明民营企业主中的人大代表和政协委员通常不会超过10%。例如，1996年，在安徽阜阳市，有6.6%的民营企业主在各级人大或者政协中任职（Heberer, 2003b）。然而这些数据应该更新，人大和政协中的民营企业主代表增幅相当大，因为自2006年以来，党和国家越来越要求从"两新团体"（新经济团体和新社会团体）中吸纳更多的代表。本文中民营企业主中的人大代表和政协委员的比例非常接近个案研究收集的结果。

85:1 和 84:1，超过规定的 15~20 个个案，甚至达到了每个自变量对应 30~50 个个案。

（二）回归结果

我们的分析根据多项式 logistic 回归从检验人大代表（模型 1）开始，然后再加入对政协委员（模型 2）的分析。两个模型中，卡方值在 0.0001 水平上显著，所以我们可以得出结论：因变量和自变量组之间显著相关。此外，B 系数和标准误差都不过大，所以没有证据表明该项分析有数值上的问题。

表 2 确认了假设 1：经济实力（在这项调查中由“雇员数量”和“营业额”这两个指标测量）在人大和政协的选举中只是起到一个“门槛”的作用。在大多数情况下，它们在四个回归方程统计显著性相当微弱（$p<0.05$ 甚至 $p<0.1$），有的情况下显著性则不存在（也就是地级及以上级别的政协委员，雇员数没有表现出显著性）。

政治可靠度的变量做出了显著的贡献。假设 2.3 认为工商联成员身份对人大和政协选举起着很强的作用。表 2 显示确实是这样：在模型 1 和模型 2 中，工商联成员身份显著地增加了当选为“县乡镇”和“地级及以上”人大或政协代表的可能性，在“县乡镇级人大”、“地级及以上人大”、“县乡镇级政协”、“地级及以上政协”几个级别上可能性分别增长了 2.3 倍，2.8 倍、10.0 倍和 3.1 倍。这和布鲁斯·迪克森（Dickson，2007）的研究发现相呼应。

然而，政党身份的影响没有体现出一贯的效果。正如表 2 所示，在第一个回归方程中，“老党员”、“新党员”和“民主党派”表现出了统计上显著相关关系，尽管如果坚持更高标准的话，“民主党派”的显著性（$p<0.1$）可以忽略。更具体地说，从商之前入党的民营企业主当选为县乡镇一级人大代表的可能性是一般企业主的 3.4 倍，从商之后入党的当选可能性增加了 7 倍。在第二个回归方程中，在地级及以上的人大选举中，“老党员”使得当选概率增加了 1.5 倍[①]。然而，有两个变化发生了：“新党员”和“民主党派”

---

① 应当承认存在自变量的内生性问题，因为那些影响企业家成为党员的因素同时也是影响他或者她成为人大代表或者政协委员的因素。我们没有被访者哪一年被选进人大/政协的相关信息，因此进一步的分析和“损害控制”是不可能的。此外，我们区分了“老党员”和“新党员”。通常的，那些影响一个人在开始经营自己生意之前入党的因素（例如家庭背景、在单位的政治忠诚、与单位领导的私人关系等）和决定人大/政协代表的因素不同。

表 2　检验民营企业主的人大或政协成员资格的决定因素的多项式 Logit 回归

自变量		模型 1 人大代表				模型 2 政协委员			
		县乡镇级人大 vs. 普通企业家		地级及以上人大 vs. 普通企业家		县级政协 vs. 普通企业家		地级及以上政协 vs. 普通企业家	
		B	Exp(B)	B	Exp(B)	B	Exp(B)	B	Exp(B)
截距		-3.902		-6.034		-4.858		-6.512	
从商年限		0.017	1.017	0.037	1.038	0.036	1.037	0.147	1.158
雇员人数		0.001 *	1.001	0.001 *	1.001	-0.002 *	0.998	0.000	1.000
营业额		0.000 +	1.000	0.000 +	1.000	0.000	1.000	0.000 +	1.000
慈善事业		0.002 *	1.002	0.003 **	1.003	0.000	0.999	0.000	1.000
年龄		0.008	1.008	0.009	1.009	0.015	1.015	0.023	1.023
政党身份(参照群:“群众”)	“老党员”	1.222 ***	3.393	0.916 **	2.498	0.644 *	1.904	0.317	1.374
	“新党员”	2.082 ***	8.021	-19.762	2.614E-9	0.923 +	2.516	0.436	1.547
	“民主党派”	0.966 +	2.629	-0.100	0.905	2.039 ***	7.686	2.604 ***	13.512
工商联(参照群:否)	是	1.172 ***	3.229	1.330 ***	3.781	2.401 ***	11.037	1.408 ***	4.087
教育(参照群:高中以下)	研究生	-0.344	0.709	1.778 ***	5.916	0.877 *	2.404	1.586 **	4.883
	大学生	-0.079	0.924	1.166 *	3.209	0.755 **	2.128	0.171	1.186
性别(参照群:男)	女	-0.194	0.824	-0.257	0.773	-0.502	0.606	-0.539	0.583
认证(参照群:否)	是	0.540 *	1.716	1.049 **	2.856	0.327	1.387	0.618	1.856
-2 Log Likelihood		755.487				740.336			
Nagelkerke Pseudo R-Sqr		0.395				0.399			

注：+ $p < 0.1$，* $p < 0.05$，** $p < 0.01$，*** $p < 0.001$，预测的总体百分比，模型 1 为 82.5%，模型 2 为 81.3%。

的显著性消失了。这些发现证实了党员身份对筛选人大代表有影响（假设2.1），尤其是那些与地方干部有着长期关系的老党员在高一级的选举中占有更多优势（假设2.1）。

相反，“民主党派”成员身份无论是在“县级”还是在“地级及以上”的政协委员选举中都有着举足轻重的作用，而党员身份在县这个级别上几乎没有多大作用。这再次肯定了Dickson（2007）对8个县的调查（2005）之后的发现。事实上，正如方程3和方程4所指出的那样，“民主党派”成员身份非常有利于政协选举，那些拥有这些党派身份的企业主当选可能性更大，在“县级”和“地级及以上”分别达到7.7倍和13.5倍。假设2.2推测，政协作为一个政策咨询机关，主要功能是作为“统一战线”的一部分，帮助执政党团结包括八个民主党派在内的社会政治团体，协调它们的立场和达成政治共识。

除了“民主党派”成员身份，慈善事业和认证是另外两个可以用来突出政协和人大模型不同之处的变量。在模型1中，慈善事业和认证与人大代表资格正相关：慈善总额每增加一个单位，在县乡镇级和地级及以上级别人大当选的概率分别增加0.2%和0.3%；持有任何的认证，这个企业家当选县乡镇级和地级及以人大代表的可能性分别增加大约71%和185%。另外，慈善事业和认证在模型2中都不具有统计显著性，由此可以部分地拒绝假设3。然而，这个意料之外的结果支持了这样的论断：相比人大，政协相对较少强调企业家的社会责任。

从表2中可以清楚地看到，三个人口统计学上的特征——年龄、从商年限和性别——无论是在哪个模型中都对民营企业主没有显著影响，因此证实了假设4.1。教育水平的积极作用也得到了支持，虽然拥有研究生学历或/和大学学历只对地级及以上的人大选举有帮助，使得可能性分别增加了5倍和2倍[①]。表2显示，在县一级政协选举中，拥有研究生学历和大学学历使得可能性分别增加了1.4倍和1.1倍。并且，拥有研究生学历使得民营企业主在地级及以上的政协选举中当选可能性增加了4倍。如同假设4.2最后一部分所述，由于历史上从事统战工作的需要，政协系统长期偏好于拥有高学历的优秀候选人。

当然，本文只是一个探索性的研究。在某种程度上，难以对很多其他有

① 这里我的发现与迪克森的发现不同，他认为：“教育水平具有曲线性的影响：那些有着高中学历的企业家比学历更低或者更高的有大学学历的企业家进入人大的可能性更高。”（Dickson，2007：845）这可能是由于不同的资料收集方式引起的，迪克森的数据是2005年在8个县收集的，而本文数据是2008年全国范围内收集的。

助于当选人大代表或者政协委员的因素进行测量，例如和当地干部的个人关系和真实的政治意愿。此外，任何因果性的解释都应当谨慎，尤其是考虑到本文中数据没有涉及"时间维度"。也就是说，可能一些被访者在经营自己的事业之前是前任的党政干部。希望接下来的全国调查能够提供更多的信息，使得更多更加透彻的后续分析成为可能。此外，进一步的研究应当关注制度解释，通过对某个区域确定时间段的个案研究提供更加深入的分析。

四　结论

本文的这些发现有助于我们了解人大和政协系统从民营企业主阶层中选举成员之间的共同点和不同点。在经济上，经济实力这个因素扮演的角色不能被过分夸大，更不能将遴选当作一场"金钱游戏"，但是它确实作为一个"门槛"，是影响当选可能性不可或缺的因素。在政治上，表 1 和表 2 报告分析的结果表明了政治可靠性在人大和政协选举中的重要性，但是两者由于自身角色和历史习惯的不同，因而对党员身份和"民主党派"成员身份偏好不同。社会方面，人大系统强调慈善和认可，而政协系统将教育水平作为考虑因素。

此外，遴选模式在各个不同行政级别上出现了差异。例如，在地级及以上级别，人大系统成员的要求标准比政协高，其中"老党员"表现出了统计显著性。除此以外，与县乡镇一级不同，大学和研究生教育水平对于地级以上的人大代表有显著影响。同样，只有研究生教育水平对地级以上政协有统计学显著性。当然，这些不同要远远低于人大代表和政协委员之间的差异。更进一步的省级和全国级人大代表/政协委员的个案研究可能会导致更多有趣的发现。

根据实证研究结果，本文提炼出"财绅政治"这个术语，用以概括民营企业主被选入人大和政协的逻辑。事实上，"财绅"在中国已经不是一个新词。它通常代指绅士阶级中的"富商"阶层。在中文中，绅士广为接受的称呼是"士绅"或者"绅缙"，这个概念对于理解中华帝国意义重大。最初，中国士绅被定义为一个阶层主要是指地主，他们大多是退休官员或者其家属和后代（Chang，1955）。根据儒家的阶级制度，从理论上说，有 4 个职业类别：士大夫和农民地位最高，手工业者和商人地位依次下降。实践中，由于农业是仅次于官宦的排列第一的行业，士大夫退休之后会通过雇佣佃农成为富有的土地所有者。也就是说，这些地主不一定是商人，但是他们通常很富有，他们也被期待成为当地儒家君子式的楷模或者核心支柱。此外，官吏之子渴望通过科举考试，有时通过贿赂，向上流动进入士大夫阶层，囊中羞涩的绅士有时会选择和商人家庭联姻。尤其是在晚清（19世纪60年代至20世纪初），中央权臣联合地方精英发起“洋务运动”，一些富有商人被授予政治头衔，有的称之为“红顶商人”（Pearson，1997）。这就是中国背景下“财绅”的来由。

总之，士绅阶层作为富有的统治阶级在稳定中国社会方面发挥了强有力的作用，他们与国家交织在一起，受到国家的褒奖。虽然乡村的士绅通常不涉及商业（Fei，1946），但是城市中的士绅在一定程度上拥有经商的传统，尤其是18世纪60年代之后。但无论在以上哪种情况下，良好的社会形象是对士绅们的要求，这需要通过资助学校和公共事业、保护地方社会等方式体现，尽管一些“财绅”同时也是买办或者剥削者。

本文引进“财绅政治”这个词在以下意义上使用：想要获得政治头衔的民营企业主越来越被期望承担更多的社会责任，尤其是涉及较高层次的政治头衔时。总之，要求他们不只是富有，也需要像“士绅”那样行为。由此，本文提出需要检验的问题，即以慈善事业、产品认可和良好的教育这几个方面来表示的好的社会形象是否与人大代表和政协委员这样的政治荣誉相关。研究发现虽然经济和政治因素确实有影响，但是社会因素也起了不可忽视的作用。这意味着民营企业主成为人大代表和政协委员也许不是简单地反映了庇护主义——它可能某种程度上为中国社会新兴的士绅阶层奠定基础或者与此密切相连。

回想起革命年代对于士绅的态度，这股新社会力量的形成可以说是有趣的。在20世纪20年代的新文化运动中，激进者将地主作为封建势力加以批判。共产党领导发起对“劣绅恶霸”的攻击来消灭剥削。在共和国成立之后，很多“地主式士绅”和“文化式士绅”通过阶级斗争的方式被处决、处罚和侮辱，这个阶层作为一个整体消失了。80年代之后情况得到了改变，党和国家开始“建设市场经济”。尤其是进入21世纪以来，儒家思想被重新引入官方意识形态之中。于是，士绅的势力在经济领域开始复苏，尤其是在那些有深厚商业传统的省份（章敬平，2004）。更加有趣的是，如有学者（Goodman，2010）发现的那样，家庭背景——尤其是那些父母在党政机关中或者祖父母曾经是1949年之前的统治阶级的新经济精英——通过影响经济精英们个人行为和精神促使了这些精英的出现。历史可能不会重演，但是“财绅政治”是否会继续以及它如何影响历史将是一个值得进一步考察的未决问题。

附录　定义变量

变量名称	定义
因变量	
人大代表	1-县乡镇级代表,2-地级及以上级别代表,3-其他
政协委员	1-县级委员,2-地级及以上级别委员,3-其他
自变量	
从商年限	开始经营自己企业的年限
雇员人数	2007年公司雇员人数
营业额	2007年公司营业总额(万元)
慈善	自私人企业运营后投入慈善事业的总额(万元)
年龄	2008年被访者的年龄
政党身份	1表示"老党员",2表示"新党员",3表示"民主党派党员",4表示其他
工商联成员	1表示工商联成员,0表示其他
教育	1表示研究生,2表示大学,3表示高中及以下
性别	1表示女,0表示男
认证	1表示有任何一项认证,0表示没有

参考文献

陈光金:《从精英循环到精英复制——中国民营企业主阶层形成的主体机制的演变》,《学习与探索》2006年第1期。

梁建、陈爽英、盖庆恩:《民营企业的政治参与、公司治理与慈善捐赠》,《管理世界》2010年第7期。

罗党论、唐清泉:《中国民营上市公司制度环境与绩效问题研究》,《经济研究》2009年第2期。

吴文锋、吴冲锋、刘晓薇:《中国民营上市公司高管的政治背景与公司价值》,《经济研究》2008年第7期。

张厚义:《中国民营企业主阶层:成长过程中的政治参与》,载《2008年中国社会形势分析与预测》,社会科学文献出版社,2007。

章敬平:《权变:从官员下海到商人从政》,浙江人民出版社,2004。

Andrew, M. 2010. "China's Conventional Cruise and Ballistic Missile Force Modernization and Deployment." *China Brief*, Jan 7.

Bristow, M. 2009. "Chinese Delegate has 'no power'." BBC, Beijing.

Chang, Chung-li. 1955. *The Chinese Gentry: Studies on Their Role in Nineteenth-Century*

Chinese Society. Seattle: University of Washington Press.

Chen, G., J. Li, and H. Matlay. 2006. "Who are the Chinese Private Entrepreneurs?: A Study of Entrepreneurial Attributes and Business Governance." *Journal of Small Business and Enterprise Development* 13: 148 - 160.

Chen, J. and B. J. Dickson. 2008. "Allies of the State: Democratic Support and Regime Support among China's Private Entrepreneurs." *The China Quarterly* 196: 780 - 804.

Chen, J. and Y. Zhong. 2002. "Why do People Vote in Semicompetitive Elections in China?" *The Journal of Politics* 64: 178 - 197.

Chen, W. 2007. "Does the Colour of the Cat Matter? The Red Hat Strategy in China's Private Enterprises." *Management and Organization Review* 3: 55.

Choi, E. K. and K. X. Zhou. 2001. "Entrepreneurs and Politics in the Chinese Transitional Economy: Political Connections and Rent-Seeking." *The China Review* 1: 111 - 135.

Dickson, B. 2007. "Integrating Wealth and Power in China: The Chinese Communist Party's Embrace of the Private Sector." *The China Quarterly* 192: 827 - 854.

Dickson, B. J. 2000. "Cooptation and Corporatism in China: The Logic of Party Adaptation." *Political Science Quarterly* 115: 517 - 540.

Fan, J. P., H. T. J. Wong, and T. Zhang. 2007. "Politically-Connected CEOs, Corporate Governance, and Post-IPO Performance of China's Newly Partially Privatized Firms." *Journal of Financial Economics* 84: 330 - 357.

Fan, Y., N. Chen, and D. A. Kirby. 1996. "Chinese Peasant Entrepreneurs: An Examination of Township and Village Enterprises in Rural China." *Journal of Small Business Management* 34: 72 - 76.

Fei, Hsiao-Tung. 1946. "Peasantry and Gentry: An Interpretation of Chinese Social Structure and Its Changes." *The American Journal of Sociology* 52: 1 - 17.

Goodman, D. S. G. 2008. *The New Rich in China: Future Rulers, Present Lives*. Taylor & Francis.

Goodman, David. 2010. "New Economic Elites: The social basis of local power." unpublished.

Guiheux, G. 2006. "The Political 'Participation' of Entrepreneurs: Challenge or Opportunity for the Chinese Communist Party?" *Social Research: An International Quarterly* 73: 219 - 244.

Heberer, T. 2003a. *Private Entrepreneurs in China and Vietnam: Social and Political Functioning of Strategic Groups*. Boston: Brill.

Heberer, T. 2003b. "Strategic Groups and State Capacity: The Case of the Private Entrepreneurs." *China Perpectives*.

Hu, Xuyang and Jinchuan Shi. 2009. "The Relationship between Political Resources and Diversification of Private Enterprises: An Empirical Study of the Top 500 Private enterprises in China." *Business and Economics: Frontiers of Business Research in China* 3: 207 - 233.

Kennedy, S. 2008. *The Business of Lobbying in China*. Harvard University Press.

Li, H., L. Meng, Q. Wang, and L. A. Zhou. 2008. "Political Connections, Financing and Firm Performance: Evidence from Chinese Private Firms." *Journal of Development Economics* 87: 283 - 299.

Li, H., L. Meng, and J. Zhang. 2006. "Why do Entrepreneurs Enter Politics? Evidence from China." *Economic Inquiry* 44: 559.

Ma, D. and W. Parish. 2006. "Tocquevillian Moments: Charitable Contributions by Chinese Private Entrepreneurs." *Social Forces* 85: 943.

Nee, V. and S. Opper. 2009. "Bringing Market Transition Theory to The Firm." in *Work and Organizations in China After Thirty Years of Transition*, edited by L. Keister. Bingley: Emerald Group Publishing Ltd.

O'Brien, K. 1994. "Agents and Remonstrators: Role Accumulation by Chinese People's Congress Deputies." *The China Quarterly* 138: 359 - 380.

O'Brien, K. J. 2008. *Reform without Liberalization: China's National People's Congress and the Politics of Institutional Change*. Cambridge University Press.

Oi, J. C. and S. Rozelle. 2000. "Elections and Power: The Locus of Decision-Making in Chinese Villages." *The China Quarterly* 162: 513 - 539.

Pearson, Margret. 1997. *China's New Business Elite: The Political Consequences of Economic Reform*. Berkeley: University of California Press.

Peng, Y. 2004. "Kinship Networks and Entrepreneurs in China's Transitional Economy." *American Journal of Sociology* 109: 1045 - 1074.

Seymour, J. D. 1986. "China's Satellite Parties Today." *Asian Survey*: 991 - 1004.

Tian, Z., H. Gao, and M. Cone. 2008. "A Study of the Ethical Issues of Private Entrepreneurs Participating in Politics in China." *Journal of business ethics* 80: 627 - 642.

Tsai, K. 2007. *Capitalism without Democracy: The Private Sector in Contemporary China*. New York: Cornell University Press.

Wank, D. L. 2001. *Commodifying Communism: Business, Trust, and Politics in a Chinese City*. Cambridge University Press.

西北地区农村留守妇女心理健康状况及其影响因素研究*

——基于甘肃省农村的调查

牛芳 刘巍**

摘　要：本文通过抽取甘肃省311名农村留守妇女为被试，采用症状自评量表（SCL－90）进行问卷调查，研究结果表明西北地区留守妇女心理健康水平显著低于全国正常人平均水平。对西北地区农村留守妇女心理健康影响因素的研究发现，留守妇女的年龄、干家务活时间、丈夫外出务工年限、外出务工地点、家庭年收入及是否赡养老人等因素对其心理健康水平具有显著的影响。

关键词：留守妇女　心理健康　影响因素

一　研究问题的提出

伴随着我国工业化与现代化进程的推进，越来越多的农村男性劳动力都涌入城市务工就业，传统的性别分工模式使得大量的农村妇女仍然留守在农村，成为农村社会和家庭的主体。在男性外出务工的同时，农村留守妇女除了肩负着“赡养老人、抚养小孩、从事农业生产”的三重压力，还承受着

* 基金项目：兰州大学中央高校基本科研业务费专项资金资助（项目编号：10LZUJBWZY073）。

** 牛芳（1967～），女，兰州大学哲学社会学院副教授，硕士生导师，研究方向：社会心理学和社会性别；刘巍（1987～），女，兰州大学社会学硕士，广西大学行健文理学院助教，研究方向：女性社会学。

婚姻的危机感。可以说，农村留守妇女往往要承担比一般妇女更大的心理压力，其心理健康问题也成为社会各界关注的焦点。

从现有文献来看，已有一部分学者开始关注留守妇女的心理问题研究，例如，周庆行、曾智、聂增梅（2007）基于重庆市留守妇女的调查研究，发现绝大多数农村留守妇女承受着巨大的生理与心理双重压力，其幸福感较低。黄安丽（2007）研究发现农村留守妇女劳动强度高，娱乐生活单调，其身心健康状况堪忧。齐建英（2008）通过对河南农村留守妇女生活状况的调查，发现留守妇女劳动强度大，闲暇时间少，文化生活贫乏，承受着巨大的精神压力。段塔丽（2010）基于陕西 S 村的调查，研究发现农村男性外出务工后，尽管农村家庭总收入有了较快增加，但农村留守妇女的身心健康、个人主观幸福感、自我发展能力提升等方面却陷入困境。但总体而言，当前学术界对留守妇女的问题和特征描述较多，实证性研究较少，对西北地区农村留守妇女的心理健康研究则更少，就如何提高农村留守妇女的身心健康水平还不能提供更多的指导。因此，本文将对西北地区农村留守妇女的心理健康现状开展调查研究，并从微观层次探讨农村留守妇女心理健康的影响因素，这既有助于丰富有关留守妇女心理健康研究的成果，又有助于为相关部门就如何提高农村留守妇女的心理健康水平，为推进和谐家庭、和谐社会和社会主义新农村建设提供更多的建议与参考。

二　研究方法

（一）问卷调查

改革开放以来，在东部沿海地区经济社会取得快速发展的同时，我国西北地区经济社会发展较为缓慢。以 2008 年为例，我国西北地区人均 GDP 为 12272 元，就业率为 51.7%；甘肃省人均 GDP 为 12085 元，就业率为 52.8%，基本可以反映我国西北地区经济社会发展的平均水平（国家统计局编，2009）。因此，本研究选取地处西北地区的甘肃省作为调查的省份。考虑到社会调查的便利性，本研究在甘肃省选取了陇南市武都区汉林乡、天水市清水县秦亭镇作为调查点。陇南市位于甘肃省东南边陲，东连陕西，南接四川，北靠天水，西连甘南，总人口 279.8 万，其中农业人口 241.47 万人（甘肃省统计局编，2009），以农业经济为主，经济社会发展水平在甘肃省各市排名靠后。天水市地处陕、甘、川三省交界，居西安与兰州两大城市中间，交通相对较为便利，经济社会发展水平处在甘肃省各市排名前列。因此，通过调查陇南市、天水市的农村留守妇女心理健康及社会支持网络现状来探讨西北地区留守妇女的生存生活现状具有一定的代表性。

心理健康是指一种持续的积极发展的心理状态，在这种状态下人能充分发挥自己的身心潜能，表现出良好的社会适应。心理健康包含两层基本含义：一是指心理功能正常，没有心理疾病；二是指保持一种积极发展的心理状态。本研究采用国内外广泛使用的 SCL－90 量表（症状自评量表）调查留守妇女的心理健康状况，该量表近年来在国内心理健康问题调查研究以及临床心理诊断中应用十分广泛。SCL－90 量表共计 90 道题项，每一题项均采用五点李克特刻度：1（没有），2（较轻），3（中等），4（较重），5（严重），总分越高说明心理健康状况越差。SCL－90 包含 9 个因子，具体为躯体化、强迫症状、人际关系敏感、抑郁、焦虑、敌对、恐怖、偏执、精神病性。该量表除了测量被试者的心理健康总分外，还可以测量被试者在各项症状上的得分。

本研究中的“留守妇女”是指“丈夫外出务工（半年以上），留居家中的农村已婚妇女”。2010 年 10～12 月，我们在甘肃省陇南市武都区汉林乡的唐坪村、汉坪村以及天水市清水县秦亭镇的百家村、柳林村进行问卷调查，在当地妇联和乡镇干部的支持和帮助下，我们采取了“挨家走访、现场回答、现场回收”的方式发放并回收问卷405 份，剔除信息不完整、随意填答的问卷后，筛选出有效问卷 311 份，有效回收率为 76.8%。样本的基本情况见表 1。

（二）个案访谈

在进行问卷调查的过程中，根据留守妇女的实际情况，我们运用访谈大纲对一些典型的农村留守妇女的具体情况进行深度个案访谈，先后访谈了 14 名留守妇女。访谈资料整理的结果为本文的数据分析部分提供了进一步的佐证。

（三）统计分析

本文主要运用 SPSS 16.0 软件对回收的调查数据进行分析处理。

表1　样本的基本情况（N=311）

样本特征	特征分布	样本数	百分比(%)	样本特征	特征分布	样本数	百分比(%)
样本来源	陇南唐坪村	91	29.3	丈夫外出打工年限	一年以下	30	9.6
	陇南汉坪村	69	22.2		一至三年	64	20.6
	天水百家村	59	19.0		三至五年	34	10.9
	天水柳林村	92	29.6		五年以上	183	58.8
年龄	30岁及以下	105	33.8	丈夫打工地点	本市	52	16.7
	31~40岁	81	26.0		本省其他市	40	12.9
	41~50岁	101	32.5		外省	219	70.4
	50岁以上	24	7.7	丈夫多长时间回家一次	半年内	93	29.9
文化程度	小学及以下	264	84.9		半年至一年	185	59.5
	初中及以上	47	15.1		一年以上	33	10.6
家庭年收入	6000元以下	46	14.8	是否赡养老人	是	138	44.4
	6001~10000元	71	22.8		否	173	55.6
	10000元以上	194	62.4	家务劳动	做饭洗衣等	308	99.9
每天干家务活时间	4小时以下	53	17.0		喂养家禽	259	83.3
	4~8小时	192	61.7		带孩子	228	73.3
	8小时以上	66	21.2		赡养老人	119	38.3

三　研究结果

（一）西北地区留守妇女心理健康状况

1. 西北地区留守妇女心理健康水平与全国常模比较

本研究采用SCL－90量表测量西北地区农村留守妇女的心理健康状况，该量表的统计指标主要有总分、阳性项目数与因子分。症状总分指SCL－90量表中90个题项的评分值之和，阳性项目数指量表中单项分≥2的项目数，表示被调查者在多少个题项中呈现“有症状”；SCL－90有9个待处理的因子，每个因子的合计分为该因子的粗分，将它除以某因子的题项数，即为某因子分。

由表2可以看出，西北地区留守妇女的SCL－90总分、阳性项目数和九个因子分都高于全国常模，并且差异极为显著。据此可以说明西北地区留守妇女心理健康水平显著低于全国成年人平均水平，也就是说西北地区留守妇女心理健康状况堪忧，她们的心理健康问题非常严重。

表 2 西北地区留守妇女心理健康水平与全国常模比较

症状因子	西北留守妇女(N=311)	全国常模(N=1388)	t 值
症状总分	175.33 +46.07	129.96 +38.70	18.01**
阳性项目数	50.33 +17.78	24.92 +18.14	22.41**
躯体化	2.00 +0.75	1.37 +0.48	18.61**
强迫	1.98 +0.47	1.62 +0.58	10.22**
人际关系敏感	2.06 +0.61	1.65 +0.61	10.71**
抑郁	2.10 +0.62	1.50 +0.59	16.06**
焦虑	1.96 +0.64	1.39 +0.43	19.11**
敌对	1.94 +0.63	1.46 +0.55	13.53**
恐怖	1.83 +0.56	1.23 +0.41	21.67**
偏执	1.81 +0.61	1.43 +0.57	10.49**
精神病性	1.77 +0.49	1.29 +0.42	17.64**

注：** $p<0.01$。

2. 西北地区留守妇女心理健康症状异常情况

由表 3 可以看出，西北地区留守妇女群体在心理健康的 9 个因子症状上均存在不同程度的异常状况，其中恐怖症状检出率最高，躯体化症状次之，其次分别是精神病性、抑郁、敌对、偏执、强迫、焦虑、人际敏感、焦虑等症状。

表 3 西北地区留守妇女心理健康异常情况

		躯体化	强迫	人际敏感	抑郁	焦虑	敌对	恐怖	偏执	精神病性
正常值	上限	1.85	2.2	2.26	2.09	2.82	2.01	1.64	2.00	1.71
	下限	0.89	1.04	1.04	0.91	0.96	0.91	0.82	0.86	0.87
异常数量		156	100	98	131	32	116	186	111	139
检出率(%)		50.2	32.2	31.5	42.1	10.3	37.3	59.8	35.7	44.7

3. 西北地区农村留守妇女心理问题检出组与正常组症状的比较

参照相关标准，SCL－90 症状总分 160 为临床界限，总分超过 160 的被试则说明存在某种心理障碍，本调查研究中症状总分超过 160 的留守妇女有

175人，占56.3%，将其视为心理问题检出组，其余136人为心理正常组。可见，有超过一半的农村留守妇女存在某种心理障碍。两组留守妇女心理健康症状的比较如表4所示。

表4　心理问题检出组与正常组症状的比较

症状因子	正常组(N=136)	心理问题检出组(N=175)	t值
症状总分	134.56+15.34	207.02+35.92	24.02**
阳性项目数	34.25+11.34	62.83+10.21	23.33**
躯体化	1.46+0.36	2.43+0.69	15.98**
强迫	1.62+0.29	2.26+0.39	16.50**
人际关系敏感	1.63+0.30	2.41+0.57	15.48**
抑郁	1.64+0.33	2.46+0.56	16.16**
焦虑	1.45+0.36	2.35+0.57	18.73**
敌对	1.47+0.37	2.31+0.55	16.22**
恐怖	1.46+0.33	2.12+0.53	13.59**
偏执	1.36+0.28	2.16+0.56	16.65**
精神病性	1.38+0.23	2.07+0.43	18.24**

注：** $p<0.01$。

由表4可以看出，不论是从症状总分、阳性项目数这两个指标对留守妇女心理健康作出综合评价，还是依据各因子得分来分别评价留守妇女心理健康，心理问题组留守妇女的心理健康水平都要显著低于正常组留守妇女。

（二）西北地区农村留守妇女心理健康的影响因素分析

本文以“症状总分”为因变量，就西北地区农村留守妇女心理健康的影响因素进行了回归分析。表5反映了回归分析结果。由表5可以看出，留守妇女个人特征因素、家庭特征因素、外出丈夫特征因素共同解释了因变量32.9%的方差变异量。各变量的容忍值都大于0.1，膨胀因子都小于10，说明回归模型不存在显著的多元共线性问题。由t值的显著性水平来看，留守妇女的年龄、每天干家务活时间、丈夫外出年限、丈夫打工地点、家庭年收入、是否赡养老人对症状总分都具有显著影响。

表 5　影响西北地区农村留守妇女心理健康因素的回归分析

	非标准化系数	标准误	标准化系数	t 值	容忍值	膨胀因子
年龄(30 岁及以下)						
31~40 岁	-7.411	7.457	-0.069	-0.994	0.576	1.737
41~50 岁	9.081	7.378	0.089	1.23	0.531	1.882
50 岁以上	33.845	11.943	0.185	2.834 **	0.657	1.522
文化程度(小学及以下)						
初中及以上	-12.592	7.620	-0.101	-1.652	0.755	1.325
家庭收入水平(6000 元以下)						
6001~10000 元	-22.471	8.619	-0.205	-2.607 **	0.454	2.201
10000 元以上	-22.909	7.577	-0.239	-3.023 **	0.448	2.231
干家务活时间(8 小时以上)						
4 小时以下	16.334	8.266	0.135	1.976 *	0.598	1.672
4~8 小时	1.790	6.246	0.019	0.287	0.642	1.557
是否赡养老人(否)						
是	-12.881	6.131	-0.137	-2.101 *	0.656	1.525
丈夫务工年限(一年以下)						
一至三年	6.915	9.870	0.063	0.701	0.350	2.854
三至五年	9.265	11.361	0.063	0.816	0.472	2.116
五年以上	31.936	9.150	0.341	3.49 ***	0.294	3.396
丈夫务工地点(本省外市)						
本市	-33.353	10.098	-0.272	-3.303 ***	0.415	2.412
外省	-27.013	7.727	-0.268	-3.449 ***	0.478	2.094
$R^2=0.329$ 调整后 $R^2=0.284$　$F=7.336$ ***						

注：*** $p<0.001$，** $p<0.01$，* $p<0.05$。

与“30 岁及以下”的留守妇女相比，“50 岁以上”的留守妇女症状总分显著更高，即其心理健康水平显著更差。这种差异说明了“50 岁以上”的留守妇女的心理健康问题更值得关注。她们由于自身年龄偏大、身体状况愈下、干农活等都带来了很大的压力，另外，孩子读书、结婚等问题都会影响她们的心理健康状况。而“30 岁及以下”的留守妇女刚刚结婚，孩子年龄小，生活压力小，其心理状况较 50 岁以上的留守妇女更健康。留守妇女的年龄对她们的心理健康水平有影响。

文化程度“小学及以下”的留守妇女与文化程度“初中及以上”的留守妇女的心理健康水平没有显著差异。文化程度对留守妇女心理健康水平的影响不显著。

与“家庭年收入在 6000 元以下”的留守妇女相比，“家庭年收入在 6001~10000 元”以及“家庭年收入在 10000 元以上”的留守妇女其心理健康症状总分显著更低，即其心理健康水平显著更高。家庭经济收入水平对留

守妇女的心理健康状况具有非常显著的影响。

与“每天干家务活8小时以上”的留守妇女相比，“每天干家务活4小时以下”的留守妇女的症状总分显著更高，即其心理健康水平显著更差。调查中通过深度个案访谈发现，农村留守妇女干家务活的时间越少则意味着干地里农活的时间越多，也越劳累，精神状态越差。这与现有的调查发现基本一致（黄安丽，2007；齐建英，2008）。可见，干家务活的时间长短对留守妇女的心理健康水平有影响。

与“不赡养老人”的留守妇女相比，“赡养老人”的留守妇女其心理健康症状总分显著更低，即其心理健康水平显著要高。调查中通过深度个案访谈发现，“赡养老人”的留守妇女由于老人可以帮忙干家务、带孩子，她们可以与老人交流减少孤独，多数心情较好，并对老人帮助其生活存有感激，与老人关系较融洽。丈夫外出务工后，赡养老人、与公公婆婆等老人一起生活对留守妇女的心理健康水平有积极影响。

与“丈夫外出年限为一年以下”的留守妇女相比，“丈夫外出年限为五年以上”的留守妇女其症状总分显著更高，即其心理健康水平显著更差。这种差异表明丈夫外出务工年限越多，留守妇女独自生活所要承受的压力越大，既担心丈夫在外面对婚姻不忠诚也担心丈夫对自己产生怀疑。可见，丈夫外出务工五年以上的留守妇女的心理健康状况尤为值得关注。

与“丈夫在本省外市打工”的留守妇女相比，“丈夫在本市打工”以及“丈夫在外省打工”的留守妇女其心理健康症状总分显著更低，即其心理健康水平显著更高。调查中通过深度个案访谈发现，丈夫在本市打工，回家的频率较高也较方便，也更能够帮助妻子解决生活问题，缓解精神压力。在外省打工的男人多是与同乡结伴工作，并且有固定的回家期限，相对来讲，留守妇女的心里较为踏实。丈夫外出务工的地点对留守妇女的心理健康水平有一定影响。

四　结论与讨论

本文选取了甘肃省陇南市、天水市的四个村庄的留守妇女为研究样本，对我国西北地区农村留守妇女的心理健康状况及其影响因素进行了实证研究。

调查研究发现，我国西北地区农村留守妇女心理健康症状总分值远高于全国成人常模水平，阳性项目数也远超过全国成人常模，表明西北地区农村留守妇女心理健康水平很低。这与大多数学者对全国各地农村留守妇女的心理健康研究结论基本上是一致的。朱桂琴于2006年对河南省农村留守妇女心理健康状况的调查表明，留守妇女在躯体化、强迫症状、人际关系敏感、抑郁、焦虑、精神病性6个因子上的分值均显著高于全国常模。留守妇女的心理问题中，表现突出的是躯体化、人际关系敏感、焦虑和抑郁（朱桂琴，2006）。这些研究都表明了农村留守妇女的身心健康状况堪忧。留守妇女既要承担繁重的家务劳动，又要承担大量的农业生产劳动，而且还会担心被丈夫遗弃，甚至常受骚扰之苦。与非留守妇女相比，农村留守妇女精神压力大、生活压力大，多数情况下她们的交往网络随着丈夫的外出务工缩小，处于被忽略的境地（许传新，2009）。

对我国西北地区农村留守妇女心理健康的影响因素分析发现，留守妇女的个人特征因素（年龄、每天干家务活的时间）、家庭特征因素（家庭年收入水平、是否赡养老人）以及外出丈夫特征因素（外出务工的地点、务工的年限）对其心理健康均有显著的影响。然而，留守妇女的教育程度对其心理健康并不存在显著的影响。该研究从微观层次上探讨了农村留守妇女心理健康的影响因素，有助于丰富目前国内有关农村留守妇女心理健康研究的相关成果。

当然，本研究也具有一定的局限性。一方面，本研究抽取的样本只来自甘肃省的四个村庄，样本量较小，很难做到大样本的统计检验，样本的代表性有限。后续研究可以投入更多的精力来选取不同地区、不同经济水平的村庄开展更广泛的大样本调查，以期得到更具普遍意义的研究结论。另一方面，本文在探讨西北地区留守妇女心理健康影响因素过程中，仅选取了若干个因素进行研究分析，未来研究可以挖掘其他更多的影响因素，以期得到更为丰富的研究结论。

当前，农村留守妇女的心理健康不仅关系到成千上万留守妇女本人及其家庭的幸福安宁，而且会影响和谐社会和社会主义新农村建设的成效。希望西北地区农村留守妇女心理健康水平偏低的状况能尽快引起妇联组织、NGO组织和政府相关部门的高度重视，并及时采取相关措施为提高西北地区农村留守妇女的心理健康水平而积极行动起来！

参考文献

周庆行、曾智、聂增梅：《农村留守妇女调查——来自重庆市的调查》，《中华女子

学院学报》2007 年第 1 期。

黄安丽:《农村留守妇女生存现状的调查及思考》,《安徽农学通》2007 年第 3 期。

齐建英:《河南省农村留守妇女发展状况研究》,《黄河科技大学学报》2008 年第 3 期。

段塔丽:《性别视角下农村留守妇女的家庭抉择及其对女性生存与发展的影响——基于陕西 S 村的调查》,《人文杂志》2010 年第 1 期。

向东、王希林、马弘:《心理卫生评定量表手册》,《中国心理卫生杂志》1999 年增订版。

金华、吴文源、张明园:《中国正常人 SCL-90 评定结果的初步分析》,《中国神经精神疾病杂志》1986 年第 5 期。

朱桂琴:《农村“留守女性”心理健康状况调查与思考》,《天中学刊》2006 年第 8 期。

许传新:《西部农村留守妇女的身心健康及其影响因素——来自四川农村的报告》,《南方人口》2009 年第 2 期。

国家统计局编《中国统计年鉴》(2009),中国统计出版社,2009。

甘肃省统计局编《甘肃年鉴》(2009),中国统计出版社,2009。

“场域—惯习”视角下的水电移民长期补偿安置方式*

施国庆　严登才**

一　问题的提出

非自愿移民是尚未很好解决的世界性难题。而在各类非自愿移民活动中，水利水电移民尤其是水库移民的问题最为复杂、影响最为深远、涉及面最广、实施难度最大，是十分复杂的“人口—资源—环境—社会—经济系统”的破坏、修复、调整和重建的系统工程①。水电移民也是资源利用方式转变、权属转换和重新配置、相关人群利益博弈的过程和强大外力作用下的社会急剧变迁过程。水电移民难在农村移民的妥善安置，又难在移民安置方式的理性选择。传统的农村移民安置往往优先考虑选择以土地为基础的大农业安置方式，但自20世纪80年代以来，因为中国人多地少的国情、农村土地承包制度及惠农政策陆续实施后农村土地使用权调整困难的现实条件制约，越来越难以选择和实施。1990年，广东都平水电站首先尝试采用了长期逐年补偿方式进行水电工程农村移民安置，广西、贵州、四川等省少数水电站在90年代后期先后进行了类似的水电移民安置方式改革实践，云南省

* 本研究是国家社会科学基金重点项目“征地拆迁移民的社会稳定与社会管理机制研究”（07ASH010）的阶段性成果。

** 施国庆（1959～）男，安徽定远人，河海大学公共管理学院院长，中国移民研究中心主任，教授，博士生导师，研究方向：移民社会学与管理学；严登才（1984～）男，安徽太湖人，河海大学中国移民研究中心社会学博士研究生，研究方向：移民社会学。

① 朱东恺、施国庆：《水利水电移民制度研究——问题分析、制度透视与创新构想》，社会科学文献出版社，2010，第4页。

在21世纪初期开始在金沙江中游水电站和下游向家坝水电站开始试行水库移民长期补偿安置方式。在理论方面，笔者曾在90年代初期总结了都平水电站移民长期补偿实践经验，提出了移民通过将土地、矿产等资源作为水电站投入计入开发成本以分享工程效益的理论和模型[①]，为长期补偿这个移民分享工程效益模式的初级形式和雏形提供了理论依据。

长期补偿安置是对传统的一次性补偿的改革和创新。它是指在对移民进行生活安置的基础上，以移民被淹没法定承包耕地前三年的农作物平均产量为原始依据，根据当地粮食主管部门公布的粮食交易价格确定耕地平均年产值，采取货币形式或实物形式对移民实行逐年补偿，直到电站运行结束。电站报废后，通过土地调整，将土地返还给移民[②]。长期补偿标准以现有地类为准，并根据时间、物价和产值变化进行动态调整。长期补偿人口以村民小组为单位，落实到个人，总人数一经核定不再增减。为了便于长期补偿资金的管理，各地设立了移民专用账户，同时从电站收益中提取部分资金作为风险资金。

从现有关于长期补偿的文献来看，研究的重点主要集中在长期补偿实施的背景、理论依据、政策依据、制度利弊等方面[③]。然而，上述研究存在以下几个方面的局限性：一是对长期补偿实施的原因局限于自然资源和经济因素分析，忽视了文化因素与制度因素，忽视了对利益相关者关系的分析；二是对长期补偿机制在与现行政策无法有效衔接的情况下实施的原因解释不充分，难以解释“同库不同策”现象；三是缺乏理论指导和分析框架。为此，本文首先构建水电移民安置方式分析框架，然后应用该框架分析长期补偿安置方式实施的原因、存在的风险和可能的变化。

二　移民安置方式分析框架的构建

根据布迪厄的观点，｛（惯习）（资本）＋场域｝＝实践。实践是惯习、

---

① 施国庆等：《水库移民系统规划理论与应用》，河海大学出版社，1996，第5页。

② 王应政：《贵州省大中型水电工程征地移民长效补偿机制研究》，《贵州社会科学》2000年第5期。

③ 胡宝柱：《水库移民长期补偿方式探讨》，《中国水利》2011年第2期；段跃芳：《水库移民补偿与安置机制探析》，《重庆社会科学》2009年第7期；陈绍军：《生态脆弱区非自愿移民安置政策分析》，《水电能源科学》2010年第5期。

资本与场域相互作用的产物①。同理，移民安置实践是移民安置的场域、资本、惯习相互作用的产物。为此，从安置场域、安置惯习、安置资本及其相互关系构建分析框架。

（一）安置场域

布迪厄指出，场域是指在各种位置之间存在的客观关系的一个网络，或是一个构型。场域是各种形式的社会网络，由场域中的社会行动者、团体结构、制度和规则等因素构成②。笔者认为，移民安置场域是指在移民安置过程中因项目建设所形成的项目社会③，主要包括移民安置中的利益相关者及相关的规章制度。

在水电工程中，利益相关者是指与水电工程有直接或间接的利益关系，并对工程成功与否有直接或间接影响的有关各方。一般而言，水电项目的利益相关者包括移民、安置区居民、项目业主、水库上游和下游的居民、移民机构、各级政府有关部门、设计咨询单位等。在不同移民安置方式中，所涉及的利益相关者不同。在长期补偿安置方式实施中，涉及的利益相关者主要包括移民、政府和项目业主，其中，政府部门有水利、电力、国土、建设、安置地政府、迁出地政府等。由上述利益相关者所组成的场域呈现不规则的层级结构，其中，位于结构顶端的利益相关者在场域中资源和权力大于位于结构底端的利益相关者。

移民安置一个复杂的系统工程，涉及社会、经济、政治、文化、人口、资源、环境、民族、宗教、心理、工程技术诸多领域。因此，移民安置涉及国家和地方政府颁布的诸多政策法规（制度），如土地征收政策、房屋拆迁政策、国家和地区社会经济发展规划等。以长期补偿为例，在征地方面的制度有：《中华人民共和国土地管理法》、《中华人民共和国农村土地承包法》、《国务院关于深化改革严格土地管理的决定》、《国土资源部关于切实维护被征地农户合法权益的通知》、《国土资源部关于完善征地补偿安置制度的指导意见》、《大中型水利水电工程建设征地补偿和移民安置条例》（国务院令第471号，简称《移民条例》）。此外，地方政府也制定了相关的制度。譬如，云南省人民政府办公厅下发了《关于印发云南金沙江中游水电开发移

① 布迪厄：《实践与反思》，李康、李猛译，中央编译出版社，1998，第34、72页。

② 布迪厄：《实践与反思》，李康、李猛译，中央编译出版社，1998，第34、72页。

③ 陈阿江指出，项目社会并不是某一地域上所有人群所构成的社会，而是由项目影响所及的人群构成。笔者补充两点：利益相关者之间存在层级结构；项目社会嵌入整个制度环境中。

民安置补偿补助意见的通知》等。由于利益不同，不同部门所制定的制度之间呈现冲突、矛盾、难以衔接和模糊性等特征。

（二）安置惯习

在布迪厄看来，惯习来自客观社会结构，是一种社会化了的主观性，是人们在长期社会实践中所积累的一套应付各种环境挑战的经验，但它又不是一般的经验，而是具有固定的结构，沉淀于人们思维深处的、几乎能自动处理问题的经验①。笔者认为，移民安置惯习其实就是移民安置文化，包括恋乡情结、行动取向、地方性知识和恋地情结四个方面。

移民分为两种理想类型，即自愿移民和非自愿移民。两种类型的移民在迁移文化上存在差异。以闯关东、走西口、下南洋为代表的人口迁移是自愿性移民，即通过迁移实现生活目标，而非自愿移民则有着很强的"恋乡情结"。在我国的传统文化中，非常强调"安土重迁"。虽然中国社会转型步伐不断加快，但农村社区仍然具有很浓厚的乡土特征，因而非自愿移民的"恋乡情结"是任何安置方式都需要面对的问题。

面对搬迁这一行为，每个移民都会赋予它一定的"意义"。韦伯根据个体行动取向，将社会行动划分为四种理想类型，即目的合理行动、价值合理行动、情感行动和传统行动。目的合理行动把外界对象以及他人的期待作为达到目的的手段；价值合理行动表现为对行为本身绝对价值的自觉信仰，且不考虑现实成效；情感行动是基于现实感情冲动而引发的行动；传统行动是通过习惯而进行的行动②。当然，在现实生活中的行动只是近似地与上述四种纯粹类型相符合。在改革开放以前，我国农村还属于传统的乡土社会，非正式制度要求移民做出符合文化传统和伦理规范的事情。在这个时期，政府社会动员能力较强，移民文化理性的程度较高，搬迁使移民产生一种由衷的自豪感。秉承文化理性的移民，在特定的场合中其行动基本不计较经济利益的得失，也不计较外在制度因子给自身所带来的负面约束，而仅仅强调自身对文化的义务和责任③。在这个时期，移民搬迁与安置近似于价值合理行动。譬如，1958 年兴建三门峡水电站时，一部分移民在政府的动员下远迁甘肃和陕南。但是，随着社会的变迁，文化理性逐步被经济理性所取代，搬

---

① 布迪厄：《实践与反思》，李康、李猛译，中央编译出版社，1998，第 201 页。

② 杨善华：《西方社会学理论》，北京大学出版社，2004，第 118 页。

③ 王道勇：《国家与农民关系的现代性变迁——以失地农民为例》，中国人民大学出版社，2008，第 49 页。

迁与安置呈现由价值合理性行动向目的合理行动转变的趋向，并导致10万水库移民在搬迁20多年后进行返回库区的大返迁。

移民在长期的生产生活中潜移默化地受到了地方性知识的影响，成为其心智结构中非常重要的一部分。地方性知识主要包括民族特色的生产方式（灌溉、牲畜选择、种植技术等）、宗教信仰、风俗习惯、伦理道德、非正式的社会制度（村规民约、传统的社会控制手段、社会组织管理等）和传统节日，而且还包括一些硬件设施，如生活用具、房屋建筑、饮食、服饰和交通等。譬如，少数民族特有的宗教设施必须予以复建，否则难以满足移民宗教情感的表达。因此，当安置行动与地方性知识相互冲突时，安置行为就会受阻。反之，移民搬迁与安置的自愿性程度会提高。

在我国传统文化中，土地与财富的关系很紧密，即古语所说的“万物本于土，有土斯有财”。在我国移民安置政策中，一直强调坚持以土安置的原则。随着经济社会的发展和人们思想观念的转变，农民更加看重土地的长期价值、收益和增值潜力。而且，土地拥有社会保障和就业功能等。因此，如果某种制度安排能够实现土地上述功能的替代的话，那么，这种制度安排就会与移民的恋地情节相吻合。但是，如果这种制度安排难以实现功能替代的话，制度就需要作出调整。

（三）安置资本

在布迪厄看来，资本是积累的（以物质化的形式或具体化的、肉身化的形式）劳动，这种资本不是单纯的经济资本，还包括社会资本和文化资本[①]。它对资本的划分旨在说明相对独立的政治、经济和文化领域再生产的机制，其实也就是资本的再分配过程。与布迪厄所说的“单独领域”不同，移民安置是一个综合性的领域，资本类型多样化，变化和重构的机制复杂。在移民安置中，涉及自然、经济、社会、人力和物质等五个方面的资本。具体而言，水电工程建设征地与移民安置活动是移民物质资本、自然资本、社会资本、人力资本和经济资本的损失、补充、重构、再配置的过程，是其他利益相关者自然资本与经济资本的再分配过程。

（四）安置场域与安置资本的关系

在场域中，利益相关者处于不同的位置，因而决定了他们所拥有的资

① 布迪厄：《实践与反思》，李康、李猛译，中央编译出版社，1998，第76页。

本量。在资本争夺的过程中，必然会出现受益者、受损者和既受益又受损者。当资本分配处于相对均衡状态时，场域就会维持现状。一旦资本分配不均衡时，场域内利益相关者就会争夺资本。资本争夺是推动场域不断变迁的动力，促使场域调整资本分配格局。最常见的现象就是移民群体性事件，它是移民争夺资本、力图改变资本分配格局进而促进制度变迁的动力。因此，场域与资本存在两种关系，即制约关系和推进关系。首先，场域决定资本再分配的过程，决定不同利益相关者获得资源量。其次是推进关系。由于场域内利益相关者所占资源的差异，资本争夺就会维持或改变场域中的构型，使场域作出调适或颠覆场域，对资本分配格局进行调整。

（五）安置场域与惯习的关系

虽然我国具有"安土重迁"的文化传统，但是，在社会经济发展的背景下，移民非自愿性搬迁仍然难以避免。这也是为什么人们虽然远离家园而仍然搬迁的主要原因。因此，场域制约惯习。在布迪厄看来，当惯习遭遇产生自己的场域时，就有了一种"如鱼得水"的感觉，主体立刻就能自动采取"合情合理"的策略来处理各种问题。但当惯习与场域不契合时，即惯习遭遇陌生或陌生的场域时，主体依然会无意识地按自身的惯习解读和构建陌生的场域，并提出相应的策略，最终使主体的言行表现得不合时宜①。因此，场域与惯习存在契合与不契合两种关系。

（六）移民安置方式框架

通过对场域及其相关因素之间关系的阐述，构建长期补偿安置方式分析框架，见图1。

图1所示框架内各因素之间的逻辑关系可以表述为：移民安置场域决定了资本分配格局，从而使利益相关者在移民安置中受益或受损；利益受损者与受益者之间发生资本争夺，进而使场域中进行制度调适，改变资本分配格局。场域同样制约惯习，但是，场域与惯习也呈现契合或不契合的关系。当场域与惯习契合时，场域处于稳定状态；当场域与惯习不契合时，场域需要作出调整，使之与惯习相契合。该框架坚持整体化、过程化的分析思路，将移民安置放在"项目社会"中进行分析，从资本争夺的过程分析安置方式，

① 布迪厄：《实践与反思》，李康、李猛译，中央编译出版社，1998，第103页。

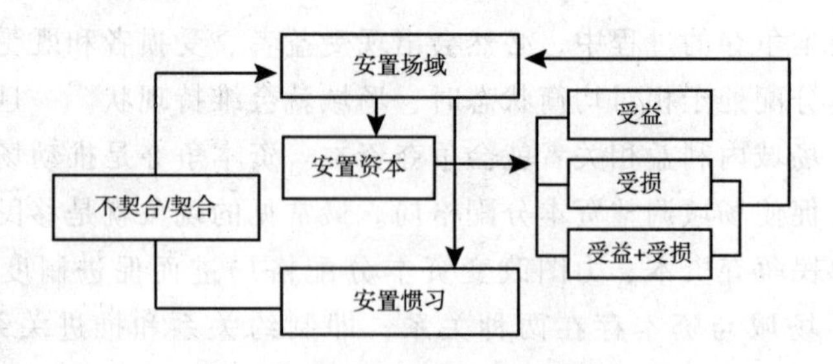

图1　移民安置方式分析框架

克服了传统移民安置方式思路中微观与宏观脱节的弊端，实现了宏观制度与微观个体因素之间的互动。

三　长期补偿得以实施的原因

在水电移民安置的场域中，涉及诸多的利益相关者和不同的制度安排。而且，不同的利益相关者有着多重目标和不同利益。在长期补偿安置方式中，政府部门、项目业主和移民是最为重要的行动主体，长期补偿的实施正是三大主体达成暂时一致的结果。

首先，从政府部门的逻辑来看，长期补偿的实施是政府不同部门之间相互妥协和暂时达成一致的结果。国土资源部为了加快征地工作进度和保障被征地农民的利益，提出在征地中探索适应市场经济体制的新型征地制度，如入股分红模式。也就是说，当国土部门难以通过土地再分配的方式弥补农民的资本损失，或现有资本分配方式难以满足农民要求，甚至出现社会不稳定风险时，资本就会推动场域作出调整，因而诞生了新型征地制度。同理，当地方政府难以为移民配置土地或土地难以满足移民需求时，这种资本分配的形式要求场域作出调整，以适应地区实践。在广东、广西、贵州和云南的中小型水电站移民安置中提出并实施的长期补偿安置方式也同样适用此原理。但是，其他部门则可能担忧这一制度的实施可能产生潜在的负功能。以准公益或公益项目为例，项目业主难以承担巨额的长期补偿资金，一旦实施，将可能导致项目性质发生变化或与项目初衷相违背。因此，长期补偿机制是不同部门之间暂时性一致的结果，只能以渐进而不是跳跃的方式予以实行。

利益相关者的多重目标和不同利益必然导致移民安置中相关政策和制度出现模糊性。同时，政策的模糊性也为政策执行留下了灵活性的空间。地方部门通过对这种模糊性的“变相”解释为自己“辩解”，使其与最高政策保

持基调的一致。譬如，苏秀华指出，虽然《移民条例》没有明确提出“长期补偿”这个概念，但是，长期补偿的实质在于补偿标准和补偿期限。而且，《移民条例》中也指出，土地补偿费和安置补助费不能使需要安置的移民保持原有生活水平需要提高标准的，由项目法人或者项目主管部门报项目审批或者核准部门批准。这条规定为提高土地补偿、补助标准及创新移民生产安置方式提供了政策依据①。正是这种模糊性，使得长期补偿机制徘徊在“极力推行”和“谨慎防范”这两个极端之间。

从各地长期补偿安置的效果来看，其反馈的结果也使得各部门默认这种行为，即使它与主导政策存在衔接断裂的地方。周雪光指出，任何重大决策通常都是有关部门和利益集团间协商妥协所达成的此时此地的共识，因此这些决定大多是暂时的，有赖于这一决策背后共识基础的稳定存在。维系这一共识的一个重要方面是政策实践过程中的反馈机制②。从目前各地长期补偿安置的实践来看，移民对这种安置方式非常满意，反馈的结果非常有利于这种安置方式的实施。因此，从政府的逻辑来看，这种安置方式暂时可行。

其次，从项目业主的逻辑来看，追求利益最大化是其最终目标，当然并不排除其社会责任。采取长期补偿安置方式可以减少一次性支出的库区淹没土地补偿资金，大幅度降低建设初期的资金需求，减小企业融资的难度，增强了水电企业的市场竞争能力，在一定程度上降低了企业的投资风险。而且，移民工程的顺利实施也有利于加快工程的建设和投产运行进度，促进水电工程及早收益，减小因推迟完成搬迁所带来的机会损失。因此，当项目业主能够承担长期补偿的费用时，这种安置方式能够满足项目业主的需求。

最后，从移民的逻辑来看，长期补偿安置与移民惯习高度吻合。第一，它在一定程度上使移民避免了异地远迁的命运，其原有的社会关系网能够得到最大程度的维持，社会资本继续发挥效用。第二，移民可以分享项目的经济效益。与一次性补偿相比，长期补偿的总收益远高于一次性补偿，其物质资本和经济资本得到了充分的等值甚至超值的替代，与移民的经济理性高度一致。第三，移民的生活来源有稳定的保障，避免了次生贫困的风险。第四，移民原有的地方性知识能够得以继续有效，不会出现文化海啸和断裂，避免了移民在安置地角色转换、社会适应、社会融入、再社会化过程中可能

① 苏秀华：《论长期补偿向长期安置的转化——我国大中型水利水电工程建设征地长期补偿合法规避途径初探》，《贵州社会科学》2011 年第 2 期。

② 周雪光：《多重逻辑下的制度变迁：一个分析框架》，《中国社会科学》2010 年第 4 期。

产生的问题，有利于社会稳定。第五，虽然原有的人力资本有所损失，但可以通过培训获得人力资本补充，有利于劳动力转移，从事非农产业。

那么，为什么又会出现长期补偿安置方式的实施中“同库不同策”的现象呢？笔者认为，其原因有以下几个方面。第一，不同地区移民的资源和社会、经济、文化差异，导致移民和地方政府官员对政策的选择及其实施的操作有一定差异。第二，一些地方政府有可支配的土地资源满足移民生产安置，因而地方政府规避了与国家政策冲突所造成的风险。第三，避免了征地过程中移民之间相互的攀比，规避了社会风险。第四，避免了长期补偿方式潜在负功能所带来的风险，如影响社会稳定等。第五，项目业主难以承担长期补偿费用。第六，移民对土地的依赖性较高，无法适应“无地”生活。因此，“同库不同策”的出现同样是利益相关者多重力量作用的结果。

四　实施长期补偿安置方式的风险

长期补偿安置作为一种制度安排，存在正功能和负功能，潜功能和显功能。默顿指出，在进行功能分析时，需要重点分析制度的客观后果，充分认识这种客观后果的多重性，特别是那些出乎参与者意料之外的潜在后果[①]。在移民安置中，制度模糊性是诱发风险的导火线。

首先，从资本分配的角度看，当资本分配格局难以有效维持时，就会诱发风险。譬如，在贵州实行的水电移民长期补偿方案中没有明确长期补偿费的资金来源，而长期补偿费用是否能计入发电成本，目前也无政策规定。在长期补偿资金无法正常供给的情况下，随时都可能引发移民群体性事件。随着国家对农业、财税等政策的调整，对农民的补贴可能增加，相当于耕地的净产值提高，导致项目业主的负担加重。同时耕地可能由于产量增加、粮食价格提高或者种植结构调整而升值，如果发生大的变化会产生一定的经济风险。在目前全球金融危机的影响下，存、贷款利率在同步降低，建设期一次性补偿贷款成本在降低，而实行长补后因补偿费用的增大反过来又进一步加大了电站的建设运行成本[②]。一旦企业负担加重，就可能导致企业无法兑现长期补偿资金。因此，从资本的角度看，当场域难以维持资本格局时，就会诱发风险。

① 杨善华：《西方社会学理论》，北京大学出版社，2004，第12页。

② 吴贵胜：《水库移民长期补偿风险分析》，《水利规划与设计》2010年第1期。

其次，从惯习的角度看，场域与惯习的不契合性导致移民难以实现经济社会整合。实施长期补偿方式后，移民的身份发生了变化，他们不属于农民，而是从农民转变为市民。在身份转换过程中，移民能否适应角色转变关系到移民的生活。移民本来是浑身都具有传统惯习的农民，忽然被迫改变了原有的生产生活方式，置身于现代化的过程中。由于社会结构的变迁过于迅猛，那些还保留以往惯习的农民其所作所为都显得有些不合时宜[①]，移民能否适应这种“无土”的生活还需要时间去验证。虽然长期补偿模式可以有效替代土地的保障功能，但不能替代土地的就业功能。当移民自身的技能水平难以适应劳动力市场要求，或出现长期补偿资金“养懒汉”现象时，势必会影响社会稳定。

长期补偿费的发放采取“对地不对人”的方式，即不因人口变更、增减而变化，其所涉的出生、死亡和婚嫁等人口变更，由补偿对象自行消化。目前，我国土地资源承包权主要属于男系继承，子女户口迁出原籍后将不再享有耕地的任何权益。长期补偿机制将耕地资源货币化，而且，按照现行继承法，无论男女，无论是否婚嫁，都对其享有继承权。因此，代代相传会使耕地资源收益被分解、稀释到若干人。在补偿资金分解、稀释的过程中，任何环节都可能产生纠纷，引起复杂的法律关系[②]。

移民对长期补偿资金的管理也直接影响其保障功能。在农业安置模式下，移民生产的粮食主要用于家庭生活和少量畜禽养殖，很少用多余的粮食去换取现金。实施长期补偿后，移民对补偿资金具有自由支配和使用的权利，政府无法干预或监控移民资金的使用情况。因此，一旦出现移民非理性消费或将资金用于赌博等非法活动时，将可能诱发社会不稳定。而且，长期补偿机制以家庭为单位发放，无法确保资金能够分配到个人手中。因此，家庭的老年和女性成员能否对长期资金自由支配也不容忽视。

五　长期补偿安置方式可能的变化

移民安置中政策的模糊性并不会持续不变，而是针对移民安置过程中出现的风险和危机不断调整。一旦长期补偿得以实施，其变化取决于资本分配

① 布迪厄：《实践与反思》，李康、李猛译，《中央编译出版社》，1998，第66页。

② 田善斌：《洪渡河石娅子水电站移民长期补偿安置方式问题研究》，《红水河》2011年第1期。

形式和惯习对场域的反作用。

首先，资本推动场域进行调适。当资本分配格局难以维持时，场域内的资源就需要重新分配。第一，按照《中华人民共和国农村土地承包法》的规定，农民承包土地的承包期为30年，而长期补偿年限一般都在50年以上。当电站运行期限超过土地承包期时，移民获取补偿就会缺乏政策支持。当多数移民面临这种状况，甚至诱发社会冲突时，场域就会作出调整，即出台相关文件以“特事特办”的方式化解矛盾，或延长移民土地承包期，使之与电站运行期相同。第二，我国目前对农村集体土地使用权的转让没有具体明确的规定，从严格的意义上讲法律不允许建设项目在获取土地的方式上采取“以租代征”的形式。为了使长期补偿在土地征收上取得合法性，后期可能将水电工程建设用地纳入农民集体所有建设用地使用权流转试点范围，结合部分水电工程建设征地补偿和移民安置开展试点①。第三，为了防范风险，长补机制在维护移民利益的同时，还应建立与上网电价相协调的联动机制，使电价能随着补偿费用的变动适时调整，长期补偿机制才有稳定的物质基础②。

其次，惯习与场域的不契合性推动场域作出调整。在理想的状态下，移民从土地的束缚中解脱出来，进而从事非农产业。但是，移民能否稳定地从事二、三产业并获取收入存在风险。因此，在移民获得长期补偿外，还需要对移民进行技能培训、非农就业介绍服务并实施后期扶持措施。而且，当移民无法管理其资金，甚至因此而危及社会稳定时，政府可能会出台相关措施，在经济落后地区限制该种安置方式，在经济发达地区推行这种安置方式。

六　结语

本文所构建的水电移民安置方式分析框架，坚持了结构化的分析视角，突破了传统移民安置方式分析思路的局限性，将移民安置中宏观制度因素与微观个体因素有机结合起来。该框架不仅综合分析某一移民安置方式实施的原因、风险和变化，而且分析移民安置方式的变迁，对不同移民安置方式进

① 段跃芳：《水库移民补偿与安置机制探析》，《重庆社会科学》2009年第7期。

② 田善斌：《洪渡河石垭子水电站移民长期补偿安置方式问题研究》，《红水河》2011年第1期。

行对比分析。

移民安置是一个系统的工程，涉及诸多的利益相关者和移民安置相关制度、资本演变形式多样化，惯习也涉及文化的诸多方面。因此，该分析框架也需要与时俱进，不断进行调适和改进。

参考文献

朱东恺、施国庆：《水利水电移民制度研究——问题分析、制度透视与创新构想》，社会科学文献出版社，2010。

施国庆等：《水库移民系统规划理论与应用》，河海大学出版社，1996。

王应政：《贵州省大中型水电工程征地移民长效补偿机制研究》，《贵州社会科学》2009 年第 5 期。

胡宝柱：《水库移民长期补偿方式探讨》，《中国水利》2011 年第 2 期。

段跃芳：《水库移民补偿与安置机制探析》，《重庆社会科学》2009 年第 7 期。

陈绍军：《生态脆弱区非自愿移民安置政策分析》，《水电能源科学》2010 年第 5 期。

布迪厄：《实践与反思》，李康、李猛译，中央编译出版社，1998。

杨善华：《西方社会学理论》，北京大学出版社，2004。

王道勇：《国家与农民关系的现代性变迁——以失地农民为例》，中国人民大学出版社，2008。

苏秀华：《论长期补偿向长期安置的转化——我国大中型水利水电工程建设征地移民长期补偿合法规避途径初探》，《贵州社会科学》2011 年第 2 期。

周雪光：《多重逻辑下的制度变迁：一个分析框架》，《中国社会科学》2010 年第 4 期。

吴贵胜：《水库移民长期补偿风险分析》，《水利规划与设计》2010 年第 1 期。

田善斌：《洪渡河石娅子水电站移民长期补偿安置方式问题研究》，《红水河》2011 年第 1 期。

南昌生态文明建设的基本经验与思考

王明美　刘为勇　戴庆锋　杨美蓉*

摘　要： 本文概述了南昌“生态立市”理念的确立、生态文明建设的实践及其基本经验，指出了南昌生态文明建设中存在的问题与不足，对南昌如何进一步加强生态文明建设提出了对策建议。

关键词： 南昌　生态文明建设　基本经验　思考

一　“生态立市”理念的确立

（一）人类“生态文明”的提出

生态文明是指人类遵循人、自然、社会和谐发展这一客观要求而努力争取达到的一种境界。它是物质与精神成果的总和，是指以人与自然、人与人、人与自身和谐共生、良性循环、全面发展、持续繁荣为基本宗旨的文化理论形态。党的十七大报告首次提出“建设生态文明”，使建设生态文明成为继建设物质文明、精神文明、政治文明之后的又一重大文明建设。生态文明是在最近几十年的时间里逐渐形成和不断完善的。生态文明建设的提出和完善，是人类对传统文明形态特别是工业文明所造成的生态破坏进行深刻反思的后果，同时也是可持续发展对全球经济发展模式的客观要求，反映出人

* 王明美，江西省社科院研究员；刘为勇、戴庆锋、杨美蓉，南昌社科院助理研究员。

类在认识自然与社会的关系中的新的进步和提高，是人类认识客观世界和主客观关系的新的进步和结晶。

（二）南昌“生态立市”理念的确立

南昌“生态立市”的理念既符合南昌实际，也是南昌市对发展理念的准确定位。

南昌自古就因水而盛，千百年来南昌城置身于“城在湖中，湖在城中”的独特格局之中。南昌以赣江、抚河为水域主流，以“内外四湖”（外有青山湖、象湖、碟子湖、艾溪湖，内有东、西、南、北四湖）为依托，南昌城水域面积多达28%。南昌城市绿化覆盖率达41.04%，绿地率达38.6%，人均公园绿地面积8.3平方米。

作为生态环境一向较好的江西的省会城市南昌，保护环境的生态意识也是一向比较强的。特别是进入新世纪以后，伴随着国家作出中部崛起的战略部署，在加快发展的情势中，南昌在江西省以工业化为核心战略、以大开放为主战略的发展指导思想下，制定了打造现代区域经济中心城市和现代文明花园英雄城市的发展目标，确立了“生态立市，绿色发展”的发展战略。“发展不能以牺牲环境为代价，不能只追求眼前利益，更不能为今后留下包袱”，逐渐成为南昌人的共识。

（三）生态立市的几个发展阶段

保护好生态环境，是南昌长时期以来特别是进入新世纪以来一以贯之的指导思想。改革开放以来，南昌市经历的几个发展阶段可以说都与生态有关。可以把南昌的发展归纳为如下几个阶段。

（1）“内四湖开发时代”：改革开放以后，在20世纪的最后一二十年里，南昌的城市发展，总的来说框架没有拉开，仍然局限在以老城区为中心的范围之内，即所谓的“内四湖开发时代”。所谓“内四湖”，是指南昌老城区里的四湖——东湖、西湖、南湖、北湖。

（2）“跨江开发时代”：21世纪初期，南昌的城市发展框架逐步拉开，视野开始突破老城区的束缚，从赣江的南（东）面向赣江的北（西）面发展，即所谓“跨江开发时代”，开发“一江两岸”。

（3）“外四湖开发时代”：最近几年，南昌的城市发展继续拉开框架，从原先老城区的“内四湖”向“外四湖”发展，即“外四湖开发时代”。所谓“外四湖”，就是南昌老城区外的四湖：青山湖、象湖、碟子湖、艾溪湖。

（4）“山江湖综合开发新时代”：2009年12月，国务院正式批准鄱阳湖生态经济区发展规划。随着鄱阳湖生态经济区发展上升为国家战略，南昌市也进入“山江湖综合开发新时代”——所谓的“山江湖”，即指梅岭、赣江和鄱阳湖。

从南昌的城市发展轨迹和南昌市的发展阶段可以看出，随着这几个发展阶段的层层演进，南昌市发展思路中的“生态”分量也愈加浓厚，生态立市的理念也愈加清晰。

（四）南昌在鄱阳湖生态经济区中的战略定位

1. 鄱阳湖生态经济区的本质和特色

2009年12月12日，国务院正式批复《鄱阳湖生态经济区规划》，将鄱阳湖生态经济区建设上升为国家战略。这是江西跨越式发展的一个历史性机遇。

对以往的发展模式而言，有一个两难处境：要生态意味着放弃经济发展，要经济发展则面临生态破坏。对这么一个“难题”，迄今为止还没有一个令人满意的解答。借助鄱阳湖生态经济区规划走上台面，江西却要为解开这道难题一试身手，这就是使生态与经济有机融合，试图为全国带来另一个发展样本。

对此，江西省委书记苏荣有着这样的论断：江西地处我国中部地区，属于典型的发展中地区。如果能够成功探索出一条生态和经济双赢的发展模式，将为全国各地转变发展方式提供有益的经验和现实的示范。推进鄱阳湖生态经济区建设，加快江西发展，有助于打造长江中下游地区新的城市群，形成中部地区崛起的重要战略支点。此外，可以为我国开展国际生态经济合作交流提供重要平台，为展示中国走可持续发展道路提供现实样本①。

苏荣还说：“建设鄱阳湖生态经济区，特色是生态，核心是发展，关键是转变发展方式，目标是走出一条科学发展、绿色崛起之路。”② 应该说，苏荣的话抓住了鄱阳湖生态经济区的本质，而“生态”则是其最大的特色。

2. 南昌在鄱阳湖生态经济区中的战略定位

国务院正式批复《鄱阳湖生态经济区规划》，鄱阳湖生态经济区建设上升为国家战略，使江西迎来了一个崭新的发展阶段。在这一大背景下，南昌也开始步入揽梅岭入城、跨赣江繁荣、临鄱湖发展的“山江湖综合开发新时代”。

---

① 郭宁：《江西“破题”绿色经济全国样本》，2010年11月18日《江南都市报》。

② 《扬帆　鄱阳湖生态经济区1周年·特刊》，2010年12月11日《信息日报》。

（1）核心龙头位置

南昌濒临鄱阳湖，又是江西的省会，那么，它在鄱阳湖生态经济区中究竟应该具有什么样的地位呢？用南昌市委书记余欣荣的话说，就是在鄱阳湖生态经济区这一国家战略全局中，南昌处在核心、龙头位置。

鄱阳湖生态经济区规划范围包括南昌、景德镇、鹰潭、九江及鄱阳湖周边38个县（市、区）。该区域国土面积5.12万平方公里，占江西国土面积的30%，承载着全省近50%的人口，创造着60%的经济总量。而南昌的国土面积占鄱阳湖生态经济区规划区域面积的14.5%，占规划区域人口的21.8%，创造着规划区域经济总量的1/4，显著的比重优势使得南昌作为鄱阳湖生态经济区的核心极作用尤为突出。

（2）重要的引领作用

既然是核心、龙头，就要充分发挥其核心功能。为策应《鄱阳湖生态经济区规划》，南昌市策划启动"南昌'山江湖'大开发战略"，着力将南昌打造为"森林城乡，花园南昌"的绿色生态城市，为江西省环鄱阳湖城市的生态经济发展模式起到重要的引领作用。"南昌'山江湖'大开发战略"的实施，将为南昌经济社会全面发展开启重要的绿色途径，为城乡经济协调稳定、区域经济持续发展创造重要的契机，同时也为构建欠发达地区生态产业安全体系，形成先进高效的生态产业集群，建设生态宜居城市群，把鄱阳湖生态经济区建设成为江西乃至全国有重要影响的生态文明示范区具有重要的意义。

南昌的这种引领作用，起码体现在两个方面。

第一，引领鄱阳湖生态城市群建设。充分发挥南昌作为省会中心城市的示范带动作用，进一步增强城市集聚力和辐射力。

第二，成为建设鄱阳湖生态经济区的先锋队和领头雁。加紧实施"山江湖"综合开发战略作为南昌全面推进鄱阳湖生态经济区建设的具体实践和关键举措，准确把握"山江湖"综合开发战略的功能定位和产业定位，围绕构建覆盖全市城乡的生态经济体系、自然资源保障体系、人居环境体系、山水文化体系与和谐社会体系，大力发展低碳经济、绿色产业，大力建设"森林城乡，花园南昌"，大力调整优化产业结构，大力推进城乡统筹协调发展，努力使南昌成为鄱阳湖生态经济区内的资源转换中心、资产增值中心和经济发展中心。

（3）推进六大战略

居于这一定位，南昌市委要求全市广大干部群众要始终坚持科学发展不动摇，始终坚持绿色崛起不动摇，紧紧抓住江西进入鄱阳湖生态经济区发展、南昌进入“山江湖”综合开发时代带来的历史性机遇，以更广的视野察大势，以更高的站位谋大局，以更强的合力干大事，坚定不移、深入持久地推进六大战略，把南昌的发展推向一个新的更高境界。这六大战略一是大开放主战略，二是新型工业化和新型城镇化核心战略，三是推进“一个基地、三个中心、四个南昌”发展战略，四是推进生态立市、绿色发展战略，五是推进科教兴市、人才强市和文化大市、文化强市战略，六是推进创业富民、创新发展战略①。

3. 南昌建设绿色生态文明城市的“四个定位”

在建设绿色生态文明城市中，南昌市明确了“四个定位”。

（1）在产业项目定位上，应该朝着现代商业区、滨水生态区、文化休闲区、绿色交通区发展，着力发展“生态环保、生态旅游、商务办公、商务休闲、金融服务、文化创意、公共服务”的都市生态经济。

（2）在发展区域定位上，着力打造“一江两岸”的城市发展格局，扩大“内外四湖”的实际效用；建立南昌“一江两岸”的城市格局，提升红谷滩新区商业设施建设，积极开发红角洲，合力规划赣江两岸的区域开发，综合利用“内外四湖”。

（3）在发展阶段定位上，我们应该明确，南昌工业基础相对薄弱，整体工业发展还处于传统工业化时期，整体经济态势还是属于晚发内生型，对外技术和资金的需求量还很大，新型工业化实力仍有待加强，因此不可以盲目求大、求快。

（4）在发展环境定位上，南昌占据鄱阳湖规划区的核心区域，临近长江，地处泛长三角地区，交通的中转优势非常明显。南昌的发展应该借助优越的地理位置，通过发展物流运输来扩大影响力。

二　南昌生态文明建设的实践

（一）生态文明理念的不断更新

理念的更新是发展的先决动力，城市发展同样归功于城市发展理念的不断更新和完善。

① 余欣荣：《争当“鄱阳湖上的领头雁”》，2010年4月15日《南昌晚报》。

近年来，南昌市始终坚持“生态立市，绿色发展”的指导思想，以加强生态建设和环境保护为重点，促进生态文明建设，使生态资源成为城市的最大资源，使环境品牌成为城市的第一品牌。市委、市政府以科学发展观为指导，以提升环境质量作为实现科学发展上水平、人民群众得实惠的一项民生工程、德政工程。在发展理念上实现从“既要金山银山，更要绿水青山”提升到“生态立市，绿色发展”和“多为未来创财富，少为后人留包袱”，发展举措从“三个坚决不搞”提升到绿色生态南昌建设，着力营造良好的人居环境、创业环境和投资环境，取得较好的成效。进入新世纪以来，南昌绿色城市发展理念不断提升，大力推进“森林城乡，花园南昌”城市建设，推进“南昌山江湖综合开发战略”，并成为全国低碳发展示范城市，成功地举办了世界低碳大会，生态文明理念进一步得以提升。

（二）环境保护实效显著

面对资本流动加快、沿海发达地区产业梯度转移的大潮，南昌市把生态文明的理念落实、运用于实际。如在项目引进方面设置了“三条红线”：大量消耗资源能源的项目不引进，严重污染环境的项目不引进，严重影响安全与群众健康的项目不引进。此举不仅没有影响外来项目落户南昌的积极性，相反，良好的生态环境成为吸引国内外客商的第一品牌。2000～2007 年，全市累计实际利用外资 49.99 亿美元，年均增长 67.7%，世界 500 强企业已有 28 家落户南昌。

环境保护是生态文明建设的重要实践，节能减排则是集约发展、保护生态环境的重要举措。近年来，南昌市大力推进降污减排工作，“增产减污”的经济发展格局已初步形成。新世纪以来，南昌市先后投入 80 多亿元用于城市污水处理厂及收集管网建设，陆续建成了朝阳、青山湖、象湖、红谷滩四个污水处理厂，污水处理能力达到 81 万吨/天。此外，南昌市采取超常规措施，加强污染减排工作的调度、督查和考核力度，大力推进红谷滩和象湖污水处理厂污水收集管网、泵站工程建设，以及青山湖污水处理厂扩容工程建设。到目前为止，累计新增投资 3 亿多元，将建设完成污水管网 62 公里，污水泵站 8 个。在相关部门的不断努力下，2008 年南昌市 GDP 在增长 15% 的情况下，全市化学需氧量、二氧化硫排放量首次实现双下降，“十一五”的前四年，南昌市单位 GDP 能耗累计下降 18.1%，已非常接近“十一五”能耗下降 20% 的目标。南昌市节能减排措施的有效推广，使得城市生态环境得到有效的保护，为南昌在生态文明建设所取得的成效发挥了积极的作用，为生态文明城市发展定位奠定了重要的实践基础。

对于一座以制造业为主体的工业城市来说，生态环境保护任务重、难度大。对此，南昌市大力推行了“工业园区化、项目规模化、产业集群化、企业园林化”的发展模式，一大批生态园林式企业在工业园区得到了长足发展，有效减轻了因“遍地开花”、“户户冒烟”带来的环境压力。良好的生态环境，助推了南昌经济的腾飞。在全国省会城市经济增长速度排名中，南昌市由“九五”期末的第23位上升到“十五”期末的第4位。

（三）制度保障措施的不断完善

制度保障措施的不断完善，对于理念的定位、规划的实施、政策的可持续性，都具有重要的保障功能。在生态文明发展保障措施方面，针对南昌市情，南昌市委市政府着力研究实施“十一五”环保规划，制定了《关于贯彻落实〈江西省人民政府关于继续实施山江湖工程推进绿色生态江西建设的若干实施意见〉的具体措施》、《绿色生态南昌建设六大专项行动方案》，围绕实现“一流的水质、一流的空气、一流的生态、一流的人居环境、一流的绿色生态保护建设管理机制”五个一流目标，启动了绿色生态南昌建设的六个专项行动。通过这些有效措施，不断加强环保法制建设，使得市民环境意识进一步提高。为保证制度实施的连续性，南昌市政府先后制定并颁布实施了《南昌市赣江饮用水源保护条例》、《南昌市环境保护“十一五”规划》、《南昌生态市建设规划》、《南昌市工业园区环境保护条例》、《南昌市高污染燃料禁燃区管理办法》、《南昌市机动车排气污染防治条例》、《南昌市湖泊保护条例》等相关法规，充分利用各种传媒广泛开展环境保护宣传教育活动，大力开展“绿色社区”、“绿色学校”、“绿色家庭”、“环境友好企业”等创建活动，进一步强化市民的环保意识，引导广大市民参与和支持环境保护工作，成效显著。

三　南昌生态文明建设的初步经验

（一）基本要素——强化政府职能，树立“绿色政绩观”

政绩作为政府发挥职能程度的检验衡量标准，能够对政府职能发挥起到重要作用，制定合理的政绩标准成为政府职能定位的重要方式，积极的政府

职能能够为推进南昌实现生态文明发挥重要功能。在推进生态文明城市建设的进程中，南昌市政府同样是主要倡导者和实现者，政府应建立经济社会发展与生态环境保护的综合决策机制，把生态环境保护纳入经济和社会发展的长远规划和年度计划，增强政府在产业发展、资源利用和环境保护方面的综合决策和协调能力。在操作层面上，政府应树立“绿色政绩观”，追求绿色GDP，实现政府考核的“生态标准”。

1. 树立“绿色政绩观”，追求绿色 GDP

客观地说，我国工业文明的任务还没有完成，如果继续采用发达国家资源高耗型工业化的发展模式，等完全实现工业化的成熟阶段即新型工业化阶段，然后再去追求生态文明的发展道路，那我们将拉大与发达国家生态文明的发展差距，处于十分被动的局面，严重影响我国经济社会的健康发展。为避免这一状况的发生，政府应选择生态文明建设发展模式，把降低能耗、保护生态列入国民经济社会发展规划当中，加大绿色产业的发展扶持力度，追求绿色 GDP 政绩。

南昌作为中部地区的一个省会城市，新型工业化仍处于中等发展阶段，资源利用率、环境保护率以及能源利用率都处于全国的中等发展水平，南昌经济的发展面临同样的问题。自 2010 年南昌被列入鄱阳湖生态经济规划区以来，南昌市着力制定环境保护措施，大力发展南昌“山江湖”综合开发战略，大力发展生态经济，并将“生态立市”作为“十二五规划”的重要实施内容，重点将南昌建设成为生态文明城市。政府的“绿色政绩”观念逐步加强，成为南昌生态文明城市建设的重要保障。

2. 对政府政绩的考核增加“生态标准”

应当构建科学的政府职能考核体系，对政府的政绩考核增加生态标准。要弱化政府的刚性考核标准，增加社会经济发展的绿色生态考核指标。

南昌市在政绩考核标准上，较之以前有较大的完善。有“南昌城市后花园”之称的梅岭区域隶属湾里区，在 2009 年年终综合目标考评标准上，已不再沿用过去与其他县区通用的考核标准，摒弃了“引进外资”、“引进项目增加值”等经济要素的考核，而是更加注重实际，从环境保护的维度来综合考核区域社会经济发展，成为南昌“绿色考核标准”的重要举措，将为南昌生态文明建设发挥重要的指引和参考作用。

（二）核心要素——提升民众生态文明意识，树立“绿色消费观”

南昌市以鄱阳湖生态经济区上升为国家区域战略的契机，大力推进生态建设，严格执行节能减排的目标责任制，突出推进重点行业、重点领域的节能减排。不断加强水资源的保护和利用，推进“八湖两河”治理和城市水源活化技术工程建设，全面推进“森林城乡，花园南昌”建设，大力实施“一大四小”造林绿化工作，积极推进垃圾无害化处理，全面完成农村立即中转站、垃圾压缩中转站、乡镇垃圾填埋场建设。大力宣传节能减排和环境保护政策，提升市民的环境保护意识，创造环境使市民积极参与到节能减排的活动当中，提升市民的整体素质和自觉意识，从而为低碳经济发展创造优异的人文环境。

1. 加大生态文明意识宣传力度

在提倡绿色消费中，南昌市政府加强对绿色消费理念的宣传，传递绿色消费信息，使消费者从根本上认识到绿色消费对个人和社会的重要意义。与此同时，政府还向广大消费者普及绿色消费知识，通过绿色立法使消费者建立合理的绿色消费结构和安全、多元化的绿色消费方式。南昌市工业和信息化委员会和市节能监察中心收集和整理了百姓生活中衣食住行用等六个方面的日常行为的节能潜力，汇编成册印发给广大市民，积极倡导“节能攻坚、全民行动”的节能理念。

2. 市民广泛参与生态文明建设

广大市民是南昌实现生态文明的主体，尤其体现在“绿色消费”环节，因此转变传统消费观念，摒弃物质享受主义和“人类中心论”的错误观念，在全社会倡导和发展绿色消费成为实现生态文明的重要环节。绿色消费观是一种人与自然相互协调的消费观，既强调消费的重要作用，又强调消费和再生产其他环境与环境的动态平衡，有利于人类社会和自然的协调发展。绿色消费观要求消费者在做出消费行为时，不能只考虑个人感受，更要考虑到社会后果和生态后果，因此是一种可持续发展理念，更加具有理性思维。南昌市借助全省宣传“鄱阳湖生态文化”的契机，着力打造南昌生态文化产业，扩大宣传覆盖力度，力争打造出一批全国乃至世界知名的绿色生态文化品牌，让广大市民广泛参与到绿色生态文明城市的建设当中，真正成为南昌绿色生态文化的主体力量。

（三）关键要素——强化企业生产生态化，树立“绿色生产观”

企业作为主要的生产、流通部门，是实现“绿色生产”的关键所在。南昌的企业作为南昌经济实力提升的关键要素，是联结绿色生产、绿色流通以及绿色消费的关键环节，直接决定着南昌生态文明发展进程，因此具有重要的意义。

“十一五”前四年，南昌市单位 GDP 能耗累计下降 18.1%，要完成

“十一五”降低能耗20%的节能目标仍有差距。南昌的企业以南昌生态环境优势为依托，大力发展生态产业、绿色科技和循环经济，同时以保护环境、促进生态文明为准则，实现经济效益、社会效益和生态效益相统一的基本途径，以最大化效用利用南昌有限的自然资源、循环利用废物、减小污染排放为前提，大力发展生态工业、生态农业和现代服务业，走新型工业化路径，为实现南昌经济发展的进位赶超做出贡献。南昌的企业以“森林城乡，花园南昌”为绿色城市发展目标，不断调整和优化产业结构，大力发展绿色科技，鼓励生态化工程和信息化工程为代表的低物耗、高增值、高知识密集化和高新技术产业发展，大力发展低碳产业，实现资源综合利用、清洁生产和保护等融为一体的新型工业化和农业现代化。绿色生产是实现南昌生态文明的首要环节，是保证南昌绿色发展的先决条件，因此具有特别重要的地位。

（四）法律保障——完善法律监管体系，树立“绿色保护观”

完善的法律监管体系是生态文明建设的坚强保障，是“绿色保护观”得以合理化、合法化的主要维系力量。南昌作为“低碳发展城市”，具有自然生态环境的先天优势。与此同时，作为“鄱阳湖生态经济规划区”的核心和龙头，南昌市依托《鄱阳湖生态经济区规划》，依据现实状况，大力推进“南昌山江湖综合开发战略”，制定和完善区域性地方经济社会发展规划和制定相关法律法规，促进南昌生态文明建设的合理性与合法性，从而促使生态文明在南昌不断推进，成为生态文明建设的示范性城市。

近年，南昌市先后出台了《关于加强全市节能工作的若干措施》和《南昌市节能专项资金使用管理办法》，为全市节能降耗工作的开展提供了强有力的政策保障；督促企业淘汰高能耗、低效率设备；对重点耗能企业进行节能监察，开展电平衡测试；积极推广节约新技术，鼓励使用节能新产品；连续18年开展了节能宣传周活动。2008年，南昌市万元GDP综合能耗为0.9158吨标准煤，同比下降4.1%；万元工业增加值能耗为1.196吨标准煤，同比下降5.08%。2009~2010年，这一指标还在不断下降，产能效应在逐步显现。

四　南昌生态文明建设的思考

（一）南昌生态文明建设存在的问题与不足

近年来，南昌市十分注重生态文明建设，并在努力探索一条生态文明建设的特色之路。然而，由于客观的和主观的种种原因，南昌在生态文明建设中仍然存在一些问题和不足。

1. 生态建设规划尚未形成体系

搞好生态建设，规划要先行。作为一个地区，其总体的生态保护规划显得特别重要。

所谓生态保护总体规划，是指在一定时期和地域内，将“社会—经济—环境”看做一个复合生态系统，依据地理系统、生态系统和社会经济系统原理，对环境保护目标和措施所做出的带有指令性的环境保护综合部署和安排，是基于环境分析预测的环境决策的生态规划。生态规划在生态建设中起着“龙头”作用，合理、科学的生态规划可以指导我们正确处理生态建设过程中城市与乡村、局部与整体、近期与远期、经济建设与环境保护等一系列关系。编制生态建设规划对生态建设具有极其重要的意义。

南昌在生态建设方面先后制定了一些规划，但尚未形成体系，与生态总体规划相差甚远。由于没有可具体操作的措施，在实施过程中执行力度有限，因而限制了作用的发挥。

2. 生态建设尚未完全步入规范化、法制化轨道

保护生态环境，建设生态文明，不仅需要人类的道德自觉，更需要法制的保障。生态法律制度是生态文明的产物，它标志着生态文明进步的程度，其作用在于刚性的制度约束和惩罚破坏生态的行为。生态法制建设的根本目的是让人们了解各种保护自然、保护环境的法规或条例，从而更加自觉地遵循自然生态法则，保护生态环境。当前，南昌在生态法制建设方面还存在不少问题，特别是生态环境保护方面的地方法规尚不健全和完备，因此还不能保障生态建设沿着规范化、法制化的轨道进行。

3. 生态建设的组织管理体系有待完善

为推进生态建设的顺利开展，南昌在生态建设的组织管理方面进行了一些有益探索，但仍存在一些问题，比如生态建设的综合协调就是一个大问题。

生态建设不只是环保部门的职责，也不只是由党委和政府直接单独实施建设的，而是由党委和政府领导，涉及环保、林业、财政、农业、发改委等众多部门，需要这些部门协同合作，更需要全民积极参与的一项综合系统工程。因此，需要建立一个综合协调的领导管理机制。然而，在以往的实践中，生态建设更多的是由环保部门一家在那里忙乎。尽管各部门也说会“紧密配合”，但实际上并非如此。许多部门把生态建设视为分外工作，当

成额外任务，看成一种负担，往往采取敷衍了事的态度。客观地说，南昌还没有建立生态建设协调领导机制。

4. 公众的环境保护意识不高，参与不足

生态建设是个系统工程，需要全社会的广泛参与。但从目前的情况看，南昌和江西的社会公众创建生态的意识还不够浓厚，广大社会公众普遍缺乏对生态建设的认识，公众参与的主动性和积极性不足，参与人数少，参与领域不广泛。公众一方面认识到环境问题的严重性，另一方面环保意识又很差。南昌市民的生态环境保护意识有待提高。

5. 生态评价体系尚未建立

健康良好的社会评价体系对生态文明建设起着重要的思想观念改造和舆论教育引导作用。社会评价体系的形成与经济发展水平、科学普及程度、传统文化思维以及居民综合素质有着密切的联系。但是，到目前为止，南昌还没有建立一套科学的生态评价体系，这肯定会对南昌的生态建设产生负面影响。

（二）南昌加强生态文明建设的对策建议

1. 强化生态规划建设，促进南昌和谐发展

规划是生态建设之本，进行生态建设必须高起点地制定生态发展规划，发挥规划对生态建设的科学引导和综合调控作用。制定《南昌生态建设规划纲要》是当务之急，应该组织环保专家进行论证，以保证规划的科学性和可行性。

《南昌生态建设规划纲要》应包括如下内容：一是加快发展生态经济，推行节约、环保、高效的经济增长方式，实现南昌经济更好更快的协调发展，为全面实现小康社会和现代化建设目标奠定坚实的物质基础。二是开展环境保护和生态建设，在发展中注重解决好资源和生态环境问题，打造南昌生态环境优势。三是创建具有南昌特色的优美人居环境，创造一流的生活与工作环境，提供一流的生活质量。四是推进生态文化建设，在全社会营造爱护环境、保护环境、建设环境的良好风气。应该根据不同区域的地理区位、自然环境、自然资源和生态功能特点，因地制宜、分类指导，明确其保护、建设与发展的主要方向，实现合理保护、科学利用、优势互补、相互促进、共同发展的目标。所辖各区（县）也应该依据《规划纲要》编制本区（县）的生态城市建设规划。

2. 完善生态法制建设，保证生态建设依法推进

进一步完善生态法制建设，首先应制定出台一系列具有权威和可操作性的有关生态建设的法规规章和规范性文件，将生态建设的政策、规划和行为法定化和制度化，建立生态建设的法治秩序，保证生态建设依法推进。

（1）加强生态建设的综合立法

生态建设是一个长期的过程。为了保证生态建设不会因为领导班子换届和领导人变动而受影响，也不会因为领导人注意力的改变而出现波动，从而保障生态建设的连续性，应以地方立法的方式来保障生态建设的连续有序进行。应该组织专家学者与有关职能部门共同编制可操作性强的规划，经市一级人大以地方法规的形式审议通过后，作为由地方政府组织实施的、由人大监督执行的正式的法律文件。

生态建设规划纲要以地方立法的形式确定生态建设战略规划的长期性和稳定性。除此之外，还应制定专门的生态建设综合性法规，比如，制定《江西省生态建设条例》或《南昌市生态建设条例》，将促进生态建设的各项方针、政策以立法的形式确定下来，并明确消费者、企业、各级政府在保护资源、建设生态环境方面的责任和义务，建立违法的惩治措施及监督体系，把生态建设纳入法治的轨道。

（2）完善与生态建设相关的配套法规体系

一是完善环境保护法规体系。在现有环境保护法律、法规基础上，进一步加大力度，完善环境保护方面的法律法规、建立健全相关的技术标准和制度；建立和完善有利于环境保护的管理制度，并随着形势的发展、变化，不断地探索、完善。

二是完善发展生态产业的法规体系。通过制定相关地方法规明确一系列鼓励发展生态产业的政策措施，逐步形成与生态环境相协调的产业结构和生产方式。

三是严格执法，健全执法监督机制。强化环境资源和城市管理执法队伍，提高执法人员素质和执法水平，防止和纠正有法不依与执法不严的现象，确保各项法规的落实。

3. 完善组织管理体系，推动生态建设的有序进行

南昌在完善生态建设的组织管理体系方面可按照《南昌生态建设规划纲要》，结合本地实际，因地制宜制订具体规划和实施方案，形成市、县（区）分级管理，责任明确、各部门相互协调的责任机制。同时应建立生态建设的经济生态综合决策机制，完善城市贯彻实施经济生态综合决策机制的制度。

（1）完善生态建设的目标责任制度

为保障创建工作任务的实现，应严格目标责任制度。生态建设除了在生态城市建设规划纲要中把生态城市建设目标细化为一系列的目标和任务，在创建和具体实施过程中还应制订年度实施方案或行动计划，把规划中确定的任务进行分解，按部门、行政区、任务、指标、责任人进行细化、规范和落实，使生态城市创建工作的思路和任务更加清晰和明确。

（2）健全生态建设的综合协调机制

生态城市建设是一项涉及社会生产和生活的方方面面的系统工程，不是单一环保部门可以组织和协调的，这就要求将组织管理的综合协调作为重点，形成生态城市建设的综合协调机制。

（3）建立生态建设的经济与环境综合决策机制

环境与发展综合决策机制是环境、经济、社会三方面可持续发展和协调发展原则在决策上的制度化、具体化，在决策之初就应该将环境因素纳入决策过程中，在政府政策、计划、规划等决策中充分考虑环境影响和环境的承受能力，以环境保护为中心，使环境、经济、社会发展的平衡关系得以落实和实现。在这个方面，一要建立和完善综合决策责任制度，二要建立和完善专家咨询制度，三要实施部门联合会审制度。

（4）建立和完善生态建设的生态补偿机制

生态补偿机制是运用财政、税费、市场等手段，要求作为生态受益人的生产者、开发者、经营者支付一定的费用，对生态环境和自然资源的保护者以及为保护生态环境而付出代价者给予合理的经济补偿，以调节生态保护者、受益者和破坏者之间的利益关系，从而实现保护生态系统的功能和价值的目的的一种激励机制。建立和完善生态补偿机制，有利于缓解不同地区之间由于环境资源察赋导致的发展不平衡问题，有利于全面推进生态建设，实现人与自然的和谐。省级财政要调整和优化生态环保资金的支出结构，不断加大对生态补偿的支持力度；省、市财政应设立专项资金用于环境保护和生态建设；结合政府调控与市场化运作，努力建立多元化的筹资渠道。生态补偿机制要进一步制度化、规范化。

4. 普及和提高生态意识，提升市民生态建设的自觉性

提高公众的生态意识，就是使人们认识到自己在自然中所处的位置和应负的环境责任。提高公众的生态意识应该做好以下几个方面的工作。

（1）采用各种形式加强生态意识的宣传教育。

（2）修正传统的自然价值观念。要摒弃“自然所具有的价值就是为人所用的工具价值及商品价值”的观念，更新人们的价值观念，端正对自然的态度，尊重自然，将自然视为人类的伙伴，从而产生和形成一种亲近自然、爱护环境、保护生态的自觉的、强烈的道德责任和义务感。

(3) 升华生态美的意识。生态美是自然（包括人工自然）的一种价值体现，是自然价值与人类精神价值的融汇和统一。我们应该修正传统的自然价值观念，在社会中大力培育公民的生态美意识。在学校教育中，要培养学生热爱自然、观察自然、欣赏自然的能力和美感。从对美的追求来培训人们对自然的道德感情，将其作为提高人类素质的有效举措。

(4) 建立绿色消费和适度消费的观念。工业社会倡导和崇尚的是过度消费的享乐主义生活方式，其特点是最大限度地满足人的物质欲望。过度消费不仅是对人的价值和精神的扭曲，而且是对地球资源的一种极大浪费，是不公正、不合理的。在消费中必须考虑对资源环境的影响，使以提高生活质量为目的绿色和适度消费成为可持续发展的生活方式。

(5) 强化生态补偿意识。在传统观念中，自然资源是取之不尽、用之不竭的。人们养成了无偿使用自然资源、任意污染环境，或者先污染后治理或大污染小治理等不良习惯。要强化生态补偿意识，运用价格机制、税收、信贷等经济杠杆，使社会损失计入企业的生产成本，使环境资源得到保护和补偿。实施生态补偿，除了需要法律等“硬性”规范的外在制约，还必须有道德等“软性”规范的内在约束，转变生产者、经营者的观念，使生态保护及生态补偿等意识成为其自觉的内驱力，达到真正的自我觉醒和自我约束。

5. 提倡公众参与，共同建设生态文明

生态文明建设要求公众的积极参与。公众参与可分为两种：一是直接参与，即公众直接参与发展经济和保护环境过程中的决策、管理、监督和治理等；另一种是公众通过科学合理的生活方式或新的消费方式间接参与。为了保证公众参与生态文明建设的深度和广度，我们应从以下几方面努力。

(1) 应充分发挥环保组织作用。非政府组织是公众参与环境保护的重要力量，绿色环保组织在世界各地对生态建设起了重要的推动作用。可在南昌市，民间自发的环境保护组织还没有很好地发挥作用。应该充分调动民间组织的积极性，充分发挥民间组织在环保和生态文明建设中的重要作用。

(2) 发挥环保积极分子的示范榜样作用。随着公众环境意识的提高，在环境保护工作中必然会涌现出一些典型人物。生态文明建设应充分发挥他们的模范作用，重视他们的榜样示范作用，从而调动公众的参与积极性。

(3) 广泛开展社会监督。公众个人及环保民间组织作为一种民间力量，

对政府与企业的环境责任开展社会监督，为实现国家的环境目标起到了积极的促进作用。南昌市应该重视社会监督的作用，积极发挥民间组织和新闻媒体对环保和生态的监督作用。

6. 建立生态文明建设的评价体系，促进生态文明发展

要适应生态文明的发展，必须探索建立适应生态文明发展的科学的社会核算体系和评价体系。生态文明建设涉及各个领域，渗透到各个产业，反映人、社会、自然的和谐关系，因此，对生态文明建设的核算和评价体系，应当是综合全面的，不应该仅以经济指标或者以单纯的环境保护、污染防治为评价标准。

科学正确的社会评价，对生态文明建设起着重要的意识引导和行为监督作用。要实现生态文明建设的健康发展，必须倡导树立有利于生态文明发展的评价体系。从政府的层面上讲，要摒弃政绩考核以 GDP 为主要内容的考核方式，建立绿色 GDP 指标体系，突出自然生态指标。评价政府的工作成果，不仅要看 GDP 指标，还要看重生态环境状况，要看基尼系数、人文发展指数等社会指标。从企业的层面上看，要全面地评价企业对社会的贡献。不仅要看企业创造的经济效益，还要看其社会效益和生态效益；不仅看企业创造的税收多少，还要看其落实社会责任多少。要引导企业不仅追求经济效益最大化，还要追求生态环境效益最大化，使环境保护和污染治理成为企业自觉的行为。从公众的层面讲，不能为了满足个人的生活需求，而追求过度消费甚至奢侈浪费，要在全社会树立和形成“勤俭节约为荣，奢侈浪费为耻”的生态道德评价，促进生态文明建设。

参考文献

张锋：《生态文明研究》，山东人民出版社，2010。

李素清：《对人类文明兴衰与生态环境关系的反思》，《太原师范学院学报（社会科学版）》2004 年第 3 期。

陈红兵、栾贻信：《生态文化热点问题探讨》，《山东理工大学学报（社会科学版）》2004 年第 2 期。

陈宁：《中华文化与生态文明》，江西政协新闻网，2008－11－18。

《鄱阳湖生态经济区规划》，2010 年 2 月 22 日《江西日报》。

刘兴：《南昌将迈入鄱阳湖生态经济区发展新时代》，2010 年 1 月 5 日《南昌日报》。

《扬帆　鄱阳湖生态经济区 1 周年·特刊》，2010 年 12 月 11 日《信息日报》。

余欣荣：《争当鄱阳湖上的领头雁》，2010 年 4 月 15 日《南昌日报》。

有效的信誉机制为何建立不起来？

王水雄*

摘 要：著名的电子一条街为何会成为消费者口中的“骗子一条街”？在这里，有效的信誉机制为何建立不起来？对其基层组织结构、交易双方博弈地位转变、“熟悉关系陌生化”的操作、层级体系的管理导向和体系内“中层”寻租现象的分析表明，这是多层次博弈的结果。一年中难得来此购买笔记本电脑之类产品的消费者无法有效区分其中商家乃至商城间的差异，只是笼统地在脑海中形成了电子一条街的体系概念，而相应的管理主体却缺席，因而形成了典型的“公地悲剧”现象：“欺骗”的好处被个体商家或商城获得，而成本则由体系承担。本文的探讨有助于推进对竞争机制设计、组织边界、“陌生关系熟悉化”等理论问题的理解。

关键词：熟悉关系陌生化　信誉机制　电子一条街　组织边界　博弈论

一　问题的提出：从为什么是“骗子一条街”谈起

使用电子产品特别是电脑的北京居民，都或多或少有去“中关村电子一条街”购买或者维修相关电子产品的经历。在这个过程中，可能是自知或者不自知地，会碰到“转型交易”。目前许多关于中关村电子市场交易秩

* 王水雄，中国人民大学社会与人口学院社会学系，上海高校社会学E-研究院。

序的研究①中都将“转型交易”置于探讨的核心。简单地说，所谓转型交易就是商品购买人原来拟定的购物目标在议价过程中被转换，并以经营者新建议的商品和提供的相关价格为基础达成的交易。比如，商品购买者原来是打算购买电脑A，但是在经卖场相关人员的各种运作和“运转”之下，最后却购买了同类产品但不同型号的A或另一个品牌的B，讨价还价也以卖场相关人员提议的数额为基准进行。这一交易还包括一项重要的规定来规制之后的博弈行为：如果商品A没有任何质量问题，即使是在国家规定的包退包换期间，也不能退换。

关于转型交易的实质，刘少杰用“熟悉关系陌生化”这个概念进行了概括。

> ZGC电子市场中的“转型交易”，实质上是经营者把消费者对商品的熟悉关系改变成陌生关系，亦可称之为熟悉关系陌生化。经营者设法不让消费者买到自己对规格、性能和价格等信息已经基本了解的电子商品，而向消费者兜售对这些信息不清楚的电子商品，就是要搅乱消费者同商品之间的熟悉关系，把消费者引入一个陌生关系之中，在信息不对称中实现赚取高额利润的目的。利用具有欺骗性质的“转型交易”实现熟悉关系陌生化，从反面证明了推进陌生关系熟悉化的市场意义②。

从上文的这段引述中可以看到转型交易往往意味着：①消费者原来初步拟定购买的，还算熟悉其价格、性能的商品对象被运转而发生替换；②商家

① 相关的研究如下。刘少杰：《陌生关系熟悉化的市场意义——关于培育市场交易秩序的本土化探索》，《天津社会科学》2010年第4期；张军：《在熟人与陌生人之间——中关村电子市场交易秩序研究》，博士学位论文，中国人民大学社会学系，2010；于乐：《框架分析视角下的“转型交易”研究——以中关村电子市场为例》，硕士学位论文，中国人民大学社会学系，2011；史飞：《信息不对称、制度与转型交易——中关村电子市场转型交易的发生机制分析》，硕士学位论文，中国人民大学社会学系，2011；杨世蓉：《信息不对称下的中关村IT卖场秩序问题研究》，硕士学位论文，中国人民大学社会学系，2011；鹿广静：《中关村IT卖场信用均衡的制度分析》，硕士学位论文，中国人民大学社会学系，2010；刘江：《信息不对称市场中的熟悉关系——中关村电子市场与京东商城的交易秩序比较》，硕士学位论文，中国人民大学社会学系，2010；石佳茵：《信息不对称条件下的诚信缺失与应对策略研究——以中关村电子市场交易秩序为例》，硕士学位论文，中国人民大学社会学系，2009。

② 刘少杰：《陌生关系熟悉化的市场意义——关于培育市场交易秩序的本土化探索》，第47页。

可以赚取高额利润。这两点再加上上文所述③购买的商品如果没有任何质量问题概不退换，也就难怪会导致购买者形成一种被“欺骗”的感觉了。许多研究者都指出转型交易在中关村电子市场中十分普遍；并且往往将这一交易形式定性为具有“欺骗性质”[①]，是“不诚信交易”[②]，是“伴随着欺诈的投机性交易”[③]，“多数情况下伴随着欺诈的手段完成交易并获取暴利”[④]。

电子商城大规模聚集的中关村大街早已与“骗子一条街”的称号挂钩，至今仍未去除。这是为什么？考察当下，除了传统的“以次充好”之类产品质量相关问题，恐怕需要较多地归因于在这里存在大量的“转型交易”。不仅消费者用看待骗子的眼光看待中关村电子一条街，甚至销售者自己也认为，“中关村从上到下一条龙，全黑着呢”；而相关管理者也知道“中关村是骗子聚集区”。所有这些最终让“骗子一条街”“实至名归”。此外，网络时代，拥有较多事后信息的、发觉自己“受骗上当”的消费者网上曝光、口口相传[⑤]，也放大了“中关村骗子一条街”的传播范围，及其负面影响和效应。

到目前为止，中关村电子一条街“为什么是骗子一条街”这个问题，可以暂时性地集中于：中关村电子一条街“为什么出现转型交易”这个事实形成机制的问题。它背后的理论问题是：有效的信誉机制为何建立不起来？

后文将指出，对“为什么出现转型交易”的分析，主要触及的还是“骗子”这个稍显个体化的微观层面，还没有触及更值得探讨的“为什么是骗子一条街”这个问题的带有组织性的中观乃至宏观层面。正如科尔曼所指出的那样，从微观到宏观是一个巨大的跨越。就本文的论题而言，在这一跨越中，形成的更具学术性的问题是：为什么市场竞争和政府管理会失效，即上文所谓：“有效的信誉机制为何建立不起来？”

不过，先集中分析“为什么出现转型交易”是有益的，因为对于该问题的回答和追踪，可以自然而然地推进到中观和宏观的组织性层面，并进而去面对上面所述的理论问题。

---

① 刘少杰：《陌生关系熟悉化的市场意义——关于培育市场交易秩序的本土化探索》。

② 史飞：《信息不对称、制度与转型交易——中关村电子市场转型交易的发生机制分析》。

③ 张军：《在熟人与陌生人之间——中关村电子市场交易秩序研究》。

④ 于乐：《框架分析视角下的“转型交易”研究——以中关村电子市场为例》。

⑤ 笔者从外地来北京的一个亲戚，才一个月不到，也未去中关村电子商城买过商品，就已经从她的同事口中知道了中关村“骗子一条街”的“美名”。

二 信息不对称的初步解释和解决方案的局限

对于“为什么出现转型交易”这个问题的解答，人们直接想到的答案就是：信息不对称。对于信息不对称所可能造成的交易问题，社会学研究者较多地倾向于从关系的角度来加以解决，或者强调这个过程中关系的重要性①。事实上，就中关村电子市场中的交易而言，类似的逻辑和思路也同样存在。

研究者发现，与“转型交易”对立，中关村电子市场中还存在另外一种交易模式：熟人（比如说同一个商城的不同柜台经营者，以及不同商城同类产品的经营者）之间的“关系交易”。比如张军指出：“按照顾客与经营者是否存在熟悉关系，可以将中关村电子市场的交易模式分为两类：一类是面向陌生人的‘转型交易’，它是一种伴随着欺诈的投机性交易；另一类是面向熟人的‘关系交易’，它体现为一种诚信交易。”②

刘少杰（2010）进一步总结，并将关系问题与市场道德水准、道德原则结合在一起加以探讨。通过综合中关村电子市场和长春汽车配件市场所观察到的交易秩序现象，刘少杰得出这样一个判断：“当市场行为在较强的陌生关系中展开时，经营者容易背弃诚信，市场道德水准较低；当市场行为在熟悉关系或陌生关系熟悉化中展开时，经营者们却能恪守诚信，市场道德水准较高。”③ 结合当前的社会状况，刘少杰指出，尽管面临传统社会向现代社会的转型，但是“市场经营者的道德观念并没有随之发生根本性的变化。

---

① 相关研究可参看 Mark Granovetter, 1985, “Economic Action and Social Structure: The Problem of Embeddedness”, *American Journal of Sociology*, 91: 481 - 510. 中译文，格兰诺维特《经济行为与社会结构：嵌入性问题》，沈原译，载王水雄主编《制度变迁中的行为逻辑》，知识产权出版社，2005；Mark Granovetter, 1995, *Getting a Job: A Study of Contacts and Careers* (2nd edition), The University of Chicago Press, Chicago and London; Lin, Nan, 1999, “Building a Network Theory of Social Capital”, *Conections*, 22 (1): 28 - 51; Lin, Nan, 2001, “Guanxi: A Conceptual Analysis”, in *The Chinese Triangle of Mainland, Taiwan, and Hong Kong: Comparative Institutional Analysis*, edited by Alvin So, Nan Lin, and Dudley Poston, Westport, CT: Greenwood；边燕杰《中国城市中的关系资本与饮食社交：理论模型与经验分析》，《开放时代》2004 年第 2 期；边燕杰《社会资本研究》，《学习与探索》2006 年第 2 期；边燕杰《网络脱生：关于企业脱生的社会学分析》，《社会学研究》2006 年第 6 期。

② 张军：《在熟人与陌生人之间——中关村电子市场交易秩序研究》，“摘要”，第 2 页。

③ 刘少杰：《陌生关系熟悉化的市场意义——关于培育市场交易秩序的本土化探索》，第 44 页。

大多数市场经营者们仍然以在熟悉社会中形成的道德原则支配自己的市场行为，而当他们面对陌生社会时，不仅把熟悉社会的道德原则搁置一边，而且不知道在陌生社会中应当坚守何种道德原则。这一点或许是中国市场经济道德基础缺失的一个症结。”①

刘少杰以上论述对关系作用的强调是显而易见的。他将市场道德水平、经营者的道德原则一定程度上看做关系的一个函数：随着关系以及由此建构的社会情境陌生或熟悉性质的变化，市场和市场中行为者的道德水平、道德原则也随之改变。

由此，刘少杰极力主张在市场交易中实现陌生关系熟悉化②，并且将之放置在社会主义市场经济中加以定位，指出：“中国的市场经济是中央政府和各级政府主导下的在传统思维方式、行为方式根深蒂固的社会中展开的社会主义市场经济。我们只有从政府、传统和市场的三重关系来分析中国的市场经济，才能比较真实地认识中国市场经济的矛盾，由此探寻培育市场经济道德基础、优化市场秩序的有效途径。从政府、传统和市场的三重关系来思考培育中国市场经济的道德基础和市场秩序，可以在陌生关系熟悉化的交易行为中得到一些有益的启示。”③

显然在刘少杰的市场秩序乃至道德基础构建中，陌生关系熟悉化意味着对“传统”，即“传统思维方式、行为方式”的充分利用，并且需要与政府和市场力量相结合。更具体地说就是：

> 可以通过促进市场交易行为从陌生关系向熟悉关系的转化来提升市场道德水准、优化市场交易秩序。政府或市场的管理部门应当提倡或促进市场交易行为中陌生关系熟悉化，使市场经营者们明确地认识到，陌生关系熟悉化不仅可以稳定他们同顾客之间的交易关系，降低交易成

① 刘少杰：《陌生关系熟悉化的市场意义——关于培育市场交易秩序的本土化探索》，第44～45页。

② 张军指出：“这种陌生关系熟悉化并不是简单地让所有交易都发生于熟人之间，而是主要包含两个方式：第一种方式就是，为了避免投机行为的产生，交易双方可以通过重复交易的方式让彼此关系逐渐熟悉起来，完成人与人相互熟悉的过程，中关村电子市场中柜台主寻求‘回头客’的交易方式就是这一过程的体现；第二个方式是，交易双方可以使产品信息公开化，增加对产品的熟悉，从而建立交易中的诚信，减少投机性交易产生的可能，各种品牌专卖店就是这一方式的体现。”（张军：《在熟人与陌生人之间——中关村电子市场交易秩序研究》，第139页）

③ 刘少杰：《陌生关系熟悉化的市场意义——关于培育市场交易秩序的本土化探索》，第46页。

本，提高经营效益，而且还可以增强顾客对经营者的信任程度，优化市场道德关系，协调市场运行秩序①。

刘少杰关于“陌生关系熟悉化”的主张有一定的道理。不过，“陌生关系熟悉化”虽然有一系列的好处，但基本上是针对消费者而言的，而且也不是说，它无需消费者为此支付任何成本。“陌生关系熟悉化”所包含的对经营者的好处，虽然有，但基本上是对经营者整体而言的。至于经营者个体，如果没有良好的制度设计作为基础，则他们从“陌生关系熟悉化”中所能获得的好处，恐怕远远赶不上从“熟悉关系陌生化”中所能得到的利益。

在当前中关村电子市场面临各种各样危机的背景下，笔者认为，“陌生关系熟悉化”对于整个市场的好处，“市场经营者们”恐怕已经明确地认识到了，“政府或市场的管理部门”也已经在这些方面有所倡导。只是，恐怕是由于“政府或市场”在制度安排和组织过程中存在各种各样的问题，作为个体的经营者才难以形成合力，从而让中关村电子市场陷入转型交易的恶性循环之中。而且，政府或市场力量从来不是铁板一块的，在交易中，这些力量作为一个系统，如何作用于信息不对称和转型交易，很值得进一步分析和探讨。

三　问题再明确：“欺骗”建构的基层组织

从“转型交易”的一些典型个案出发，有利于更好地呈现中关村电子市场中“政府或市场”的组织结构，也有利于进一步明确所谓“有效的信誉机制为何建立不起来”的问题。

如果在网络中以“中关村买电脑受骗”搜索，不难看到大量网民在各种各样的论坛曝光自己“被转型”的经历，兹举一个典型的例子如下。

案例一②：

昨天去中关村买电脑了，已经看好了个心仪的本本 sony cw28，所以到了那边就开始询价。找过大概 3、4 家吧。有的说没货，有的说停产了。问到第五家的时候，说了个我能接受的价格，也比较便宜 7300。就跟着销售

---

① 刘少杰：《陌生关系熟悉化的市场意义——关于培育市场交易秩序的本土化探索》，第 47 页。

② 相关链接地址为：http：//www. tianya. cn/publicforum/content/free/1/1858467. shtml，在引入本文时进行了一些文字（主要是错别字）、标点和段落划分方面的修改。

人员来到了11层。

那里的工作人员问我是否确定要这款机子，我说确定了。他说交押金再提机子看。我就拿信用卡刷了2000（注意以后大家交押金一定要现金，如果是刷卡退钱方面困难就会很大）。交过押金，他说让我们等着，去提机子，大概20分钟吧。然后他找来装系统的技术人员和我们聊天（注意，陷阱来了）。

那个技术人员问我们买的哪款机子。我和他说了，他说你怎么选这款？我说因为这款机子好看（本人女士，注重外观）。他说这款机子停产了，你不知道么？我说听说了。他说你也不问问为什么停产？就是因为这款机子主板不好，返修率特别高。然后他又和我说索尼的机子不能改系统，只能用windows7的系统，很多我想用的软件他都没办法给我安装。当时听了就晕了：自己精挑细选的本本竟然有这么多问题自己不知道。当时我的想法就是能不能换一台电脑！

他说索尼的本本高端机是很好，不过都要上万元。像我这样的学生买的7、8千的机子是索尼的低端机，肯定用不住。他说我挑的这机子花屏、黑屏的现象特别多，就跟HP似的。他还说，越是性价比高的机子买的时候越要慎重。他还说了很多。总之我决定换台本本了（一是因为他忽悠；二是因为我想用台可以装windows xp、可以改系统的机子）。

但是押金都交了，我也怕麻烦，决定还在他这选个机子。我还是比较注重外观的，选了半天，我决定了一款三星的机子。他和我说，这个机子送这送那，再打个折、降个点什么的，总之最后价格是7900。比我预期的贵了点。我就给家里人打电话，想商量一下。后来我又想到电视里不是常播么，去中关村买电脑，想买的机子总和自己最后买的机子不一样。因为你看好的机子已经在很多地方询过价了，而你新挑的机子，或是他推荐给你的，你并不了解。所以我决定慎重，他去提机子的时候，我就用手机上网，查了下京东商城的报价，是5899！他竟然要我8000！

我当时就火了。去找他，他说他报错价了。我让他退押金，他说刷卡的不能退，要退还要和经理商量，还要等15天什么的。反正他又和我说了半天，最后电脑以6200的价钱成交了，他送了我一些东西。

所以大家买的时候一定要注意！自己挑好的机子在网上看好评论，然后一定要坚定信念就要这个！就算临时打算换机子，一定要随时在网上搜报价。

虽然案例一的叙述者比较成功地避开了“被欺骗”，其实还是被“转换”

了“心仪”的购买对象。从这个案例可以初步看到“转型交易”是如何组织的：①这里的基本交易参与人除了消费者之外，经营者包括在展厅（通常会在商城的地下一层，以及一、二、三、四层）的推销人员或导购、在后台经营部的营销人员（销售经理）及技术人员。②展厅推销人员或导购通常负责发现潜在购买者、拉客；后台营销人员通常负责通过“诚恳”地“说服教育”，置换消费者既定购物目标；技术人员通常负责安装软件系统，也可能与营销人员配合通过“设置”技术障碍让消费者转换既定购物目标。

作者本人的如下经历可以印证上文的相关说法。

本人在2011年3月31日陪同爱人在中关村海龙大厦购买过一台联想Thinkpad笔记本电脑。爱人在网上搜索，拟定的购买目标是：Thinkpad X201 i5（3323B61），并且将配置都发到了我的手机上。但是在电脑购买的过程中我们还是被转型了。爱人转了几家店面，在不同销售人员的说服教育之下对芯片的要求很快从酷睿i5提升到了酷睿i7。我们问到一家说有i7的X201笔记本，而且价格比较接近我们的预算（1万元），就被带到了他们的后台经营部（之前问过几家店面，他们认为i7的Thinkpad笔记本1万元下不来，也就放我们走了），让“懂技术”的营销人员（销售经理）跟我们谈。这之后，带我们过来的推销人员基本就不说话了，主要就是做端茶送水最后领人交钱的工作。

在得知我们的预算是1万元之后，营销人员“诚恳”说服（主要是强调i7的电脑如何不稳定；i5的电脑附带的系统如何如何好），让我们最终决定购买Thinkpad X201 i5（3626 AU9）。议价阶段，营销人员（销售经理）总想以10500元以上的价格卖。我在网上查了一下，发现该款电脑最低报价是9180元。销售经理无话可说，很快离开，给我们提供的免费上网的网络马上就断掉了。电脑最终以10000元成交。最后技术人员在给我们装软件的过程中还不断地推销电脑屏幕的保护膜（他似乎想通过这种方式挣些外快），我们没有接受。买好笔记本之后，我们又在电脑城买了些小配件。其他商家看到我们用来提新笔记本电脑的塑料袋上那家商家的名字，有说“他们家的东西比较贵”这样的话的。大概“他们家”在中关村电脑市场算是一个相对比较大、比较正规的商家吧。

电脑抱回家后，我觉得还算可以，爱人却感觉很不好，认为买的这台电脑配置实在太低，性价比不划算。后来电脑碰到间断性开机黑屏死机问题，爱人很高兴，让我全权负责将电脑退了；如果退不了，至少要换另外一台配置稍微高一些的。我觉得这个要求实现的可能性很小，爱人鼓励我跟人谈判时，不能搞妥协，一定要坚持。我于4月6日抱着电脑，独自一人去了海龙大厦卖家的后台经营部。坐了半个小时之后，那个展厅推销人员被召唤过来，带我去了他们在另外一个商城：鼎好电脑城的维修部，鉴定是否是硬件问题。结果不是。问题主要是软件和系统冲突导致的。于是维修部的人给我重装系统。花了一个上午的时间，我的电脑既没有退，也没有换。当然，间断性开机黑屏死机的问题解决了。

作者本人的经历相对案例一增加了对商家售后服务环节的呈现，虽然这些呈现仅仅涉及中关村电子市场组织系统的最基层，但已基本能表现转型交易的运作方式。即便如此，以上内容哪怕是对于市场中的一个商家而言，其描述也仍然是不完整的：店主、老板或者公司高层缺席了。也就是说，一个商家或店面经营者的基本组织结构理论上大致包括三个层次或组成部分：①导购或展厅推销人员；②后台营销人员（销售经理）及技术服务人员；③店主、老板或者公司高层[①]。

当然，具体“转型交易”运作情况和结果，需要视商家规模而定，其他条件一定（比如同样类型的顾客），商家规模越大，似乎越有利于转型交易的成功运作。根据对中关村的一些调查，这一点不难获得经验证据的支持。比如一位中关村电子市场的经营者是这样说的：“最损的一招就是把机器给它动了手脚，然后（顾客）再拿来找（商家），拿来再‘转’。很多大的公司敢这样做，你说一个小店，如果顾客回来找，就麻烦了。所以小店就老老实实做生意，本本分分做生意。但是，这种人都挣不到钱。”[②]

上一段在讲“其他条件一定”时，特别提到“同类型的顾客”。其实调查表明，商家对顾客是有区别地加以对待的，某些类型的顾客特别容易被锁定为“转”（指“转型交易”）的对象。海龙大厦某商家的一位营销人员是这样说的：“上面的头儿告诉我们，不要对所有的顾客都‘转’。有些顾客一看就对中关村很熟悉，这时候就不要‘转’了。因为他们不会相信，万一惹出麻烦，‘吃不了兜着走’。所以，每次导购把顾客带过来时，会悄悄告诉我们这是什么类型的顾客，一般我们只‘转’学生和外地人。因为学

① 于乐也进行了类似的划分：“本文对‘混合商’进行深入研究，并将其内部构成细分为‘导购和展厅销售人员’、‘展厅管理人员’和‘公司高层’三类群体。”（于乐：《框架分析视角下的“转型交易”研究——以中关村电子市场为例》，摘要部分）

② 张军：《在熟人与陌生人之间——中关村电子市场交易秩序研究》，第70页。

生发现（指发现上当受骗）后很少回来闹事，外地人买了东西就回去了。”①

这些证据表明，转型交易作为一种“欺骗”是存在建构性的。这一建构，除了店家组织规模的条件之外，也需要瞄准特定的顾客群，才能比较容易达成。这意味着问题的澄清需要引入交易双方博弈地位结构的分析。

“欺骗”的建构还有另外一个层面，也就是顾客心理感知的层面：顾客事后发现或感觉到被“欺骗”了。网上报价的存在大大增加了“欺骗”感知的可能性，而组织因素同样会对这一“欺骗”感知形成影响。

回到“为什么是骗子一条街”这个问题，并且将其放置在类似问题之中来对比，也许这一理解将会得到深化。为什么同样存在大量的信息不对称，人们却较少听到“××医院是骗子医院”、“××学校是骗子学校”、“××政府是骗子政府”之类的说法？是这些机构中没有类似“转型交易”的行为吗？显然不是。就医院举一例，多年前本人的一位亲戚去某区人民医院看病，交钱取完药之后，出医院门口碰到了在该医院任领导职务的一位亲戚。后者问了前者的病情，仔细检查了他手里捧着的一大堆药，之后进药房退了不少药，把大部分药钱还给了我的亲戚，并对他说，那些退了的药都是不当紧的药。医生多开药、开贵药、增添不当紧的药的行为，其实与“转型交易”如出一辙，都可以说是“欺骗”。但是，患者对医生的“欺骗”，较难在心理层面上形成认知，除了参照对象的缺乏，这显然与医院的系统性力量特别强大不无关系。而对这种系统性力量的细致分析，仍需要引入结构博弈的相关概念。

四　谈判地位分析：结构博弈的引入

市场交易的双方所发生的互动行为可以纳入结构博弈论②的框架之中展开分析。在博弈论对现实生活中的互动展开分析之前，关注参与人的地位在天时、地利、人和三个维度上的差异在笔者看来是最基本的步骤。与经典博弈论基本上将博弈参与人看做平等的前提预设不同，结构博弈理论所做的工作正是要将非对称性的结构性因素引入博弈论。

---

① 于乐：《框架分析视角下的“转型交易”研究——以中关村电子市场为例》，第36页。

② 王水雄：《结构博弈——互联网导致社会扁平化的剖析》，华夏出版社，2003。

王水雄[1]指出，在社会系统中的博弈参与人之间存在非对称性和不平等性，起决定作用的是互动双方间的博弈地位。博弈地位（博弈参与人之间的相对地位）可以通过博弈参与人除“服从对方”之外的几个行为维度的能力（即博弈地位维度）来度量。①武力或强力对比：越是强有力的人，强力越稳定，其博弈地位也就越高；这一点是决定博弈地位之高低最终可能追究到的。②参与人所需要之服务的可替代性选择的范围：越是有许多可替代的服务摆在参与人面前能够取代他所要的对方的服务，该参与人的博弈地位也就越高；简而言之，就是参与人对博弈对象的选择范围越大，其博弈地位越高。③对能够建立平等性交换的资源的占有：占有量越大，博弈地位也就越高。④硬撑着不与对方做交易而维持生存与生活的资源量：资源量越大，其博弈地位就越高。

结构博弈理论认为，虽然博弈地位是影响博弈结果的重要因素，却并不是唯一的因素，而且也可能并非在每项具体的博弈中会直接触及的因素。事实上，博弈地位维度的切实运作（比如口头表达、实际展现、时空阻隔之类），以及结构运作对每项具体博弈结果的影响也是十分重大的。所谓结构运作（structure-operating）指的是行为者通过各种方式引入某种结构（人与人之间的关联模式），以标定自身与行为对象在其中包括天时、地利、人和等维度相对位置的活动。结构运作主要表现为肢体语言的暗示、特定社会时空的导入和直接的话语表达。结构运作可以将与之相应的行为规范和制度引入博弈活动，从而对对方（其实也可能会对自己）的行为形成框定作用，减少相关的不确定性。现实的博弈活动中存在大量通过结构运作争抢对己有利的规则的行为，以及努力从对方运作的结构中挣扎和摆脱出来的行为。一种结构的运作一旦生效，就是说被参与人一致认同或者暂时认同，这就为后续活动明确了规则，人们就会在其中展开权利占有或划分活动，并确定不同的收益。

对一项交易而言，交易发生前和交易发生后双方的地位可能会发生改变，所以一项交易过程的结构博弈分析最好是对此作出区分。具体到中关村电子市场中的交易而言，这一区分也是必要的。

交易中“交钱拿货”意味着博弈参与人将自己对于资源的控制让渡给对方，所以，可以以这个时间点作为交易发生前和交易发生后的界分线。当然“交钱拿货”可能并非在同一个时点发生的，这意味着交易进行中的“交钱拿货”或“拿货交钱”乃至“交定金”等过程本身也可以作为分析

① 王水雄：《结构博弈——互联网导致社会扁平化的剖析》。

的一个重要对象。

在中关村电子市场的交易中，交易发生前双方的博弈地位可能是相对均等的，可根据四个维度作出分析：①武力和强力对比通常可以忽略不计，因为强买强卖被交易场景所排斥，市场管理者也会直接干涉。②参与人对交易对象的选择范围基本上是多对多，所以相对平等。③参与人对用于建立平等性交易的资源占有量，在消费者身上体现为对钱的占有量，即他愿意用多少钱来买他想要的产品；在商家身上体现为对产品特别是稀缺性产品的占有量。④硬撑着不与对方做交易而维持生存与生活的资源量，在消费者身上意味着对在该商家处购买产品的可放弃程度；在商家身上则意味着其在没有该单生意的情况下，可以挺过或者存活多长时间。

但是，交易发生后，随着双方将自己对于资源的控制权让渡给对方，他们的博弈地位也跟着发生了变化。即便是在没有“欺骗”的“等价”交换中，消费者的博弈地位也有所降低。就四个维度来看：①交易发生后的博弈有很大的不确定性，武力和强力对比在其中的重要性可能因此有所提升，这方面，商家更具优势，特别是如果商家规模很大、人员众多的话。②因为存在售后服务等需要，交易发生后，消费者对博弈对象（商家）的选择范围大大缩小，一定程度被锁定。③交易发生后，参与人对用于建立平等性交易的资源占有量，需要视交易彼此让渡的资源的平等性（等价程度）和数额大小而定，在数额较小或等价交换的前提下，通常这一维度可以忽略不计。不过，如果交换的资源量占其总量的份额比较大，而且在随后的时间里升值和贬值的结果不一样，交易发生后双方这一维度的博弈地位仍然会有所改变。笔记本电脑的交易中，交易金额本身不小；商家拿到的是货币，在短时间里贬值的可能性较小，消费者拿到的是电脑，哪怕马上转手也会被认为是二手电脑，贬值空间极大。所以，在这个维度上消费者的博弈地位也有所降低。④消费者硬撑着不与对方做交易维持生存和生活的资源量，因为前面所谓的锁闭现象而大大减少；特别是如果某种电子产品的维修服务或其他售后服务只此一家，别无分店，这种情况就会更为严峻。产品坏了，消费者硬撑着不去维修，其所拥有的电子产品就成了废铜烂铁。

以上所述还只是针对没有“欺骗”的交换而言。如果交易是所谓的“转型交易”，由于消费者让渡的是对于一定数量货币的控制权——货币作为一般等价物，可以用数量来明确度量其全部内涵，而获得的却是低于其所支付的一定量货币价值的电子产品，所以消费者相当于净让渡了一部分钱给商家。由于这部分钱在商家的掌控范围之内，在“天时”、“地利”的层面，消费者的弱势博弈地位是显而易见的，尤其如果消费者是“外地人”，情况就更为明显。而关于消费者和商家谈判地位中有关“人和”的层面，可以从下面的案例中管窥！

案例二[①]：

2009年4月26日是星期天，我和同事去中关村给朋友买索尼笔记本电脑。我们转了两个店后，决定再找家店来比较一下。我们来到“海龙电子城”一楼一个摊位中推销索尼笔记本电脑处，我问一个小伙子有没有“索尼CS25R/P”即粉色的一款，他说有。接着他让我跟着他去，把我领到三楼的320房间。后来看他们的名片才知道他们公司叫“北京隆昌宏业科技有限公司”。

三拐两拐，小伙子把我们领到他们的办公室。看完样机后，他让我填写销售协议。我照单填写。他们说要现在付款，我看完样机觉得没什么问题就付了款。他们招待我到一间房内等那小伙子去提货。小伙子说提货得要二十多分钟。

我们等了大约有十来分钟的时候，一个自称是工程师的过来，给我俩讲解这款电脑的性能特点。他说：该电脑只支持vista系统，不支持XP系统，不支持QQ、QQgame等软件，office、CAD软件只有一个月的正版使用期限。一个月后，要每年出4000～5000元去购买office、CAD等软件的使用权……然后他建议我购买HP的。说HP是如何如何的好。然后我就把这件事给我朋友说了，我朋友当时也不懂，没说什么。

我听着这个所谓的工程师所说的，觉得如果买索尼笔记本的话代价真是太大了：不能兼容XP系统，还要每年付几千块钱的软件使用费。他说如果要买HP的话，他可以跟我办理手续，并且HP本比索尼的要贵，还得交300元钱。我就交了。当我正在签销售协议还没有签完的时候，我朋友打电话过来，说不要HP的，还要索尼的。我和工程师说了，工程师说可以的，一会他把电脑和退款一齐给我退回来。

我觉得他说的有道理，就在那里等那个提索尼电脑还没有回来的小伙子。又等了一会儿，还没有等到，就问里面的工程师。这时，一个东北姓孙的（人）从办公室里把一台HP的笔记本提过来，没经过我的同意就打开箱

---

① 相关网址参看http：//tieba. baidu. com/f？ kz＝581247976，在引入本文时进行了一些文字（主要是错别字）、标点和段落划分方面的修改。

子，拆开给我看机子。我这时蒙了。我说我要的是索尼 CS25R/P 的，怎么给我 HP 呢？他们说：你要索尼，干嘛要交 300 块钱？你就是要 HP 的。并且一块来的工程师、姓孙的负责人、小伙子众口一词说我要的是 HP 的笔记本。我真是气得肺都快炸了。

后来，我找了分管该市场的市场部，市场部根本就管不了。我们又打了 110 电话，我们和两个民警先后来到保卫部，其中一个年龄大点的民警跟另外一个姓孙的经理说了一些话后，决议让我们自己调解。（后来）听东北人说当天晚上海淀区公安局的一个所长还跑过去给经理道歉，真是什么世道！

回来后，东北那个姓孙的给我们说明天拿着这个笔记本过来，好好跟大经理说一说，大经理当家。

第二天，我提着笔记本电脑和我朋友到中关村去换电脑。东北人问我们从哪里来，多大了，家是哪的，后来又出去和经理商量了一会儿。一会儿又说老板原来就是黑社会什么的话来吓唬我们，看我们是外地人欺负我们。……我们出了 6700 元钱买了别人用过的、当时报价 4200 元的惠普 6535s 系列的一款电脑，真是黑呀！货不但不能换，更不能退，真的诈人啊。有谁管管呢，市场部管不了，110 管不了，12315 能管了吗？

无论案例一还案例二中，消费者都有先交钱（或押金）再看机器的现象，这当然会导致他们在交易过程中的博弈地位剧烈下降。也难怪案例二的案主会得出诸如“一定先验货后付款”、“一定要自己留下一联销售协议作为凭证”之类的经验总结。

从案例二还能看到不少结构博弈理论中所谓结构运作和博弈地位展现的行为。比如商家员工强调“老板原来就是黑社会”，这无疑是在展现其博弈地位的武力和强力维度；消费者找市场部、打 110，也是希望在交易之中引入第三方力量进行“结构运作”，从而限定商家的行为，希望其不要搞“强卖”行径；孙姓“东北人”说“好好跟大经理说一说，大经理当家”，“当天晚上海淀区公安局的一个所长还跑过去给经理道歉”，无论真假，则是在强调他们所拥有的组织和“人和”优势。

注意这个“人和”优势，它并不是简单的人员众多就可以了，而是要在人员众多的基础之上组织和建构一整套的体系，特别是分工和层级体系。当一个人与整套体系博弈的时候，其博弈地位上的劣势是显而易见的。光是这套体系进行责任推诿的能力，就能让这个人感觉到花不起那么多的时间和精力来陪它玩这个博弈或者游戏（game）。

五　分工和层级体系的角色：从“熟悉关系陌生化”谈起

以上的探讨也许意味着开辟了一个新的视角来看待分工和层级体系的角色。关于这个问题，可以从“熟悉关系陌生化”这个有趣的、能够激起人们无限遐想的概念谈起。

“熟悉关系陌生化”和“陌生关系熟悉化”在字面意思上是对立的。但是，可惜的是，在其最初的使用者刘少杰那里，它们的真实含义却并不是对立的。“陌生关系熟悉化”，按照刘少杰和张军的说法，主要指的是在交易者之间通过多频次的、稳定的交往行为来建构相互比较信任和彼此了解的人际关系。而“熟悉关系陌生化”在刘少杰那里，则主要被用来指称，转型交易过程中，商家通过“转型”，让消费者与产品原来熟悉的关系或者消费者原来熟悉的产品认知变得陌生起来，使得消费者产生自我怀疑，最终否定或暂时否定自己原有知识的过程。显然，“陌生关系熟悉化”中的关系更多指的是人际关系（当然也一定程度包含了人对物的认知），而“熟悉关系陌生化”中的关系却指的是人与物（消费者与商品）之间的关系。

但是“熟悉关系陌生化”在字面意思上，其实包含了一个更有趣的理论含义，这就是作为刘少杰所理解的“陌生关系熟悉化”的对立面：在原本可能的熟人之间，通过引入一定的时空和社会结构，限制双方交往和信息沟通的频次、深入度，或者限制双方互动方式、行为规则和情感涉入程度的过程。

实际上“熟悉关系陌生化”在社会生活中大量存在。比如，据说刘邦称帝之后，跟他一起打天下的老哥们作为粗人，在开会的时候，仍然与他称兄道弟，行为很不规矩。直到有人帮他建立大臣见皇帝的礼仪之后，他才首次真正感受到了做皇帝的快乐。而这个仪式建构和执行的过程，正是一种“熟悉关系陌生化”的操作范例。

又比如说，现在我们去稍微大一点的医院看病，总不可避免地会遭遇“熟悉关系陌生化”。如果你是第一次去这家医院，通常首先需要去办卡窗口办一个磁卡作为患者自己在医院的特定身份，纳入医院的电子系统之中。然后，是去挂号窗口挂号，没有病历本还需要买一个，专家门诊还需要多交钱。之后就是去特定的科室排队，等候专门的分诊人员安排你去见几号房间的医生。好不容易见到了医生（医生通常用口罩蒙着脸，穿着打扮看上去

就是一片白，你要想将他们区分开来，还真不是一件容易的事情，更别说熟悉了)，在被他或者她（谁知道是什么性别呢？如果是妇科男医生，他最好彻底地让自己去性别化）问了几句之后，很快就会领到一张空白的化验单，被发配去化验血液或者做别的什么。然后，在专门的小房间里见到了一个或两个给抽血的人，抽完血之后，还需要拿着那管带有自己条形码的血液送到化验室。再往后就是等结果——你也不知道究竟是谁在对付你的那一管血液，反正结果出来之后，再拿着化验单找医生。医生开完单子——甚至都不问你身上带了多少钱，你就乖乖地去专门的地方划价，再去专门的收费处交钱。最后，拿着药方和缴费凭证，去中药、中成药或者西药窗口取药。

这整套体系在扮演什么角色，承担什么功能？毫无疑问，它所做的正是让原本可能导致“陌生关系熟悉化”的事情，导向“熟悉关系陌生化”的境地。想想看，在个人诊所，一个人做以上全部的事情（中医通常这样干)，一来二往，医生和患者就“陌生关系熟悉化”了。这种“陌生关系熟悉化”可能是医院所不愿意看到的，道理马上就讲。

也许医院安排“熟悉关系陌生化”这套系统，其目的是为了专业分工、各司其职、提高效率，但是在客观上无疑至少具有以下两种效果。

（1）医院通过这种方式强调医院的整体品牌，赢得患者的信任，从而使医院能够更好地运转。交易环节的流程化，可以增加患者的依赖感、安全感和信任感：这么多人在为你服务，你有什么不安的呢？这样轻松剥夺患者对自身行动的支配权。患者对一个医生、一个科室、一项服务的模糊的好印象，可能扩展到对整个医院形成好的印象。而患者对服务有意见，通常也是针对某个环节、某个人的“态度”问题，而较少针对“医院的态度”表示不满。如果医院各个环节的服务都热情周到，患者对自己利益遭受体系侵害的事实可能就会更丧失洞察力了。即便患者洞察到了这种侵害，医院具体人员也可以用一句“医院是这样规定的，我也没办法”来推脱掉相关责任。

（2）这套“熟悉关系陌生化”系统可以淡化医生的个人影响，使医生和患者之间的互动更具非人格化特征。如果医生在多个维度和范围与患者发生互动，可能会导致患者更多地认同医生而不是医院，这样某个医生一旦另立门户，可能也就意味着医院患者大量流失。反过来说，如果医生出现误诊，这套系统也可能有利于对医生形成保护膜：错误可能源于系统的任何一个环节，而不该由医生个人来承担可能的错误。至少患者较少会特别地将怒火发泄到某个具体的医生个人身上——如果不是什么重大的手术失误的话。

回到中关村电子市场的问题上，如前文所述，转型交易并不是由某一个特定的个体完成的。而是至少由：①导购或展厅推销人员，②后台营销人员（销售经理）及技术服务人员，③店主、老板或者公司高层共同完成的。如果是大公司，涉及在机器中做手脚这样一种转型交易，其牵涉的体系就会更为庞大。至于在交易发生后，消费者通过结构运作和结构博弈，在博弈中将市场部（或者市场管委会）、消协、工商局甚至110卷入，如果这些卷入的机构不无条件地为消费者撑腰，则只会与转型交易的基层组织融合在一起，形成更大的层级体系来对抗消费者。

六　层级体系的管理导向：镶嵌式博弈的视角

行文至此，才算真正比较全面地面对“为什么是骗子一条街”这个问题了。

在这之前，基本上是在探讨为什么是“骗子”，即为什么商家是“骗子”。总括来说，有三个方面的原因：①商家搞具有“欺骗性质”的转型交易，而且在交易过程中，寸土必争地利用信息优势、规则，全面地确立自己的优势博弈地位，剥夺消费者的利益；②商家通过内部组织体系的运转，让可能的“熟悉关系”“陌生化”，将“欺骗”的责任较好地让整个组织体系承当，而不是归结于某个个体，从而让参与其中的具体个人不至于因为内心的道德谴责和消费者推动的结构博弈而形成过大的精神压力；③商家的组织体系总体而言还不是足够的庞大和驳杂，加之其销售的产品比较标准化，能够通过网络系统寻找到相关的报价，故其“转型交易”易于被消费者最终发觉，从而建构了“欺骗”。最后这第三点其实是相当重要的，因为如果消费者无知，或者无法找到参照的标准，商家的“骗子”身份是不容易暴露于世的。

但是，“为什么是‘骗子’”（为什么商家是“骗子”）这个问题并不是孤立存在的。根据通常的说法，政府管制和市场竞争是足以将欺骗者淘汰出局的。但是“骗子一条街”的称号竟然跟随了中关村电子市场这么些年，至今仍然迟迟未能消去，这是为何？

对这个问题的分析需要借重镶嵌式博弈的视角[①]，将“转型交易”及由此引发的后续博弈纳入更大、更高一层的博弈之中加以看待，才能看得更为清晰。

---

① 王水雄：《镶嵌式博弈——对转型社会市场秩序的剖析》，格致出版社、上海人民出版社，2009。

首先，将转型交易纳入同一个电脑城的商家与商家之间的博弈这个层面来看。正如前文所述，大公司更多、更敢、更能做转型交易，而小公司则通常只能老老实实、本本分分地交易，这会导致小公司根本挣不到钱。于是，就会出现典型的逆向淘汰现象：越是搞转型交易，越能挣到钱；越能挣到钱，就越可能成为大公司；越是大公司，越会搞转型交易。照说，作为老板通常会有长远打算，会考虑自己公司的市场声誉问题①。但是，如果“转”就是活，不“转”就是死，而且隔壁、左右的商家都在“转”，获得高额利润，自己不“转”就会被别的商家吃掉，那谁还有动力不“转”呢？不“转”可能只会让消费者意识到这个商城或者更可能是这条“街”里还有诚信交易者，但是对自己又有什么好处呢？消费者向别人转述的时候，永远只会说中关村电子一条街如何如何，或者顶多说某某商城如何如何，至于自己的名号，具体商家的品牌，消费者通常是很难记住的，除非他经常逛中关村——但一般人难得买一次笔记本电脑。

其次，将转型交易及由此引发的博弈往上镶嵌到商家与商城或商场的市场管理部门之间的博弈这个层次。不难看到，商城的市场管理者一方面不希望商家将转型交易做得太过分，毕竟他们并不喜欢成天被消费者、消协、工商局乃至110“麻烦”；另一方面，也不愿意对商家的行为管得太多、管得太死，因为商家毕竟需要保证一定的利润，才能较好地在这个商场里面继续维持和经营下去。所以，商城或多或少会有一定的动力做做“诚信经销商排行”之类的活动，但是对于为消费者主持正义而言，他们做得远远不够，毕竟他们需要从商家那里获取市场管理费才能存活。

再次，更进一步将博弈镶嵌到商城与商城的层次，对市场管理者比较偏向于商家的管理导向就会有更深一层的理解。2003年以前，电脑商城基本上是海龙、硅谷、太平洋三足鼎立；但是随着2003年鼎好电子城开张，2004年科贸电子城开张，2005年e中心电子城开张，以及2006年e世界数码广场的出现，商城之间的竞争自然越来越激烈。如果商城对商家的管理过于严格，势必导致商户不愿意来这一家商城安家落户。这对于商城来说，损失自然是特别惨重。正如海龙大厦某公司高层所说的那样：“我听说在卖场

① 于乐在分析该问题的时候，认为老板或者公司高层是因为展厅管理人员（笔者所谓后台营销人员）的说服，加上看到市场管理部门基本对转型交易不怎么管，才默许了这种交易模式的（于乐：《框架分析视角下的“转型交易”研究——以中关村电子市场为例》）。这也可以说是后文所谓“中层”寻租的一个典型例子——如果将后台营销人员看做商家的“中层”的话。有趣的是，老板或者公司高层对这一寻租行为默许了。

里，（商户）淘汰率（每年）在20%以上，不信你在海龙里看，每天都有柜台或展厅转租的告示。我可以给你算一笔账，比如说我们店里代理的宏碁电脑，一般中关村在线上面公布的销售价格，只比厂家卖给我们经销商的价格高出200元至300元左右。……我们一个月卖出两三百台，才能挣到6万块。但是在海龙这样的电脑城里，一个十几平方米的店面月租金就要五六万元。何况现在中关村到处都是我们这种店，每月卖出300台以上的机子几乎可以说是天方夜谭。现在能存活下来的店家，只有将每台机子的净利润控制在1000元上下……才能基本上挣到钱。"①

其实商城和商城之间的博弈有两个均衡的方向：一个是如现在所是的那样，它们竞相弱化对商家转型交易行为的管理；一个则是向相反的方向发展，即竞相强化对商家转型交易的管理。博弈具体往哪个方向去均衡，最关键要看是否存在外在的、良好的管制性作用力。这一外在作用力如果来自体系中更高一级的力量，那它就应该是类似于"中关村电子一条街"之类的管理机构。但是，可惜的是，"中关村电子一条街"只是消费者"想象的共同体"。虽然它可以算作一个具有层级的系统，但它并非一个切实的组织体系，也并不存在一个以"中关村电子一条街"为名的管理者。

比较中关村电子一条街和一个医院，前者可以说是"具有层级的系统"，后者才算是"一个切实的组织体系"——虽然人们可能会用"医院系统"囊括大量医院，但要注意：医院机构之间的边界是相对清楚的，患者能够分清楚自己去的是海淀的医院还是西城的医院。只有在"一个切实的组织体系"之中，最高层在管理导向上才可能有动力对中层和下层有损该组织体系的行为进行管制。在没有一个具体的管理实体，而消费者又将其建构成了一个"想象的共同体"的背景下，"中关村电子一条街"就恰如公地悲剧中的"公地"一样，各大电子商城展开博弈，其均衡的方向无疑会趋向于对商家的软化管理。

但是，需要强调的是，即便"中关村电子一条街"有了一个最高层的管理机构，其"对中层和下层有损该组织体系的行为进行管制"的动力，仍然极大地取决于外部竞争者的存在所带来的压力。只要"中关村电子一条街"在北京市是独一无二的，只要大家一要买电子产品，特别是电脑，脑海中就立即浮现"中关村电子一条街"几个字，简而言之，只要"中关村电子一条街"作为一个体系在电子产品特别是电脑产品交易市场中处于

① 于乐：《框架分析视角下的"转型交易"研究——以中关村电子市场为例》，第28～29页。

垄断地位，其外部竞争者的压力不足为虑，则虚拟的“最高层管理机构”在管理导向上可能仍将很大程度上是软化的。

七　体系“租金”、“中层”寻租与交易组织

上文的分析可以初步得出一般性结论：体系是包含“租金”（主要指产生额外的货币收益的可能性）的。体系所包含的“租金”取决于其相对交易对象而言的博弈地位：体系相对于交易对象的博弈地位（可以由上文的四个维度加以判定）越高，其所包含的“租金”也就越大。也就是说，强力拥有量、交易对象选择范围、资源占有量、丧失某交易对象的自我维持能力越大，其所包含的“租金”也就越多。

具体分析在中关村电子一条街中的体系，这个体系可以是一个整体，即“中关村电子一条街”；也可以是其中层及其基层，如海龙电子城等商城；还可以是商城中的基本组成单元：一个个具体的商家。

就一个具体的诸如商家之类的基层体系而言，其作为体系拥有的“租金”，不仅取决于它依据其自身规模、体系化程度等特性形成的相对于博弈对象的博弈地位，而且还取决于其所在（或者说镶嵌于其中）的更大一层或者数层体系所拥有的相对于博弈对象的博弈地位。有句老话叫做：“女怕嫁错郎，男怕入错行”，就是因为“郎”和“行”作为一个体系都拥有“租金”（该租金虽然主要包括但并不限于产生货币收益的可能性），“郎”如果镶嵌在特定的、作为更大一层或者数层体系的“行”中，“行”所包含的“租金”也能够影响到“郎”所拥有的“租金”量。

商家的体系性质与其“租金”之间的关系，一定程度上可以用“转型交易”的收益来度量。很难想象三个独立的个体能够成功实现“转型交易”，但是三个组织化了的形成了一定体系的人却能够办到。很难想象一个完全独立于“中关村电子一条街”之外的商家（譬如专卖店之类）能够完整有效地频频实施“转型交易”而持续存在较长一段时间，但是“中关村电子一条街”内部的商家却能做到这一点，只要它自身的体系性质足够好。

“中层”寻租，即体系内部的单元、单位或个人凭借其所在体系的优势博弈地位从作为体系的博弈对象身上获取私自收益的行为，这在一个体系之中是常见的现象。如果这个体系具有非常多的“租金”（这意味着它的外部缺乏有效的竞争者），而又对其内部的单元或者个体缺乏强有力的控制和管

理，“中层”寻租的现象就会更为严重。比如说交通的管制者可能从被管制者身上收取贿赂然后放行；学校的教师可能或多或少地未经许可借用学校的名义到外面举办培训班；官员可能凭借其在党政体系中的地位买官卖官。

“中层”寻租的猖獗，意味有将整个体系置于“公地悲剧”的命运之中的危险。就像商家的“转型交易”会让“中关村电子一条街”获得“中关村骗子一条街”的绰号一样，部分医生收取红包会败坏其所在医院的美名，部分党员和官员的腐败行为也会严重影响党和政府的声誉。如果没有适当的管制，“公地”博弈的结果注定会是一场悲剧。

中关村电子市场的“公地悲剧”之所以显得那么真切，很重要的原因在于，“中关村电子一条街”在空间上的集中促使消费者在认知中将它当作一个共同体、一个统一的体系（一年难得去中关村购买一次笔记本电脑的消费者们很难区分讲信誉的商城和不讲信誉的商城，更别说区分优质商家和劣质商家；对于外地人来说，这种认知趋势就更明显），但是其管理者却是缺席的，也就是说没有一个剩余收益的获取主体。所以“中关村电子一条街”的声誉会被商城及商家置于不管和不顾的境地之中。

但是，在中关村被“欺骗性质”所包围的转型交易为什么能够持续存在呢？这是因为“中关村电子一条街”作为一个体系具有较高的博弈地位，是包含了较多“租金”的。特别是它作为电子产品的集散地，比较好地汇聚了消费者的注意力。消费者只要有相关的需求，往往就会想到来此地购买，而如果能够对每一个有相关需求的北京市居民甚至外地慕名而来的消费者都宰上一刀，这个市场也足以维持一段时间了，更何况这里并不乏争取薄利多销的老实的小商家呢。在最高的体系层面设置竞争很有必要，设想一下，如果北京还有“公主坟电子一条街”、“望京电子一条街”、“国贸电子一条街”与“中关村电子一条街”齐名，那么，“转型交易”持续存在的可能性就要打些折扣了。

至此，“为什么是骗子一条街”及其背后“有效的信誉机制为何建立不起来”这个问题的答案基本可以理清了。信息不对称当然是其中的一个重要原因，但是光信息不对称是不够的。结构博弈、镶嵌式博弈等视角的分析表明：“中关村电子一条街”相对于消费者的博弈地位以及它的外部竞争者的相对缺乏，导致它身上凝聚了大量的“租金”，这些“租金”已经成为商城和商家竞相争夺的对象，商城或商家有条件而不做“骗子”只会被同类型的“骗子”商城或商家淘汰。这种逆向淘汰导致的结果是：“中关村电子一条街”作为一个体系的可持续发展将遭受极大危机，特别是其笔记本电

脑、数码相机、手机等销售等业务。这种危机随着京东商城[1]的兴起和迅速发展而日益紧迫，也许在三四年内，就会集中爆发，届时“中关村电子一条街”的产品销售可能往低端化的方向发展。

那么交易该如何组织呢？以上的探讨所能带来的启发如下。

第一，也许在电子产品市场最开始发展的时候，北京市就应该同时在城市的不同部位规划三四个电子一条街，建构几个有明确边界的体系，削弱每一个具体体系相对于消费者的博弈地位，这样对任意一个“电子一条街”体系都形成外部竞争压力。

第二，在第一条得到贯彻和实施的条件下，也许“中关村电子一条街”应该建构一个管理实体，掌控整个“一条街”的剩余收益，谋划其长远的可持续发展性，对商城的管理行为进行监督和规范，对商城的市场秩序和管理服务优劣进行排序，公告消费者，强化组织内部不同单元的边界。

第三，也许商城还应该限制进入其中的商家的规模，比如说控制其业务面积，要求其营销人员总共不能超过 1 个人，以便压缩“转型交易”运转的可能性。这样，在交易发生后，如果消费者发觉“被骗”，在与商家开展结构博弈时，不至于因为面对的是一个体系而让自己备感脆弱、博弈地位低下，以致疲于奔命，心力交瘁。

第四，以上三条意见都意味着商家、商城、一条街高额利润的丧失；加之由于网上报价系统的存在，消费者的抗争，经营者们的收益会进一步被压低，日子会更不好过。也许更切合实际的交易组织发展方向是：如上文所述，笔记本电脑、数码相机、手机等销售业务被电子商务平台所承揽和夺取，“中关村电子一条街”销售的产品则往低端化发展，最终消亡；或者依托创新，改售其他新型产品，或者提供其他新型服务。

八　余论：兼谈“陌生关系熟悉化”与“熟悉关系陌生化”

经典博弈论论证了多次重复博弈是如何增强人们的长远预期，提高合作

① 京东商城在网上明码标价，一款一价的报价方式和送货上门的销售方式，对消费者来说是福音，对“中关村电子一条街”中的商城和商家来说无疑是噩梦和噩耗！也许“中关村电子一条街”式的聚集和体系销售模式，由于信誉机制难题和高昂的租金费用，已经不是特别适合作为电子产品特别是笔记本电脑的标准销售模式了。当然，诸如京东商城之类的电子商务平台同样面临内外部管理和信誉机制的建立问题，只是它的问题还不像“中关村电子一条街”那么严峻。

可能性的[①]。但这并不意味着，可以把重复博弈看成中国市场经济信用建设的必由之路。这里面的道理在于，经典博弈论往往将博弈参与人假设为平等的，而实际上，博弈参与人在众多方面都是并不平等的。多次重复博弈，导致的结果完全可能是一方的剥夺和另一方的被剥夺，甚至是双方逐步习惯了剥夺和被剥夺。市场经济的信用建设最关键要考虑交易发生后的结构博弈问题。

如前所述，刘少杰和张军提出了非常有意思的“陌生关系熟悉化”方案，尝试用它来部分地解决交易中的秩序问题，这可以说是对社会学因素如何在市场秩序建设中发挥作用的很好的一种思考。

在这一思路的启发下，前文重新诠释了刘少杰提出的“熟悉关系陌生化”概念。在这一诠释中，“熟悉关系陌生化”和“陌生关系熟悉化”相对而言，成了两种不同的关系运作方向。笔者想指出的是，交易乃至交往中“陌生关系熟悉化”并非毫无成本[②]，其带来的也未必全是好处；而“熟悉关系陌生化”也并非全是成本，带来的也未必全是坏处。比如，大学老师带学生就存在“陌生关系熟悉化”的过程，如果要收钱，就必须有一个“熟悉关系陌生化”的程序。所以，学生缴费通常是在开学之初，而且学校有专门的财务人员来收取学生的学费；设想一下，如果老师带了学生两年，之后亲自向“陌生关系熟悉化”了的学生要钱，多尴尬！又比如学术界有所谓双向匿名评审制度，建立的也就是一套“熟悉关系陌生化”的程序，对于保证效率和评审质量是有帮助的。

要特别指出的是，“熟悉关系陌生化”有些时候甚至有利于交易的扩大和技术的创新。这是因为如果是在完全的熟人关系或“陌生关系熟悉化”中开展交易，可能会导致某一方“技术”优势和“租金”的轻易丧失，使得有些交易被取消。比如说在服装设计领域，一个新颖的创意如果在“熟悉关系陌生化”的运作模式中操作，可能意味着几百万的收益；而如果在“陌生关系熟悉化”的运作模式中操作，则创意提供者可能颗粒无收。后一

---

① 参看 Kreps, D., P. Milgrom, J. Roberts, and R. Wilson, 1982, “Rational Cooperation in the Finitely Repeated Prisoners' Dilemma,” *Journal of Economic Theory*, 27: 245 - 252；以及罗伯特·吉本斯《博弈论基础》，高峰译，中国社会科学出版社，1999。

② 汽车配件市场更容易“陌生关系熟悉化”，因为一辆汽车机器零件需要检修更换的情形一年内可能多有发生，一来二往，客户与销售者的关系自然容易“熟悉化”；但是正如上文所述，一个人难得每年买一台笔记本电脑，所以电子市场特别是笔记本电脑等产品销售中“陌生关系熟悉化”需要花费额外的金钱、时间乃至精力。

模式对于服装设计领域的创新可能就是不利的。老师传授学生知识，往往是在“陌生关系熟悉化”的模式中展开的，所以如果没有一套特殊的“熟悉关系陌生化”的模式来提高老师的地位，其价值往往就会被低估。老师在外面搞培训往往比自己本职工作所挣工资多得多，部分得益于市场原则和培训机构“熟悉关系陌生化”的运作。

那么，何时应该“熟悉关系陌生化”，何时应该“陌生关系熟悉化”呢？最关键要看交易双方（及其所在体系）的博弈地位。如果交易双方的博弈地位差距悬殊，以至于产品销售方已经不是试图通过提高产品的技术“租金”来获取利润，而是试图通过“熟悉关系陌生化”的体系“租金”来获取利润的时候，就应该将交易双方的博弈地位拉平一些，这时候毫无疑问，需要强调“陌生关系熟悉化”。

相反，如果交易双方的博弈地位太过平等，以至于产品销售方已经难于获得产品的最基本的服务收益或者必要的技术“租金”，这时搞搞“熟悉关系陌生化”就变得有必要了。因为这样才能更好地推进技术创新，进而推进社会发展。

具体就当前我国的市场秩序问题而言，由于交易双方中销售者往往能够借助体系的力量，相对处于优势，而消费者往往单枪匹马，处于相对弱势，所以博弈地位的相对平衡（也就是刘少杰等人提倡的“陌生关系熟悉化”）总体而言在许多市场中仍然是重要的。

此外，市场秩序建设还意味着就销售方的内部而言，需要形成合理的层级体系“租金”分配机制，如果租金分配机制不合理（比如房地产市场中土地要价过高，中关村电子市场中商场租金太贵），不仅良好的市场秩序不可能建立起来，而且市场本身也可能会是短命的，无法长久地生存下去。

如前文所述，由于存在体系“租金”，所以，即便是一些非生产性组织，也可能会倾向于做大、做强，提高其博弈地位，力争获得垄断性。这就引发了对组织规模问题的探讨。科斯曾经探讨过企业的边界问题，认为企业最好可以被看做市场的替代性组织形式。由于无论是市场还是企业都存在交易费用，而且企业内部交易费用是其规模的一个函数，所以，当企业内部组织一项活动的费用与外部市场组织一项类似活动的费用相等时，企业的规模和边界就会倾向于稳定下来①。

① 罗纳德·H. 科斯：《论生产的制度结构》，三联书店，1994。

本文的分析则表明，也许科斯考虑的还仅仅是生产性组织或组织的生产活动层面；其实对于其他类型的组织比如医院或政党，或组织的其他层面比如服务提供、产品销售等获取收益的层面，乃至作为生产之前提的生产资料购入层面，组织规模及边界的探讨同样重要。由于组织具有体系“租金”，为了更好地获取这部分“租金”，组织总是倾向于努力扩大其自身的体系，所以组织总有扩大规模的倾向性。而组织规模扩大的平衡性或抑制性力量，一方面当然来自科斯所谓组织内部的交易费用或协调费用，另一方面则来自消费者的抗争和选择——比如说，用脚投票。

组织内部的交易费用很重要的方面是：因为存在“中层”寻租的问题，所以组织内部需要加强管制，以避免整个体系的租金被迅速地剥夺而影响组织的收益乃至生存。消费者的抗争和选择则意味着，组织维持相对较小的规模和明确的边界，以及与自己有着明确边界的竞争者是有益的。虽然这意味着组织会丧失一部分体系租金，但它有利于推进组织加强内部管理，持续地保持竞争活力，这样才不会因为过度的中层寻租而被消费者抛弃。

定性分析辅助软件的中文兼容性及其性能评估*

夏传玲**

定性研究领域是一个多种流派竞争的场域，包括本土方法论①、扎根理论②、会话分析③、行动研究④等。但无论何种流派，我们都需要面对纷繁复杂的定性资料，只有通过对它们的加工和整理，我们才能获得对研究对象的深描⑤，或形成概念和理论⑥。

处理定性资料是定性研究的主要特征，也是最繁重、最费时的体力和智力劳动。但有时候，定性分析也会使用比较量化的数据，例如，参与者的性别、年龄、受教育程度等描述特征，来区分不同群体的差异，特别是在强调混合方法的研究中，尤其如此⑦。因此，如何减轻研究者处理定性资料的负

* 作为独立的学术评估，不构成对本文所涉猎的各种软件的性能鉴定。

** 夏传玲，中国社会科学院社会学所。

① Garfinkel, Harold. 1967. *Studies in Ethnomethodology*. Englewood Cliffs, N. J.: Prentice-Hall.

② Glaser, Barney S. & Anselm L. Strauss. 1967. *The Discovery of Grounded Theory: Strategies for Qualitative Research*. Chicago: Aldine Publishing Company; Strauss, Anselm L. & Juliet M. Corbin. 1998. *Basics of Qualitative Research: Techniques and Procedures for Developing Grounded Theory*, 2nd. Thousand Oaks: Sage Publications.

③ Psathas, George. 1995. *Conversation Analysis: The Study of Talk-in-Interaction*. Thousand Oaks, Calif.: Sage Publications.

④ Greenwood, Davydd J. & Morten Levin. 1998. *Introduction to Action Research: Social Research for Social Change*. Thousand Oaks: Sage Publications.

⑤ 格尔兹：《文化的解释》，纳日碧力戈等译，上海人民出版社，1999。

⑥ Garfinkel, Harold. 1967. *Studies in Ethnomethodology*. Englewood Cliffs, N. J.: Prentice-Hall.

⑦ 夏传玲：《计算机辅助的定性分析方法》，《社会学研究》2007年第5期。

担，提高其研究效率，就是一个亟待解决的实际问题。

计算机技术的发展，为解决这一问题提供了一个十分诱人的前景。我们把减轻人们处理定性资料的负担、提高研究效率的计算机程序，统称为“定性分析辅助软件”，特别是指专门以定性研究流派的方式来处理定性数据的计算机程序。广义地说，定性分析辅助软件可以分为“内容分析”和基于编码的“理论构建”两个大类。内容分析的辅助软件，是指对文本库中的词语的出现频率、词语之间的链接、语料库等方面进行定量统计的软件。基于编码的理论构建软件则是利用文本库，对其内容进行编码，并在编码的基础上进行理论建构①。借助于定性分析辅助软件，研究者可以更稳定、连贯地处理定性研究过程的各个方面，处理资料细节的能力大大加强，并增加研究过程的“透明度”，方法论上也变得更加严谨。

Weitzman 和 Miles 曾经把定性分析辅助软件分为编码和检索、文本检索和文本库管理等类别②。基于编码的理论构建软件能够对大量定性资料进行编码，再按照主题对资料进行简化，有时还具有有限的检索和记忆功能。目前，这类软件大多具有检验问题、概念和主题之间关系的功能（所谓“假设检验”），同时，编码的功能也得到扩展，例如，在代码的基础上形成抽象层次更高的概念，或者建立和特定资料相关联的条件代码。有些软件还充分利用了计算机的图形功能，可以把抽象的概念及其联系以图像的形式表达出来。文本检索和文本库管理的定性分析辅助软件，是对文本中的词汇进行定量分析，即进行内容分析，包括利用同义或近义词库检索具有相同或相近含义的词汇，抽出文本中的检索词汇、提供词频表、建立关键词库等。更复杂一些的内容分析功能包括建立关键词的偶遇矩阵、相关关键词的邻近图、建立图表等。

第三类定性分析的辅助软件是具有文本库管理功能的定性分析辅助软件，一般能够以不同的方式管理海量的文本资料。有些基于编码的理论构建软件（如 MAXqda、ATLAS. ti）也结合了文本库的功能。而有些文本库软件，也开始融合理论构建的功能，例如，QDA Miner 和 C-I-SAID。

随着计算机技术的发展，这些分类已经显得不太合适。例如，现在已经

---

① 夏传玲：《计算机辅助的定性分析方法》，《社会学研究》2007 年第 5 期。

② Weitzman, E. & M. Miles. 1995. *A Software Source Book: Computer Programs for Qualitative Data Analysis*. Thousand Oaks: Sage Publications.

很少有单纯的编码和检索类别的软件，更多的是管理代码、围绕理论构建而设计的定性分析辅助软件。不过，把软件描述为“理论构建”软件，都会给人留下错误的印象。它们的实际功能是构成复杂的检索系统，通过对原始材料的归类、编码、存储，然后再通过代码进行检索，从而达到辅助研究者进行理论构建的过程①。一定意义上而言，代码就是原始资料的索引，它们之间的关系就像搜索引擎和互联网之间的关系一样。

Shelly 和 Sibert 把定性分析过程看做归纳和演绎之间的不断循环，在归纳阶段，我们将大量的资料进行简化，化繁就简，形成一系列的代码，然后，我们重新在代码之间建立链接，重新对文本的主体意义进行阐释，并试图通过个案比较把新的理论假设推论到新的个案中，即概括或推论自己的研究结论，后者是一个演绎过程②。这样，定性分析就有两种基本的策略，一个是分解，首先从广义的概念开始编码，然后再寻找特殊性；另一个是概括，首先寻找特殊性并开始编码，然后在这些特殊代码的基础上归纳出普遍性。

目前的大多数定性分析辅助软件，其基本分析模型的原型是“扎根理论”。扎根理论是一种基于经验资料的定性分析模板，它通过鉴别研究主题、概念、过程和语境，围绕特定主题尽可能地对定性资料进行编码，经过不断比较，达成概念抽样和理论饱和，从而获得对研究对象的理解，建立新理论，或检验、扩展旧理论③。但这种基本的分析框架不应当约束定性研究者，相反，研究者应当拥有阐释过程的主动权，选择适当的分析软件来帮助自己完成既定的分析框架，而不是被软件所设定的分析框架牵着鼻子走。

因此，我们将主要从扎根理论的分析流程来评估不同的定性分析辅助软件的异同，特别是在定性研究的资料录入、资料管理、全文检索、资料编码、代码分析、概念链接和理论构建等过程中，不同软件的作用是不同的。

---

① MacMillan, Katie & Shelley McLachlan. 1999. “Theory-Building with Nud * Ist: Using Computer Assisted Qualitative Analysis in a Media Case Study.” *Sociological Research Online* 4 (2).

② Shelly, A. & E. Sibert. 1992. “Qualitative Analysis: A Cyclical Process Assisted by Computer.” pp. 71 - 114 in *Qualitative Analyse: Computereinsatz in Der Sozialforschung*, edited by Günter L. Huber. München: R. Oldenbourg.

③ Glaser, Barney S. & Anselm L. Strauss. 1967. *The Discovery of Grounded Theory: Strategies for Qualitative Research*. Chicago: Aldine Publishing Company; Strauss, Anselm L. & Juliet M. Corbin. 1998. *Basics of Qualitative Research: Techniques and Procedures for Developing Grounded Theory*, 2nd. Thousand Oaks: Sage Publications.

下面，我们将讨论九个主要的定性分析辅助软件，即 Aquad[①]、ATLAS. ti[②]、C-I-SAID[③]、Ethnograph[④]、HyperRESEARCH[⑤]、Kwalitan[⑥]、MAXqda[⑦]、NVivo[⑧] 和 Qualrus[⑨]，在中文兼容、操作流程、文件格式、交互性、编码框架、辅助写作、输出结果和团队协作等方面的表现。需要说明的是，本文是对这些软件的特征介绍，而不是软件行业的技术评估，所有意见只能作为学术研究的参考，不能作为研究者挑选定性分析辅助软件的标准和依据。

一　定性分析辅助软件的基本功能

存在"最佳"的定性分析辅助软件吗？这是一个没有答案的问题。一般说来，每一种软件都有自己的特色功能，在支持定性分析过程的特定阶段上具有特色。同时，因定性研究目的、数据资料的格式、研究者的计算机水平等因素的不同，可能适合的定性分析辅助软件也不同。因此，我们需要考察各方面的因素，来选择自己合身合用的工具。

尽管不同的定性分析辅助软件具有不同的特色，但在一些基本功能上，它们之间仍然具有共同点。有鉴于此，在讨论具体的定性辅助软件之前，依据 Lewins 和 Silver 的讨论[⑩]，这些软件的基本功能可以概括为下列七个方面。

（1）数据结构

在不同定性分析辅助软件中，"项目"是不同文件的容器或中继器。有些软件采用一种内在的数据结构，此时，"输入"数据就是一个拷贝过程。有些软件采用外部数据结构，此时，外部数据文件只是和项目建立一种联系，并没有真正进入项目内部。无论何种数据结构，打开一个项目，即意味

① 参见 http：//www. aquad. de。
② 参见 http：//www. atlasti. com。
③ 参见 http：//www. code - a - text. co. uk/index. htm。
④ 参见 http：//www. qualisresearch. com。
⑤ 参见 http：//www. researchware. com。
⑥ 参见 http：//www. kwalitan. net/engels。
⑦ MAX 98 pro 和 Winmax 的最新版本，参见 http：//www. maxqda. com/。
⑧ NUD * IST 和 Nvivo 的最新版本，参见 http：//www. qsrinternational. com。
⑨ 参见 http：//www. ideaworks. com。
⑩ Lewins，Ann & Christina Silver. 2006. "Choosing a CAQDAS Package." Retrieved 2007（http：//caqdas. soc. surrey. ac. uk/ChoosingLewins&SilverV5July06. pdf）.

着可以使用所有项目中的文件。

（2）互动性

通过用户界面，大多数定性分析辅助软件和研究者之间都具有较好的互动性。通过菜单、图标按钮、快捷键、右键菜单等技术手段，提高人机交互的效率，方便研究者和原始资料进行互动。

（3）检索资料

所有定性软件均具有检索功能，从而可以让研究者比较方便地寻找“语境下的关键词”（英文简写为 KWIC）。

（4）编码和检索

由研究者定义的关键词或代码（概念原型），可以附着在不同的文本段落之上。编码框架的结构和具体编码的修正过程，完全掌握在研究者手中。有些软件，例如 Qualrus，采用人工智能技术，可以辅助研究者的编码过程。所有定性分析辅助软件均可以检索已经编码的资料，再编码已经编码的资料，或者是输出已经编码的资料。

（5）项目管理和数据组织

所有软件均可以对项目进行管理，按照已知的事实、描述特征或数据类型，对数据进行整理。这样，研究者处理资料细节以及对不同细节进行系统比较的能力得到大大提高。

（6）检索和查询数据库

大多数软件具有查询功能，包括检索资料内容。但不同软件所返回的结果不同，例如，返回不同的文本单位（句子、段落、整个文本）。

（7）辅助写作工具

多数定性软件也提供了一些辅助写作功能，包括备忘录、注释、附件等，让研究者可以系统地把握自己的思路和研究过程。同时，大多数标准的输出结果还可以转换为其他文字处理或统计分析程序的格式，如 Word、Excel 或 SPSS。

除了上述基本功能之外，不同定性分析辅助软件在团队协作、兼容格式和输出结果等方面，存在一些差异。最大的差异在于处理中文的能力，因为大多数定性分析辅助软件脱胎于英文或其他欧洲语言，它们对中文的处理存在计算机技术（从单字节向双字节的转换）和语言文化上的障碍。下面，我们将从中文兼容性、输入文件的格式、编码框架和流程、假设检验以及检索和输出等五个方面，对主流的定性分析辅助软件作一个评估。

二　中文分词：定性分析资料的预处理

中文的书写习惯和英文不同，词和词之间并没有空格。因此，大多数英文定性分析辅助软件在处理中文字符时，都显得有些力不从心。但近年来，汉语的分词（自然语言的拆分）研究已经有了长足的发展。这里，我们所采用的是厦门大学史晓东教授开发的 segtag 分词系统（v1.20）[①] 对文本资料进行预处理，以增强英文定性分析辅助软件对中文字符的处理能力。segtag 分词系统是一个命令行运行的软件，其批处理命令为：

segtag-s-z　待处理文本　输出路径

其中，选项 -s 表示只分词，不标注。选项 -z 表示把识别的专名合成一个单词。

segtag 分词系统自带的简体词典中有 88750 个单词，文件名为 segdic. txt，在 jt 子路径下。我们可以在其中添加自己的字汇，以增加 segtag 的分词准确率。其格式是：

单词　词性　词频权重

其中，词性的标记集共有 39 个基本词类标记，包括名词 n、时间词 t、处所词 s、方位词 f、数词 m、量词 q、区别词 b、代词 r、动词 v、形容词 a、状态词 z、副词 d、介词 p、连词 c、助词 u、语气词 y、叹词 e、拟声词 o、成语 i、习惯用语 l、简称 j、前接成分 h、后接成分 k、语素 g、非语素字 x、标点符号 w、人名 nr、地名 ns、机构名称 nt、其他专有名词 nz 等标记。基本词类也可以叠加，例如，ng 表示一个名词词素。“招聘会 n 1”表示一个名词，词频权重为 1。

三　定性分析辅助软件的比较

在开始具体比较之前，我们需要了解每一个软件的自我定位及其对定性研究的认识。在我们所考察的这些定性分析辅助软件中，Ethnograph 是比较早的一个专业定性分析辅助软件[②]，相对较新的软件的是 Qualrus。据英国人

---

① 免费软件，参见 http：//www. nlp. org. cn/docs/download. php？doc_ id = 1192。

② Seidel，John V. & Jack A. Clark. 1984. “The Ethnograph：A Computer Program for the Analysis of Qualitative Data.” *Qualitative Sociology* 7（1/2）：110.

的统计，比较流行的定性分析软件是 NVivo 系列。

下面，我们将按照定性分析辅助软件的英文字母顺序，对它们分别作一个简单介绍。

（1） Aquad

Aquad（Analysis of Qualitative Data）是一个定位于“假设检验和理论构建”的软件，同时兼有传统内容分析软件的功能。它把定性研究看做一个归纳和演绎的循环过程，而定性分析的目的是在资料中寻找范畴（基本的意义单位），序列（意义单位之间的链接、关系和关联等，例如，因果序列、时间序列、条件序列、结果序列、让步序列、对比序列、定义序列、情态序列等）和主题。它把定性分析过程分解为编码（区分“概念代码”、“背景代码”、“数字代码”、“控制代码”、“链接代码”和“说话者代码”）。

（2） ATLAS. ti

ATLAS. ti[①]，是德国柏林技术大学 Muhr 的原创，于 2004 年商业化[②]，它把自己定位于“知识作坊”的角色。它采用外部数据库结构，文本文件并没有拷贝到项目中，而只是和项目建立关联，并在项目中建立索引和参照关系。它把整个研究项目看做一个“释义单位”，包括原始资料、代码、便签网络、注释、代码、引文或便签中的网络等。相比其他软件，ATLAS. ti 有三个特色：引文（未编码的重要文本段落，引文之间也可以具有链接），网络工具（用于在引文、代码、源文件和便签之间形成链接）和对象牵引器（用于检索整个项目或释义单位中的字符串、关键词、短语等）。除此之外，ATLAS. ti 还具有内容分析功能，可以把词频表输出到一个文件中，以便作进一步的定量分析。

（3） C - I - SAID

C - I - SAID 是 Code - A - Text Integrated System for the Analysis of Interviews and Dialogues 的缩写。它是 Cartwright 编写的一个定量研究框架下的定性分析辅助软件，以处理大型问卷调查中的开放问题为取向。因此，它可以进行评估量表分析、主题词分析和语调分析（音量、语气、语速等），用一些统计量形成报告、表格和图示等结果。它把代码看做潜在量表的特定取值。

---

① ATLAS 是 Archive for Technology，the Life-world，and Everyday Language Analysis System 的缩写。

② Muhr，Thomas. 1991. “Atlas/Ti—a Prototype for the Support of Text Interpretation.” *Qualitative Sociology* 14（4）：349 - 371.

（4）Ethnograph

这是美国学者开发的第一个专门处理定性资料的计算机程序，发布于1985年。它基本上是按照定性分析的流程来设计自己的界面，包括数据模块、编码模块、便签模块和检索模块。界面虽然简洁，但却只能处理文本资料。

（5）HyperRESEARCH

HyperRESEARCH是一个基于个案研究框架的定性分析辅助软件。它把研究项目称作“Study”，研究由多个案构成，一个个案可以引用一个或多个源文件，称为“参照”。编码的参照均列表于个案卡中，它们和源文件之间形成超链接。它的基本分析单位是个案（包括多个文本或多媒体文档）。这是它的优势，同时，也是其局限。

研究者的用户界面无法直接接触源文件，研究者在不同个案之间转换，而不是在不同源文件之间转换。开始编码之后，编码的参照开始出现在个案卡中，注释、编码参照和报告中的编码段落均有超链接直接链接到源文件的相应部分。

（6）Kwalitan

Kwalitan是荷兰的Peters开发的定性研究辅助软件。它把定性分析的研究计划称为“项目”，包括工作文件、便签、类别、树结构和词表。多个源文件可以放在一个“工作文件”中，而段落是源文件的基本结构单元，每一个段落可以附加自己的注脚，说明段落的背景或段落的摘要。因此，就文本而言，Kwalitan的区分是：文本、段落、句子和单词。

（7）MAXqda

MAXqda的前身是MAX，后改称WinMAX Pro，目前定名为MAXqda。这是德国学者Kuckartz用于处理和管理有关环境方面的政治学说的文本资料的工具，现在成为专业的定性分析辅助软件。MAXqda具有两个附加模块，MAXdictio用于提供基本的内容分析功能，例如，词频和词汇索引。MAXmaps用于增加图示功能，例如，显示两个代码之间关系的示意图。

MAXqda具有十分简明的用户界面，四个主窗口分别可以管理文本文件、代码、原始文本和编码文本。除此之外，MAXqda具有一些快捷键（见表1），使得界面具有更强的互动性。整个菜单也按照项目、文本、代码、便签、属性、分析和视觉工具等顺序排列，对应一个定性分析项目的基本流程。

表1　MAXqda 快捷键表

Ctrl + W	在原始文本窗口中,生成一个新代码
Ctrl + I	用高亮的词汇命名的新代码
Ctrl + Q	用高亮的代码给文本段落编码
Ctrl + L	给高亮的文本加链接
Ctrl + M	在文件管理窗口,给选定文件增加备忘录
Ctrl + T	在文件管理窗口,添加空白文件
Ctrl + Shift + T	在文件管理窗口,输入新文本文件
Alt + N	在代码窗口,生成新代码
Ctrl + R	在变量窗口中,添加新变量
Ctrl + B	启动代码矩阵浏览窗口
Ctrl + O	启动代码关系浏览窗口

（8） NVivo

NVivo 7 是澳大利亚研发的定性分析辅助软件的最新版本，是 NUD * IST 6 和 NVivo 2 的合并升级，是建立在 . NET 框架下的定性分析系统。这是我们所考察的定性分析辅助软件中，最占用磁盘空间的软件。从复杂性上讲，它可能也是最复杂的一个，对于硬件的要求较高。这意味着在某些机器上，NVivo 7 的运行和操作反应均比较慢。

NVivo 把整个定性研究项目分解为来源（包括备忘）、节点（node）、集合（sets）、查询（queries）、模型、链接和分类。其中，节点又分为自由节点（独立的、没有逻辑关联的节点）、树状节点（具有层序结构的节点）、个案、关系（节点之间的关系）和矩阵。文档可以组织成个案（一个或多个文档），每个个案可以具有自己的属性，这些信息可以输出到 Excel 文件中。

NVivo7 采用内部数据库结构，所有项目中的元素均可以在工作间中找到。主要的工作间是浏览窗口（包括源文件、节点、模型、链接等），列表窗口（显示每一个文件夹中的元素）和细节窗口（显示每一个元素的内容）。因此，整个研究项目中的各种成本比较明晰。

在 NVivo7 中，存在四类链接，包括①便签链接：链接到代码、文档或外部资料；②参阅链接：一个文本段落链接到项目中的其他元素上；③注释链接：给文本段落添加注释；④超链接：把一个段落链接到其他文件或网站上。通过这些链接，不同的项目对象之间就可以形成复杂的关系。而且，

NVivo7 把关系看做一种界定两个项目元素之间有联系的节点，并把一个项目中的关系分为两种不同的关系类型。

通过这些对象、链接和关系，NVivo7 就形成动态和静态两类模型。静态模型中的元素和项目中的其他元素之间没有联系，动态模型中的元素则和项目中的其他元素之间具有即时联系。这样，一个项目中的两种关系类型就可以在模型中得到图示。而项目中的不同元素就可以集合成不同的层次，出现在模型中。所有这些，都大大提高了 NVivo7 的分析和展示能力。

（9）Qualrus

Qualrus 是由美国的 Idea Works 公司开发的新一代智能型定性分析辅助软件，带有自己的面向对象的脚本语言。它的最主要特色是扩展性，研究者可以使用脚本语言完成特定的分析任务。另外，Qualrus 使用合并工具在不同研究者的项目之间搭起桥梁。同时，它还有一致性工具用来检验不同编码者之间的一致性程度。因此，也比较适合研究团队的合作。

在这里所考察的定性分析辅助软件中，Qualrus 比较显眼，它具有一些独特的功能，而且界面的整体交互性也比较好。智能编码的功能也有助于研究者在归纳编码和演绎编码之间得到平衡，不至于陷入特定分析框架的桎梏。

以上简要的介绍，让我们对每个定性分析辅助软件有了一个初步的印象。下面，我们将从中文兼容性、输入文件的格式、编码框架和流程、假设检验以及检索和输出等五个方面，对上述软件进行比较分析。

（一）中文兼容性

能够处理中文，是定性分析辅助软件能够在中文环境中应用的必要条件。不同的定性分析辅助软件在显示中文文件名、显示中文内容、建立中文代码、进行中文检索、存储中文便签、输出中文结果等方面，具有不同的兼容性。同时，我们将考察对源文件的分词处理是否有助于提高定性分析软件的中文兼容性。

Aquad 在文件名、源文件内容显示、中文代码、中文检索和输出结果等方面均具有较好的中文兼容性。但对于没有分词的文件，在没有分词的项目中，添加便签时，软件会报出错，无法添加中文便签。经分词处理之后，Aquad 也可以顺利地添加便签。一旦添加便签之后，Aquad 就可以在便签中比较好地显示中文内容。

在文件名、源文件内容显示、中文代码和输出结果等方面，ATLAS. ti

均表现出较好的中文兼容性。但是，它在中文代码的管理方面，存在不兼容中文的现象，表现为不同代码相互混淆。但是，在检索文本时，ATLAS. ti 能够正确识别不同的汉语词汇。由于兼容性发生在 ATLAS. ti 对自己内部代码的管理上，因此，源文件是否分词并不影响 ATLAS. ti 的代码兼容性，但会增加 ATLAS. ti 当中所有和词汇有关的操作时间，例如，词频分析。

C-I-SAID 可以自动划分段落，但对中文的兼容性较差。它可以正确识别中文文件名，但对于没有分词的中文文件，它不能正确显示源文件的内容。分词之后，则可以正确显示。由于 C-I-SAID 以分析开放题器为取向，默认的长度是有限的。因此，它不具有便签等功能。

Ethnograph 第五版只支持短文件名（8 个字符）和路径名，第六版支持长文件名和路径名，识别中文文件名和路径名的功能尚可，没有出现出文。但它的读入源文件的操作不简单明了，显示没有分词的中文源文件时，会出现乱码现象。分词的情形下，中文可以得到正确显示。但在划分段落、进行编码时，还是会出现乱码现象。它支持中文代码、中文便签，但不支持中文检索。检索中文文本时，无法正确区分中文词汇，张冠李戴。检索中文代码时，代码有乱码现象，但段落可以正确显示，检索结果也是正确的。

HyperRESEARCH 不识别中文个案名，当给 Case 命名时，如果使用中文字符，则会出现一个出错提示。它不支持中文文件名，不能打开中文命名的源文件。不过，如果源文件以英文命名时，其中的中文内容则能够得到较好的显示，即使是没有分词的中文内容。但在高亮时，会出现乱码现象，分词也没有减轻或避免这个问题。它不支持中文代码，对中文文本的检索能力也非常差。但输出结果时，它仍对中文具有较好的兼容性。

在 Kwalitan 中，最好避免使用中文项目名，因为很容易出现不能正确导入文件名的情形，提示“I/O error 123”。在英文项目名的前提下，它就能够正确读入中文文件名。但在检索的时候，Kwalitan 要求单词之间具有分隔符，如空格等，对于没有分词的源文件，它的检索功能就比较差。同理，在输出词频表时，也就会出现乱码的现象。分词之后，即使界定空格为分词符，Kwalitan 仍然不能正确区分不同的中文词汇。

MAXqda 具有较好的中文兼容性。它的项目名称可以使用中文名，能够识别中文文件名和中文路径。无论是否分词，它都能正确显示源文件中的中文内容。除此之外，它还支持中文代码，对中文便签的管理和显示也比较好。无论是否分词，MAXqda在检索时，对中文文本、中文代码和中文便签均具有较好的兼容性。检索时，无论是否分词，MAXqda均可以正确识别中文字符，并找到相应的文本段落、中文代码和中文便签。但中文分词会增加MAXqda的词频功能，否则的话，MAXqda会把整个句子作为一个单词来处理。输出结果对中文的支持也比较好，没有乱码的现象出现。

和MAXqda相似，NVivo也具有较好的中文兼容性。它可以使用中文项目名称，也能较好地识别中文文件名和路径名。无论分词与否，NVivo都能较好地显示源文件的中文内容。高亮选择时，也没有出现乱码的现象。在对中文代码的识别、显示、检索和管理上，NVivo也具有较高的兼容性。NVivo的一个优势是能够在各种项目对象上建立链接，从而形成一个巨大的文本网络。当Qualrus把文本置于背后，让代码及其网络显现在前台时，NVivio的策略似乎恰恰相反，它让文本彰显于外，代码及其语义关系则退居后台。因此，在支持中文便签功能、输出中文结果等方面，NVivo均具有较好的兼容性。但对于词频分析而言，分词的效应不存在。无论是否分词，NVivo均把中文材料看做单个字，输出的词频其实是字频。

Qualrus把自己定位为“第二代”的定性分析辅助软件，从第一版开始就表现出对中文较高的兼容性。它可以使用中文项目名称，也能较好地识别中文文件名和路径名。无论分词与否，Qualrus都能较好地显示源文件的中文内容。高亮选择时，也不会出现乱码的现象。在对中文代码的识别、显示、检索和管理上，Qualrus也具有较高的兼容性。在Qualrus的语义网络中，中文也能够得到很好的显示。在支持中文便签功能、输出中文结果等方面，Qualrus也具有较好的兼容性。在检索功能方面，Qualrus能够准确识别中文材料中的关键词，并显示相应的自然段落。在脚本中，Qualrus支持以中文命名的对象及其操作和运算。对于Qualrus而言，分词的效应主要表现在对其智能功能的强化上，如果分词的话，它就可以较准确地给出相关的代码提示。但如果使用脚本进行自动编码时，分词的效应则比较差。另外，分词也会提高Qualrus的内容分析能力，例如，词频统计。

根据我们有限的使用经验，在中文兼容性方面，比较好的软件有Qualrus、NVivo和MAXqda，居中的软件是Aquad和ATLAS. ti，较差的软件是C-I-SAID、Ethnograph、HyperRESEARCH和Kwalitan。总体说来，中文分词均有助于提高这些定性分析辅助软件的功能，差别在于效应的大小和表现效应的不同方面（见表2）。

表 2　定性分析软件的中文兼容性

	Aquad	ATLAS. ti	C - I - SAID	Ethnograph	HyperRESEARCH	Kwalitan	MAXqda	NVivo	Qualrus
文件名	★	★	★	★	—	★	★★★	★★★	★★★
源文件显示	★★★	★★★	—	—	★★	★★★	★★★	★★★	★★★
代码	★★★	★★★	—	★	—	★★★	★★★	★★★	★★★
检索	★★★	★	—	—	—	—	★★★	★★★	★★★
便签	★	★★★	—	★	—	★★★	★★★	★★★	★★★
输出结果	★★★	★★★	★	—	★★	—	★★★	★★★	★★★
分词效应	★★★	★	★★★	★★★	★★	★	★	—	★★★

注：—表示不兼容，★表示尚可，★★表示较佳，★★★表示很好。

（二）文件格式

定性研究的各种材料，是以不同格式存在的。除了书面的材料之外，计算机辅助的定性分析的一个基本要求是把各种定性材料数字化。常见的格式有视频、音频、图像和文字。多数田野材料的格式是录像带或录音带（已经是比较过时的技术了），目前多以视频（数字录像）、音频（录音笔）、图像（数码相机）等格式出现。早先的研究要求是把各种原始材料转录成文字材料，然后，再用手工进行编码、分类等工作。这个转录过程会耗费大量的人力、时间和经费。因此，定性分析的辅助软件兼容各种格式、处理各种原始材料的能力，也是我们考察的重要指标。

（1） Aquad

Aquad 要求文件名不能是“work”，最多不能超过 20 个字符（10 个中文字符），一个定性项目中不能同时含有多媒体文件和文本文件，而且，文本文件的内容也需要做比较复杂的预处理。

（2） ATLAS. ti

ATLAS. ti 也是采用外部数据结构，它可以处理两个格式的文本文件，rtf 和 doc，前者可以在分析的过程中加以编辑，而后者则不能。它也可以处理和分析多媒体资料，包括数字视频、音频和图像文件，它们都可以直接插入到项目中，采用和文本文件相似的方式进行编码。

ATLAS. ti 的主要功能均可以从主菜单及其图标进行操作。它有一个主文档窗口，其中显示当前的定性资料文件。其他四个主窗口分别创建、分配和管理文档、引文、代码和便笺。它的较好的交互性还和引文的独立性有关，引文及其相关的文本段落只能出现在引文列表中。引文不必编码，在浏览引文时，对应的源文件段落就会显现。在项目中，所有文档可以组合成“文档族”（Document Families）。引文结构和超链接设计、超级代码设计和偶遇代码形成 ATLAS. ti 的独特优势。

（3）C-I-SAID

C-I-SAID 采用外部数据库结构，它的项目由文档构成，包括声音、文本和视频。文本文件的格式支持纯文本（txt）、格式文本（rtf）和超文本格式（html），音频文件格式支持 wav、mp3 和 wma，视频格式支持 avi。它把每一个文档分解为发言单位，每一个发言单位再分解成不同的段落。不过，由于最近没有更新，它对视频新格式的支持比较差。

（4）Ethnograph

Ethnograph 采用内部数据库结构，它支持文本（txt）和格式文本（rtf）两个格式。作为一个较老的定性分析辅助软件，它只支持文本格式，而且对文本的内容有较为严格的规定。

（5）HyperRESEARCH

HyperRESEARCH 采用外部数据结构，可以分析文本或多媒体数据，进行编码、注解或检索操作。它把个案作为默认的分析单位，整个项目被称为“研究”（Study），工作流程以个案为中心。研究者的用户界面无法直接接触源文件，研究者在不同个案之间转换，而不是在不同源文件之间转换。开始编码之后，编码的参照开始出现在个案卡中，注释、编码参照和报告中的编码段落均有超链接直接链接到源文件的相应部分。

HyperRESEARCH 支持文本和多媒体文件。文本文件只支持纯文本格式（txt）。多媒体格式包括图片中的 jpg、jpeg、gif 和 bmp。声音格式支持 wav 和 mp3。音频文件支持的格式有 avi、mov、moov、mpg、mpeg 等。

（6）Kwalitan

Kwalitan 对文件格式具有自己的要求，因此，在进行分析之前，需要一些时间对文本进行格式处理。例如，对所谓的“raw”（原始）格式，Kwalitan 要求在源文件中插入文件名、文件描述、段落的分隔符（@）和初始代码（紧跟在@之后，段落文本另起一行），而且源文件名不能大于 20 个字符。其他格式的源文件，例如，图像、声音或视频，则必须以段落的方式插入一个工作文件中。在一个研究项目中，最多只能有 100 个工作文件，每个工作文件中最多只能有 100 个源文件。因此，它的最大处理能力是 1 万

个源文件。

（7） MAXqda

MAXqda 采用内部数据库的结构，文本文件直接拷贝到项目中。它只支持以 rtf 格式存储的文本文件，图像和声音可以嵌入 rtf 格式的文件中。在分析过程中，可以随时对文本进行编辑修改。编码时，段落大小不受限制。但内嵌的图像和声音只能编一个代码。在原始文本窗口中，原始文本文件可以分成不同的文本集，MAXqda 允许用户对文本集进行操作，例如，添加被访者的社会背景变量及其赋值。不同文本段落之间，可以建立链接关系，使得文本之间建立更多的关系，从而增强了软件界面的交互性。

（8） NVivo

NVivo 采用混合式数据结构，源文件也可以用外部数据库方式独立于项目文件之外，也可以采用内部数据库方式输入项目文件之内。它支持文本、图像、声音和视频文件。对于文本文件，NVivo 7 只支持 txt、rtf 和 doc 三种文件格式。图像文件可以间接通过格式文本（rtf）进入项目中。在项目中，源文件分为三种类型：文档、便签和外部文件。

（9） Qualrus

Qualrus 采用外部数据库结构，支持多媒体的原始资料，包括纯文本 txt、格式文本 rtf、视频 avi、音频 wav 和 mp3、图像 bmp 和 jpg，以及 html、htm 和 mht 格式的源文件。

综上所述，在兼容各种格式的源文件方面，较好的软件有 Qualrus 和 NVivo，Kwalitan 和 C－I－SAID 居中，其余软件相对较弱，像 MAXqda 和 Ethnograph，就是以文本为中心的定性分析辅助软件（见表 3）。

（三）编码框架和编码流程

在定性研究中，编码有两个主要作用，一是简化定性资料，二是形成概念。简化资料的任务包括划分段落、生成代码以及把代码和段落关联（编码），我们称之为“编码流程”。形成概念则需要在代码的基础上，构建代码之间的关系，形成类别或概念维度，包括代码分类、精炼（更名、合并和分拆）和建立概念之间的语义网络，我们称之为“编码框架”。在编码流程中，计算机的主要任务是减轻研究者的手工劳动、方便操作。在编码框架中，计算机的主要角色是辅助研究者的理论构建过程，包括界定概念、形成假设和命题，例如，通过增加视觉性来让研究者直观把握复杂概念之间的有机联系。

表 3　定性分析软件的输入数据格式

	Aquad	ATLAS. ti	C－I－SAID	Ethnograph	HyperRESEARCH	Kwalitan	MAXqda	NVivo	Qualrus
文本									
txt	★		★	★	★	★		★	★
rtf	★	★	★	★		★	★	★	★
doc		★						★	★
html			★					★	★
图像									
bmp			★		★	★		★	★
jpg/jpeg	★		★		★	★		★	★
gif					★				
ico						★			
emf						★			
wmf			★						
声音									
wav	★		★		★	★		★	★
mp3	★		★		★			★	★
wma			★						
视频									
mov					★				
mpg/mpeg					★			★	★
avi	★		★		★	★		★	★

注：★表示支持该格式。

在流程方面，我们主要考察每个软件在自动编码（软件自动划分段落，并给段落分配代码），自动提示（当研究者划分出段落之后，软件立即移居其内容给出相关代码的提示），即点即编（将高亮的文本作为新的代码，并分配给该段落），编码快捷键（采用快捷键给段落分配代码），编码显示（将代码显示在屏幕上，方便研究者从中挑选），代码属性（在代码之下建立一个赋值属性，从而减少总代码的数量）和代码定义（给出代码的具体定义）等方面的功能。

在编码框架方面，我们将采用代码更名（给已经编码的代码更名），代码合并（合并两个不同的代码），代码分拆（把一个代码分拆成两个代码），代码链接（在代码之间建立关联，例如因果关系等），代码层序（把不同代码按照抽象层次的不同而形成一个树状结构，也称作“代码树”），代码列

表（所有代码的列表）和代码时序（代码之间的时间关联）等方面作为软件的辅助功能指标（见表4）。

表4　定性分析软件的编码框架和编码流程

	Aquad	ATLAS. ti	C-I-SAID	Ethnograph	HyperRESEARCH	Kwalitan	MAXqda	NVivo	Qualrus
自动编码	★	★	—	—	★	★	—	★	★
自动提示	★	—	—	—	—	—	—	—	★
即点即编	—	★	—	—	—	—	★	★	—
编码快捷键	—	★	—	—	★	★	—	★	—
编码显示	—	★	—	★	★	★	★	—	★
代码属性	★	—	—	—	—	—	—	—	★
代码定义	—	—	—	★	—	★	★	★	★
代码更名	—	★	—	★	★	★	★	★	★
代码合并	★	★	—	★	—	—	—	★	★
代码分拆	★	—	—	—	—	—	—	—	★
代码链接	★	★	—	—	—	—	★	★	★
代码层序	—	★	—	★	—	★	★	★	★
代码列表	—	★	—	★	★	★	★	★	★
代码时序	★	—	—	—	—	—	—	—	—

注：★表示支持该功能，—表示不具有该功能。

（1） Aquad

Aquad 通过“关键词”实现自动编码，但一次只能选择一个词，而不是一个近义词或同义词词表。因此，这是一个“半自动”的编码方式。在编码的同时，研究者还可以通过 Aquad 所提供的 Timeline 按钮，考察所有代码在一个个案中的时序排列。

Kwalitan 要求代码名称的字符数少于50（25个中文字符），每个段落最多可以编50个代码。它的原则是尽可能起比较短的代码名称。它有四种编码方式，一种是在载入源文件之间，把内容进行分段，然后，加上代码。第二种是手动编码，首先选择文本段落，然后后代码列表中或生成新代码分配代码。第三种是自动编码，利用关键词检索相关的段落并分配代码。第四种是批量编码，通过选择具有相同特征的段落，然后，给它们同时添加代码。对于单个代码，Kwalitan 可以进行删除、更名、检索和分类等操作。

（2） ATLAS. ti

ATLAS. ti 把任何规模的文本资料段落，看做一个基本的处理单位，并可以进行编码。整个研究项目中，不同代码都可以组合成一个“代码组”，代码组再组合成“代码族”，这些代码组或代码族可以用来表达一个研究主题或社会过程。相同的一个代码可以隶属于不同的代码组或代码族。而且，代码之间可以具有层序或语义链接，并形成一个网络结构，表达一个理论模型。在代码列表中，所有代码都是列表中的元素，初看起来，并不呈现层序结构，但在网络窗口或对象浏览窗口中，代码之间的关系则显现出来。

在 ATLAS. ti 中，编码过程可以使用拖拽技术，即可以把高亮的代码拖拽到高亮的文本中，从而完成编码任务。除此之外，还有一些编码快捷按钮和右键菜单，方便编码操作。例如，即点即编（in vivo coding）技术，即把高亮的文本作为新代码，并直接应用到高亮的文本段落上。

利用检索功能，研究者可以在 ATLAS. ti 进行自动编码。例如，利用一个关键词对文本进行检索，符合检索条件的段落，可以在语境中显示，然后手工进行编码；或者对符合条件的部分、词汇、整句、整个自然段落或多个自然段落或整个文本，进行自动编码。另一种半自动的编码方式是偶遇编码，即在偶遇浏览器或在网络中选择一个代码，然后查看其偶遇的代码，从而使得偶遇的代码对当前的文本进行编码。

在编码的同时，ATLAS. ti 还允许研究者改变编码段落的起始和中止点，改变代码的名称、合并代码以及删除已经分配的代码。这些功能大大提高了它的概念提炼能力。

（3）C-I-SAID

C-I-SAID 以问卷调查中开放题或访谈材料为原型，它对声音材料用注解和注释的方式编码，对评估量表用定类或定距量表编码，通过对文本的内容分析进行词汇编码，通过语音学分析进行“语调”编码。从这里，我们可以看出，它的编码功能十分有限。

（4）Ethnograph

Ethnograph 的编码框可以有层序和树状两种形式，它只有常规的编码操作，即选定一个段落，然后添加代码，不具有自动编码的功能。已经形成的代码，可以更名或合并、从代码表中删除。不同代码之间可以形成父子关系。

（5）HyperRESEARCH

HyperRESEARCH 的编码框架是非层序的，代码表按字母顺序排列。除了代码图之外，没有其他方式建立代码之间的层序关系。除了常规的菜单操作之外，在高亮段落之后，双击代码即可完成编码操作。编码参照均出现在个案卡中。

（6）Kwalitan

Kwalitan 的编码框具有较强的功能，它具有层序和树状两种形式。它支持自动编码操作，但在手工编码的操作上，并不是十分便捷。已经生成的代码，可以更名、从代码表中删除，但不能合并或分拆。

（7）MAXqda

MAXqda 的编码框架可以具有上下层次。这种层次结构可以通过简单的鼠标拖拽动作而重新得到组织。不同代码具有不同的颜色，增加了代码的可视性。已编码的段落可以打印或存为一个文件。而且，已编码的段落还可以进行 1～100 范围之内的加权处理。代码的频次也可以作为代码属性而进入代码的属性矩阵。

（8）NVivo

NVivo 7 支持标题、段落和文本检索等方式的自动编码。整个编码框可以层序排列。它把整个研究项目分为五种节点，包括自由节点（无组织主题代码）、树节点（层序的主题代码）、个案（组织文档）、关系（不同元素之间的代码链接）和矩阵（定类交互表）。虽然所有当前的节点都是可见的，但整个编码框不可见，包括整个层序结构，只可以显示最常用的七个代码，出现在代码条（Coding Stripes）上。自由节点和树状节点可以独立于文本。

NVivo 7 具有较好的项目管理能力和交互界面，每个工作面都有浏览各种项目成分的按钮。而且，编码过程支持拖拽操作，即把高亮文本拖拽到现存的节点上，同时具有编码快捷按钮。不过，和其他定性分析辅助软件不同的是，它不显示已经编码的段落及其编码，从而给手工编码带来一些困扰。

（9）Qualrus

Qualrus 的基本分析单位是段落。段落是高亮的一段文本，规模不限。不同段落之间可以相互嵌套、重叠。当研究者从文本中选中一个段落时，Qualrus 会自动对该段文本进行语义处理，并根据现存的语义网络，提供代码提示。提示的机制和标准均由脚本语言控制，因此，智能分析过程对研究者而言是透明的，我们可以改写这些脚本，以适应特定分析项目的要求。

在 Qualrus 中，代码之间可以形成复杂的关系模型，构成一个语义网络。每一个代码均具有自己的属性及其赋值，和其他代码之间的链接、代码的定义及其同义词或近义词，语义描述等属性。这是其智能性的一个基础，也是它区别于其他定性分析软件的地方。这样，在编码过程中，Qualrus 和研究者一起，都处在一个不断学习的过程中。但在编码操作上，Qualrus 显得有些呆板。所有编码过程都是通过编码窗口完成的，没有拖拽操作，也没有快捷键，但它可以通过脚本完成自动编码。

从以上简要的介绍中，我们认为，在编码流程和编码框架上，具有比较优势的软件分别是 Qualrus 和 ATLAS. ti，居中的 NVivo 和 MAXqda，其余软件均表现一般。

（四）假设检验

定性研究仅仅是奇闻轶事和个人印象的混合物，带有很强的个人偏见。定性研究不具有可重复性，不同的研究者可能得到完全不同的结论。定性研究缺乏概括性，是对少数环境的大量细节描述。这些都是我们经常可以听到的对定性研究的批评。不过，就研究的科学性而言，定性研究和定量研究之间，不仅不是种类上的差异，而且也不存在程度上的差异。

也有一些学者对定量研究持批评的态度。例如，在 Ragin 看来，实验方法和统计方法不仅不是假设检验的唯一方法，而且，还是比较差的方法[①]。假设检验的定性检验方式可以追溯到 Mills，在某些方面还优于定量的检验方式。它把一组资料中的某些“条件”（代表一个个案）的存在与否看做一个定类变量，因是复杂的条件组合，并与特定的果关联。如果考察所有定性资料中各种可能形式的条件组合，说明在特定的个案中，条件是否得到满足。通过“组合逻辑”和“最小化”等程序，我们就可以系统考察证据和结果之间在资料中关联的次数及其具体语境，从而完成定性比较的假设检验。

因果性是难以证明的，以变量为取向的定量方法难以处理多重因果的复杂性，尽管我们可以用复杂的统计模型来处理这个难题。但因果论证越错综复杂，统计模型的假定就越像一个紧箍咒。定性研究的弱点是特殊化的倾向，但处理得当的话，它也可以在总体的背景下，分析具体的部分，把总体看做“部分”的构型。

如果我们怀疑 A、B 和 C 是 X 的因，那么，要得到 X，A、B 和 C 三者都是必要的，即 ABC 同时出现是 X 出现的必要条件？还是 AB、AC、BC 之一就是 X 出现的必要条件？还是 B 的不出现，是 X 出现的必要条件？为了回答上述问题，我们需要考察条件的所有可能组合是否出现在资料中，以及

---

① Ragin, Charles C. 1987. *The Comparative Method: Moving beyond Qualitative and Quantitative Strategies*. Berkeley: University of California Press.

每一种出现的条件组合和结果之间的关系，形成一个“真值表”。

在我们所考察的九个定性分析辅助软件中，把假设检验作为软件设计的一个重要因素的软件，只有 Qualrus 和 HyperRESEARCH（参见表5）。

表5 定性分析软件的假设检验

	Aquad	ATLAS. ti	C-I-SAID	Ethnograph	HyperRESEARCH	Kwalitan	MAXqda	NVivo	Qualrus
序列	—	—	—	—	★	—	—	—	★
聚类	★	—	—	—	★	—	—	—	★
相关	★	—	—	—	★	—	—	—	★
层序	—	—	—	—	★	—	—	—	★
维度	—	—	—	—	★	—	—	—	★
因果	—	—	—	—	★	—	—	—	★

注：★表示支持该功能，—表示不具有该功能。

在 Qualrus 中，基本检索是通过检索工具（QTools）完成的，检索出来的结果也是互动的，单击其链接可以返回原始资料的段落语境中。除了对编码段落进行布尔检索，例如 AND 或 OR 操作外，Qualrus 还具有一些独特的统计、精炼代码的工具。

（1）统计工具：提供基本的统计小结，例如，代码频次、两个代码同时出现的频次等，辅助理论抽样。

（2）偶遇代码工具：考察一个段落中，所有可能代码两两相遇的情形，帮助确定代码之间的关系。

（3）分类工具：对代码进行分类，形成更抽象的概念。

（4）假设检验工具：考察所有段落，检验特定假设。

（5）精炼工具：帮助研究者确定代码及其关系是否需要精炼，例如，两个相似代码是否可以合并成一个代码。

相对于 Qualrus 众多的假设检验工具而言，HyperRESEARCH 的假设建设工具则比较专一，它拥有一个被称为“假设检验器”的工具，可以形成复杂的 If-Then 假设，并在经验材料中检验其真假的程度。

（五）检索和输出

定性分析的主要目的是形成概念，并在此基础之上形成深描和理论。因此，代码及其联系是我们的最终产品。从理解而言，一旦形成代码及其语义纽带，就已经意味着我们对大量原始材料去伪存真、去粗存精的繁复工作的结束。但就学术研究而言，我们还需要把自己的研究成果介绍给自己的同行和公众。这就牵涉到需要把特定的原始材料及其相关的代码、范畴、命题和理论关联起来，以符合理论陈述的要求。

因此，良好的定性分析辅助软件，不仅需要能够快捷地完成编码工作，还应当具有较强的检索和输出功能，以方便研究者的写作任务。

在这两个方面，Qualrus 做得最好。它的检索功能我们已经介绍过。在辅助写作方面，Qualrus 也做得比较好。研究者可以方便地在源文件、代码和段落上添加便签，所有便签的内容均可以用检索进行分类和整理。检索的结果可以存储为列表和报告。其中，列表是 Qualrus 内部的单位，报告是可以输出的分析结果，输出的文件格式包括 html。最为重要的是，项目中的所有元素都可以输出到研究报告中。

NVivo 7 紧跟 Qualrus 之后。它的基本检索是通过鼠标操作完成的，双击一个节点就可以显示其编码段落的细节。在检索窗口中，有四种检索方法可供选择，包括检索文本（查询源文件、节点、集合或注释中的内容），编码检索（检索代码及其属性，在资料中的位置），矩阵代码（比较两个项目元素，显示一个代码交互表）和复合查询（检索一个编码段落内部或附近的特定文本）。所有查询均可以存储，以备再用。检索方式有布尔代数或近似度操作两种。

和 Qualrus 一样，研究者也可以在所有项目对象上添加便签，例如，文档、节点等。研究者也可以对便签的内容进行编码。此外，研究者还可以对不同项目对象添加注释，它可以嵌套在文档中的任何部分，注释列表可以输出为 Word 或 Excel 文档，从而成为定性分析报告的一部分。

NVivo7 的输出包括①项目元素，例如，源文件、节点、矩阵和个案簿等，但不能把多个元素输出到一个文件中；②表格输出，所有表格均可以用 Excel 的格式输出；③小结，源文件、节点、关系、属性和代码均可以有自己的小结；④报告，比较两个源文档之间的代码所产生的异同报告。

不同研究者的定性分析项目可以输入 NVivo 的"主"项目中，这样，研究者就可以形成一个研究团队，进行协作研究。

较前两个软件而言，ATLAS. ti 在检索和输出的表现则略逊一筹。在 ATLAS. ti 中，简单的检索可以用鼠标操作完成。双击任何一个代码，就会返回和该代码相关的所有段落。复杂的检索则需要使用检索工具。已经编码的段落，可以用查询工具进行检索，检索的方法包括布尔代数、语义或基于近似度的操作。所有查询操作均可以存储为"超级代码"（Supercode），从

而成为假设检验的工具。和其他代码一样，超级代码也是一个普通的代码，也可以应用到其他查询中，从而形成更复杂的查询语句。

ATLAS. ti 具有一些写作辅助工具。例如便签。便签实际上是 ATLAS. ti 的写作中心，便签可以和文本独立，可以分类或组成便签集，过滤或输出，便签可以相互链接，也可以链接到其他代码。

其他的 ATLAS. ti 输出包括段落、代码、源文件和段落编号，也可以包含小结、代码列表及和其他代码之间的联系。每个文件中的代码频次也可以用表格的形式输出到 Word 或 Excel。代码及其引文或段落可以输出到一个文件中。代码网络可以拷贝到 Word 中，或以图像文件存储。整个释义单位可以存储为 html 格式的文件，或输出为 spss 文件。词频表可以输出到 Excel 中。整个释义单位也可以以 xml 格式输出。

不同的研究者可以利用 ATLAS. ti 进行团队协作，不同成员可以共享一个源文件，可以同时浏览一个释义单位，但只有一个成员拥有存储权力，其他成员可以通过合并工具合并释义单位或研究项目。

个案结构限定了 HyperRESEARCH 的检索功能。我们可以通过代码名等检索来浏览不同个案，但只有含有该代码的个案才会出现。在检索的结果上，研究者可以增加代码，完成自动编码的任务。HyperRESEARCH 具有自己的假设检验工具，它的工作原理类似选择代码或个案，检验是否存在某个代码或代码之间是否同时出现。检索的结果可以增加为“主题”，或存储整个假设，供以后重新检验所用。

HyperRESEARCH 的写作辅助工具只有注释。它的输出为各种报告，生成的报告可以包括源文件、编码参照、注释等所有研究中的元素。个案和代码矩阵可以输出到 Excel。代码图可以输出到 Word。HyperRESEARCH 以单个研究者为模型，并没有团队工作的理念，因此，它并不能合并各种项目。

MAXqda 的检索功能还可以，但输出功能相对较弱。在检索编码资料的过程中，MAXqda 采用的是“激活”原则，即先激活所考察的代码，然后再激活所考察的文件。段落的激活可以采用文本组或文本集的方式。当然，也可以使用段落权重来限制检索的范围。检索的结果出现在编码资料窗口中，在这里，单击左边的代码，原始文本窗口中就会显示相应的段落。

在分析过程中，MAXqda 允许研究者对部分文本添加备忘录，这些备忘录显示在原始文本的页边。也可以把备忘录和代码链接在一起。这些备忘录可以用代码、文件、文本集或文本组等方式检索出来。

Kwalitan 在检索和输出两个方面的表现均比较差。它可以显示特定代码之间关联的文本段落，并以打印的方式输出到一个文件中，但它不支持复杂的代码查询。

四　讨论

通过上述四个方面的比较，我们的初步结论是，就分析中文材料而言，Qualrus 是最佳的选择，NVivo 和 MAXqda 是次佳，其他软件则有或多或少的瑕疵，不太适合作为中文材料定性分析的辅助工具。

同时，需要强调是，上述评估主要关注软件对文本材料的处理，而没有重视其对视频和音频材料的处理。在这两个方面，这里所介绍的定性分析辅助软件的处理还只是处于起步的阶段，尚没有达到成熟的地步。

更重要的是，在对图像、声音和视频的处理上，我们还需要方法论方面的突破。例如，就图像分析而言，我们常说，一幅图像顶上一千字，但到底是哪一千个字，我们却不知道。在图像、视频等视觉材料的分析中，我们需要注意三点：一是同样的视觉材料具有不同的意义，例如，主位（studium）和客位（punctum），内涵意义（对视觉材料的主观意义）和外延意义（视觉材料本身的字面实体或意义）等区分；二是视觉材料应当被看做社会背景的延伸，而不仅仅是产生这些材料的社会背景的反映；三是我们需要关注产生视觉材料的社会过程，例如，对视觉材料的修饰、对照相的种种限制等。有时，视觉材料不仅不是客观事实的记录，反而是集体情绪或认知的表达工具①。

最后，除了上面讨论的几个主流的商业软件之外，还有一些辅助定性分析过程的免费软件，例如，CodeRead②、AnSWR③、CDC EZ-Text④、CLAN⑤、TASX⑥ 等。限于时间和篇幅，这里不再赘述。

---

① Pole, Christopher J. 2004. *Seeing is Believing?: Approaches to Visual Research*. Amsterdam: Elsevier.

② 参见 http://perrin.socsci.unc.edu/CodeRead。

③ 参见 http://www.cdc.gov/hiv/software/answr.htm。

④ 参见 http://www.cdc.gov/hiv/software/ez-text.htm。

⑤ 参见 http://childes.psy.cmu.edu/clan/。

⑥ 参见 http://medien.informatik.fh-fulda.de/tasxforce。

灾难与社区情感之流变*

——以汶川地震及灾后重建为例

夏少琼**

摘　要：西方研究认为，灾难对于社区情感的影响主要分为两种类型，即自然灾难所带来的治疗性社区及技术灾难带来的腐蚀性社区。通过对汶川地震及重建中的社区情感的追踪，笔者发现对于灾后社区情感的研究，原有的分类方法过于片面及静态。社区情感作为一个主观感受，在灾后重建的不同阶段受到不同因素的影响。因此对于灾后社区情感的研究需要以动态及整全的视角进行长期及全方位的观察。

关键词：灾难　社区情感　治疗性社区　流变

一　问题的提出

社区情感，简单地说，就是基于社区共同生活的经验而建立起来的对社区整体（包括各要素）的依恋、归属及爱等各类情感之综合。英文为 Sense of Community，也有学者使用 Community Cohesion 及 Sense of Place 等不同词语。目前，关于社区情感有众多表述，如社区意识、社区归属、社区依附等，对于各种不同表述之间的关系一直未有明确界定。

目前关于社区情感的研究大都只是一般性研究，或者在探求一种一般性

---

* 本文系教育部人文社会科学项目“社会变迁视野下的灾后社区重建”（10YJC840077）的阶段成果；全文在写作阶段获得周大鸣教授的全程指导，在此一并感谢。

** 夏少琼，广东商学院。

的规律，并给出概括性的研究结论。但是，事实上，社区情感是一种主观感受，它不仅受到一些一般性因素如社区参与程度及社区人文、地理及物质环境等影响，从而在时间推移中有所变化，其更受到偶然性因素与事件的影响。因此仅仅强调社区长久稳定的参与的重要性及日常状态下的社区生活的重要性对于社区情感的研究而言是不够的。对于意外、突发性事件尤其是如地震及重建等如此深入全面彻底的冲击的影响需要更多的考虑。本文力图通过一个社区在灾难及重建中生动鲜明且具体的变化过程来展示及丰富原有社区情感分析，同时也完善并补充原有社区情感研究结论。具体而言，就是着力剖析一种非常态情境下即冲突、对抗及破坏发生时的社区情感变化过程，通过该过程对一个原本具有高度的凝聚力及归属感的社区在突发事件及重大冲击之下的社区情感变化路径的追踪，探索重大事件对社区情感的影响。

二　灾难学者的努力：灾难背景下的社区情感研究

透过灾难来研究社区为灾难研究的重要内容，但是尚未为社区研究者所普遍关注。灾难研究又一直游离于社会学之外，或者说还未被社会学界当作研究的重要对象①。目前中国大陆研究社区的学者很多会结合社会变迁尤其是工业化与现代化过程来寻找社区情感变化规律，灾难背景很少会成为他们考量的因素。这不仅是因为灾难尤其是巨型灾难发生的概率低，更因为灾难发生时学者们即使有所关注，其关注的对象也大多集中于灾后应激性心理创伤、危机管理、集体行为、组织反应等，很少会关注到隐蔽潜在的社区情感的发展变化过程与形式。同时，这种变化研究需要旷日持久的跟踪观察，而这对当下的社会学研究传统来说具有一定的挑战。如上因素共同导致灾难背景中的社区情感研究在社会学中较为冷僻。

在社会学视野中，灾难是因意外性事件或者自然灾害的突然性爆发所导致社区正常运作出现中断，社区组织陷入混乱，社区生活暂时失范②。这为社会学研究社会运作提供了一个切入点。社区情感在遭遇灾难时及灾难后到

① 灾难社会学研究已经有近100年历史，但是该课题始终未曾得到社会学主流的足够重视。究其原因主要是社会学认为灾难相关研究议题无法纳入社会学的核心概念及研究范畴中。

② Henry W. Fischer, *Response to Disaster*: *Fact Versus Fiction and Its Perpetuation* (Second Edition), Maryland: University Press of American, Inc., 1998, p. XV. 如上所列只是人们对于灾难发生时社区行为与表现的一种想象，这被Fischer称为“灾难的迷思”。事实上，社区在面对突发灾难时不仅不会出现所言及的混乱无序与失范，反倒会有相反的表现，这就是即时反应、相互帮助等大量利他主义行为。

底会产生怎样的影响，如何理解这种影响？对此问题的回答需要依据具体的情境进行分析。

目前的研究将灾难的类型分为三种：技术灾难、自然灾难、社会灾难[①]。其中社会灾难主要指战争及恐怖主义等，此类灾难不列入本文考察范畴。而技术灾难及自然灾难或者两者之结合而产生的灾难类型则为本文考察重点。

（一）腐蚀性社区

文献中对于技术灾难的研究主要是污染事件。如艾克森石油泄漏（1987）、切尔诺贝利核电站爆炸（1986）及水银污染后导致的自然及人文生态破坏，而建基于生态破坏基础上的人文破坏更得到学者们的关注。学者们将遭受此双重破坏的社区称为“腐蚀性社区”[②]。之所以称之为“腐蚀性”，也就是说此类事件对于个人及社区的缓慢持续性的影响。技术性灾难一般易引发冲突，并且似乎没有终结，因为它们总是把不可察觉的污染源渗透到环境中去，导致人们暴露在不确定的风险中。此类灾难发生后一般存在几个方面的问题：第一，灾难的归因不够清晰；第二，损害的程度不清晰，或者说伤害具有模糊性；第三，对未来可能的影响不确定。在这种条件下，社区陷入不安、惶恐、愤怒与无助中。居民们不知道如何维护自己的权利，因为权利的边界不清晰。他们不知道该伸张多少权利，因为损害不确定。他们对于原本熟悉的生活环境丧失信任与依赖，而社区因此陷入了漫长的不确定的诉讼或者其他形式的抗争中。更为重要的是，社区因为隐形伤害的模糊性丧失了或者推迟了重建社区生活的兴趣与能力。而社区中并不是所有群体都遭遇同等程度的损害，这必然导致社区在争取自己权利时内部发生分歧，从而进一步导致了社区团结感的降低。

学者以“腐蚀性社区”这一概念来剖析技术灾难尤其是慢性或者隐形技术灾难所带来的对于社区的逐渐且缓慢的侵蚀，最终导致社区丧失了原有的认同、凝聚力、归属感等积极正面的价值与影响。

（二）治疗性社区

“治疗性社区”[③] 则成为与“腐蚀性社区”相对应的另一个概念。此概

① 科罗拉多大学灾难研究中心的分类方法。

② J. Steven Picou. et al., 2004, “Disaster, Litigation and Corrosive Community,” *Social Force* 82: 4，作者在文中对于两类不同类型灾难带来的社区影响进行了详细的对比。

③ J. Steven Picou. et al., 2004, “Disaster, Litigation and Corrosive Community,” *Social Force* 82: 4.

念用来分析及指涉那种遭遇了突然自然灾难的社区，如地震、洪水、海啸、飓风等。此类灾难由于更多是自然因素所导致，且到来与离去都非常快速，因此人们更多感受到的是刹那间的震惊与伤害，并且此类伤害或损失或然严重，但不涉及灾难损害的归因问题及权利追偿、损失核算等系列问题。更为重要的是，此类灾难所带来的是社区在面对突如其来的袭击时所表现出的对共同体命运的关注，及彼此相互支持、相互帮助的整体感与奉献感——特定情境下的利他主义①。虽然时间并不长久，但是对于社区而言能够刹那间提升社区的凝聚力，增强每一位成员的归属感与责任感。此种情感是对所有受到损害群体的安抚与支持，并会帮助社区消弭以往一直存在的阶层划分与权力争端，会让不同群体跨越一切障碍而共同关注受损群体的福祉。因此灾难情境带来的是社区的整合。故此类情境下的社区被称之为"治疗性社区"。

目前社会学及人类学界对于灾难中的社区情感研究基本上就是围绕如上两个概念展开。但是如上研究有其不足之处：①灾难类型划分与界定具有一定的主观性，任何灾难都存在主观建构的问题，也就是灾难的性质、灾难中受损的群体、损失的程度、灾难带来的问题等。这些都是主观建构的结果，同时也是一种权力博弈的结果。因此根据灾难类型来划分的社区情感类型也自有其片面性。②简单二分法过为静态，未曾考虑到时间脉络中灾难对于社区情感的变化的影响，治疗性社区的研究更是如此。因为"治疗性社区"团结、奉献、互助、打破隔阂等利他主义所言及的积极正面的社区情感仅仅是在短暂时间内的行为，而"腐蚀性社区"则是一个在相对较长时间范围内的表现。两者的比较在时间维度上有所区别，因此如上概念仅仅是一种理想类型而已。社区在遭受灾难之后的真实行为表现需要对一个案例进行长期跟踪，因为灾难发展分为不同的阶段②，不同发展阶段面对不同的任务，对社区情感发生影响的因素有所不同。

---

① Russell R. Dynes, "Situational Altruism: Toward an Explanation of Pathologies in Disaster," Assistance Research Presentation, Xiii World Congress of Sociology, Germany, 1994. 特定情境下的利他主义表现在两个不同层次上，一个是社区内部的利他行为，一个则是社区外部与社区之间的利他行为。目前的研究对于第二类的关注远远胜于第一类。

② Rajib Shaw and Ravi Sinha, 2003, "Towards Sustainable Recovery: Future Challenges after the Gujarat Earthquake, India," *Risk Management: An International Journal* 5. 这一模型将整个灾难分成：灾前长期行动（预防准备）—灾后即刻行动—灾后长期行动（重建与安置），该模型是为一循环，也就是社区永远处于其中的某一个环节。因此，灾难对于社区情感的影响也不能仅仅着眼于灾时，而必须延伸到灾后及灾前等。

本文即以“5·12”地震后绵阳市平武县江油古镇[①]的灾后重建为例，以三年的田野跟踪为基础，探讨一个社区在遭受灾难冲击及随之而来的大规模的重建中的社区情感的变化。同时也通过研究丰富并修正如上研究成果，即灾后社区情感并不如文献所表明的类型化，而是一个发展流变的过程。不仅在特定类型灾难发展的不同阶段，社区情感的表现有所不同，不同性质的灾后重建及其他诸多外在因素都会对社区情感发展产生影响。

三　社区情感之流变：汶川地震与重建中的社区情感

（一）灾前——安静祥和的世外桃源

灾前的古镇是一个名不见经传的川北边缘小镇，四面苍茫的大山与沿镇流过的涪江勾勒出一个偏远封闭、民风淳朴的乡土社会场景。九黄环线从这里经过，带来了外界观光的人群（仅仅是擦肩而过，并不落车停留），因此古镇为外界所知晓也就依赖这些过路的旅客。即使如此，外界对于古镇的了解也非常欠缺。尽管这是历史上尤其是三国时期非常重要的一场战役的发生地，更是大名鼎鼎的古江油关所在地，但这些也仅仅存留在当地人自己的脑海里。

> 我们这里有好多碑啊，那个马邈[②]妻李氏的碑就在我们叮当泉下面，我们这里还有牛心山，你听过那首诗吗？“明月关前渡，牛心山下过”，还有那首“日斜孤吏过，帘卷乱峰青”的诗。这些是李白写我们这里的诗。我们这里有三个泉，每个古书里都有记载。我有些同学笑我们说，你们这两口子没有出息，一辈子就待在大山里，不能够走出去喽。我觉得我们这里挺好的啊，什么都好。为什么一定要出去？外面有什么好？（胥，中学教导主任，2009年1月）
>
> 每到年底的时候镇上卖鱼的生意都很好，我们买回去自家做火锅，把鱼剖开晾干了做腊鱼。正二三月的时候就会把鸡鸭鱼这些腊肉用来煮着吃。我们这里林子大得很，有很多野味，野鸡、野猪、黄麂子、青鹿

---

① 江油古镇，按照学术惯例，本处对镇名进行了处理。

② 马邈，《三国演义》中镇守江油古镇的守将。后来曹魏集团大将邓艾率兵奇袭江油关，马邈开城献印投降，从而导致了蜀汉集团的溃败。其妻李氏非常贤良，见夫投诚，羞愧自杀。后人树碑纪念之。

子。年底的时候场镇上卖野味的很多，都是从虎牙、木皮那些上山区下来的，野猪肉一般都卖熏过的。腌过的青鹿子肉和黄麂子，煮出来后把肉裂成丝，拌上辣椒面、花椒面、盐、味精和香菜就成了。我们这里的人吃的都是山珍，你们城里的人吃的是啥子？我们的蔬菜都是绿色的，肉也是绿色的。不像你们城里吃的都是不健康的东西。你到我们这里来，吃了好多好东西啊！（余，个体工商户，2009 年 7 月）

我们这里不像是你们城里，晚上我们都端着碗在坝坝（院子）里一边开坝坝会（摆条，又叫闲聊），一边吃饭。你端着碗到哪家去都行，门都是开着的，我们到山上去做活路，只要把门关上就好了，从来都不锁的。哪像是你们城里，门口那一家是谁都不知道，又不说话，一下班就回家里，锁上门，那有啥子意思啊！（朱，农民，2009 年 8 月）

灾前的小镇偏僻狭窄、配套简陋，但是这并不影响人们对她的强烈的情感依赖与认同，更无法掩饰他们对于小镇的骄傲与自豪。社区情感是一个主观感受，这一感受来自日常生活中的经验积累，也来自不同社区之间的比较与参照。社区情感融合了社区依赖、社区归属、社区满意及社区凝聚力等，其实质就是社区对人的影响，也是人与社区环境完美融合的体现。这种情感的形成需要一定时间的沉淀，需要在平静的生活中熏染，最终呈现对于所在社区的认同、依赖、自豪及归属等。

但这一经过漫长的时间熏陶并最终完全嵌入个体的社区情感并不是完全固定或者绝对稳定的，相反其一直受到多种因素的影响。灾难作为突发性事件对社区情感的影响就是在灾难不同发展阶段的纵向过程中逐步变化的，并伴随着外界力量的介入及灾民关注核心的转移而不断演变。

（二）灾时——人间炼狱与治疗性情感之爆发

2008 年 5 月 12 日，地处龙门山断裂带的四川省汶川县发生里氏 8 级地震。古镇地处断裂带，是此次地震受灾最为严重的区域之一。全镇死亡人数众多，学校损失惨重①。因地震造成的单亲家庭共 189 户，孤儿 25 人②。房屋基本全部毁损，企业全部被震垮，并为随后的泥石流所淹没。场镇损失严

① 数据来源：古镇计生办。古镇由于商业繁荣，外来人口众多，这些外来者或者在石坎矿业区务工，或者在场镇上经商。而这两地恰是此次地震中伤亡最为惨重的地方。全镇户籍人口 21000 人左右。

② 数据来源：古镇民政科。

重，乡村尤其是滑坡地段的民房与基础设施损失更为严重。整个古镇的经济损失异常严重，直接及间接经济损失达到24亿元。

> 黑压压的烟尘，把天都遮完了，人被摔出丈多远，又被弹回来。我跑到河滩上，那里有很多人。都往河滩上跑，那里是平地。有个老爷子吓糟了，拄着棍子在那里不停地投[①]。旁边的房子还在塌，他也不知道跑。一个男人就跑过去，把他给背回来。管他是哪家的老人，总不能看着他在那里被砸死吧。（王，个体工商户，2009年1月）
>
> 我拼命地跑，跑到巷子口，那里有个大铁门，又开始摇。我们好多人都躲在那里，我们就都趴下，一个男人就把我的脑壳抱到他怀里，他就把我抱着。要是大铁门朝我们这边倒过来，就把我们全都压死了。还好，那铁门朝那边倒下去了，我们都没有事。那男人也没有事，就是胳膊上受了点伤，他把我放出来，我都不认得他，只知道是我们镇上的。然后我们就都走了，我好感谢他啊，都不知道他是哪个。要是没有他，我肯定受伤喽。（余，个体工商户，2009年7月）
>
> 我们家的房子是好的嘛，我们的水井也是好的嘛。那些天我们下面的那些人都是住在棚子里，好造孽嘛。没有吃的，没有水喝，没有灶做饭，我就说到我家来嘛。我房子没有倒，我好过些嘛。他们就来了，在我屋里吃，还在我屋里睡，走的时候还给我钱。我说我不要，有啥子嘛？这么大的事情，只要能活下来就好了，吃我的东西算啥子嘛。我好过些嘛，我帮他们是应该的。（朱，农民，2009年8月）

所有安全转移出来的人员及抢救出来的伤员在政府的组织下全部暂时性安置在中学的操场上。在不断的余震中，人们在房屋的废墟下寻找食物，并将仅有的食品优先提供给孩子、老人、孕妇、伤员等。在绵绵的春雨及满目的疮痍中，人们紧紧聚拢在一起，相互取暖，相互安慰。

> 那天还下雨，我们只能在后面坡上的桃园里搭了个棚棚，我们找了点米，但是没有水。灶上那个热水的铁炉子里还有些水，我就用这水煮了点粥。我们都不吃，给娃儿和老的[②]吃。我们泡菜坛子也破了，但是

① 投，当地方言，意为抖，因紧张而导致的身体失去控制。

② 老的，当地方言，意指老人，即说话人的父母辈。

下面半截里还有点泡菜，我就把上面灰给搂了，抓点泡菜出来。就这个很多人家还没有，我们就一起吃。都没有吃的，好不容易掏点出来，也都给了旁边的老的和小的，我们年轻的就扛着呗。我当时就想，饿死我们就算了。总不能把娃儿们给饿死，他们还小呢，看那么多娃儿没有吃的，好造孽啊！（史，村民，2009年1月）

我们这些娃儿跑出来了，我们老师看着我们，点数，一个一个点，发现还少了几个，就派人去找。我们就待在操场上，我们的父母也过不来接我们，那边的路断了，山上也滑坡塌方，也过不来。老师就守着我们，晚上我们都挤在一起睡觉，老师们就围着我们坐着，他们没有被子，被子都给我们了，他们就围着我们看着我们，不能睡。我们老师好好啊。（王，学生，2010年1月）

电视上天天在讲志愿者，其实我们才是真正的志愿者，我们去挖人，去救人，去抬人，去埋人，哪天我们不要做好多事？都是邻居，人家有人遭了，你不能旁边看着吧？我们都是志愿者。（熊，村民，2009年7月）

如上只是地震发生时及发生后短暂时间内的几个片段，这些被访者的直接描述无不透露出对救援及协助者的感激。这些救援者不是代表国家力量的政府与军队，也不是代表民间力量的NGO（此时外来任何力量都尚未进入社区范围内），而是周围的邻居。这是灾难发生第一时刻每个亲历者所经历的社区即时的反应与行动。在灾难发生前后的任何一个阶段中，社区都发挥着举足轻重的作用①。许多学者过于关注外界救援的力量，但是事实上，社区自身即时的反应与行动不仅最为有效及时，也更是在短暂的瞬间提升了社区的凝聚力与团结感。这种迅速行动的能力来源于原有社区生活的长期积淀的社区情感，来源于乡土社会或者礼俗社会基于人际信任而产生的守望相助，更来源于在大灾面前突然迸发出来的英雄主义气概与悲天悯人的情怀。这是灾前温和而平静的社区情感的高度浓缩，也是利他主义情感的快速升华②。

① Rajib Shaw and Ravi Sinha., 2003, "Towards Sustainable Recovery: Future Challenges after the Gujarat Earthquake, India," *Risk Management: An International Journal* 5: 43。作者以图表的形式对政府组织、本土NGO、外来NGO及社区等诸多类型组织在灾后及重建不同阶段所发挥的作用进行了对比，得出社区自始至终都发挥着绝对的主导作用这一结论。

② 因灾难而导致的社区情感的快速升华不仅表现在灾区，即使在非灾区，对于骨肉同胞的支持与配合也让“我们都是汶川人”等口号与旗帜频频出现。

面对巨大的危险及转瞬即逝的生命，每一个亲历者都感受到人生之虚无及当下生命之珍贵，人的价值观突然之间会发生很大的变化：曾经的生活纠纷、隐藏于心的不满与愤怒，或是其他基于财富、权力、城乡分化等而产生的社区分割突然之间融合了。这也正是“治疗性社区”的实质：通过外界威胁迅速拉近社区内部不同人群之间的距离。这种同舟共济、共同面对灾难的勇气与信念让所有灾民迅速行动起来，投入自救的活动中。

社区情感所包括的诸多要素也都在瞬间更为集中更为强烈地体现出来：因为共同面对巨灾而产生的患难与共及紧急状态下的高度统一的共识及行动促使社区凝聚力达到了峰值；共同的遭遇及共同的行动促进了彼此之间的理解与支持。灾难中的社区虽然暂时丧失了满足人们基本需求的能力，但是灾难后社区的诸多紧急性需求及暂时性失范又迫使社区必须快速回应以尽快恢复正常，每一个社区民众都感受到参与配合及支持社区的必要性，社区归属及社区认同也进一步提升。唯一受到影响的就是社区满意度，当然学术研究中的社区满意度是指对于社区生活条件、文化氛围等方面的满意程度，灾难中的社区满意度当然急剧下降；但是也有部分内容急剧上升，这就是对于社区中因为紧急状态而产生的英雄主义及利他主义的高度肯定。

因此可以说，灾难时刻是“治疗性社区”表现得最为明显最为强烈也最为集中的时刻。但是这类高尚利他、亲密团结的社区情感是否能够维持下去，能够维持多久，这些话题很快伴随着安置阶段的开始而提上了议事日程。

（三）安置——社区情感之变奏

伴随着紧急救援阶段的结束，进入灾后安置阶段。此时，生命与生存问题已经得到了基本保障，而其他议题如责任及损失赔偿等问题日渐浮出水面。

> 说是天灾，其实是人祸。小学教学楼质量那么差，你看看嘛，遭了那么多娃儿。你说地震凶，哪家的房子也没有倒成碎片片嘛！小学那楼还是新的，才盖了两年就倒了。你说这是什么楼嘛？还不是豆腐渣？也难怪她们去闹（丧子母亲通过堵路等方式要求对小学教学楼质量问题进行追究，严惩承建商及当时主管教育的相关行政官员），我们都支持，哪家娃儿不是宝贝，现在都只有一个娃儿，养了

这么大遭[1]了。你说好恼火[2]嘛！（史，村民，2009年7月）

我们娃儿好乖啊，我就是做梦，就是梦见他在下面叫我救他。我们娃儿班上好多同学都遭了，我们都是一个镇上的，你说好恼火嘛。我们就去找政府，政府说这是天灾，他们也没有办法。我们看他们不理我们，我们就去堵路（九黄线，四川省重要的环省公路，也是四川旅游经济的命脉），政府就来找我们，让我们莫闹。还派了专门的干部来做我们的工作，不让我们闹。镇上给我们这些妈妈开会说是莫闹，要我们往长远里看，还说闹久了对我们的未来没有好处。我当时就站起来骂他们：我娃儿都没有了，我们哪里还有什么未来？（杨，村民，2009年7月）

在整个安置阶段，除却对学校建筑质量问题追责之外，还有其他相关的事项，如安置点的选择，及安置类型的选择、救灾物资的发放等都引发此类争议。这些争议虽然最终都平息了下去，但是权利伸张未曾得到社区官员支持的挫败感受加剧了社区民众对政府的不信任，而灾前社区生活中一些既成的结构性因素对灾难的影响也日益显露[3]。

政府就是不公平，政府好乌[4]啊！外面捐赠了那么多东西，为啥子不能够平均发放，你看那个帐篷，有的人家就是这种蓝色的，有的人家就是那种白色的双层的，质量好得很。你看看那些质量特别好的都被谁给拿去了？（马，村民，2010年7月）

你看嘛，要搭建板房，要平那块地。好多的工程，都是政府自己的人给拿走了，都肥了那些人。我们这些人没有关系，啥子钱都找不到。这里面有好多腐败啊，政府真是歪的很！（马，村民，2010年7月）

其实，基层社区对政府的不信任存续已久。地震救灾及灾后重建进一

---

① 遭了，当地方言，意为死亡。

② 恼火，当地方言，意为伤心、难过。

③ 这就是社会脆弱性（social vulnerability）一词所隐含的意义。该词指一个个体或者群体预测、处理、抵制灾难的影响及从灾难中恢复的能力的特征。该概念包括众多因素的混合，这些因素决定了某人的生命与生活到底在多大程度上受到自然及社会里可见及不可见的事件的影响，也决定了灾后的社会恢复过程中不同的个体与群体不同的恢复速度与恢复能力。

④ 乌，当地方言，就是黑暗、不公平的意思。

步促进了基层政府与民众之间的互动频率，并扩大了互动范围，从而给予社区民众更多机会对政府进行评价。政府在灾时的应急反应虽然已经足够快捷，但是对于一直对政府抱有成见的民众而言，政府的应急反应并未得到普遍的认可，并且有许多误传。而到了安置阶段，政府工作任务发生转移，公平及正义问题成为民众的关注核心，此时对政府的不满及指责更为剧烈。

> 我们难啊，你看嘛，我们是政府的人，但是我们也是灾民。我们好多干部都连续几个月没有休息，天天连轴转。灾民的问题没有处理好，我们绝对不能处理自己的问题。但是老百姓还是骂我们。我们能够做的都做了，不能做的也都尽量去做了。我们也没有见过这事，这辈子没有人见过这事啊![①]（王，镇党委书记，2009 年 12 月）

较之前一阶段民众与政府齐心协力共同救灾的情境，此时社区民众对政府除却配合之外，增加了更多的批评与指责，增加了更多的抱怨与抵触。这时社区情感也自然会发生些许变奏。当然这变奏中还包含着社区内不同个体之间的情感纠结，只是这纠结或者纷争在重建阶段表现得更为明显。因此，在紧急救援结束后的灾后安置阶段，曾经出现的协同、共济、融合及扶助等美好的社区情感现在开始分化了。在不同群体之间开始出现不同的情感内容，也出现了不同的情感方向。在基层政府及民众之间、在不同受灾程度的民众之间、在不同受益群体之间，对于权利及义务、公平及公正等问题的争议逐步表现出来。社区中曾经高度的团结一致及密切合作的力量逐渐分化消解。

（四）重建——利益纷争与社区舆论的修正

2008 年 9 月，当地灾后重建开始启动，新农村建设项目也开始上马。随后场镇重建拉开序幕，规划、征地、拆迁、补偿等成为这个阶段的关键词。此时所有个体都异常关注重建的相关政策，尤其是涉及自身利益的部分。社区集中关心的话题也因此发生改变，社区情感也因此有了新的发展动向。

---

① 这一说法并非夸张，至 2010 年底，四川发生多起灾区干部自杀事件，也发生多起灾区干部要求提前退休事件。这是以往正常社会生活中从未有过的现象，在一定程度上说明了这个群体在此过程中遭遇的压力。

整个重建过程中虽然也有很多相互扶持、相互帮助的典型案例，但是更多的则是为了自身目标的达成而进行的利益博弈过程。

分什么东西都分不下去，除非是每家都有，否则就是分不下去。这次就是有两台冰箱给我们村。可是这么多人家该怎么办呢？只好用抓阄的方法，全村每一家都派出一个代表，我的闺女就去抓阄了。以前我们村也分过毛毯和电饭锅，都是指定分给那些家里死了人的。可是那些人不管不顾上去就抢，还打架，最后当然就被那些抢得最凶的人拿了去。谁也没法。现在只好抓阄，这样大家都没有话说。我们这次又没有抓到。哎，还浪费了20元路费钱。（杨，村民，2009年12月）

我太太姐妹四个，她是老幺。两个姐姐大概是98年花了点钱农转非走了，那些土地也就是其他两个姐妹在用。现在好了，一下子全都给征了，四亩多地，下来20多万。那两个姐姐不愿意了，要把自己当年的土地的征地款给她们，这两个就不愿意，怎么说也不行。闹的一家人不像一家人。本来好好的姐妹这下子突然变成仇人了，我看着都觉得难受。好可恶啊！说来说去都是一个“钱”字，没有意思，这样子真是没有意思。为了钱难道就不要亲情了嘛？你要知道啊，这影响的不仅仅是姐妹或者兄弟，还影响到他们的下一代，大人关系好的时候，小人关系也是好的。现在大人闹僵了，甚至要打官司，这孩子看着以前的兄弟姐妹自然也就生分了①。（胥，中学教导主任，2009年8月）

这种博弈不仅发生在政府与百姓之间，也发生在街坊邻里之间，甚至还发生在家庭成员内部。这些围绕特定利益的争夺不仅让许多原本和缓的关系变得尖锐，同时也让许多未曾呈现的问题展现出来。用古镇中学胥主任的话说：

突如其来的输血式重建，大量的重建资金的进入，让原本很稳定的社会关系网络突然受到冲击。家庭伦理发生变化，社区关系不再稳固。

① 该类案例在这里举不胜举，而在北川，此类情况也是频频发生。2011年1月笔者在绵阳开发区北川板房区获得大量此类信息。

重建，让场镇上每一寸土地、每一个棵树、每一棵菜都变成了钱嘛，都是要用钱来算的。人们从来不知道原来这些东西都是钱，有钱赚谁也不会让步嘛，这就扯横筋[①]了。

而家庭主妇也会对地震后坝坝会[②]的减少自有解释。

> 地震前我们这里随时都是一坨坨人，都在院坝里摆条，吹壳子[③]，现在走动的少了。好像哪家对哪家都有点不是很顺心，总是感觉人和以前不一样了，感觉假得很。总感觉别人有，你没有，人家会笑话你。人的关系没有以前好了，变得假得很。（史，村民，2010年7月）

重建时期是整个灾难发展中矛盾最为集中的时期，也是社区情感发生剧烈转变的时期。人们都力图在重建阶段获得更多的机会与更好的发展，对于利益的追求不可避免表现得过于浓烈，而这让刚刚经历了利他高尚情感的人难免有些不适应。面对社区情感变化之剧的困惑，当地派出所所长如此解释：

> 地震时我们想的是怎么活下来，自己活下来看着别人还在逃，肯定是要帮忙的嘛。现在我们想的是怎么过得更好。也就是说原来想的是生存的问题，现在想的是发展的问题。生存问题很简单，只要能活下来就好了。现在考虑的发展问题要求可就高了。再者了，现在不争取，将来肯定活不好。（李，派出所所长，2010年1月）

重建阶段的利益纠纷成为社区主导的现象，这种现象的普遍及深入让许多社区居民在感慨与忧虑的同时，也引发了诸多的不满。对这种因为利益而导致的与政府之间的矛盾、与家人之间的纠纷，及与建筑商之间的争执，更多人是无奈、愤怒及指责。

> 要是以往发生这么大地震，还不知道有好多人要出去讨口（乞

---

① 扯横筋，当地方言，意为扯皮、发生纠纷。

② 坝坝会，四川特有的名词。社区中的男女老少常于黄昏或夜间聚集在某户人家的院坝里闲聊，当地人名之为“坝坝会”。

③ 摆条，吹壳子，当地方言，意为闲聊。

> 讨)。现在我们这里没有人出去讨口，共产党派了多少军队，花了多少钱来帮助我们。还有好多人不满意，骂共产党。这就不对了，这就像一个家长，有好多孩娃，有哪一个孩娃照顾不过来，我们也要体谅下嘛，不要一张嘴就骂共产党。(王，村民，2009 年 7 月)
>
> 这个房子是住人的，不是住畜生的，你怎么能住房子不给钱？你这也说质量不过关，那个也说质量有问题，大家都这样那样找理由不给钱，那建筑商还活不活啦？人家来给你盖房子，你不给钱，这咋能说得过去嘛！(杨，村民，2010 年 12 月)
>
> 你的房子是地震摇塌的，又不是共产党给你摇塌的，你咋能啥子都去找共产党？(严，村民，2010 年 1 月)

社区舆论对于陷入了利益纠纷漩涡的社区生活进行了一定的修正及改善，并且一定程度上完善了社区功能，预防了社区道德的进一步滑坡①。

重建阶段诸多的利益诉求不仅涉及政府与灾民之间关系的问题，还涉及灾民之间的利益分配问题，涉及历史遗留问题清偿等，从而使得整个重建呈现一幅幅纷纷扰扰的画面。纠纷所扮演的角色就是冲击社区原有的认同感和凝聚力，大量的及大规模的纠纷所代表的固然是社区共识的分歧，但是同时也代表着社区参与的深度及广度。而社区参与是社区认同、归属及满意的重要途径。因此不能因为纠纷的存在就认为社区情感在减弱，相反应该看见社区情感在其中的改变。故无论纠纷如何发展，这其实都反映了人们对于当下生活的参与与投入程度，都说明了他们所期待的理想生活仍然与该社区紧密相关。因此这恰是社区认同与社区归属的重要表现。矛盾、纠纷及争执让曾经高度一致的社区共识产生了分歧，也让社区生活呈现生机勃勃的活力，为社区情感的发展提供了更多的养分与刺激。

因此可以说，灾难带来了社区内部的团结一致及高度共识，而重建则带来了社区的分歧与争执，正如前者是社区情感高度发展的一种表现形式一样，后者也为社区情感新一轮的发展提供了前进的动力与契机。但是重建阶

① 在这一滑坡过程中，有几个因素的作用是不可忽略的。其中政府对于救灾过程及结果的过高要求固然表现出政府对生命的高度重视，但是也让人产生了如果达不到该目标，就要追究政府的责任这一错觉。另外在重建阶段，政府的重建目标、重建标准、重建经费及重建日期等都在无形中促使受灾地百姓与政府有了更多博弈的机会，这也使得当地的重建表现出了更多的利益争执。政府与百姓之间的争执经过社区中的口耳相传，又为其他村民提供了范例，从而使得整个重建工作举步维艰。

段过多的利益争执也在一定程度上腐蚀了原先高度的归属感及凝聚力，这是社区情感研究中不容忽略的事实。

四　社区情感：动态与流变

从安静祥和的偏远小镇到满目疮痍的人间炼狱，从舍身为人的积极营救到锱铢必较的利益大战，从守望相助的社区传统到界限分明的利益分割……在灾难及重建的三个阶段中，每一个当事人都感受到与社区之间紧密的联系并投入了强烈的情感，只是不同阶段的表现的主题有所不同（灾时：生存；安置：公平；重建：发展）。这是灾难与重建等突发性事件给社区所带来的冲击，是社区情感发展过程中的一个意外，其对于社区情感的影响是刺激、提升、转换或者消减。

由此可见，灾难中的社区情感并不是如西方学者所简要划分的“治疗性”或者“腐蚀性”之类型化与固态化。相反，一个遭受了灾难袭击的社区情感的变化更有可能是一个动态流变的过程。其不仅仅受限于灾难的类型，更受限于灾难发展的阶段，及灾难过后外界力量介入的性质与形式。在拥有强大的外力介入的灾后重建如汶川的案例中，社区情感之变化表现若此，而在没有积极的外力介入或者在不统一的外力介入中，社区情感之变化又将呈现何种状态？在完全没有外力介入而任由其自行恢复的社区中，社区情感又将如何呢？这些都是需要继续关注并予以比较的话题。

伴随着更多灾后社区情感经验研究的产生，对于不同类型的政治文化环境中不同类别的灾难及不同类型的灾后重建里的不同阶段的社区情感的变化的认识也将逐步充实。该类议题将极大丰富现有研究中关于灾难对社区情感影响的研究。可以肯定的是，对于灾后社区情感的研究需要以动态及整全的视角进行长期及全方位的跟踪观察。任何力图给出模型或者定式的努力在这一具有多重变量的情境中似乎都是徒劳的。

参考文献

丁凤琴：《关于社区情感的理论发展与实证研究》，《城市问题》2010年第7期。
李永祥：《灾难的人类学研究》，《民族研究》2010年第8期。
高鉴国：《社区意识分析的理论建构》，《文史哲》2005年第5期。
彭兵：《社区：对社会团结与归属的追求》，《浙江学刊》2010年第5期。

夏少琼：《国外灾难研究历史、现状与趋势》，《广西民族大学学报》（哲学社会科学版）2011 年第 8 期。

Ben Wisner, Piers Blaikie, Terry Cannon and Ian Davis, *At Risk-Natural Hazards, Peoples Vulnerability and Disasters* (Second Edition), London: Routledge, 2004.

Henry W. Fischer, *Response to Disaster: Fact Versus Fiction and Its Perpetuation* (Second Edition), Maryland: University Press of American, Inc., 1998.

J. Steven Picou. et al., "Disaster, Litigation and Corrosive Community", *Social Forces*, 2004.

Marilyn, Aronoff and Valerie Gunter, "Defining Disaster: Local Construction for Recovery in the Aftermath of Chemical Contamination", *Social Problems* 39 (1992).

Rajib Shaw and Ravi Sinha, "Towards Sustainable Recovery: Future Challenges After the Gujarat Earthquake, India", *Risk Management: An International Journal* 5 (2003).

Robert A. Stallings, *Sociological Theories and Disaster Studies*, Preliminary Paper of DRC, 1997.

Russell R. Dynes, *Situational Altruism: Toward an Explanation of Pathologies in Disaster*, Assistance Research Presentation, XIII World Congress of Sociology, Germany, 1994.

亲密伴侣权力及其对性别平等感的影响机制探讨

徐安琪*

摘　要： 在对夫妻权力各种测量进行比较和反思的基础上，本研究以“总体上讲谁在家中更有决定权”作因变量，并将资源假说、文化规范分析、婚姻依赖和满足理论以及权力实施过程操作化作为多维度的解释变量。对中国上海和兰州两地城乡样本的分析结果显示，伴侣间的教育、收入等社会经济资源未呈显著性，为家庭付出更多、持家能力强和亲属支持多的被访有更多的决策权。依赖和需要婚姻的一方更愿意放弃家庭权力。当地的亚文化和文化规范对婚姻权力有显著影响。但有更多家庭权力的一方未必对自己在家庭中的性别平等表示满意，是个人自主权利而不是相对权力对性别平等满意感有预测作用。

关键词： 亲密伴侣　关系权力　性别平等　影响机制

一　研究回顾和评述

（一）关于婚姻权力测量的检讨

布拉德和沃尔夫于 1960 年率先出版了《夫妻：动态的婚姻生活》（Blood and Wolfe，1960）的开创性研究著作后，有关夫妻权力的研究层出不穷。

* 徐安琪，上海社会科学院社会学研究所研究员。

关于婚姻权力的概念，不少研究者都认同“在重要的家庭决策上，以本身的意志或偏好去影响配偶的能力”（Warner，Lee and Lee，1986；Mirowsky，1985）。由于不同决策的重要性和发生频率各异，也有学者将少数耗时不多但会影响家庭生活重大走向的决策称为“组织权力”（orchestration power），而一些费时、费心又相对次要的决策被称为“执行权力”（implementating power），考察较少出现和较重要的决策（如买房子）被认为是较好的选择（Safilios-Rothschild，1976）。McDonald（1980）在对1970～1979年家庭权力研究作评述时指出，也许最好的多维权力概念是Cromwell and Wieting（1975）提出的家庭权力运作过程中的三层结构，即夫妻各自所占有的资源（权力基础），双方在商议事情、解决问题和处理冲突方面的互动过程（权力实施过程）和最终由谁作决定或谁取胜（决策结果）。Komter（1989）提出了“隐藏权力”（hidden power）的概念，并认为它由性别意识形态所形塑和被正当化，并融入妻子们的思想观念中，使得客观上不平等的夫妻权力结构在当事人眼中变得可以接受甚至理所应当。

关于夫妻权力的测量，大多数研究者以家庭决策的结果来考察婚姻权力（McDonald，1980；Katz et al.，1985；Mirowsky，1985）。然而，关于夫妻权力的测量则五花八门，多数研究者持相对权力评价机制和多维度取向，但分项变量的数目和界定各不相同。鉴于西方的经典文献已为大家所熟识，本文主要对中国夫妻权力研究作一梳理。国内关于婚姻权力的研究起步较晚，在20世纪90年代开始有描述性研究，21世纪初起进入家庭社会学的理论视野。概括而言，国内对婚姻权力的度量和评价有如下几种模式。

1. 多元指标综合说

有研究把家庭重大事务（生产和建房）、日常事务（日常生活和钱财管理）和子女事务决定权多元指标作为农村夫妻权力结构的度量指标（雷洁琼主编，1994）；或将家庭经济管理和支配、耐用消费品的购买、对子女前途（升学或择校/择业/择偶）的发言权、生育决策以及自我意愿抉择权等多项指标的得分值相加之和来测量妇女家庭地位总水平（沙吉才主编，1995）。

2. 经常性管理权重说

有研究认为，家庭的经济支配、家务分工及对外交往等“经常性管理”权更为重要，而在住房选择、子女的升学、择业等“一次性决策”中偶尔有决定权的则相对次要。上海的平权型家庭为最多，但女性在日常生活中更

具决定权的多于男性，她们认同两性在家庭生活中地位平等的比重仅低于瑞典，而显著高于英国、美国、法国、韩国和日本（徐安琪，1994）。

3. 重大家庭事务决定说

中国学界的主流认同是“重大家庭事务决定说”，他们认为对从事何种生产、住房的选择、购买高档商品或大型生产工具、投资或贷款等具有决策权，才是家庭实权的象征和真正体现，拥有这种权力就意味着对家庭资源的控制和在家庭中的权威地位（陶春芳、蒋永萍主编，1993；张永，1994；龚存玲主编，1993；万军主编，1994；刘世英主编，1994），但具体指标项目有所不同。由于重大事务决定权向丈夫倾斜，故使用此测量框架的研究者大多认为男性依然控制着主要家庭资源，妇女的家庭权力层次和地位仍低下。

4. 受访者客观认同说

为改变以往由研究者事先主观选取重要的决策事项，台湾有学者以被访者选取最多的家庭中最重要的决策（伊庆春，2001）或采用最重要决定权排序前两位的项目，即“家用支出分配”和“子女管教”的决策结果，作为夫妻权力这一多面向概念及其评估妇女家庭地位的具体指标（陈玉华、伊庆春、吕玉霞，2000）。

5. 家庭实权测量说

不少学者将“谁拥有更多的家庭实权”的概括性变量作为婚姻权力的测量指标（徐安琪，1992；沈崇麟、杨善华、李东山主编，1999）。之后又进一步指出多维测量的诸多缺陷，并认为以家庭实权这一具有综合性优势的单项指标来描述和分析婚姻权力的现实模式更具可操作性、更为有效（徐安琪，2001；郑丹丹，2003）。

前述的“多元指标综合说”、“经常性管理权重说”、“重大家庭事务决定说”和“受访者客观认同说”4种测量方法，都使用多维度分项指标来度量婚姻权力，这无疑可获得夫妻权力关系各侧面多层次的丰富内涵，但其缺陷也是致命的。

（1）不同指标受性别分工和权重的制约。Blood and Wolfe（1960）最早以丈夫的职业选择、妻子是否外出工作、买汽车、买房子、买人寿保险、闲暇安排、看病选医生和每周食品开销由谁决定等8个项目作测量。但这8个测量项目被认为存在兴趣领域的性别差异而受到质疑。Centers等（1971）在上述项目的基础上又增加了家庭应酬、装饰房间、买衣服、选电视广播节目和正餐食谱等6项共14项决定权，并以夫妻双方的样本作测量，结果是丈夫的权力下降了。也有研究以如何管教孩子、汽车或船等重大购物、家具或其他家庭用品的购买、是否再要孩子、是否贷款、孩子在家附近应该做什么工作等12项决定权作考察（Burr，Ahern and Knowles，1977）。不同研究者所选取的夫妻权力变量有较大的差异，故选用哪些指标始终存在争议并受到方法上的批评（Eshleman，1981；Safilios-Rothschild，1970）。一些研究将多项指标的得分值简单相加（Blood and Wolfe，1960；Burr，Ahern and Knowles，1977；沙吉才主编，1995）也备受批评，因为男女在家庭生活不同领域的分工和影响力具有性别差异，所设置的多维、分项权力变量仍会受到是丈夫还是妻子关注或擅长范畴的质疑，而且不同项目的重要程度存在较大差异，如何加权也是个难题（徐安琪，2001）。

（2）多维指标中一些变量缺失值高，难以整合成复合变量。有研究试图用因素分析方法将15项决策项目简化为多个侧面，以便了解家庭整体的决策模式，但首先遇到一些变量缺失值过高（包括回答由其他家庭成员决策或无此项决策的），以及另一些变量的因素负荷值很低等问题，仅7个变量被复合成2个新因子（伊庆春、蔡瑶玲，1989）。事实上纳入因子分析的“决定子女数”和“休闲计划”变量的缺失值都超过10%，加上“家中布置”缺省为6%等的变量，因此，合成新因子的总体缺失值不可低估，但该研究未说明进入因子分析及其回归模型的总样本数。另一研究（郑丹丹，2003）纳入10多项夫妻权力指标的回归分析模型的缺失样本高达4/5。这主要是因为不同家庭或同一家庭在不同的生命周期，需要作决策的项目有所不同。如一些家庭无钱买汽车房子或储蓄、投资和经营，无子女家庭或老年夫妇不需要对子女的教养、升学、就业作决定，而开明的父母往往认同子女的升学、择业及选偶应由子女自己做主，等等。仅以“从事何种生产”决策指标为例，会使城市和工业化程度较高农村地区的众多样本丢失，并导致测量偏差和研究资源的浪费。由于众多分项决策项目的缺失值过高，不仅难以成为定量研究指标体系中的独立变量，也无法将各分项决策项目通过因子分析和加权等方法整合、简化为婚姻权力的复合变量，并由此影响对夫妻权力进行建模分析。

（3）一些指标是否反映了权力的内涵仍存争议。陈玉华、伊庆春、吕玉霞（2000）将受访者自选最重要的“日常开支”和“子女管教”两变量作为家庭权力测量的主要指标。尽管以受访者自选的最重要决定事项作测量，从理论上讲，可避免研究者自定重要决策项目的主观随意性，但在实际操作上仍存在难以逾越的障碍。且不说受访者中有36.9%无法确定什么是

最重要的家庭决定权（如此高比例的研究对象难以抉择本身也表明，将婚姻权力的测量交由受访者确定未必更客观、有效），加上处于不同生命周期的受访者往往对尚未经历的家庭重要事项回答“无此决策”或“不适用”，这也使丢失的样本数更多。

更值得商榷的是，受访者更多地选择“日常开支”和“子女管教”这两个分项家庭权力究竟是“最经常”的还是“最重要”的，是“决策”还是“实施”，是“权力”还是“责任”，也是需要深入探讨的命题。仅以家庭开支管理为例，有研究显示，日本、菲律宾和韩国的日常经济由妻子支配的高达七成左右，但妻子拥有家庭实权的仅在一至二成（日本内阁府男女共同参画局，2003）。也就是说，在传统的刻板化的性别分工社会，日常经济的管理与其被称作权力不如说是“男主外女主内”传统分工模式下的妻子职责，充其量只能折射出部分家庭权力而难以涵盖当事人在婚姻生活中的实际影响力。

此外，将决定从事何种生产、住房的选择或盖房、购买高档商品或大型农具、投资或贷款、是否要孩子、子女升学或就业提升为重大家庭权力，主观臆断性较强。相关分析结果显示，这些分项决策权指标与受访女性的家庭地位满意度并未呈显著正相关（徐安琪，2005）。

至于将少数耗时不多但会影响家庭生活重大走向的决策称为“组织权力”（orchestration power），而一些费时、费心又相对次要的决策被称为“执行权力”（implementating power）的界定，既不周全也未脱离主观臆断性：耗时少的决策就较重要而费时费心的就次要吗？陈玉华、伊庆春和吕玉霞（2000）的研究表明，受访者则认为那些费时费心的诸如日常经济、子女管教决定权是最重要的。区分重要和次要决策的依据又何在？“执行权力”究竟是权力还是实务？这些都还需要进一步探讨。另外，即使在西方被认同为重要的家庭决策项目，在中国研究也未必有同样的适用性，尤其是中国城市家庭以往的住房多为福利分配，生育权在中国的国情下更多地为国家政策所制约而难以体现婚姻主体的个人意志。另外，诸多事项在受访者生命周期中较少甚至未曾经历或无须决策，如老年夫妇不需要对生育和子女管教等事项作决定，还有许多人不进行生产经营、投资/贷款或买车，因此，能否反映中国夫妻的实质性权力还有待于经验资料的深化检验。

正因为使用多维分项家庭事务决定权指标存在性别偏差、缺失值过高或概念未必涵盖婚姻权力实质等诸多缺陷，以致难以通过加权方法复合为一个反映夫妻实际权力的综合性指标，因此，“家庭实权测量说”即以“夫妻比较而言，谁拥有更多的家庭实权”的总括性指标测量婚姻权力被一些研究所采纳，并被认为具有简约、明了和可操作的优点，既可避开不同兴趣领域或势力范围划分的性别差异及样本缺失困扰，又便于受访者的总体判断和回答，也使研究者在建立理论构架时可减少对多维变量加权等困扰（徐安琪，2001）。国外也有学者以“总体而言，在做各种决定时谁作最后决策的多些”（Amato，Johnson，Booth and Rogers，2003）和“总体上掌握家庭实权者”的单项指标测量夫妻决策权的（日本内阁府男女共同参画局，2003）。诚然，单项指标测量会使婚姻权力内涵的丰富性受到一定限制，然而，难有最好，只有更好。

（二）婚姻权力的理论视角

关于婚姻权力的理论解释，最常被采用的理论是资源假说，即个人或夫妻相对的社会经济资源较高者在家庭决策中有更大的力量优势，其中相对资源论即夫妻的资源差距高低具有更高的解释力（Blood and Wolfe，1960；McDonald，1980；Godwin and Scanzoni，1989；Warner，Lee and Lee，1986；Coltrane，1996），尽管跨地区研究结果有所区别。

文化规范论更强调文化和亚文化对谁是权威的认同、性别规范、宗教信仰和一般社会准则对夫妻权力的影响。有研究表明，在西方较发达地区资源理论有较强的解释力，但发展中国家更多地受到文化环境的影响（Rodman，1967）。不少研究均表明，丈夫的受教育程度、职业层次和收入越高，越能接受平等的婚姻关系（Rodman，1972；Hill and Scanzoni，1982；Mirowsky，1985；West and Zimmerman，1987；Burr，Ahern and Knowles，1977；Warner，Lee and Lee，1986）。性别观念较传统的家庭有更大的概率维系夫权制（徐安琪，2001，2004a；伊庆春，2006）。Tichenor（1999）的研究结果指出，当妻子的社会经济资源明显超越丈夫时，反而会倾向于隐藏权力，转而苛责自己未能扮演好传统妻子的角色。

“相对的爱和需要理论”也被一些研究者认为是资源理论的延伸，即男女将其个人资源带入婚姻并从配偶处获得报偿，由于交换可能不均衡，于是，在婚姻中获得较多的一方往往较依赖配偶，并在日常生活中更顺从对方；对夫妻关系较少依赖或相对缺乏兴趣的一方，更可能利用本身的资源以影响家庭决策（Heer，1963；Safilios-Rothschild，1976；Osmond，1978；McDonald，1980；Hill and Scanzoni，1982；Molm，1991）。Safilios-Rothschild（1976）不仅拓展了夫妻间潜在的可交换资源的内涵，还以实证资料验证了

以上假说，即夫妻中爱得较深和更需要婚姻的一方，由于担心配偶变心或离开，往往更易顺从对方而失去权力。该理论侧重分析当事人对配偶的评价和需求以及维持婚姻关系的意愿，而女性往往将婚姻作为自己的归宿，婚后在经济上和感情上更多地依附丈夫，更需要守住这个家，因此有更大的概率放弃权力或接受配偶的支配。

"权力实施过程分析"认为权力是"基础—过程—结果"组成的动态过程，只有全面考察权力运作的全过程，才能对最终的决定权作出更好的解释（Cromwell and Wieting，1975）。权力的过程分析自提出后虽被广泛引用和首肯，但由于权力概念的多维性和不同夫妻权力实施过程的复杂性，在实证研究中主要限于质化分析（Komter，1989；Tichenor，1999；郑丹丹、杨善华，2003），量化研究中主要以夫妻冲突模式作测量，如伊庆春（2006）采纳夫妻有无冲突或有冲突时是否沟通变量，陈婷婷（2010）以夫妻相互诉说烦恼和在用钱方面发生冲突的频率作测量。前者由于样本中有42%～60%的被访自述夫妻无冲突，所以，研究结果未获得一致的支持；后者采用的变量其实和权力的实施过程关系不大。

此外，家庭与亲属结构也被作为解释夫妻权力的影响因素，核心家庭的女性比扩大家庭更有权力或地位优势，从妻居家庭妻子权力最高，从父居、父系传统家庭妻子权力最低（Warner，Lee and Lee，1986；徐安琪，2006）。

（三）关于婚姻权力和性别平等关系的反思

中国关于婚姻权力的研究，大多与妇女的家庭地位相联系。众多研究将女性是否拥有家庭事务决定权作为衡量妻子家庭地位高低的主要变量或指标之一（潘允康主编，1987；陶春芳、蒋永萍主编，1993；龚存玲主编，1993；万军主编，1994；沙吉才主编，1995；韦惠兰、杨琰，1999；陈玉华、伊庆春、吕玉霞，2000；单艺斌，2004）。此外，妻子承担较多家务劳动的现实也被上述大多数研究视作女性家庭地位较低的指标或影响因素之一。

夫妻权力模式作为一个在宏观层面测量妇女家庭地位的主要指标，曾经起过并依然担负着重要的评价作用。尤其在作年代或地区比较时，妻子参与家庭决策比重的增减，显示了妇女家庭地位的变迁或不同。以中国为例，不少研究报告显示，城市夫妻共同决定家庭事务的比重为最高，妻子拥有家庭实权的也多于丈夫；而农村家庭由男性说了算的仍在半数以上，女性握有实权的显著低于丈夫（沈崇麟、杨善华、李东山主编，1999；徐安琪，2001；

陶春芳、蒋永萍主编，1993）。

然而，由于婚姻权力指标是一个相对的概念，妻子权力的提升即意味着丈夫权力的下降。若在微观研究中，也将夫妻的家庭决策权设置为男女家庭地位的主要测量指标，就会面临如下悖论或困扰。

一是丈夫权力越少，妻子地位就越高？

由于夫权是传统的父权等级制的产物，是对妇女的凌驾和压迫，应予以彻底否定，于是人们往往会认同妇女的家庭权力越高，她们的家庭地位也相应增高。然而，相对权力指标在提升妻子家庭权力的同时，必然相应降低丈夫的权力指数。这不仅会引起男性的疑虑甚至抵触，也与建构平等、和谐男女伙伴关系的理念和两性协调的科学发展观相悖。其实，假如夫妻分工合作、自愿选择丈夫做主并双方满意，局外人还有必要对其权力模式作出价值判断吗？或有什么理由去指责其丈夫封建、守旧，或去为该妻子打抱不平，非要人家改弦易辙变为平权模式?! 更何况，为什么夫妻平权必定为最佳模式，妻子拥有实权就意味着丈夫是“小男人”、“阳衰”、“窝囊”，丈夫做主的家庭，妻子就一定受压迫、无地位吗？这显然与塑造多元化的两性角色和婚姻互动模式不相符合。

二是权力和义务对应一致还是对立相悖？

尽管多数研究都将承担较多家务视作妇女缺乏资源和权力甚至导致家庭地位低下的直接的或间接指标之一，但也有研究认同家庭权力与义务、责任之间的正相关，对家庭事务更操心、付出更多，或持家能力更强、服务贡献更大的一方，拥有家庭权力的概率也更大些（沈崇麟、杨善华主编，1995；徐安琪，2001；左际平，2002）。现实生活中不少人宁肯选择少操劳、少负责，或者因为工作忙、体质弱或兴趣领域在于社会权力而无法/不屑多费心、多尽职，或者为了减少矛盾、取悦配偶而放弃/退出家庭权力领域，这是否也表明他/她在家庭中地位低下？有学者提出，由于家本位社会中的家庭决策权带有为全家服务的“操心”的成分，城市妻子家庭决策权高于丈夫的现象有时会掩盖某些丈夫逃避“操心”的自由权和妻子被迫“独揽”大权的辛劳。所以，夫妻平等与否不应完全按照家庭权力的大小来划分，而应看它是主动权还是被动权（左际平，2002）。换句话说，家庭权力在某些境况下只是责任和付出的延伸，而由此带来的权威地位的满足感则常被操劳和付出所消减。

三是女性具有更多的权力还是双方的平等、和谐与家庭地位更相关？

笔者的一项前期研究结果显示，不仅所谓的重大家庭事务决定权与

被访女性的家庭地位满意度评价未呈显著的相关性，而且，即使是综合性的“家庭实权”指标，以及谁做更多家务的相对指标，都与家庭地位满意度无显著相关。然而，反映个人绝对权力即具有购买个人贵重用品、出外学习/打工、资助自己父母自主权变量以及双方的相互沟通、家务分配的公平感等则对女性的家庭地位满意度有显著的正相关（徐安琪，2004a，2005）。另一项以家务分工满意度为中介变量的路径分析结果也显示，拥有日常开支决定权的妻子反而对家庭分工不满意，继而降低了她们的婚姻和家庭地位满意度（徐安琪，2004b），这都从不同视角质疑了将女性的相对权力（包括相对家务负担）与家庭中的性别平等或婚姻满意度画等号的主观推论。左际平（2002）也提出应把家庭决策权与个人决策权加以区分，并认为个人自主权也许是衡量夫妻权力的一个更合适的指标，因为自主权标志着个人独立意志和自由度的大小，准确地反映了权力的内涵。

二　研究设计和资料来源

（一）研究方法和相关变量的改进

本研究首先对中国上海和兰州市城乡4个社区处于已婚和同居关系的伴侣家庭权力的差异加以基本描述，以使读者对中国不同区域亲密关系伴侣的权力模式有大致的了解。

其次将通过多元回归分析的综合模型，在排除其他因素作用后，验证资源假说、文化规范解释、相对的爱和需求理论，权力的实施过程对亲密关系伴侣权力的净影响。

接着将进一步考察亲密伴侣权力和家务分配对性别平等满意感的影响机制。

为克服以往研究中的某些缺陷并对相关的理论构架有所贡献，本研究作了如下几方面的努力。

1. 因变量的改进和说明

（1）亲密关系权力：为避免使用多项具体决策权变量带来的含义不清、加权困难和缺失值过多等问题，并易于从总体上把握两性在家庭决策中的影响力，我们以“总体上讲谁在家中更有决定权”这一概括性指标来测量亲密关系权力。

（2）性别平等满意度：以“请评价一下，目前您对配偶/伴侣尊重您/双方的平等相处是否满意”（1～5分别表示从“非常不满意”到“非常满意”）为因变量，主要的学术目标是证伪个人的相对权力越高、家务做得越少和性别平等感之间的正相关关系。

2. 检验相关理论的自变量说明

（1）资源概念的拓展：我们主要检验相对资源对家庭权力的作用，但在研究设计时不是仅限于考察个人目前的、显性的、物化的社会经济资源，如“本人受教育年数与伴侣的差距”、“本人年收入占夫妻总收入的比重”，同时，还新增了潜在的、关系的、角色能力的资源变量：考虑到家庭决策的判断力、知识与能力未必来自教育和专业训练，而更多地依赖于生活实践和经验积累，家政管理能力较强一方对家庭事务的意见通常更易于说服家人，或更有发言权和影响力，我们添加了“夫妻/伴侣比较而言，谁的持家能力更强”变量；考虑到对家庭尽心尽职的一方因对家庭付出较多，也是伴侣关系的一种资源，故“比较而言，谁更有家庭责任心”变量也进入解释模型；考虑到中国亲属之间（主要是父母和兄弟姐妹）的关系较为密切，即使不住在一起也有较多的经济、生活照料和心理、情感来往和相互支持，这或许也是一种有助于增加个人发言权和影响力的潜在的、关系的资源，我们还扩展了“过去一年中，您家在经济、日常生活照料和心理等方面需要援手时，更多地求助或得到男方父母、兄妹等亲属，还是女方亲属的支持”指标。除了目前个人和家庭的资源外，我们还将婚前的个人和家庭资源的复合变量纳入解释模型（“比较而言，当初恋爱或结婚前，您和对方的个人总体条件谁更好”和“比较而言，当初恋爱或结婚前，您和对方父母的家庭境况谁家更好”两项相加之和）。

（2）婚姻依赖和满足指标的设计：女性在经济上依赖男性被认为是缺少权力的重要决定因素之一，那么，假如男性在经济上更依赖女性是否也会减少权力呢？我们以“比较而言，谁在经济上更依赖对方”作自变量来作测试；另外，“比较而言，谁在家庭中获得更多”和“尽管您不愿意，但仍请您估计一下，假如您与配偶/伴侣分手的话，能否找到更好的”两个指标也将进入模型，以印证对伴侣较少依赖、在家庭中更少满足的一方更具控制力的假设。

（3）文化规范指标的考量：地区变量通常被认为具有社会文化考量的含义，在中国不仅城乡社区的差异对家庭的影响较大（唐灿，2005；徐安琪，2001），沿海和内地由于地理位置、经济发展水平的不同，社会文化也

有所差异。前者（如市区、上海）在本研究被假设为性别文化规范更接近现代化，后者（如郊县、兰州）则相对保守。而教育在不少研究中常作为个人的文化资本，但鉴于以往研究所显示的受教育越多的丈夫更多地接受夫妻平权模式，而妻子资源越丰厚却越可能隐藏权力的结果，我们把受教育年数列为文化规范变量。此外，对"男人是一家之主，家中主要的决定应由父亲/丈夫做主"的性别态度也纳入文化规范考量(1～5分别表示从"非常不赞同"到"非常赞同")。

（4）权力实施过程的操作化：尽管夫妻常通过主张、沟通、谈判等策略、技巧来影响、支撑或修正家庭决策被广泛认同，但定量研究中权力实施过程的操作化仍是个难题，本研究以"请评价一下目前您对双方相互交流/沟通是否满意"、"比较而言，发生冲突时谁更多地忍让"作为夫妻互动过程/方式变量，同时考虑到同住的近亲对夫妻沟通、冲突等方面可能具有的影响，我们还以与对方父母同居为参照，来考察夫妻独居（包括个别与双方父/母共同居住）和与本人父母同居（都是虚拟变量）是否对个人的相对权力具有独立影响。

（5）对性别平等满意度有决定作用的指标设计：由于本研究假设伴侣间的相对权力和相对家务负担对性别平等感无相关联系，因此，在检验被访对伴侣性别平等感影响因素时，除了相对权力变量"总体上讲谁在家中更有决定权"和相对家务负担变量"本人所承担的家务劳动占夫妻总数的比重"外，还增加了家务公平感指标"目前对您自己所承担家务的公平、合理与否是否满意"和个人自主权利变量"总体而言，您对目前独立决定个人事务的自主权是否满意"。

以往研究显示子女数会对男女家庭权力的获得和婚姻关系满意度有不同的作用（Morgan, et al., 1988；Amato, 2003；Diekmann, and Schmidheiny, 2004；徐安琪、叶文振，2002；曹锐，2010），但由于中国独生子女政策的实施使家庭子女数的差异减小，由此，我们假设该变量的影响力也会弱化。

（二）资料来源、样本特征和区域差异

检验理论假设的资料来自上海城乡和兰州城乡4个社区，调查样本按分层多阶段概率抽样方法从上海9个区/县22个街道/镇43个居/村委会、兰州4个区县10个街道/镇33个居/村委会中选取家庭，并以家庭中20～65岁成员的生日离7月1日最近者为访问对象，由经过培训的访问员入户进行

问卷访谈。上海和兰州完成的有效样本分别为1200个和1000个。本研究使用的为目前有婚姻关系和异性同居关系的1934个样本，其中初婚占95.4%，再婚为3.4%，同居仅占1.3%（25位同居者中20位为未婚、5位为离婚）；女性样本占49.6%，郊县样本为36.0%。被访男女平均受教育10.3年和9.6年，只有0.3%和1.2%的男女从未工作过或尚在就读。从家庭居住模式看，62.8%为夫妻独立门户，0.2%与双方亲属合住，28.2%为男系居住模式，8.8%从女居。家庭平均人口为3.69人；平均生育1.3个子女。有关变量的描述性统计结果见表1。

表1　变量的描述性统计

变　　量	N	最小值	最大值	均值	标准差
性别(1=女)	1934	0	1	0.50	0.50
子女数	1934	0	5	1.30	0.75
本人受教育年数与伴侣的差距(本人-伴侣)	1934	-12	12	0.03	3.09
本人年收入占夫妻总收入的比重(%)	1934	0	100	50.48	22.55
本人婚前的个人和家庭资源更优越(复合)	1934	2	10	6.21	1.32
本人的持家能力更强	1933	-2	2	0.02	1.04
家庭更多地得到本人亲属的支持	1933	-2	2	0.29	1.04
本人在经济上更多地依赖对方	1934	-2	2	0.03	0.84
对方更有家庭责任心	1934	-2	2	0.07	0.85
本人在家庭中获得更多	1934	-2	2	-0.07	0.95
假如与伴侣分手,我找不到更好的	1934	1	5	3.45	1.08
地区(1=上海)	1934	0	1	0.56	0.50
城乡(1=市区)	1934	0	1	0.64	0.48
受教育年数	1934	0	23	9.89	4.04
认同“男人是一家之主,家中主要的决定应由父亲/丈夫做主”	1934	1	5	2.89	1.19
本人对双方相互交流/沟通的满意度	1934	1	5	3.93	0.80
本人在夫妻冲突时常更多地退让	1934	-2	2	0.12	0.99
居住模式(-1. 男系,0. 独住/双系,1. 女系)	1934	-1	1	-0.19	0.58
总体上讲本人在家庭中更有决定权	1934	-2	2	-0.25	0.97
本人对独立决定个人事务自主权的满意度	1934	1	5	4.12	0.62
本人上月承担的家务劳动占夫妻家务总数的比重	1933	0	100	53.5	25.42
本人对家务分配公平、合理的满意度	1934	1	5	3.96	0.82

上述描述性统计结果只是反映了总体样本的大致概貌。实际上所调查的4个区域具有较大的差异性，以受教育为例，兰州郊县的被访男女平均受教育6.5年和4.6年，市区分别为10.6年和10.1年，上海郊县分别为8.8年和8.0年，市区分别达12.6年和12.0年。从家庭所生育的子女数看，兰州郊县家庭平均生育2.24个子女，市区为1.24个，上海郊县为1.23个，市区仅1.00个。从地域的亚文化的文化规范的差异看，认同“男人是一家之主，家中主要的决定应由父亲/丈夫做主”的传统性别观的被访，在兰州郊县高达69.2%，上海郊县也有36.9%，兰州市区为34.1%，上海市区仅占22.4%。

从婚姻权力的性别分布看，表2显示在上海市区较为均衡，伴侣一方多得多的比重很低，41.8%的家庭男女平权，以男性为主和以女性为主的分别为28.4%和29.8%；而兰州郊县只有13.1%的家庭男女平权，以男性为主的高达75.8%，以女性为主的只占11.2%。这不仅说明所选地域有较大的差异，同时也说明中国家庭总体上讲，男性权力在家庭中仍占主导地位，上海等大城市的市区亲密关系伴侣的家庭权力较为均衡。这个结果和沈崇麟等（1995）对北京、上海、成都、南京、广州、兰州、哈尔滨七大都市（均为市区样本）以及其他如徐安琪（2001）对上海、哈尔滨城市和广东、甘肃农村的调查，许传新等（2002）对武汉的调查结果类似。

表2　总体上谁在家庭中更有决定权的地区差异

单位：%

	兰州		上海	
	郊县	市区	郊县	市区
-2. 丈夫多得多	19.7	5.6	6.3	3.9
-1. 丈夫较多些	56.1	43.2	35.4	24.5
0. 夫妻差不多	13.1	25.9	40.7	41.8
1. 妻子较多些	8.9	20.8	17.2	24.7
2. 妻子多得多	2.3	4.5	0.5	5.1
合　计	100.0	100.0	100.0	100.0
样本数	285	568	412	669
平均值	-0.82	-0.25	-0.30	0.02
标准差	0.94	1.00	0.84	0.93
F检验	66.57***		32.96***	

注：*** $p<0.001$。

三　研究结果

（一）亲密关系权力的影响机制

以亲密伴侣权力为因变量的回归分析综合模型的分析结果，基本证实了资源假说、文化规范解释、相对的爱和需求理论、权力实施过程所具有的净影响。全体、男性和女性样本模型的 R^2 均在30%以上（见表3）。

表3　亲密伴侣权力影响因素的多元回归分析结果（B值）

变量	全体	男性	女性
(Constant)	-0.110	-0.225	-1.005***
人口特征			
性别(1=女)	-0.542***		
子女数(1~5)	0.010	0.093*	-0.078
个人相对资源			
本人受教育年数与伴侣的差距(-12~12)	0.001	0.014	-0.017
本人年收入占夫妻总收入的比重(0~100%)	0.056	-0.138	0.162
本人婚前的个人和家庭资源更优越(复合,2~10)	0.074***	0.080***	0.071**
家庭更多地得到本人亲属的支持(-2~2)	0.086***	0.036	0.108***
本人更有家庭责任心(2~-2)	0.157***	0.161***	0.148***
本人的持家能力更强(-2~2)	0.165***	0.188***	0.136***
婚姻依赖和满足			
对方在经济上更多地依赖本人(-2~2)	0.123***	0.110**	0.073*
对方在家庭中获得更多(-2~2)	0.194***	0.177***	0.157***
假如与伴侣分手,我肯定能找到更好的(1~5)	0.059**	0.039	0.068**
文化规范			
地区(1=上海)	-0.151***	-0.372***	0.093
城乡(1=市区)	0.009	-0.190**	0.278***
受教育年数(0~23)	0.000	0.005	-0.026**
对“男人是一家之主,家中主要的决定应由父亲/丈夫做主”的态度(1~5)	-0.023	0.090***	-0.130***
互动过程/方式			
本人对双方相互交流/沟通的满意度(1~5)	0.047+	0.016	0.050
在发生冲突时本人更多地忍让(-2~2)	-0.142***	-0.105***	-0.135***
近亲影响(以与伴侣父母同居为参照)			
独居或与双方父/母共同居住	0.120*	0.117	0.021
与本人父母同居	0.233**	0.226+	0.058
N	1931	972	958
R^2	0.314	0.345	0.317
F	46.14***	27.93***	24.19***

注：+ $p<0.10$，* $p<0.05$，** $p<0.01$，*** $p<0.001$，表4同。

由于对解释模型中的相关概念和自变量作了改进，研究结果有如下几个新发现。

1. 潜在的、关系的、角色能力的资源更具解释力

以往一些研究认为发展中国家更多地受到文化环境的影响而资源理论缺乏解释力，但或许是他们更关注个人或夫妻间物质的、显性的教育、收入等社会、经济资源，由此难以观察到隐性的、关系的、情感的、婚前个人和家庭资源的潜在影响。本研究认为家庭责任的承担和家庭角色的能力或许更具解释力，并将资源概念加以拓展后发现，伴侣间的相对教育和经济资源未对被访的决策权有显著作用（个人的绝对收入也不起作用），而为家庭辛勤付出更多、持家能力强和服务贡献大的当事人在家庭生活中有更多的发言权和影响力的假设则被证实；自己的亲属在家庭需要时给予更多支持的一方，也更有潜在资本。此外，婚前个人和家庭背景长期的、潜在的影响虽难以捉摸，但也被检测到具有独立的决定作用。

2. 依赖和需要婚姻的一方更愿意放弃家庭权力

相对的爱和需要理论在解释模型中获得有力的支持，在经济上依赖伴侣、在婚姻中获得更多的一方，有更大的概率在伴侣互动中顺从另一方，以取悦对方或换取对方爱的回报。由于被依赖、被需要、被爱的一方，通常更具隐性资源或潜在魅力的优势（如品貌、才干、温柔体贴、事业发展潜力或扮演家庭角色更称职等），因此，当他们感觉自己在婚姻关系互动中“得不偿失”并较少满足时，或许会利用自己拥有的资源在家庭权力格局中占据控制地位。而那些即使与伴侣分手也找不到更好替代者的一方，为了守住这个家，则更有可能放弃权力、听由伴侣做主。这也和 Heer（1963）提出的婚姻外的资源交换理论相吻合。

3. 性别态度、地域文化的决定作用得到证实

传统的性别态度使两性家庭角色分工刻板化和丈夫权威合理化，赞成“男人是一家之主”性别观的被访，有更大的概率认同自己家实行男权模式；农村妻子在家庭生活中听命、服从于丈夫的明显多于城市；兰州丈夫更多地认为自己在家中说了算。受教育较多的妻子更多地述说丈夫有家庭决策权，这从一个侧面说明教育并非一个资源变量而是一个文化规范的指标。而教育在丈夫模型未呈显著影响，主要因为教育和区域变量之间存在较大的相关性，兰州农村被访的受教育年数显著更少。

4. 伴侣互动过程对权力结果的影响获得部分支持

伴侣间有效的交流和沟通有利于个人权力的实现仅在全体样本中起作用

且显著性不强，这主要是变量的直接针对性还不强，因双方相互交流/沟通的涵盖面较广，并非专为权力实施过程所设计。另外，在冲突情势下总是退让的一方更少权力的分析结果，或许也难以确认哪个是因哪个是果。但与和伴侣父母同居相比，与自己父母同居的一方有更大的底气当一家之主、双方单独居住的次之则在全体样本中被证实，这或多或少地表明，父母在小夫妻权力格局形成过程中所具有的实际或潜在的影响力。

（二）亲密关系权力对性别平等感的影响

以双方性别平等满意感为因变量的多元回归分析结果，基本验证了原先的假设，全体样本和男性、女性样本模型的 R^2 均在39%左右（见表4）。

表4 家庭性别平等满意度影响因素的多元回归分析结果（B值）

变 量	全体	男性	女性
(Constant)	1.251***	1.480***	1.036***
人口特征			
性别	-0.034		
子女数(1~5)	0.000	0.000	0.006
个人资源(显性/潜在,婚前/婚后)			
本人与伴侣受教育年数的差距(-12~12)	0.001	0.001	0.009
本人年收入占夫妻总收入的比重(0~100%)	-0.019	-0.054	0.030
本人婚前个人和家庭资源更优越(复合,2~10)	0.003	-0.005	0.011
家庭更多地得到本人亲属的支持(-2~2)	-0.024+	-0.009	-0.039+
伴侣更有家庭责任心(-2~2)	0.018	0.020	0.054+
本人的持家能力更强(-2~2)	0.024	-0.008	0.057*
婚姻依赖和满足			
对方在经济上更多地依赖本人(-2~2)	-0.006	-0.016	-0.001
对方在家庭中获得更多(-2~2)	-0.016	0.017	0.025
假如与伴侣分手,我肯定能找到更好的(1~5)	-0.022+	-0.030+	0.017
文化规范			
地区(1=上海)	-0.089**	-0.101**	-0.076
城乡(1=市区)	-0.022	-0.075+	0.034
受教育年数(0~23)	0.005	-0.003	0.015+
对“男人是一家之主,家中主要的决定应由父亲/丈夫做主”的态度(1~5)	0.004	-0.006	-0.014
互动过程/方式			
本人对双方相互交流/沟通的满意度(1~5)	0.402***	0.350***	0.424***
在发生冲突时本人更多地忍让(-2~2)	-0.042**	-0.038*	-0.035

续表

变　　量	全体	男性	女性
近亲影响（以与伴侣父母同居为参照）			
独居或与双方父/母共同居住	-0.037	0.057	-0.097⁺
与本人父母同居	0.009	0.036	0.051
本人所承担的家务劳动占夫妻总数的比重（0～100%）	0.000	0.000	0.000
对自己所承担的家务公平、合理的满意度（1～5）	0.131***	0.156***	0.124***
相对权力和个人独立自主权利			
本人在家庭中更有决定权（-2～2）	0.019	0.021	0.005
本人对独立决定个人事务自主权的满意度（1～5）	0.182***	0.180***	0.181***
N	1930	972	957
R^2	0.387	0.391	0.398
F	52.40***	27.77***	28.08***

1. 是个人自主权利而不是相对权力对性别平等满意感有预测作用

由于妻子家庭权力的提升意味着丈夫权力的相应下降，因此，相对权力变量未必是性别平等满意度的有效预测指标。表4的分析结果也表明，能独立决定个人事务自主权的被访，有更大的概率认同伴侣尊重自己和双方的平等相处。也就是说，女性的家庭地位并非取决于妻子的相对权力，而主要取决于个人在家庭中的自主权利，而不以男性相对权力的降低为代价。

2. 是家务分配公平感而不是家务负担轻与性别平等满意感之间呈正相关

研究结果未支持承担较多家务的被访，更多地认为伴侣不尊重自己或感觉自己在家庭中处于不平等地位，而认为家务分配不公平的被访，则有更大的概率对伴侣关系的性别平等不满意。

四　小结

对中国沿海和内地、城市和农村4社区的研究结果表明，家庭权力模式的地域差异较大，尽管在性别文化较现代化的上海市区夫妻平权已成主流，但在上海郊县和内地城乡样本家庭中男性做主的仍显著多于女性。由于亲密关系的社会交换对象和比值不如经济交换那样确定和等同，爱、持家能力、责任担当、家庭服务、角色称职、说服和劝告等非物质的、无形的、潜在的资源都具有交换价值。加上中国大陆的妻子婚后基本上都连续就业，尤其在城市她们和丈夫的教育和收入差距都较小，因此，将持家能力和服务贡献拓展为家庭角色的重要资源是西方理论本土化的需要，也是符合国情的设计。或许在双职工家庭以及夫妻显性的、物质资源差距不大的社会结构下，持家能力、服务贡献、亲属支持等隐性的、潜在的资源才更具解释力。更何况，如前所述，家庭决策的判断力、知识与能力未必来自教育和专业训练，而更多地依赖于生活实践和经验积累。

社区的文化和亚文化对夫妻的权力模式仍有较大的解释力，兰州郊县3/4的家庭仍遵循男权互动模式，显然与那里有七成被访认同家庭中的主要决定应由丈夫或父亲做主。尽管男女平等婚姻制度的推行已有半个世纪，但数千年所积淀的男尊女卑、男主女从的传统性别规范仍潜隐于社会的心理深层，并影响、制约着家庭关系中性别权威的确立和行使。

本研究同时认为，家庭中的性别平等并非取决于伴侣承担对半的家务和拥有相同的权力，妇女的家庭地位也并非取决于妻子承担的相对的家务量和所拥有的相对权力，研究结果也证伪了相对少的家务负担＝较高的家庭地位，更多的家庭权力＝更高的性别平等满意度，而家务分担公平感和个人在家庭中绝对的自主权才是预测家庭中性别平等的较佳指标。该度量体系的新思路在于妇女家庭地位的提高不以男性家庭权力的降低为代价，而致力于夫妻建立平等、和谐的伙伴关系，倡导良性的婚姻互动，共同提升双方家庭生活的自主权和满意度，以向两性自由、协调和全面发展的目标迈进。

本研究摈弃以单一理论解释亲密伴侣权力的方法，而在继承前人学术成果的基础上对研究构架有所改进，力图建立一个多元、系统的综合模型，分析结果也表明模型的设计是成功的，所选取的变量对亲密伴侣权力及其性别平等感有较强的解释力。然而，由于婚姻权力既是多层面的也是一个动态、复杂的交互作用过程，以及家庭权力和地位的模糊性、间接性和潜在性特征，一般的定量分析难以回答哪些行为或决策具有权力意义，家庭权威是通过何种情境/事件、运用什么策略/博弈方式建构和累积的，双方是如何思考以及为什么如此行动，权力和地位背后蕴涵何种资本或价值符号、利益或满足，等等。因此，需要以质化和量化研究相结合的方法，对显形的和隐性的家庭影响力/权威的形成及其运作过程进行多维、动态、细致的观察、发现和由表及里的分析，才能丰富和深化家庭中性别平等的测量和解释的研究成果。因此，本研究所作的努力只是一个初步尝试，其中有些设计仍较简单化或针对性不强，以“家庭实权”单一指标作因变量在测量的效度也有一定的局限性，深入的研究还需在层次感和过程性上下工夫。

参考文献

曹锐：《流动女性的婚姻质量及其影响因素》，《西北人口》2010年第5期。

陈婷婷：《夫妻权利与婚姻满意度关系研究——基于2006全国综合调查的数据分析》，《西北人口》2010年第1期。

陈玉华、伊庆春、吕玉霞：《妇女家庭地位之研究：以家庭决策模式为例》，《台大社会学刊》2000年第24期。

龚存玲主编《安徽妇女社会调查》，中国妇女出版社，1993。

雷洁琼主编《改革以来中国农村婚姻家庭的新变化》，北京大学出版社，1994。

李丽、白雪梅：《我国城乡居民家庭贫困脆弱性的测度与分解》，《数量经济技术经济研究》2010年第8期。

刘世英主编《湖北妇女社会地位调查》，中国妇女出版社，1994。

Lamanna，M. A. and A. Riedmann：《婚姻与家庭》，李绍嵘、蔡文辉译，世界图书出版公司，1995。

潘允康主编《中国城市婚姻与家庭》，山东人民出版社，1987。

沙吉才主编《当代中国妇女家庭地位研究》，天津人民出版社，1995。

单艺斌：《女性地位评价方法研究》，九州出版社，2004。

沈崇麟、杨善华主编《当代中国城市家庭研究》，中国社会科学出版社，1995。

沈崇麟、杨善华、李东山主编《世纪之交的城乡家庭》，中国社会科学出版社，1999。

陶春芳、蒋永萍主编《中国妇女社会地位概观》，中国妇女出版社，1993。

唐灿：《北京市城乡社会家庭婚姻制度的变迁》，《北京行政学院学报》2005年第5期。

万军主编《辽宁妇女社会地位调查》，中国妇女出版社，1994。

韦惠兰、杨琰：《妇女地位评价指标体系研究》，《兰州大学学报》（社会科学版）1999年第2期。

徐安琪：《中外妇女家庭地位的比较》，《社会》1992年第1期。

徐安琪：《上海妇女的家庭地位》，载章黎明主编《上海妇女社会地位调查》，中国妇女出版社，1994。

徐安琪：《婚姻权力模式：城乡差异及其影响因素》，《台大社会学刊》2001年第29期。

徐安琪：《夫妻权力模式与女性家庭地位满意度研究》，《浙江学刊》2004（a）年第2期。

徐安琪：《女性的家务贡献和家庭地位》，载孟宪范主编《转型社会中的中国妇女》，中国社会科学出版社，2004（b）。

徐安琪：《夫妻权力与妇女家庭地位的评价指标：反思与检讨》，《社会学研究》2005年第4期。

徐安琪：《上海家庭的权力模式及其影响因素分析》，载伊庆春、陈玉华主编《华人妇女家庭地位——台湾、天津、上海、香港之比较》，社会科学文献出版社，2006。

徐安琪、叶文振：《婚姻质量：婚姻稳定的主要预测指标》，《学术季刊》2002 年第 4 期。

许传新、王平：《"学历社会"中的妇女家庭权利研究——以武汉为例试析学历对妇女家庭权利的影响》，《中华女子学院学报》2002 年第 1 期。

伊庆春、蔡瑶玲：《台北地区夫妻权力分析：以家庭决策为例》，载伊庆春、朱瑞玲主编《台湾社会现象的分析——家庭、人口、政策与阶层》，"中央研究院"三民主义研究所，1989。

伊庆春：《华人家庭夫妻权力的比较研究》，载乔健，李沛良和马戎主编《二十一世纪的中国社会学与人类学》，丽文文化事业有限公司，2001。

伊庆春：《华人家庭夫妻权力的比较研究》，载伊庆春、陈玉华主编《华人妇女家庭地位——台湾、天津、上海、香港之比较》，社会科学文献出版社，2006。

张永：《当代中国妇女家庭地位的现实与评估》，《妇女研究论丛》1994 年第 2 期。

郑丹丹、杨善华：《夫妻关系"定势"与权力策略》，《社会学研究》2003 年第 4 期。

郑丹丹：《日常生活与家庭权力》，载蒋永萍主编《世纪之交中国妇女社会地位》，中国妇女出版社，2003。

左际平：《从多元视角分析中国城市的夫妻不平等》，《妇女研究论丛》2002 年第 1 期。

日本内阁府男女共同参画局編集、発行：《男女共同参画社会に関する國際比較調査》，2003。

Amato, P. R., D. R. Johnson, A. Booth, and S. J. Rogers. 2003. "Continuity and Change in Marital Quality Between 1980 and 2000." *Journal of Marriage & Family*, 65 (1): 1-21.

Blood, R. O. Jr., and D. M. Wolfe. 1960. *Husbands and Wives.* New York: The Free Press.

Burr, W. R., L. Ahern, and E. Knowles. 1977. "An Empirical Test of Rodman's Theory of Resources in Cultural Context." *Journal of Marriage and the Family*, 39 (3): 505-514.

Centers, R. B., B. H. Raven., and A. Rodrigues. 1971. "Conjugal Power Structure: A Reexamination." *American Review*, 36 (2): 264-278.

Cromwell, R. E. and Wieting, S. G. 1975. "Multidimensionality of Conjugal Decision-Making Indices: Comparative Analyses of Five Samples." *Journal of Comparative Family Studies*, 6: 139-152.

Coltrane, S. 1996. "Family Man: Fatherhood, Housework and Gender Equity". Quoted from Tichenor, V. J. 1999. "Status and Income as Gendered Resources: The Case of Marital Power." *Journal of Marriage & Family*, 61 (3): 638-650.

Diekmann, A. and K. Schmidheiny, 2004. "Do Parents of Girls Have a Higher Risk of Divorce? An Eighteen-Country Study." *Journal of Marriage & Family*, 3: 651-660.

Eshleman, J. R. 1981. *The Family An Introduction* (3rd edition). Massachusetts: Allyn

and Bacon, Inc.

Godwin, D., and Scanzoni, J. 1989. "Couple Consensus during Marital Joint Decision-Making: A Context, Process, Outcome Model." *Journal of Marriage and the Family*, 51 (4): 943 - 956.

Heer, D. M. 1963. "The Measurement and Bases of Family Power: An Overview." *Marriage and Family Living*, 25 (2): 133 - 139.

Hill, W. and Scanzoni, J. 1982. "Approach for Assessing Marital Decision-Making Processes." *Journal of Marriage and the Family*, 44 (4): 927 - 941.

Katz, Ruth and Yochanan Peres. 1985. "Is Resource Theory Equally Applicable to Wives and Husbands?" *Journal of Comparative Family Studies*, 16 (1): 1 - 10.

Komter, A. 1989. "Hidden Power in Marriage." *Gender and Society*, 3: 187 - 216.

McDonald, G. W. 1980. "Family Power: The Assessment of a Decade of Theory and Research, 1970 - 1979." *Journal of Marriage and the Family*, 42 (4): 841 - 854.

Mirowsky, J. 1985. "Depression and Marital Power: An Equity Model." *American Journal of Sociology*, 91 (3): 557 - 592.

Morgan, S. P., Lye, D. N. & Condran, G. A. 1988. "Sons, Daughters, and the Risk of Marital Disruptions." *American Journal of Sociology*, 94: 110 - 129.

Molm, L. D. 1991. "Affect and Social Exchange: Satisfaction in Power-Dependence Relations." *American Sociological Review*, 56: 475 - 493.

Osmond, M. W. 1978. "Reciprocity: A Dynamic Model and a Method to Study Family Power." *Journal of Marriage and the Family*, 40 (1): 49 - 61.

Rodman, H. 1967. "Marital Power in France, Greece, Yugoslavia and the United States: A Cross-National Discussion." *Journal of Marriage and the Family*, 29 (2): 320 - 324.

Rodman, H. 1972. "Marital Power and the Theory of Resources in Cultural Context." *Journal of Comparative Family Studies*, 3 (1): 50 - 69.

Safilios-Rothschild, C. 1970. "The Study of Family Power Structure: A Review 1960 - 1969". *Journal of Marriage and the Family*, 32 (4): 539 - 552.

Safilios-Rothschild, C. 1976. "A Macro - and Micro-Examination of Family Power and Love: An Exchange Model." *Journal of Marriage and the Family*, 37 (3): 355 - 362.

Tichenor, V. J. 1999. "Status and Income as Gendered Resources: The Case of Marital Power." *Journal of Marriage & Family*, 61 (3): 638 - 650.

Warner, R. L., G. R. Lee, and J. Lee. 1986. "Social Organization, Spousal Resources, and Marital Power: A Cross-Cultural Study." *Journal of Marriage and the Family*, 48 (1): 121 - 128.

West, C., and D. H. Zimmerman. 1987. "Doing Gender." *Gender & Society*, 1: 125 - 151.

乡村的文化冲突与抵抗

——对中国西北营村圣诞节现象的质性研究

严学勤*

一　导言

自20世纪80年代以来，随着改革开放的深入，中国乡村的社会结构和文化传统也在悄然发生变迁，呈现更复杂和多元的状态。一些学者将这种新格局与费老的“乡土中国”相对应，称为“新乡土中国”（贺雪峰，2003）。随着原有的社区结构开始解体，新兴的文化形式不断涌现，断裂的传统文化面临重构，而外来文化则加紧了传播与发展的速度，在多元发展的文化背景下，乡村的文化冲突问题成为新的社会问题。

改革开放以来，国家加大了对农村“新文化建设”的投入，主要途径是通过建立文化站、文化中心，演出团队，以及文化下乡的方式来发展。据统计，2007年中国有乡镇文化站32976个，集镇文化中心23995个，农村文化专业户528768个，群众业余演出团队67998个，民间职业剧团6094个①。然而，在广阔的农村，仍然广泛存在文化娱乐单调、缺乏投入等问题。2006年，中国各级财政对农村文化共投入44.6亿元，仅占全国财政对文化总投入的28.5%，对城市文化投入比重高达71.5%，超过农村43个百分点。扣除对县级文化机构的投入，2006年直接为7.37亿农民提供文化服务的乡镇综合文化站财政投入只有10.9亿元，农民人均1.48元②。对于西部农村而

* 严学勤，兰州大学西北少数民族研究中心博士生，主要从事民族社会学研究。

① 数据来源于《中国农村统计年鉴》，文化统计部分，第11页。

② 转引自中工网，http://ent.workercn.cn/contentfile/2009/07/23/105736588244829.html，原文来源于人民日报。

言，文化生活的凋敝则给新的文化形式的发展提供了舞台。传统的民间宗教的复兴，以及外来宗教的拓展，带来的丰富的宗教活动、仪式与庆典，成为新的农村文化生活的重要部分。

与圣诞节在城市地区较早就商业化盛行相比，在很长一段时间内，圣诞节的触角并没有延伸到广泛的内陆农村，或者说是影响甚微的。但 2005 年 12 月，在笔者对西北甘肃营村乡村教堂的调查过程中，亲历了一次盛大的农村基督教圣诞节聚会。

> 这次约有 400 人参加的集会活动在一个乡村教堂里举行，大约有一半以上的人是该村不信教的普通村民。是一个城市教会（兰州市 C 教会）人员组织演出队与当地教堂合作而举办的一个规模较大的集会。集会汇集了城市教会和乡村教会的多种表演节目，表演形式较为多样，既有歌舞、相声小品，也有宗教特色的祈祷与圣歌献唱，很多表演形式都很城市化。正如一个信徒所说："像电视上演的，美得很，漂亮得很。"在集会现场还提供相应的食品供参加者食用。尽管在室外，西北寒冷的冬夜让人们穿上了厚厚的冬装，但集会现场还是气氛比较高涨，人们沉浸在喜悦与欢乐中。（田野观察记录，D01）

笔者更发现，圣诞节在乡村并是只过一天的，大致从 12 月 1 号开始，这样的"平安前夜"就开始在乡间传递，一直到真正的圣诞节（25 日晚）后告一段落。圣诞节由一个乡村教堂传递到另一个乡村教堂，城市教堂与乡村各个教堂的经典节目轮回在各个乡村上演，很多观众也会随着圣诞节在乡村间流动观看。

在后来的田野调查中笔者进一步发展，离教堂仅仅不到 100 米的地方，村里新建成的村庙也在择日进行盛大的庆典活动，并且每年开始定期举行两到三次庙会，同样是热闹非凡。与印象中的农村的文化景象凋敝不同，在营村，这里似乎成了不同文化形式同台竞技的舞台，尤其是基督教的圣诞节成为乡村地区的新文化景象。从其受欢迎的程度和大量的非信教群众的参与来看，这种方式很大程度上消解了基督教长期以来在乡土社会中的身份张力，然而，面对这种新的文化现象，传统的乡村社区是如何接受和承载的，又会有怎样的文化冲突和过程？而两种文化形式之间是什么关系？能够凸显农村文化怎样的特质？带着这样的疑问，笔者又多次回到营村，对营村圣诞节现象进行了近两个月的田野考察①。

在研究过程中，笔者主要采用了质性研究方法，对文化冲突中的小事件进行了追踪，这种淹没于日常细节的小事件恰恰是冲突的实质和表征，而小事件的发展也间接影响到了村里的不同文化群体之间的关系。

二　乡村圣诞节的历史与演变

营村位于甘肃省会兰州市以东80公里，距离Y县20公里。从中国地图上看，甘肃是一个狭长的条带，陕西在东，四川在南，新疆在西，青藏高原在西南，宁夏和内蒙古在北，形成了一个走廊，将中国腹地同中亚地区连接起来。到营村的路很难走，从甘肃省城兰州坐一个多小时的汽车，然后换骑40分钟自行车，走过弯曲颠簸的山路，上坡到一个山口，向下看，营村就在眼前了。可以看到聚集的村落、房屋和片片耕地，更远则远山围绕，呈盆地状。营村有着久远的历史，古丝绸之路就在营村的地界穿村而过，营村的名字来源于明初的屯兵戍边，当时有72联营驻扎，而营村则是其中的一支，戍边的军人和后来的移民构成了营村的最初居民，全村现共有300多户居民。

营村的圣诞节有着不长的历史，最早只是作为基督信徒之间的节日聚会存在，极少有非信徒参加。营村的J长老这样回忆20世纪80年代的营村圣诞节。

> 刚开始复堂的时候（1980年）圣诞节也热闹，信徒没有几个，但信徒们过节时能聚的都聚在一起，炸“油香”（一种当地油炸食品），吃稀饭，给小孩子散糖果，满院子扎的旗子，不过都是各堂过各堂的，很少来往，也唱诗，不跳舞，规模没有现在的大。（访谈记录：J01）

1995年后，随着聚会点的扩充，营村教堂过圣诞节的时候开始召集附近几个聚会点在一起联欢，规模有所扩大。由于大部分是宗教性的节目，仍然很少有非信徒参加。尽管如此，圣诞节对营村的基督徒来说仍然是一年中最重要的时刻。2002年12月，营村教堂附近的D教堂第一次邀请了城

① 在本文的研究中，笔者力图遵循社会科学的研究进路，采用质性研究方法，来深入细致地研究自圣诞节进入后的文化冲突与过程。与人类学的进路略有不同，在研究中，笔者将更关注文化冲突本身作为一种历时性事件，来研究事件过程中凸显的复杂关系。而写作方式也以故事的叙述为主。在2007年11月至12月底，笔者在营村开展了为期近两个月的田野研究，随后在2009年圣诞节又做了回访。

市的 C 教会，C 教会也认为在乡间过圣诞节更有效果，就有了第一次城市教会演出队在乡村的演出。集会的反响是出人意料的，搭起了演出棚后，小小的教堂里里外外都挤满了人，连附近远些村子的人听到消息后都不顾距离遥远前去。而营村的基督徒们也是第一次看到这么精彩的圣诞歌舞节目。集会结束后，营村教堂的长老开始和 C 教会的人接触，邀请他们一定明年到营村来。也是从那时起开始了村落圣诞节的轮流制度，各教堂提前开会通告自己过节的时间，尽量做到各个乡村教堂不重复，圣诞节开始在 12 月的乡间蔓延开来。

一切发生的有些偶然，营村的教堂长老们因为发现了一种新的工具把圣诞节办得更为盛大而欣喜。在第二年的圣诞快到来的时候，营村教堂的长老们早早地和 C 堂做好联系，于是也就有了在营村教堂的第一次城市教会演出。演出对营村人的影响也是巨大的，营村村民的反映也是“看到了在电视上才能看到的东西”、“没见过，漂亮得很”（访谈记录，S03）。当晚，很多好奇的营村人聚集到了教堂，参观了尽管很近但从未走进的教堂，也看到了很多在乡村几乎没有机会看到的演出节目，最后拿着教堂发的圣诞礼物满足地离开。

圣诞节一下子离村民的生活近了，一些村民开始感兴趣圣诞节庆典里优美的舞蹈和歌声，而教堂则有意地开始加大宣传。每到主日礼拜的时候，教堂的喇叭都放得格外响。而一些村民在信徒邻居的撺掇下也再次走进教堂。

等教堂的人比平常多起来的时候，尝到甜头的营村教堂长老们开始发现圣诞节的力量，并将其归为上帝的恩典。到后来的圣诞节，城市教堂演出队的演出便成了固定的程序之一。

三　乡村圣诞节的形式和组织

圣诞节对营村教堂来说是重要和盛大的，参与者包括了营村堂及下属的聚会点，县城城关教堂，以及从兰州市来的 C 堂演出队。庆典程序方面大部分节目以城市教会为主（见下节目单），城市教会的节目采用了一些现代化的电子设备，包括舞台效果器和大型音响，电子乐器和投影仪等。教堂事先定好过圣诞的日期[1]，然后开始在院落中搭建演出台，在院门口架好大喇

[1] 营村与周围的约 10 个村落教堂通过开会定好每村过圣诞的具体日子，然后通过发传单、贴通告、口头传达等通知村子里的人和周围村落的村民参加圣诞节聚会。

叭和音响。圣诞节庆典的当日，当悠扬的音乐开始回响在平静的村庄时，很多外面来的信徒首先来到营村教堂，而很多营村人也开始向营村教堂院落聚集，院子里慢慢站满了人。聚会从晚上6点开始，一直持续到午夜12点多。节目中采取的表演形式也更为多样，有独唱，有小组唱，还有相声、舞蹈、乐队演奏等。

2007营村圣诞节节目单

祷告

1. 大合唱：《平安夜》《普世欢腾》
2. 小组唱：《耶稣、耶稣》
3. 小组唱：《圣诞心愿》
4. 相声：《哭、苦、枯》
5. 男声独唱：《永恒的答问》
6. 小组唱：《人生之舟》
7. 小组唱：《心的归回》
8. 当地教会节目（城关堂圣乐），圣诞老人“报福音”
9. 男声独唱（伴奏带）：《真爱在呼唤》
10. 真理分享（讲道）
11. 小组唱：《弹琴歌唱赞美你》
12. 小组唱：《云上太阳》
13. 女声独唱：《主是我最知心的朋友》
14. 青年组舞蹈：《耶和华的膀臂围绕我》
15. 男女组合唱（伴奏带）：《全新的你》
16. 青年组小品：《热心爱主》
17. 小组唱：《一道江河》
18. 小组唱：《心连心》
19. 序曲：《这一生最美的祝歌》

祷告，结束，由城关堂圣乐演奏结束曲

圣诞节的组织是整齐而有序的，以堂为中心，下属的小聚会点都动员起来积极参与，并积极排练节目，县城的教堂也积极组织演出队伍过来助兴。基督教的乡村组织在这种大型活动下显得很高效，其组织模式主要依赖基督教乡村组织的“以堂带点”模式。“以堂带点”模式构成情况是有一个中心，一般是历史和规模都比较大的教堂，也是该地区基督教活动的中心，然后在此基础上发展聚会点及小型教会。就营村教堂而言，其教区下属三个乡，有近10个聚会点①，而教堂、聚会点与周边地区的教堂和聚会点也通过探访和轮回做工讲道等形式保持着较为密切的关系，这样的结构体系有力支撑了大规模的圣诞节的组织运作。

以堂带点模式可以简要以图1来表示。

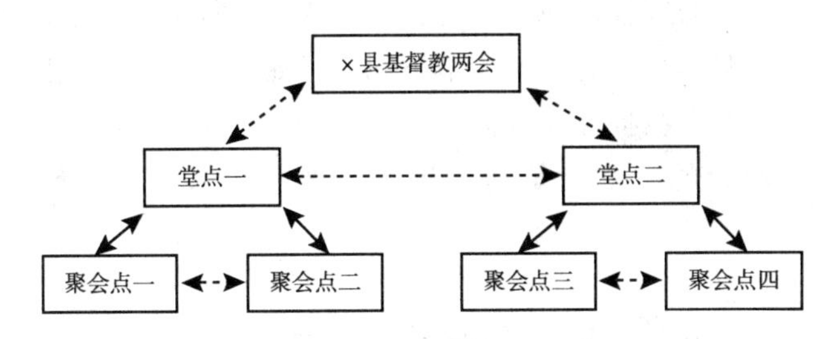

图1 “以堂带点模式”简图

在整个体系的结构中，“堂”处于中心位置，从而建立以堂为中心的堂内组织，对下属的“点”承担管理和辅助作用。但“点”的经济仍然要靠自给自足。县两会属于教堂与政府机构之间的沟通性组织，对基层教堂有政策管理的义务，但并不干涉堂点内部的堂务（见图1，用虚线表示）。各个中心堂形成各自的“堂内关系”（见图1，用实线表示），而两者之间的“堂际关系”（见图1，用虚线表示）关系则远远没有堂内那么紧密。在同一地域内，“堂”与“堂”之间往往存在一定的竞争而又互补互助的关系，形成了中国情境下基督教基层组织的发展特征。

对营村教堂而言，与城关堂、城市C教会的关系都是堂际关系，有趣的是，这种堂际关系是层级化的；对城市C教会而言，到营村教堂参加圣诞活动是一种义工方式，作为回报，营村的基督徒也会在C教堂城市过圣诞的时候派代表和节目参与。城市教会更容易把农村教会看成需要支持和扶助的点，表演所需的费用和器材都是自己解决，对方只需要提供场地和饭食。这种物质上的付出和回报是不对称的，但在信仰层面，城市教会觉得对贫困地区教会的扶助是一种自身的付出与奉献。

① 由于宗教管理部门对于聚会点的严格审批，在营村发展起来的基督教聚会点大部分是没有被正式批准的，但同样受正式教堂的管辖，这种不同于学界所说的完全独立于三自体系的“家庭教会”。

在各乡村教堂之间，也存在互惠关系。从2001年起实行的圣诞节的地域性传递制度恰恰是为了保证这种互惠体制的实行，让每个点的圣诞节都能获得最大程度的支持和资源利用。这种体制与传统的乡民组织体系完全不同，对资源的利用更为高效。

小聚会点之间也有互惠关系，这样的关系并没有与堂之间的关系紧密。节日期间在堂与堂、堂与点之间的资源流动机制①容易构造组织之间较为亲密的关系，而统一的宗教认同容易促进集体的统一行动。在圣诞节的流动机制里，有限的资源在组织的有效调节下得到了最大程度的利用。而相对的，传统的乡民组织在组织特性、资源共享、外部资源利用等方面都处于弱势。笔者认为，这两者的差别也是基督教近年来在西部乡村迅速发展的因素之一。

四　乡村的文化抵抗

圣诞节在营村慢慢发展起来并形成固定的庆典活动以后，也慢慢开始刺激到原本沉寂的民间信仰系统。营村的民间信仰在2000年后慢慢开始有所复苏，但一直未能有大的反应，而圣诞节则无意中加快了营村民间信仰的复苏进程。在一次对营村一长者的访谈中，营村的长者老沈这样评价圣诞节在营村的发展："有好多小娃娃被引过去，他们信的和我们信的不一样，对我们村子没有好处。"（访谈记录，S01）过圣诞节的时候老沈没有去，只是在家里抽着闷烟，而这样的思绪也在村落中普遍存在。

营村的乡土社会存在一种传统的乡民组织，在当地被称为"划子"②。营村按家族以及外来户的划分有四大"划子"，而中心则是各家族户里的有权威的长者。营村的"划子"组织有着悠久的历史，由于营村是由明代屯兵戍边的小镇发展而来，营村的姓氏结构相对固定，这成为了"划子"的最初来源。历史上，"划子大会"成为营村事实上的权威管理机构。主要的村庄管理者也从"划子"的精英中选取。作为村庄的重要部分的村庙也由主要的家族来管理，村庙在历史上承担了保佑村子平安和求雨的重要功能。

随着新中国的建立和新式村庄管理体制的形成，"划子"在营村开始走

① 基督教组织之间通过统一调派讲道人的方式保持着神圣资源的流动，而在节日，以及特殊事件，如遭遇困境需要救助的情况下基督教组织之间也会互相救助。

② "划子"在这里是一种方言叫法，是一种特殊的基于家族和户的组织，由村里的大姓划分为几划后，由村里的杂姓及外来户组成一划，主要功能是便于组织村里的各项事务。

向幕后，权力和权威也大大削弱。马克斯·韦伯在讨论冲突时重要的关注点在于“合法性的撤销”，新中国成立后，随着集体化运动的开展，家族组织被打散，村庙被夷平，新时期下的“划子”组织则完全丧失了其存在的合法性。在这种背景下，“划子”组织成为一种较为松散的村民联合体，完全不同于过去拥有巨大权力的“宗族”。自2006年起，为了维系业已松散的“划子”和保持村庄的稳定，营村的乡土精英们开始酝酿村庙的重建和庙会的组织活动。

2006年的年末，当一年一度的圣诞节如期在营村开始时，村里的家族式组织“划子”开始召集村里有威望的人开会，选举会长，要在原来“文化大革命”时期拆除的村庙所在地把庙修起来，把“爷爷”[①]请回来，安排各“划子”向各家各户摊派收钱。

凑巧的是，这时“划子”里一个成员的怪病与复原过程加速了这种修庙的准备：该成员的怪病在邻村阴阳的“神迹”下得以治好，使得大部分营村人在将信将疑的猜测中，开始回想起营村曾经有的村庙的模糊样子。在神迹式的影响下，“划子”长老们开始召集大家开会，集体动员成为可能，修庙被提上日程。

经过几次“划子”长者的会议后，决定向村里的每个人收30元钱用作修庙基金。但集资过程远不如预想中那般顺利。首先是基督徒的抵制，在基督徒的带头下，一些散户也开始不交钱。这使得修庙的筹建工作一度陷于停顿。最后的结果以“划子”的妥协为终，除了基督徒和极不愿意交钱的几户散户外，有70%的营村人交够了钱。这样的结果在“划子”内部也引起了争议和质疑，最突出的莫过于“为什么基督徒作为村子的成员却可以逃脱修庙这样的集体责任”。这样的争论使得基督徒与“划子”之间的冲突开始加剧。圣诞节的拓张与其下的隐藏矛盾开始在平静的营村慢慢地显露出来。

这样的矛盾也体现在下面的特殊情境中。在研究过程中，一位大婶向我讲述了一个近期基督徒葬礼的故事。

> 今年年初我们这些一个耶稣教的老婆子死了，我们划子上的没人去，都没人抬，基督教的长老们来找下的坟，挖开坟发现地下是水管子，挖坑的人让长老来看一下，长老就说你们把那个（坟）挪一下。你说这个坟看下了能随随便便地挪呢么，底下的一个儿子说是要开上

---

① “爷爷”是当地对村神的习惯叫法。

车请阴阳去呢，后来还是挪了一下……出殡起灵的时候划子里都没人去抬，就说不行了三马子发着了埋去呢。后来是我们现在的大队书记，是她的个侄子，就雇着叫了个车拉上去埋掉了。后来也只能车拉上走了。……（访谈记录，X01）

这个故事可以反映出：首先基督徒的葬礼上并没有得到“划子”家族的帮助，以致出殡的时候没有人抬棺材。而在营村普通人的葬礼上，一般是由“划子”里的长辈和亲戚轮流抬棺材到坟地的。其次是看坟地，当基督徒的长老看的坟地出现意外时，在要不要迁坟方面起了争论，基督徒对坟地的随意态度也使得普通人感到不可理喻。基督徒平日对于“划子”体系的抵制终于在基督徒葬礼的时刻爆发，“划子”的惩戒措施恰恰是切断对葬礼仪式的援助，这可以说是村庄的“柔性惩戒”。

对于“划子”成员为什么不参与基督徒葬礼的解释，我在后期的访谈中还听到另外一种：“信耶稣的又不烧香不磕头，不放烧纸食品盆子，去了人们也没干的。”（访谈记录，M01）这似乎是普通村民为什么不参加基督徒葬礼的另一仪式性原因，对于基督徒葬礼仪式的不熟悉和无法参与是普通人不参加的另一因素。

朱晓阳在《小村故事》一书中，深入分析了惩戒在村庄中的意义，认为非正式规范在社区型社会能有效控制大多数越轨（朱晓阳，2003：7）。基督徒对于“划子”活动的抵制事实上是一种越轨行为，表面上虽然“划子”对基督徒的抵制无计可施，然而在基督徒遇到如丧葬之类的事情时，“划子”却可以动用对家族人脉的控制力量对基督徒进行“柔性的惩戒”。这种惩戒与朱晓阳在《小村故事》中提到的大规模越轨——仇杀和报复是不同的，惩戒措施也不一样，这里更多的是一种仪式的“柔性惩戒”。而另一根源，则是基督徒的葬礼本身就有仪式方面的“越轨”存在。

此外，修庙也涉及村庄中存在公共的人情关系准则，村里人把这种称为“亏呈”。我们访谈的一位村民这样描述。

我们庄户人，做事都讲究个亏呈，你行下的，别人也都记得。

划子里收钱修庙，那也是个亏呈，塑爷爷对村里的平安也有好处，交了那么就以后你有什么事情划子里的人也不会不理。

（村里的）谁家婚丧嫁娶，我们都要过去搭礼，要是划子里的有干事（红白喜事），我们也得抽空过去帮忙，这就是个亏呈么，你过干事

的时候也要麻烦别人。（访谈记录，X01）

这位被访者把村民之间关系的逻辑归结为“亏呈”，即你在人情上付出，那么就会有回报，或者至少对接收方来说欠了你的人情，是要补偿的。更有意思的是，她把修庙、划子也与“亏呈”联系起来，认为响应“划子”的号召交钱修庙也属于“亏呈”，是为了村庄的平安和“划子”对自己的认同和照顾。而对于基督徒，被访者则是一口的不满，认为基督徒不讲人情，尤其在丧葬上。

信耶稣的死了不烧纸，不烧票子，划子里有事情也不参与……你说么，人活着的时候挣钱着呢就养下个后人积着烧纸着呢么，信耶稣的纯粹就不烧纸不管么，那有啥呢么，那就跟没先人的一样的么。（访谈记录，X01）

被访者对基督徒的愤懑让我警醒，她认为基督徒对丧葬仪式的改变事实上就是一种不讲人情的表现，不是正常人做的事情。在村民组织“划子”丧失了合法性后，这种人情关系成为唯一可以动用的资本，而冲突恰恰就在这里产生。

这种冲突是“非暴力”的存在的，也是隐没于琐碎的日常经验的，并不是明显的对立矛盾却真实存在。这种冲突形式在转型期的社会具有特殊的意义，一方面象征国家权力的管理体系（村委会）在这里是隐没的，而作为村庄乡土精英的文化自觉，则采取了重建自己传统的方式来抵抗外来的文化入侵，更运用了自己手中的村庄隐形的人情关系来对越轨的基督徒们进行某种“柔性的惩戒”，整个过程没有任何我们印象中冲突所有的“暴力”存在，但冲突却隐性地存在。

2007 年 12 月笔者重访营村的时候，发现村庙已经静静地矗立在教堂的斜对面，正门上挂着一条横幅：“营村民俗老年活动中心”，乡民们奉献的红色的被面子挂在庙的窗户上面，上面大书四个大字：“泽被乡民”。而门上的对联写着：“保一方风调雨顺，佑四境物阜民康”，横批是“一方清平”。庙门前有一块小小的空地，那里，是曾经村庄的活动中心。过去不到 100 米的地方，则是营村的教堂，红色的十字与庙宇的对比看起来有点突兀。营村的圣诞节依旧进行着，而营村的村庙也恰好选择了在 2008 年的 1 月村神诞辰的时候举行一个盛大的庙会节日，圣诞节和“神诞节”，在一个月的时间范围内接连上演。

这样的结果让人深思，通过对整个事件发展的梳理，笔者发现，圣诞节的大型集会演出大大增加了基督教的影响，从而也间接影响到了营村的传统的乡土精英，他们试图用重建村庙，把“爷爷”请回来来显示自身文化的存在性。乡土精英对基督徒存在排异心理，在修庙收捐受到基督徒的抵制后，冲突被加剧了，但这种冲突是隐性存在的。同时，笔者也清晰地发现，一直以来的文化下乡并没有对乡村的文化环境产生多少大的改变，当遇到外来文化的冲击时，乡土文化反应的方式却是古旧而传统的，通过重修村庙，开庙会，用传统和旧时的“迷信”和乡村“庙会”来对抗“洋节日”，这样很能凸显乡土文化本身的困境和危机。

五　结语：多元化格局——乡土文化的走向

中国传统的乡村社会结构在很长一段时间内是较为固定的，一些学者认为，中国的传统乡土社会关系结构在很大程度上是由流动的、个体中心的社会网络而非凝固的社会制度支撑的。费老在《乡土中国》一书中，把中国的乡民社会格局用“差序格局”来描述，认同亲缘地缘在建构这种乡土社会时具有重要作用，近年来，也有一些学者致力于建立一套基于中国人本土概念——关系（个人网络）、人情（道德规范和人的情感）、面子（脸）和报（互换）——的分析框架[①]，这种明确界定的中国式视角强调人际关系的重要性。

然而，随着社会变迁的加剧，原有的乡村社会结构和传统文化也遭遇了巨大挑战，新的乡土社会秩序和文化结构将如何构成，又将如何发展，将是新时期中国农村社会转型面临的重要问题。在文化面向多元化的发展过程中，外来文化也将是非常重要的一股力量，如农村圣诞节现象就是其中的一个典型例证。圣诞节进入农村，丰富了农村文化娱乐和氛围的同时，也间接地促进了传统的乡民文化的反应和抵抗，促使乡村的文化构成多样化发展。通过上文的几个小案例，可以清晰地发现这种乡村文化冲突的隐性特征，但这种文化冲突对乡村社会文化格局造成的影响则是巨大的。两者并没有造成激烈的外在冲突，而是在风俗、习惯、乡村规范等方面格格不入，从某种程度上，两者的冲突，哪一种占据优势，将直接影响新的村庄非正式秩序和规

① 见金耀基、孙隆基、黄国光、翟学伟等人的分析。

范的构成。

同时，在研究中也发现，这种外来文化和本土乡民文化之间的冲突问题也只是目前农村文化问题的一部分，市场化冲击对乡土观念的瓦解，人际关系的疏远，新的娱乐和文化方式的传入，等等，都影响了农村文化的发展。就长期而言，西部农村的文化格局将进一步趋向多元，文化冲突问题在西部农村文化发展的过程中将愈发凸显，哪种文化将占据主导地位，受时间、空间、社会环境等多方面因素的影响。

参考文献

约翰·霍尔：《文化：社会学的视野》，周晓虹等译，商务印书馆，2002。

马克思·韦伯：《宗教社会学》，康乐、简惠美译，广西师范大学出版社，2005。

阎云翔：《礼物的流动——一个中国村庄中的互惠原则与社会网络》，社会科学文献出版社，2001。

格尔兹：《文化的解释》，纳日碧力格等译，上海人民出版社，1999。

翟学伟：《中国人行动的逻辑》，社会科学文献出版社，2001。

李向平：《中国当代宗教的社会学诠释》，上海人民出版社，2006。

赵世瑜：《狂欢与日常——明清以来的庙会与民间社会》，三联书店，2002。

朱晓阳：《罪过与惩罚——小村故事 1931～1997》，天津古籍出版社，2003。

郭于华主编《仪式与社会变迁》，社会科学文献出版社，2000。

应星：《略论叙事在中国社会研究中的运用及其限制》，《江苏行政学院院报》2006年第3期。

党国英：《非正式制度与社会冲突》，《中国农村观察》2001年第2期。

高丙中：《圣诞节与中国的节日框架》，《民俗研究》1997年第2期。

贺雪峰：《新乡土中国》，广西师范大学出版社，2003。

C. K. YANG, *Religion in Chinese Society*, University of California Press, 1961.

Theodore Caplow Source, "Christmas Gifts and Kin Networks", *American Sociological Review*, Vol. 47, No. 3, (Jun. 1982), pp. 383 - 392.

Randall Collins, *Conflict Sociology: Toward an Explanatory Science*, New York: Academic Press, 1975.

自虐式发展：全球化与中国的环境

张玉林*

摘　要：中国环境的恶化既源自其制度缺陷，也与全球化的深刻影响有关。出口导向的经济战略在促进经济高速增长的同时，也伴随着沉重的资源环境代价：出口隐含的能源消耗及主要污染物排放量近年来都占到中国总消费量和排放量的30%左右。同时，三个象征性产业（稀土产业、太阳能产业，以及废弃物进口）也都造成了严重的环境污染和健康损害。就此看来，“中国模式”整体上具有“自虐式发展”的特征。这一结论并未忽视国内的加害—受害关系：企业家通过无视环境获得了超额利润，地方官依靠污染产业的扩张获得了政绩，而相关地区的农民则受困于污染了的空气、河流和土地。

关键词：全球化　国际分工　环境问题　自虐式发展

似乎没有人否认中国的环境恶化与其制度缺陷的密切关系。这种缺陷在既有的研究中已受到较多关注，笔者将其归纳为如下两点。第一，在国家和政府层面，发展主义信仰和谋求合法性的需要，使得各级政府普遍追求经济优先的发展战略，对环境的顾虑非常有限；第二，在企业和个人层面，利润至上的动机导致污染物肆意排放，“政经一体化”权力结构不仅对排污行为监控无力，而且表现出明显的“污染保护”，结果造成法律的实施效果有限

* 张玉林，南京大学社会学院。

（张玉林，2007）。

不过，在投资和贸易自由化推动的全球化时代，难以撇开国际间的相互影响而孤立地谈论一国的环境问题。特别是中国2001年加入世界贸易组织、深度卷入全球资本主义市场体系以来，中国与外部世界在环境领域的直接和间接的相互影响超乎一般人的想象。就此而言，中国环境的恶化也是其参与国际分工的结果，背负着发达国家“大量消费”的资源环境代价。另一方面，如同污染物的越境飘散和资源大量进口所显示的那样，中国环境问题的“国际化”及其对相关国家的负面影响也客观存在。

关于这种相互的和综合的影响，国内环境经济学领域近期主要运用计量方法开展了研究。本文则主要从政治经济学的角度对中国所受到的负面影响予以考察，并力图揭示制度选择如何加剧了它所承受的资源环境压力，进而归纳出中国式的经济发展模式所具有的某种自我损害的特征。相关的考察和分析展开如次。首先，充分吸收和借鉴已有的研究成果，对中国这一新的世界工厂所承受的“额外”的资源环境压力进行总体性概括。在此基础上，围绕三个能够代表中国的国际分工地位的象征性产业，即稀土的开采和冶炼、太阳电池的生产，以及废弃物进口的环境后果进行考察。最后对中国经济发展的悖论及其历史意蕴进行尝试性归纳。

一　世界工厂的贸易顺差与环境逆差

自改革开放以来，中国获得了全球化的巨大益处。在外向型经济战略和出口导向的产业政策的推动下，无限供给的廉价劳动力和大量涌入的国际资本相结合，使得中国的总体经济迅猛增长，并在21世纪初年成为“世界工厂”，许多工业品的产量占位居世界第一（参照表1）。到2010年，中国的国内生产总值（GDP）按照汇率换算超过日本，成为世界第二，其中制造业的规模超过美国而居世界首位①。

与曾经的世界工厂英国和日本不同，新的世界工厂也是世界各国的加工厂。自20世纪90年代以来，对中国的海外直接投资大幅度增加（表2），投资来源国和地区目前已超过190个，外资企业达43万多家，其中世界500强企

① 若按购买力计算，中国的GDP超过日本是在2001年。另据IHS Global Insight报告，2010年，中国的制造业约占全球份额的19.8%，美国相应为19.4%（http://news.sina.com.cn/o/2011-03-16/054022122489.shtml）。

表 1　中国制造业的“世界第一”（2010 年）

种　　类	产量（万吨）	种　　类	产量（万台/辆）
煤　　炭	324000	移动手机	99827
水　　泥	188000	微型计算机	24585
粗　　钢	62696	彩色电视机	11830
硫　　酸	7091	房间空调器	10900
化学纤维	3090	家用电冰箱	7301
氧 化 铝	2894	汽　　车	1827

数据来源：国家统计局《2010 年国民经济和社会发展统计公报》。

表 2　中国的对外贸易与外商直接投资

单位：亿美元，%

年度	进出口总额	出口额	贸易顺差	出口依存度	FDI
1980	381	181	-19	6.0	—
1985	696	274	-149	9.0	20
1990	1154	621	87	16.0	35
1995	2809	1488	167	20.5	375
2000	4743	2492	241	20.8	407
2001	5097	2661	226	20.1	469
2002	6208	3256	304	22.4	527
2003	8510	4382	255	26.7	535
2004	11546	5933	321	30.7	606
2005	14219	7620	1020	34.2	603
2006	17604	9689	1775	36.6	630
2007	21737	12178	2618	36.3	748
2008	25633	14307	2981	33.4	924
2009	22075	12016	1957	24.5	900
2010	29728	15779	1831	27.0	1057

数据来源：国家统计局《中国统计年鉴 2010》；《2010 年国民经济和社会发展统计公报》。出口依存度为出口额占 GDP 的比例，由笔者算出。

业中的 450 家进行了投资（国合会专题政策课题组，2011）。受此拉动，中国的对外贸易以年均 20% 左右的速度递增，于 2008 年成为世界第一大出口国和第二大进口国，与此相伴的巨额贸易顺差使得中国的外汇储备目前接近 3 万亿美元。

与处于巅峰时期的英国和日本相比，中国这一新的世界工厂要庞大得

多。以仍具象征意义的钢铁生产为例，中国2010年的产量大约为1950年全球产量的3.3倍，也超过1970年的全球产量（5.95亿吨），类似的比较也适合于煤炭、水泥、汽车等产业①。从生产规模来看，目前的中国几乎相当于20世纪中期的世界。

大量生产以大量的资源和能源消耗为前提，同时以大量的废弃物和污染物排放为归结。这种全球规模的生产对中国的资源环境的可持续性造成巨大压力。2005年的一项研究结果显示：在世界上被列入评价范围的142个国家中，中国的“环境可持续能力指数”处于第129位；在15个人口超过1亿的国家中，中国为倒数第二，仅居尼日利亚之前（刘建国等，2005）。而出口导向的生产意味着中国的资源环境压力部分系由出口产品的生产所加重。表2所示的中国经济对出口的依存度的上升（从1980年的6%上升到2000年的20.8%和2006年的36.6%）大致可以反映这种压力的增幅状况。近年来环境经济学界有关中国的对外贸易隐含的能源消耗（Embodied Energy）、二氧化碳排放以及污染物排放（Embodied Environmental Load）的研究结果，则更为具体地呈现了相关状况。表3收集了其中较有代表性的研究，从中可以看出，随着中国对外贸易的扩大，出口诱发的能源消耗和二氧化碳排放量都在大幅度增加。大量进口固然也具有减轻国内能源短缺和环境压力的效果，但出口诱致的加重效果远远超过进口伴随的减轻效果②。换句话说，巨额的贸易顺差以巨大的能源和环境“赤字”为代价。具体而言，在2005年，能源、二氧化碳、二氧化硫、化学需氧量四项的赤字占到国内总消耗量和排放量的18%~29%（李善同、何建武，2009）。

庞大的能源和环境赤字主要来自对美国、欧盟和日本等发达国家的出口。据日本学者的测算，2000年中国出口商品隐含的2亿吨能源消耗中，对美日两国的出口即达到8000万吨，是1985年相应数值的5倍（下田充等，2009）。2002年，对美日两国的隐含能源净输出约为1.24亿吨（其中美国占7524万吨），占到隐含能源净输出总量的52%（陈迎、潘家华等，2008）。另据李善同、何建武（2009）的研究，在2005年中国的七大主要贸易伙伴中，除澳大利亚以外，与其他六大贸易伙伴在能源、CO_2、SO_2、COD

① 全球钢铁产量数据源自世界观察研究所（2005：59）。全球汽车产量在1950年、1965年分别为800万辆和1900万辆（同63页）。

② 例如，每100万美元出口对进口，隐含能源为5.5吨比2.4吨，相差1.3倍；CO_2为21.3吨比5.7吨，相差2.7倍；SO_2为7.4吨比0.4吨，相差17.5倍；COD为2.7吨比1.6吨，相差0.6倍（李善同、何建武，2009）。

表3　中国对外贸易隐含的能源消耗、二氧化碳和污染物排放

研究出处及研究时段	研究结论
下田充等(2009) 1985～2000年	出口隐含能源从4360万吨增加到2亿吨石油当量(占国内总消耗的比例从10.6%增至23.4%)，CO_2 从1.66亿吨增至7.54亿吨。扣除进口隐含量，2000年能源纯消耗1.78亿吨，CO_2 纯排放6.84亿吨
Bin Shui&Robert C. Harriss(2006) 1997～2003年	CO_2 排放量的7%～14%系为美国的消费者生产消费品而引起
Tao Wang & Jim Watson(2007) 2004年	隐含 CO_2 约11亿吨，占国内总排放量的23%。这一数值略低于日本的排放量，相当于德国和澳大利亚的总排放量，是英国的2倍
齐晔等(2008) 1997～2006年	扣除进口隐含部分，1997～2002年 CO_2 纯排放占国内总排放量的12%～14%，2003～2006年分别为17.2%、20.1%、24.4%和29.3%
陈迎、潘家华等(2008) 2002～2006年	隐含能源纯输出从2.4亿吨增至6.3亿吨标准煤，占国内总消耗的比例从16%增至25.7%。2006年出口隐含 $CO_2$18.46亿吨，扣除进口隐含量8亿吨，赤字超过10亿吨
张友国(2009) 1987～2006年	出口隐含的能源消耗占国内生产部门总消耗的比例从13.5%增加到34%，CO_2 排放则相应的从11.5%增加到32%
李善同、何建武(2009) 2001～2005年	2005年，出口隐含能源6.87亿吨标准煤，占国内总消耗的32%；CO_2、SO_2、COD各为16.67亿吨、569万吨和207万吨，分别占国内生产部门排放量的31.3%、31.4%和37.4%。扣除进口隐含部分，能源纯输出3.7亿吨，占国内生产部门消耗的18%；CO_2、SO_2、COD各为12亿吨、529万吨、99万吨，分别占生产部门排放量的23%、29%和18%
环境与贸易课题组(2011) 2002～2007年	扣除进口隐含部分，CO_2 纯排放在2002年、2005年、2007年分别占当年国内总排放量的18.9%、31.9%和30.8%；COD和 SO_2 的纯排放分别在20%和25%

方面都呈现为赤字，其中对美日两国的赤字分别占到总赤字的43%、38%、33%和80%。这些数值可以看做美日两国对中国的能源消耗和环境压力的贡献率。

能源和环境赤字与中国在国际分工体系中所处的比较劣势有关。相较于发达国家，中国的经济结构和生产技术均较为落后，与进口产品相比，中国的出口产品更多地集中在低附加价值、高能耗和高环境负荷的产业。例如，在第十个五年计划期间，中国出口产品的55%（金额口径，下同）为加工贸易，其中占出口前三位的产业均为隐含能源输出量较高的产业，其能源输出接近全部输出量的40%①。另外，出口产品的40%集中在 SO_2 排放中高型

① 其中占首位的纺织业的比例为13.4%。有报告说，每生产100米棉布，相应消耗55公斤煤炭和3.5吨水，同时排放3.3吨废水和2公斤化学需氧量（胡涛等，2008）。

产业，44%集中在COD排放中高型产业（国合会专题政策课题组，2011）。2005年，SO_2高排放产业的出口额占总出口的14.3%，而其实际排放量却占到产业部门总排放量的72.8%；COD高排放产业的相应比例为22%，但实际排放量则占到产业部门排放量的81.8%[①]。

这种结构性后果当然离不开外资企业的贡献。《中国统计年鉴》登载的数据表明，在中国的出口份额中，外资企业出口所占的比例由1995年的31.5%上升到2000年的47.9%和2005年的58.3%，近年来也都维持在55%以上。通常认为，境外资本的大量涌入将促进中国大陆的技术提升和经济发展，这在某种程度上是真实的。但国合会专题政策课题组（2011）的研究也表明，在华外资企业的技术水准通常低于其本国的水准，而且具有向高能耗和高污染负荷产业集中的趋势。这种集中度（投资于高能耗—高污染负荷的外资企业占全部外资企业的比重）在1995年约为30%，十年后则上升到84%，而投资于环保型产业的比例不到0.2%。

上述研究呈现的整体结论是：在目前的国际分工体系中，作为全球最大的生产机器，中国的大量生产和大量出口实质上意味着将其原本紧缺的能源大量输出到发达国家，以满足其大量消费的需求，同时将大量的污染物留在国内。这种制度选择客观上减轻了发达国家特别是日美两国的能源和环境压力，同时也大大加剧了自身的能源和环境压力。在对此整体格局予以确认的基础上，下面将围绕三个代表性产业的个案，更清晰地考察其在中国的相关区域留下的灾难性后果。

二　稀土问题：“资源诅咒”

作为高技术产业、军工产业乃至风力发电和电动汽车等“绿色产业”不可或缺的工业原料，稀土这种稀缺资源通常被称为“战略性资源”。近年来，由于中国政府加大了对稀土出口的限制力度，引起了发达国家的强烈反应。2009年6月，欧盟和美国曾向世贸组织指控中国违反自由贸易协定；2010年9月，中国政府进一步缩小出口配额的措施更是在日本引起了轩然大波，日本舆论普遍将其与钓鱼岛争端联系起来，认为中国政府意在借此逼迫日本在领土问题上退让，而欧美一些国家的舆论和高官也纷纷予以“谴责”。但是，稀土的大量开采和冶炼在中国国内引起的资源破坏与环境污染

① 相关数据见http：//cppcc.people.com.cn/GB/34961/120830/120959/7160781.html。

问题，却没有受到强调“自由贸易”的西方的关注。

虽然“中东有石油，中国有稀土”这句邓小平的语录广为流布，但拥有稀土资源的不仅是中国。据《瞭望》周刊（2010年10月11日）报道，20世纪60年代，中国的稀土储量在全球的比重一度跃升至90%左右，但随着开发、破坏、浪费，加上近年来相关国家在资源勘探方面不断取得突破，中国的稀土资源所占比重已大幅度下降，目前尚未开发的工业储量仅占全球探明总量的25%～30%，远低于社会上流传的比例。美国众议院的一项报告则显示，在2009年，中国的稀土储量（3600万吨）约占世界的36%，生产量却以12万吨规模占到全球份额的97%；美国、俄罗斯的储量各占全球的13%、19%，但生产量均为零[①]。

有限的储量份额与压倒性的生产份额，这种畸形格局是中国在生产成本与资源环境代价竞争中“胜出”的结果。资料表明，美国曾经是世界最大的稀土生产国和出口国，而中国直到20世纪70年代末只有三家采矿和冶炼企业，产量有限。但在80年代“有水快流”的政策驱动下，中国的生产量以年均两位数的速度递增，并于1986年超过美国，随后出口世界市场。进入90年代，稀土的开采、冶炼和加工企业爆发般地增加。以两个主要的产区为例，内蒙古包头市的相关企业超过150家，而在被认为系中国特有的南方离子型稀土矿区，尽管1991年起国务院就将其列为国家实行“保护性开采”的特定矿种，但仅江西赣州一地拥有“采矿证”的矿山高峰时期即多达1035个[②]。这导致了严重的过度开采、供大于求和价格跌落。而无法进行价格竞争的美国则逐渐降低其产量，2000年关闭了其最大的生产基地芒登帕斯矿山。随后，世界稀土供应主要依赖中国，其中日本进口量的92%来自中国[③]。

尽管中国在稀土生产和供应领域占有绝对的“垄断”地位，国际市场的需要量也连年增加，但是这一战略资源的价格决定权却不在中国的企业，由此造成长期的“贱卖”现象。据相关部门统计，1990～2005年，稀土出口量增加了近十倍，但价格却下跌了50%，导致100亿美元左右的损失。

---

① 新华社2010年9月16日报道。另据2010年9月6日《人民日报》报道，中国稀土资源探明储量占全球的36.5%；在全球已探明的9261万吨稀土资源工业储量中，中国为6588万吨，占71.1%。

② 新华社，2010年9月16日；2010年10月11日《瞭望》。

③ 据2010年10月28日《北京商报》引述英国《金融时报》的报道，日本的使用量仅占其进口量的1/3，其余部分用于战略储备。

在2005年前后，稀土氧化物的出口价格每公斤只有16元，由此被业界自嘲为“稀土是金，却卖了个萝卜价”。此后价格虽有上升，但2009年的出口吨价仍然只有1990年60%①。

廉价出口似乎与中国企业的技术劣势不无关系。在诸多的稀土资源中，金属钕、镧、镝、铽等的冶炼纯度每提高1个百分点，价格将出现倍增。但其所需要的高度提纯技术却被日本和欧美的企业所垄断，中国的出口产品主要是稀土氧化物以及低附加值的初级加工品，反过来则必须从发达国家进口高纯度的加工制品。以氧化钕为例，其出口日本的价格为每吨20万元人民币，而从日本进口高纯度的金属钕时，每公斤的价格即超过20万元，两者差距达1000倍。也就是说，“大”而非“强”决定了中国在这一领域的国际分工中处于尴尬地位。

而尴尬地位的强化主要由中国自身的监管不力和缺少统一、协调造成。中央政府自1998年开始逐渐对出口、开采和冶炼环节实行指标控制，但这些措施在实践中往往落空。外国资本往往会以与国内企业合资的形式逃避约束，而这一领域的合资企业有十多家；许多企业会借铁合金等名目走私海外，一般公认的年间走私量为2万吨左右，占实际出口量的1/3；而国内企业往往“恶性竞争”，“数年以前，外国客户带着订单访问三四家企业，价格就会降低30%到50%”；而在开采环节，“没有人会按照指标来组织生产”。比如，2009年，“国家给江西的指标只有8500吨，但实际产量可能达到两三万吨。”国土资源部规定当年全国的开采总量控制指标为8.23万吨，但最后公布的产量为12万吨，“而国家每年公布的数据也少于实际产量”②。

正是由于每一个领域都存在漏洞，造成了中国的资源优势转化成“资源诅咒”。首先，大量开采导致稀土资源的迅速减少。在包头，截至2008年，白云鄂博主东矿山已合计开采稀土1500万吨，但利用率不到10%，按当年的开采量计算，该矿将在25年内枯竭。而南方离子型稀土矿在1970~2007年开采了储量的60%（利用率为40%），有可能在十年内耗尽。据商务部推算，全国的稀土资源在1996~2009年减少了37%，目前只剩2700万吨；按照近年来的开采速度，南方的中重类稀土资源将自在15~20年面临枯竭，届时中国极有可能成为稀土资源进口国③。

① 2010年9月6日《人民日报》；2010年10月11日《瞭望》。

② 2010年10月12日《每日经济新闻》；2010年10月28日《北京商报》；2011年4月1日《第一财经日报》。

③ 2010年10月14日《人民日报·海外版》；2010年10月28日《北京商报》。

在资源尚未枯竭之前，生态和环境的严重破坏早已成为现实。在南方稀土矿区，稀土开采通常以“搬山运动”的方式进行。每开采一吨稀土，要破坏200平方米的地表植被，剥离300平方米的表土，造成2000立方米的尾砂和每年多达1200万立方米的水土流失。而无论是“池浸”、“堆浸”还是“原地浸矿”工艺，大都是以灌注硫酸铵或碳酸铵的方式沉淀、提炼稀土，这些污染物质渗透到土壤中，与泥沙一起流入江河。江西的全南、龙南，广东的龙川、饶平、始兴、大埔、兴宁等十多个县市都因此出现了严重后果。以中国南方的林业重点县全南县为例，乱挖乱采现象已延续二十多年，2006~2008年就有100多个不法采矿点，结果导致森林资源遭到破坏，许多地方露出漫漫沙地。该县陂头镇李家洞村、龙经村、星光村等地的河流和地下水遭到污染，河中鱼虾灭绝，致使数百村民冲进当地政府抗议。而在曾经山清水秀的兴宁市邹陶村，多年开采导致水源污染和农田废弃，村庄的人口由700人锐减到100人①。

稀土分离环节同样伴随着普遍的污染。有相关专家坦陈：中国生产的稀土占全球较高比例的主要原因是生产过程污染很大、代价很高，一些国家不愿去做；国内90多家稀土分离厂的排放绝大多数都超过国家“三废”排放标准，如果真正执行迟至2010年才公布的《稀土污染物排放标准》，80%左右的稀土分离厂可能倒闭。而在冶炼过程中，每生产一吨初级产品，大约产生8.5公斤的氟和13公斤的烟尘；利用浓硫酸高温焙烧工艺，平均每生产一吨稀土就产生75立方米的酸性废水和1吨左右的放射性废渣，进而排放出含有粉尘、氢氟酸、二氧化硫、硫酸等的废气9600~12000立方米②。

正是在这样的背景下，我们可以看到稀土产量占全国一半、号称“稀土之都”的包头市所面临的环境危局。由于许多企业缺少处理设施，肆意排放污染物，导致了触目惊心的污染致害③。而在包头市西郊，包钢排放的稀土废渣长年堆积，更是形成了容量达1.7亿吨、含有大量酸性废水和放射性物质、总面积达11平方公里的“稀土湖”。尾矿坝本身位于地震带上，

① 相关资料源见2010年10月14日《人民日报·海外版》；2010年3月9日、5月6日《南方日报》；2010年9月3日《世界新闻报》；新华社2010年9月16日报道；CCTV2010年11月15日报道；以及http://www.3158.com/news/2010/11/15/1289811237943.shtml。

② 2010年9月28日《第一财经日报》；2010年4月29日《中国化工报》。

③ 相关报道资料见《新民周刊》2006年第38期专题报道《“核浆”危情》，以及2010年12月2日《每日经济新闻》，2010年12月16日《南方周末》。

距包头市区和南边的黄河只有十多公里，因此被称为不知何时会爆炸的“定时炸弹”（事实上，2004 年曾经污染包头市的黄河取水口）。而对周围的村庄来说，居高临下（村庄地面低于湖面 30 米左右）的尾矿坝早在 20 世纪 90 年代就已成为明显的祸害，地下水和耕地长期受到污水渗透，多个村庄在 2002 年被包头市环保局判定为“不适合人类生存”，打拉亥上村成了远近闻名的“癌症村”，而在新光一、三、八村那些无力迁居的留守村民中，“骨科疾病与癌症像是常见的流行病。”

三　太阳能产业：由绿变黑

比“稀土问题”更富有传奇色彩的是太阳能产业（光伏产业）的故事。伴随着这一新兴产业飞跃般的增长，中国在数年间成为世界最大的太阳能电池生产国，相关地区的 GDP 和税收获得倍增，而少数企业家则通过企业的海外上市成为中国屈指可数的富豪[①]，从而形成了中国式的“发展”的神话和财富的神话。而神话背后是严重的环境污染，绿色产业因此变成了黑色产业，成为 21 世纪中国式的资本扩张的典型传奇。

一系列神话源自一个众所周知的“绿色梦想”。这种梦想由全球范围内激化的“气候政治”和残酷的石油战争（伊拉克战争）所催生。对于太阳能利用的期待固然早已出现，但是它被当作“前景光明”的产业大致是在 1997 年京都会议之后。当围绕温室气体排放的国际争端趋于激烈，并逐渐影响到各国国内的能源和环境政策，太阳能发电、风力发电等“绿色能源”、“清洁能源”或“新能源”开始被当作解决地球温暖化、消除化石燃料枯竭问题的有效手段。日本、德国、西班牙等发达国家纷纷通过价格补贴促进太阳能发电的导入和利用。而在中国国内，为解决能源短缺和煤炭依赖型能源结构造成的二氧化碳大量排放和污染问题，缓和越来越大的国际压力，中国政府在《“十一五”规划纲要》中提出了节能减排的战略，2006 年制定了《可再生能源法》，进而在 2007 年推出了《可再生能源中长期发展规划》，其中太阳能产业成为重点。

如果说以太阳能为代表的“绿色能源”产业在全球和国家层面还具有较多的理念转型的理想色彩，它在中国的地方政府看来更多地意味着“新

① 根据 2008 年版“胡润百富榜”，世界第三位的太阳能电池企业无锡尚德（2001 年建立）的最大股东施正荣的资产为 215 亿，占第八位，江西赛维 LDK 的彭小峰以 270 亿元位居第四。

的经济增长点”，而对企业来说只是实现利润扩张的机会或工具。与更为光鲜的概念化包装相伴，更为优惠的激励措施竞相出台，很快形成了“绿色大跃进”热潮：截至2008年，全国有100多个城市宣布建设“新能源基地”，太阳能电池组装企业急增到520多家，其中江苏、浙江的一些原本生产鞋子和手套的工厂也乘势转产。结果太阳能电池的产量出现几何级的增长（表4），2007年超过日本而位居世界第一，2010年占到世界份额的一半，其中全球15家大型企业中有10家为中国的企业①，一些著名的企业家则自封或被封为“太阳王”。

表4　中国太阳能产业的增长（2003～2010年）

年　度	2003	2004	2005	2006	2007	2008	2009	2010
电池生产量(MW)	12	50	143	438	1088	1780	4011	8000
占世界份额(%)	1.6	4.2	8.1	17.1	27.2	31.3	40.0	50.6
发电设备导入量(MW)	—	10	5	10	20	40	160	380
占世界份额(%)	—	0.3	0.3	0.6	0.7	0.7	2.4	4.0
多晶硅产量(t)	—	—	60	287	1130	4500	20000	45000

数据来源：马胜红等，2010；新华社2010年12月28日报道；2011年1月21日《南方都市报》；http：//www.hjsysb.com.cn/info/detail/1－2625.shtml。

比太阳能电池生产以更快速度扩张的，是其原料多晶硅产业。多晶硅生产的先进技术原本为日本和德国等少数发达国家所垄断，中国在1998年之前只有位于四川乐山和河南洛阳的两家企业少量生产，多晶硅材料几乎完全依赖进口。但是，随着太阳电池生产的激增，多晶硅供应严重不足，其每公斤市场价格从2005年的60多美元暴涨至2008年春季的450多美元。巨大的利润空间吸引着资本的涌入。与此同时，由于这一产业具有典型的资本密集特征——1000吨的生产能力平均需要10亿元人民币的投资，对GDP和税收的增加具有显著的拉动效应，因此也吸引了地方政府的招商引资冲动。在市场和政府的双重驱动下，多晶硅投资项目在2007～2008年陆续出台，其中不乏投资额超过100亿元、年产能力超过1万吨的巨大工程。

投资的过热立即引起了产能的过剩。2005年多晶硅的产量还只有60

① 2009年3月13日《21世纪经济报道》；2011年1月10日《经济参考报》；新华社2011年4月22日报道。

吨，但是到2008年末，已经形成2万吨的产能，而到2009年6月，全国20多个省区投产、在建和获得立项许可的项目超过50个，合计生产能力达到23万吨，为全球市场需求量的两倍①。针对这种过度膨胀和无序的状况，中央政府于同年9月将其列为“产能过剩”行业予以限制。但另一方面，梦一般成长的太阳能产业在为地方政府带来经济规模的扩张、为相关企业和企业主带来巨大利润的同时，也的确加重了中国的能源消耗和环境负荷，对相关区域的农民来说则犹如梦魇。这来自这个产业的先天缺陷，同时又与制度弊端放大了其缺陷有关。

首先，太阳电池的主要原料多晶硅生产实际上具有高能耗特征，因此太阳能产业整体并非相关企业和政府所宣扬的“节能产业”，而是以“能源制造能源”。生产1kWh的电池需要10公斤的多晶硅，而由于国内多晶硅的生产技术是从俄罗斯引进的“西门子改良法”，多晶硅的综合电力消耗相当于美、日、德等国的2~2.5倍，为此需要5800~6000千瓦的电力。以自称高技术的“江西赛维LDK”为例，其1.5万吨的年产量大约需要32亿千瓦的电力，这相当于2008年江西全省城乡居民用电量的1/3，意味着300万吨的煤炭燃烧和1100万吨的二氧化碳排放。另一方面，以电池的平均使用寿命20年为基准计算，其能源再生比例在1∶8以下，是风力发电的6~10倍，火力发电的11~18倍②。

其次，多晶硅生产也是一个重污染行业，其生产过程排放出大量具有强刺激性和腐蚀性的有毒物质四氯化硅。欧美企业对此一般会付出高昂的代价予以回收、处理和再利用，而国内企业绝大多数缺少相关的无害化处理设施，要么是封存留待“将来”处理，要么是深埋乱倒，甚或“外包”给有关人员，而后者多数是依靠“偷倒”的方式处理，造成污染的转移和扩散。结果，这一刚刚开始的产业已经造成了严重污染，从媒体近期的报道中可以发现以下案例③。

——河南洛阳的“中硅高科技有限公司”和林州市的“中升多晶硅有限公司”污染案。“中升”的工厂距城郊乡张庄村只有百米，村民的耕地被廉价征用，却并不知道企业具体生产什么，地方官员只是许诺

① 2009年9月7日《瞭望》。

② 参照2007年12月4日《中国电子报》，及金名（2008）、赵秋月等（2010）。

③ 相关案例资料分别见2008年7月16日《经济视点报》；2010年10月5日《参考消息》；王晓夏，2010；2010年10月12日《中国商报》。

"高技术企业，对环境没有任何污染"。2008年1月设立，该市环保局长"亲自挂帅，为中升多晶硅跑环评"，而在企业的签约仪式上，市检察长、公安局长与市委书记、市长一道登台助阵。同年3月投产，4月间就因污染而导致村民十余人中毒。

——四川省乐山市西郊村，处于数家多晶硅企业的包围之中，河流和地下水受到污染，污水灌溉造成收获的水稻难以食用，"许多人得了癌症"。村民呼吁"我们的生活遭到了彻底破坏"，但受到政府庇护的企业则出动保安威胁村民。

——号称"世界硅都"的江西省新余市，建有江西赛维LDK的马洪工厂。这项投资120亿元、设计生产能力达1.5万吨的江西省"一号工程"占地10平方公里，而原来土地上的数村农民仅获得微薄的补偿，被迫搬迁。公司宣称生产过程"零排放无污染"，但"赛维有毒"几乎成为人所共知的秘密，赛维员工因接触有毒物质而死伤的传闻也不胫而走。"村民们除了承受失地之痛外，还在为不知情的污染而深深恐惧着。"

——河北省保定市郊外的"六九硅业有限公司"是"引领世界太阳能产业的企业"Yinglisolar（美国纽约上市）的子公司，投资计划126亿元，设计年产能力1.8万吨，是河北省的"重点支持产业工程"。占地面积达3000多亩的工厂距曹庄村和花庄村300米左右。2009年12月试运行，每天数小时排放废气，村民感到刺鼻难耐，许多老人和儿童患上了哮喘；噪音则使得村民夜不能眠、焦躁不安；工厂周围的庄稼严重减产。村民到环保局申诉，但"局长不清楚排放污染物的成分"。

最后，这一高能耗、高污染产业的绝大部分产品并不是供国内使用，而是主要出口到欧洲。由于国内太阳能发电的成本相当于火力发电成本的5倍左右，对中国的消费者来说也就成了难以利用的奢侈品。因此，虽然国内太阳能发电设备的导入量近年来也在增加，但直至2009，其合计导入量不足全球份额的1%，2010年的国内安装量也只有生产量的4.8%[①]。这样，被赋予莫大期望的所谓"绿色产业"，不过是"为他人作嫁衣裳"，更明显地带有"消费在国外、污染在国内"的特征。

① 2011年1月21日《南方都市报》。

四　“可再生资源”：垃圾进口的环境代价

中国不仅是世界的生产加工厂，也是世界的垃圾处理场。由于迅猛的经济增长带动了资源需求的扩大①，为了满足其日渐膨胀的胃口，中国在从中东、非洲、大洋洲和拉丁美洲大量进口矿物资源的同时，也从发达国家大量进口“可再生资源”：从废旧金属、废纸、废旧塑料，到废弃的电器电子垃圾。

由于统计的缺失和走私进口的隐蔽性，对中国的废弃物进口总量无法给出分年度的精确数据。但有报告显示，不包括电子废弃物的年间进口量从20世纪90年代初的100万～200万吨增加到2000年的1558万吨，近年则达到4500万吨（施敏颖，2010；丁海军等，2010），其中废纸和废旧塑料两项合计超过3000万吨（表5）。另外，废旧电器和电子垃圾的进口量从1990年的99万吨增加到2000年的1750万吨。自2000年开始，中国政府逐渐控制电子垃圾的进口，但由于走私进口屡禁不绝，中国依然是全球最大的电子垃圾场。根据绿色和平组织的报告，全球出口电子垃圾的大约70%被运往中国②。

表5　中国的垃圾进口

单位：万吨

年度	废纸	废塑料	年度	废纸	废塑料
1990	42	2.4	2005	1703	496
2000	429	201	2006	1962	587
2001	642	223	2007	2256	685
2002	687	246	2008	2421	708
2003	938	302	2009	2750	732
2004	1231	410			

数据来源：《中国海关统计年鉴》各年度版。

① 据中国物资再生资源协会会长刘向群2008年3月报告，“目前我国每年消费50亿吨的资源，是世界最大的资源消费国”（http：//thesis. cei. gov. cn/modules/showdoc. aspx? DocGUID）。但他在翌年6月出版的《改变世界的“垃圾”革命》（学苑出版社）序言中，则谓“我国每年燃烧、冶炼的矿物资源达到60亿吨”。

② 2009年7月9日《时代周报》；新华社2007年1月9日报道。

进口废弃物主要来自美国、欧盟和日本等发达国家，其中最大的来源为美国。据报告，2006 年美国输出废弃物的 42% 被运往中国，金额相当于 67 亿美元，是仅次于飞机等航空器材的第二大出口品；其中废纸一项即达 910 万吨，系 1994 年的 25 倍。而欧盟出口的废弃物在 1995 ~ 2007 年增加了 10 倍，其中的大多数也输出到中国；欧盟的最大垃圾出口国为英国，从英国出口到中国的废弃物从 1997 年的 1.2 万吨增加到 2006 年的 220 万吨①。

日本是中国的第二大废弃物贸易伙伴。其“循环资源”的输出量自 20 世纪 90 年代后期迅速增加，按重量计算占到其出口货物总量的 10%。在 2004 ~ 2009 年，其废塑料出口从 85 万吨增加到 150 万吨，废纸从 284 万吨增加到 491 万吨，而废铁则从 682 万吨增至 940 万吨（小島道一，2010）。据日本学者的研究，日本输往中国的废弃物从 1998 年的 100 万吨增加到 2001 年的 330 万吨，2005 年则达到 710 万吨（石川誠，2007）。考虑到从日本出口到中国香港的废弃物的最终目的地实际上是中国内地，那么日本出口废弃物的 90% 左右被运到了中国。

废弃物的贸易长期受到国际环境组织和舆论的强烈批评，联合国环境署也曾于 1989 年主持制定了旨在控制“危险废弃物越境转移”的《巴塞尔公约》（1989 年）。但是在全球化力量的推动下，它却成为 90 年代以来增长最快的产业之一，凸显了国际环境不平等状况的恶化。在这一进程中，进出口业者的利润动机固然不可忽视，但重要的推动力量还是负有监控责任但却放弃监控的相关国家的政府。

比如，作为最大的废弃物出口国，美国不仅拒绝加入《巴塞尔公约》，而且在围绕中国加入世贸组织谈判的时候，要求中国开放环境产业市场，从而为后来的大量废弃物出口埋下伏笔。与此相应，日本和欧洲的一些盟国也并不恪守相关规定，20 世纪 90 年代以来不断披露的有毒有害垃圾对华输出的案例（王飞，2007），即表明了其监管不力。而监管不力的背后是将出口废弃物上升为国家政策的国家意志在施加影响。以日本政府为例，它在 2000 年提出建立“循环型社会”，但是由于难以在其狭小的国土上实现国内循环，于 2004 年倡议构建“国际间的循环型社会”，旨在突破《巴塞尔公约》中的相关束缚。而出于强化废弃物输出产业、减轻国内环境压力的目的，日

① 2007 年 9 月 18 日《改革内参》；2009 年 9 月 28 日《环球时报》；新华社 2007 年 1 月 29 日报道；2008 年 9 月 2 日《世界新闻报》。

本环境省在2011年度财政预算中安排了3000多万美元的相关援助资金[①]。

发达国家与发展中国家之间的废弃物贸易，的确符合经济的逻辑和相关业者的利益。以中英两国的状况为例，中国的进口企业愿意为一吨废塑料支付300英镑，这相当于英国国内交易价格的3倍；而每个装满废弃物的集装箱运往中国的费用大约为500英镑，比从伦敦运往曼彻斯特的陆运成本还要低廉。因此，一项受到英国政府资助的研究报告在2008年8月得出结论：向中国出口废弃物将比在英国本土处理减少2/3的碳排放，同时也满足了中国的需求，“是一项双赢的贸易”[②]。

不过，在考虑废弃物贸易的时候，首先不应忽略这一贸易所包含的发达国家的内在矛盾。这是一种既要维持大量消费的生活方式又要获得“优美环境”的原本无法两全的结构性矛盾。大量消费自然产生大量的废弃物，而“优美环境”的获得意味着环境规制的强化和处理费用的高昂。实际上，几乎所有的发达国家都难以承受将其大量排泄物消化殆尽的代价。有报告显示，美国的废旧电脑数量在2007年即多达5亿台，“没有人知道该如何处理这些废弃物”。而在英国，截至2008年的十年间，家庭废弃物的回收率从7%增加到了30%，显示出资源节约意识的提高和制度的奏效，但是仅回收的废纸一项就超过了该国的处理能力[③]。在这种状况下，将其体内无法消化的废弃物排出体外，出口到环境管制松懈、处理费用低廉的发展中国家，自然成为首选方法。

进而，如果关注废弃物处理过程中的环境影响，就会发现所谓“双赢的贸易”实际上是一项“肮脏的贸易”，是明显的转嫁污染行为。当然，许多论者也认识到“废弃物如果得不到适当处理就会引起环境污染”，但需要强调的是，在中国等发展中国家，“得不到适当处理”原本是心照不宣的默契，而且正是以此为前提，废弃物的交易才有可能。这样，基于经济逻辑的废弃物贸易理论就不仅具有独善的一面，也带有伪善的色彩。

自然，对废弃物贸易及其支持理论进行伦理学意义上的道德评价并非本文的目的。本文要关注的是废弃物进口为中国带来的确定影响。国内的一些业界代言人和从事资源循环研究的论者通常也会强调这种贸易缓和了中国的资源矛盾，并试图证明进口“再生资源”处理的环境代价实际上要小于普

---

① 2010年10月6日《日本经济新闻·电子版》。

② 2008年9月2日《世界新闻报》。

③ *Toxic Trade News*, 5 April 2006；2008年9月2日《世界新闻报》。

通资源利用的环境代价。但是，这种论断缺少对资源的“大量需求”及其前置条件“大量生产、大量消耗”的合法性的应有质疑，也忽视了环境意识低下和环境监管缺失才导致了废弃物大量涌入这一前提条件。至于进口废弃物对国内资源环境压力的缓解，似乎也只是表象。如果注意到废弃物在经过分解和加工之后重又作为资源制品出口到发达国家这一事实，就必须承认，它在缓和国内资源紧缺方面的作用远比想象的薄弱。正如国合会专题政策课题组（2011）指出的那样，中国从中所获得的只是有限的“差价”。而微薄的利润扣除了沉重的环境成本。

关于进口废弃物处理的环境代价，迄今还没有系统的研究。但是从国内外媒体的零散报道中，已经能够发现众多的典型案例。诸如广东省汕头市的贵屿镇、佛山市大沥镇、清远县的龙塘镇，浙江省台州市的路桥区①和温岭市，河北省的黄骅市等，都因为垃圾处理而招致了严重的环境污染和健康损害。其中举世闻名的是中国最大的电子垃圾处理场贵屿②。

贵屿的面积大约为50平方公里，目前拥有近14万人口。从20世纪90年代后期开始，其下属21个村中总共200多家企业和5500多户家庭作坊，以及5万左右的当地村民和外来打工者，从事电子垃圾的回收、分解和加工作业。作为当地的支柱产业，其年间生产总值从1999年的6亿元增加到2006年的12亿元，占全镇生产总值的90%，而税收的比例也几乎与此相同。每年处理150万吨的电子垃圾（其中八成来自海外）和数十万吨的塑料垃圾。尽管这些垃圾中含有700多种有毒有害的重金属物质和化学物质，但是对于危险性不甚了然的劳动者们，使用“19世纪的技术”进行加工、处理。经过十多年的累积，贵屿的环境遭到了整体破坏：河流早已变黑，地下水、土壤及河流底泥含有十多种重金属物质和有机污染物质，二恶英的浓度则是广州市的30倍，癌症发病率和孕妇流产率都达到世界最高水平，儿童铅中毒的比例达到7成，而外来打工的农民则有许多人患有呼吸系统疾病、皮肤病和肾脏系统疾病。

① 有时被写作“莲角”的佛山市南海区大沥镇联窖村（“联窖工业区”），是与贵屿齐名的进口垃圾处理场。国内媒体对其场景有着生动描述：“冒着黑烟的烟囱、堆积如山的垃圾、黑如石油的河水……”而堆积如山的垃圾包括大约20万吨废塑料和50万吨废纸（王飞，2007）。另外，台州市的路桥区峰江街道也有着进口废塑料和电子垃圾的巨大处理场，2005年当地的土壤中检测出剧毒物质二恶英，涉及范围达十多平方公里（2007年7月27日《人民日报·华东新闻》）。

② 相关资料见新华社2007年1月9日报道；陈竹，2007；*Toxic Trade News*，5 April 2006。

五　讨论：“自虐式发展”的历史意蕴

出口产业整体隐含的能源消耗和高污染负荷，稀土开采和冶炼招致的资源和环境破坏，太阳能产业由绿向黑的变色，以及废弃物进口这一“肮脏的贸易”带来的环境和健康损害。本文多方面的考察显示，在经济全球化的时代，中国在大量出口工业品带动经济高速增长的同时，也以其高能耗、高污染加剧了国内的资源和环境矛盾。从这一结果来看，近年来备受瞩目的所谓“中国模式”，明显带有“自虐式发展”的特征。

“自虐”这一把握方式强调的是中国的发展悖论中自主选择的侧面。在关于国际贸易伴随污染转移的环境经济学研究领域，有“污染避难假说”（Copel & Taylor，1994）和“规制差距”之类的解释（寺西，1992；除本等，2010）。两者都认为，在其他条件相同的情况下，污染负荷较高的企业会在投资和贸易自由化政策的驱动下迁往环境监管不力的国家和地区。而本文强调的是特定的权力体系本身如何放纵并吸引着“污染”①。毋庸讳言，正是对环境的无视和对污染的放纵，才导致了中国制造业的竞争力，中国才得以成为世界最大的加工厂和最大的出口国，以及最大的垃圾处理场。

这种因果关系显然也属于“中国经验”的一部分。它显示，当一国的政治和行政权力如资本一样轻视环境和社会，追求利润最大化的资本的逻辑方会彻底贯彻；进而，正是由于不择手段、不计代价地追求“发展”的权力的存在，资本才有可能横行无忌。就此而言，常受欧美舆论批判的“中国式的社会主义”的实践形态，恰恰成了国内外资本的沃土和天堂。其中历史的辩证法或吊诡之处清晰可鉴，彰显了发展主义意识形态的强大力量：它使得两种原本不共戴天的制度紧紧地拥抱到一起，也改变了我们对经济学中“竞争”理论的一般印象。也就是说，中国在环境规制、技术水准和劳动者保护方面的比较劣势，却在全球经济竞争中变成了“比较优势”。由于排除了经济增长的环境代价，中国与外部世界的竞争并非基于优势的竞争，而是围绕劣势的竞争。“竞劣”似乎正是中国经济的“核心竞争力”所在，是中国经济飞速增长的奥秘。

当然，“自虐”只是对国家层面特征的把握，并不意味着可以忽略国际

---

① 这令人想起20世纪90年代曾经流传的一个笑话。据说有地方主政者在欢迎外国企业家的仪式上畅言：“欢迎来剥削，欢迎来污染！”

间和国内的加害—受害关系。这种关系可以进行如下概括：在国际层面，发达国家在充分享受大量消费甜头的同时，为了确保良好的环境而直接间接地、有意无意地将其生态环境代价转移到中国；在中国国内，企业家通过无视环境获得超额利润，官员借助污染产业扩张获得政绩，而相关地区的农民则受困于污染了的空气、河流和土地。

这种复杂的加害—受害关系并非简单的金字塔形社会生态结构。鉴于21世纪以来中国的“精英移民”——通俗的说法是“富跑跑”——现象显著增加[①]，需要注意全球化带来的另一种相关结果：那些对中国的环境恶化做出了更大贡献的“富人”们，通过成为发达国家的一员，得以免受自虐式发展的损害，而污染严重地区的农民则被锁定在中毒的土地上。这样，齐格蒙特·鲍曼（2001）所说的富人的全球化和穷人的在地化也就鲜明地凸显出来。更进一步看，精英群体向着发达国家的流入，不仅意味着他们“来去自由”，也预示着他们可以继续无视不计代价的“中国模式”的长期后果。这样，中国模式将会持续，而中国整体也将难以摆脱资本主义生产体系中的“苦役踏车”（Allan Schnaiberg，1999）状态。

参考文献

陈迎、潘家华等：《中国贸易进出口商品中的内涵能源及其政策含义》，《经济理论》2008年第7期。

陈竹：《电子垃圾进口：中国的利益与代价》，《资源再生》2007年第10期。

除本理史等，2010，《环境の政治経済学》，ミネルヴァ書房。

丁海军等：《对我国进口国际再生资源的探讨》，《资源再生》2010年第2期。

国合会专题政策课题组：《全球化背景下的中国环境与世界环境》，2011年2月3日《中国环境报》。

胡涛等：《我国对外贸易的资源环境逆差分析》，《中国人口·资源与环境》2008年第2期。

金名：《多晶硅生产：毒污染高耗能不容忽视》，《中国质量万里行》2008年第5期。

李善同、何建武：《从经济、资源、环境角度估计对外贸易的拉动作用》，《发展研究》2009年第4期。

① 据报道，中国在1999～2009年的十年间总计有200万人获得了外国的“绿卡”或国籍；而在投资额超过1000万元的受访者中，近6成正在考虑或已经办理了“移民”手续。相关状况见2010年6月2日《南方周末》；2011年4月21日《新京报》；2011年5月23日、5月25日《人民日报》。

刘建国、加里德·戴蒙德：《全球化背景下的中国环境——中国与世界如何相互影响》，李舒心等译，《世界环境》2005 年第 4 期。

马胜红等：《制约我国光伏市场发展的主要因素》（上），《太阳能》2010 年第 1 期。

齐格蒙特·鲍曼：《全球化：人类的后果》，郭国良、徐建华译，商务印书馆，2010。

齐晔等：《中国进出口贸易中的隐含碳估算》，《中国人口·资源与环境》2008 年第 3 期。

石川誠：「東アジア地域における循環資源貿易の実態」，《京都教育大学环境教育年报》2007 年 15 号。

施敏颖：《固废进口的双重动力及其监管的进一步完善》，《生态经济》（学术版）2010 年第 2 期。

世界观察研究所：《地球环境データブック2005～2006》，ワールドウォッチジャパン，2005。

寺西俊一，1992，《地球环境問題の政治経済学》，東洋経済新报社。

王飞：《"垃圾舰队"侵华的背后》，《资源与人居环境》2007 年第 7 期。

王晓夏：《"世界硅都"污染调查》，《世界博览》2010 年第 10 期。

小島道一，2010，「拡大する国際リサイクル資源貿易」，http://www.ide.go.jp/Japanese/Research/Region/Asia/Radar/20100223.html。

下田充等，2009，「東アジアの环境負荷の相互依存」，森晶寿編《東アジアの経済発展と环境政策》，ミネルヴァ書房。

张玉林：《中国农村环境恶化与冲突加剧的动力机制》，《洪范评论》2007 年第9 辑。

张友国：《中国贸易增长的能源环境代价》，《数量经济技术研究》2009 年第 1 期。

赵秋月等：《多晶硅产业存在的环保问题及其对策建议》，《环境污染与防治》2010 年第 32 卷第 6 期。

Allan Schnaiberg，1999，《环境と社会　果てしなき対立の構図》，满田久译，ミネルヴァ書房。

Bin Shui, Robert C. Harriss. 2006, "The Role of CO_2 Embodiment in US - China Trade." *Energy Policy*, 34: 4063 - 4068.

Copel, B. & S. Taylor, 1994, "North-South Trade and the Environment." *Quarterly Journal of Economics*, 109: 755 - 787.

Tao Wang and Jim Watson, "Who Owns China's Carbon Emissions?". *Tyndall Briefing Note* No. 23, October2007, http//tyndall. webappl. uea. ac. uk/publications/briefing _ notes/bn23. pdf.

审美与生产政治

——基于餐饮服务业的一项调查

郑庆杰[*]

摘　要： 审美，作为主体对于外在事物的一种身心体验，在由餐饮服务业的生产与消费所建构的生产政治关系中，扮演着关键角色。在餐饮服务业的劳动过程中，消费者、生产者、管理者三方形成了复杂的社会互动关系链环，审美贯穿其中，以主体参与或者被建构的方式，共同完成了消费时代服务业领域生产政治关系的再生产。

关键词： 生产政治　审美　消费者　劳动者　建构

自20世纪60年代之后，全球经济的产业转型实现了一个新的变化。第三产业和服务业迅猛增长，近三十年来我国的服务业也在快速发展。由于全球化贸易体系的密切相关性，服务领域的竞争也日趋激烈，与生产制造业一样，服务业的资方和管理者为了争夺市场份额、降低成本、取得利润，继续想尽一切办法对工人进行管理和控制，以为消费者提供更多、更好、更稳定的服务。因此，在生产领域所形成的劳资关系，同样继续存在于服务业，但是相对于生产领域来说，服务业具有自身的特殊之处：一是工人和消费者之间面对面地通过人际互动提供服务是其主要模式①；二是管理者、工人、消费者围绕服务形成一种三维关系②。在资方对工人的管理和控制过程中，工

* 郑庆杰，山东建筑大学法政学院。

① Leidner, R., *Working on People: The Routinization of Interactive Service Work*, Ph. D. Department of Sciology, Northweatern University, 1988.

② McCammon Holly J., Griffin Larry J., "Workers and Their Customers and Clients," *Work and Occupations*, August 2000, Vol. 27, No. 3, pp. 278 - 293.

人不仅仅作为被动的管理和控制对象，而是带着主体的主动性积极参与其中，因此，围绕实现资方的服务目标，双方形成了或对立、斗争，或合作的互动关系。工人作为行动主体，无论是认同还是反对与抗争，对工作和行动都有深度投入。而消费者的参与，则进一步使二元关系发展成三维互动关系，同时将生产与消费密切联系起来甚至消融为一体。本文力图沿着既有的脉络，通过审美这一蕴涵主体性的角度，考察资方如何利用审美对消费者、工人及其提供的服务进行引导、管理和控制，以提供优质服务、实现利润目标、完成资本的增值和循环，并通过审美把消费、生产、管理三个环节勾连起来，共同形成餐饮服务业中的生产政治关系。本研究力图从审美的角度切入生产劳动过程之中，考察资本通过审美这一极富主体性的方式，嵌入劳动者、消费者的主体认知和行动取向中去，并形成各种互动关联机制，这将为服务业的生产政治和劳资关系研究，提供一种新的分析视角。

一　生产政治理论的发展脉络

自从马克思揭示了劳动与资本的秘密之后，生产就成为学术研究关注的焦点。在马克思的理论脉络中，因为劳资之间的冲突，必定导致无产阶级和资产阶级之间的完全对立，并最终以无产阶级推翻资产阶级的方式完成革命。但是历史至今也没有给出一个完全肯定的答案。那么，究竟在生产过程中发生了什么，致使工人无法形成抗争行动。

马克思曾经揭示了劳动过程中的异化，即劳动产物作为外在的异己对象客观化之后反过来把人作为客观对象形成了控制与支配①。进入20世纪之后，布雷弗曼的研究沿着马克思的异化劳动理论展开。他用工匠工艺和局部劳动这对概念来说明，人在行动之前对于行动有一个整体的筹划、想象和把握的过程，这是人之区别于动物所在，但是在资本主义劳动过程中，由于采用了以泰罗制为代表的科学管理方式，概念过程和执行过程分离了②。他认为，随着劳资双方自由契约的签订，对于劳动力在使用过程中的控制权转移到资本家手中，他们把劳动过程细分化、程序化，这样“就可以剥夺工人的工艺知识和自主的控制权，使工人面临一种新的劳动过程，工人只起到齿轮和杠杆的作用”③，进而完全丧失了传统工匠艺人对于整个劳动过程的控

① 马克思：《1844年经济学哲学手稿》，刘丕坤译，人民出版社，1979。

② 哈里·布雷弗曼：《劳动与垄断资本》，方生译，商务印书馆，1973，第44页。

③ 哈里·布雷弗曼：《劳动与垄断资本》，方生译，商务印书馆，1973，第123页。

制能力。布雷弗曼最大的贡献在于详细分析和展示了资本主义是如何将剥削、榨取剩余价值的方式和手段变化、隐形、渗透到生产过程的每一个环节和角落中的。但是布雷弗曼只考虑了工人阶级在劳动过程中如何被控制、异化的过程，而忽视了工人抗争主体性的存在[①]。

随后，从阶级论视角关于劳资关系的研究逐渐枝繁叶茂。资本对于劳动关系的控制，存在一个从“直接控制”到“责任自治”的连续统形态，这两个概念在实际劳动过程中会因历史阶段、劳动力抗争强度、内外部劳动力市场变化等各种条件的变化发生递变[②]。在其背后，其实存在资本家对工人的控制模式实现了从“简单性控制”（包括等级控制和直接控制）到“复杂性控制”的转变[③]。以上两种理论的共同之处在于它们都注重研究不同抗争条件、不同历史阶段中，劳资关系呈现的多样差异形态。从“概念与执行”到“直接控制和间接责任”、“简单控制和复杂性控制，呈现一个从注重分析劳动过程中异化和控制是如何发生，到资本家的控制是如何针对工人的抗争逐渐改变控制形态的连续过程，其背后暗含分析的视角向工人作为行动主体的凸显和转移。

无论是从劳动过程的客观角度，还是从工人主体的角度来看，以上理论的共同立场都是冲突论立场，认为劳资之间的关系是对立和充满斗争的，他们的研究目的同样是为了解释为什么工人的阶级抗争没有发生。对于劳动过程的参与，工人作为行动主体，究竟以怎样的方式参与其中并形成了生产关系的再生产，布洛维通过劳动过程中的制造“同意”（consent）从主体角度进行了阐释[④]。布洛维接续爱德华兹和弗里德曼关注工人抗争的思路，认为资产阶级和无产阶级的斗争之所以没有实现，在垄断资本主义阶段，是劳动过程中工人阶级的主动“同意”而形成的，劳动过程控制方式已经从“工厂专制主义”转向了工人的“自愿性顺从”。他认为资本家通过制造内部竞争和自我控制感，形成一种充满了乐趣和相互之间竞争的“赶工”游戏，工人主动参与其中。布洛维认为“同意”作为富有主体参与特征的核心概念，参与、维续了劳动过程中不平等的关系秩序及其再生产。他通过“赶工”游戏、内部劳动力市场、内部国家三个方面的分析，形成了他的劳动

① Burawoy, M., *The Politics of Production*. London: Verso, 1985, pp. 21 - 69.
② Friedman, A. L., *Industry and Labour*, London: The Macmillan Press Ltd., 1977, p. 78.
③ Edwards, R., *Contested Terrain*, New York: Basic Books, Inc., 1979, pp. 148 - 152.
④ 马克·布洛维：《制造同意》，李荣荣译，商务印书馆，2008。

过程理论“霸权”论[①]。随后，布洛维进一步提出了“工厂政体”理论模型，包括了对工厂和劳工进行研究的基本要素：劳动过程、劳动力再生产模式、市场竞争、国家干预之间形成的互动关系[②]。对于布洛维以阶级作为生产政治的主导结构和决定性因素的观点，学界从种族[③]、性别和地缘关系[④]、老乡关系网络[⑤]、家庭关系和籍贯关系网络[⑥]、身份政治[⑦]等角度提出了修正和补充，认为以上众多因素分别以不同的方式参与了生产政治中的不平等关系的建构。

布洛维认为工人是按照组织目标的要求去以“同意”的方式做工，并强调了国家和市场合作的几种外在结构力量，虽然他批评布雷弗曼缺乏对于“工人主体性”的关注，但是他也没有从主体内部寻求到答案，而只是指出了工人主体的参与状况。因此，工人主体性的问题依然存在。但是，后来的理论发展认为，工人也接受资方的部分价值，并在劳动过程中进行自我理解、自我控制。随后理论界出现了让工人认同企业价值观的企业文化运动[⑧]、提倡工人自我管理论等趋势[⑨]。这些往往被称为“公司企业文化主义”、“规范管理”、“公司殖民化”、“后福特主义霸权控制”[⑩] 等。一种观点认为通过这些管理方式，工人获得了生活的自我控制和意义感[⑪]，与之相反的观点认为工人并不接受组织的规范价值[⑫]，也有学者对以上两种观点持调和论，认为在服务业的劳动过程中既存在自治，也存在控制[⑬]。

---

① 马克·布洛维：《制造同意》，李荣荣译，商务印书馆，2008，第153页。

② Burawoy, M., *The Politics of Production*, London: Verso, 1985, p. 17.

③ Robert Thomas, *Citizenship and Gender in Work Organization: Some Considerations for Theories of the Labor Process*, 1982, pp. 100－103.

④ Lee, Ching Kwan, *Gender and The South China Miracle*,. University of California Press, 1998.

⑤ 沈原：《市场、阶级与社会》，社会科学文献出版社，2007，第194页。

⑥ 童根兴：《北镇家户工：宏观政治经济学逻辑与日常实践逻辑》，清华大学硕士论文，2005。

⑦ 潘毅：《中国女工——新兴打工阶级的呼唤》，明报出版社有限公司，2007，第18页。

⑧ 威廉·大内：《Z理论》，中国社会科学出版社，1984。

⑨ Linda Fuller, Vicki Smith, 1991, "Consumers' Reports: Management by Customers in a Changing Economy," *Work, Empolyment and Society*, No. 5, pp. 1－6.

⑩ Marek Korczynski, Randy Hodson, and Paul K. Edwards, 2006, *Social Theory at Work*, Oxford University Press, USA, p. 443.

⑪ Patrice Rosenthal, Stephen Hill, Riccardo Peccei, 1997, "Checking Out Service: Evaluating Excellence," HRM and TQM in Retailing, *Work, Empolyment and Society*, 11, pp. 81－503.

⑫ Gideon Kunda, *Engineering Culture: Control and Commitment in a High-Tech Corporation*, Temple University Press, 2006.

⑬ Linda Fuller, Vicki Smith, "Consumers' Reports: Management by Customers in a Changing Economy," *Work, Empolyment and Society*, No. 5, 1991.

由以上可以看出，资本对工人的控制逐渐从直接、强制、显性的方式向间接、规训、隐形的方式转变。而这个过程是伴随着20世纪六七十年代之后逐渐出现的后福特主义、后工业时代、后消费时代的来临。在这个过程中，正如前所述，消费多元、个性化服务、服务业和第三产业所占比重越来越大，因此，围绕资本主义劳动过程生产政治理论，也出现了从结构化的剥削过程到主体参与、从被动接受到主动抗争、从宏观控制向微观控制、从结构主义向后结构主义的转换趋势①。在这个过程中，人们不仅仅参与实现组织的目标，而且在理念和精神上接受了组织的价值观。因此，在单纯地关注工人面对控制形成的认同与否、"同意"与否的意愿之外，将焦点集中在劳动过程中的劳资互动关系方面，工人主体性究竟被劳动过程的怎样的建构机制和力量嵌入其中显得尤为必要。

在服务业的劳动过程中，"情感劳动"② 的提出，引发了对于工人主体如何在微观层面被资方管控的系列研究，银行职员和空姐的微笑服务、医生的无动于衷、社会工作者的同情感等研究，诸如此类的研究围绕情感、性感、身体、体验或审美劳动③。循着福柯微观政治和身体规训的路径，揭示了服务业劳动过程的控制和生产政治中的不平等关系的再生产。由于劳动过程中资方控制的微观化、隐性化，都是由工人的主体参与其中，进而被建构、编织进管理、引导和控制模式中，因此，工人主体性是关注的重心。笔者认为主体对于行动的选择和参与，同样也是一个赋予行动以意义的过程，而审美（Aesthetics），恰恰是对于意义所蕴涵的情感投入和价值承诺的体认并形成一致的过程。审美比"同意"更能够从主体意义投入并形成行动参与方面，反映工人在劳动过程中的主动参与，也能在更深层次上揭示资本对于劳动的建构、管理控制与支配。

二 审美的四个特征

关于美的论述，自古希腊的悲剧、音乐、舞蹈等至今，可谓源远流长。

① Marek Korczynski, Randy Hodson, and Paul K. Edwards, *Social Theory at Work*, Oxford University Press, USA, 2006, pp. 444 – 446.

② Arlie Russell Hochschild, *The Managed Heart*, *Commercialization of Human Feeling*, Berkeley: University of California Press, 1983.

③ Marek Korczynski, Randy Hodson, and Paul K. Edwards, *Social Theory at Work*, Oxford University Press, USA, 2006, p. 449.

但是审美，是自启蒙时代以来美学新的发展阶段，康德认为美是我们的认知和想象在对象身上的投射，“审美的规定依据，只能是主观的，不能是别的”①。美离开主体，什么也不存在。因此，审美（Aesthetics），是主体对于客观对象的一种关系的建构，这个建构过程中主体以情感、价值、意义的方式投注到客体身上，并形成双方的一种新的关系。审美的形成，离不开主体，这是审美的第一个特征。

康德同时对美进行了著名的四大界定，其中之一认为：美是对对象无功利性的一种愉悦的感知②。但是值得追问的是，倘若美是主体对对象无功利的感知，那么，如何解释美的生成机制？也就是说，外在事物，以怎样的方式，启动了主体既有的内在的认知模式，形成了对事物的审美性感知。因此，有必要区分生物美学和社会美学，从前者到后者是一个连续的过程③，这意味着美不仅仅是纯粹的、无功利的，而是同时具有功利性的。这是审美的第二个特征。

18 世纪以后，美学作为一种哲学分支，日渐成为关于艺术和美的理论，理论主流所倡导的美的范围急剧紧缩，并成为了艺术领域独享的专有名词。但是，这并不能阻挡日常生活世界中的人们对于美的欣赏、热爱和感知，并陶醉其中。

否认这一点，就是美弃绝面对真实现象世界的机会，也无法解释从法兰克福学派到鲍德里亚一直批判的消费掌控和支配了人们的感知和欲望的方式和机制。因此，审美不是艺术领域的专有物，它也是属于日常生活世界的。审美在社会、经济、政治、婚姻各个领域均存在。这是审美的第三个特征。

审美是一种可以理解和把握的体验，这是第四个特征。审美不是超验的、不可把握的神秘之物，它有自身的形成机制和条件。拥有生命力的主体，生活在一定的文化传统之中，在具体的时空情境中，通过认知、需求、感知对象，来获得对于价值和意义的想象、体验和把握，并以态度、动机、生活方式、品位等方式加以表达。

审美是人对于外在世界与自身的合而为一的一种自由体验，它既不是外部世界的客观反映，也不是纯粹的主观意念的投射，而是人作为主体带着自己的价值意向但由外在事物所引发的一种生命的自由的愉悦感。在这个过程

---

① 康德：《判断力批判》（上），宗白华译，商务印书馆，1996，第 40 页。

② 康德：《判断力批判》（上），宗白华译，商务印书馆，1996，第 41 页。

③ Mandoki, Katya, *Everyday Aesthetics: Prosaics, the Play of Culture and Social Identities*, Ashgate Publishing Limited, 2007, p. 45.

中，主体获得了新的情感意义与价值体验，并形成心理上的愉悦感。获得审美体验，必须有主体参与，没有主体参与，无所谓审美，美本身也无意义可言。审美不是神话，它存在于日常生活世界之中，与社会、现实、政治等密切相关。

基于以上审美的四个特征，本研究将考察餐饮服务业的劳动过程中，审美通过怎样的方式参与其中，建构生产政治关系的。第一，餐饮业的美食既是人劳动的产物（对劳动过程的认同与投入，具有浓厚的主体意识、意义赋予和价值体验），又是消费者享用和欣赏、体验的对象，而审美作为其共同的要素，贯穿在餐饮服务业的整个生产、消费的每个环节，并将消费者、厨师（工人）、管理者三者之间的关系密切连接。同时，劳动过程中的管理、控制与抗争也都围绕审美展开。本研究对于审美的引入，重要在于主体（包括厨师和消费者）通过审美参与了劳动过程。第二，从研究方法讲，把审美作为劳动过程中的考察对象，能够对于主体的感知、认知的转变、价值体验和内心直觉等不宜把握的主体性特征有一个明确的反映①。第三，餐饮烹饪的美食，作为一种美的象征符号，无论是消费者还是厨师或者管理者，对美食的态度，同时建构了审美。在提供服务的生产过程中，审美作为一种中介物，从头至尾参与整个生产和服务过程，并成为决定服务和生产质量的关键性评价指标，将生产、消费和管理联合起来。第四，关于工人如何建构了生产政治，以往学者多围绕阶级、性别、种族、关系、地缘或业缘关系如何参与了生产政治而展开，而审美，作为一个新的视角，更能凸显存在主体对生产政治的参与。

民以食为天，餐饮服务业无论是在农业时代还是工业、后工业时代，都是一直存在的行业。传统的餐饮行业，厨师作为手艺人，可以类似于布雷弗曼所说的“工匠”②，那么，布雷弗曼的“工匠”消失了，厨师却还在，在餐饮服务行业，厨师作为“工匠”参与其中的生产过程中，生产政治是否发生了变化呢？厨师是被生产过程所异化，还是亦有主体价值和意义的投入？他是被工作流程的“执行”概念所分裂了呢，还是体验着一种“工具”和“手艺”的混杂状态？在提供餐饮服务的时候，厨师是能够掌控自我的“烹饪手艺”的完整性呢，还是受消费者和资本逐利逻辑的控制，进而建构

① Stephen Linstead, “Exploring Culture with the Radio Ballads: Using Aesthetics to Facilitate Change,” *Management Decision*, Vol. 44, Iss. 4, 2006, p. 251.

② 哈里·布雷弗曼：《劳动与垄断资本》，方生译，商务印书馆，1973，第67页。

了餐饮服务业的生产政治呢？笔者认为，审美，作为核心概念，是以上各种关系的交汇处和解释要素，贯穿在整个生产政治场域和劳动过程之中。

本文不考察餐饮业消费者和服务员之间的服务关系，而是分析厨师、消费者、管理方围绕劳动和服务过程而形成的生产政治关系。这既不同于生产制造业的生产与消费的分离，也不同于纯粹服务业的面对面的互动，餐饮服务业的独特之处表现为：互动关系的间接性、消费的即时性、空间的一致性（共在同一酒店内部），因此，餐饮服务业兼具以上二者的共同特征，位居纯粹生产制造业和服务业之间，具有分析上的典型性。本文把厨师作为资本控制下的生活劳动者，是因为厨师是靠出卖技艺来依附于资本并被其支配的，虽然厨师在酒店行政层级中的位置略高于普通服务员，但是这并不能掩盖本文所考察的主题：资本通过深入主体的审美维度，隐而不彰的实现不平等关系的再生产，这也并不因厨师略显稍高的地位层级而改变。笔者采用质性研究方法，通过在这两个酒店做服务人员，对山东、上海两地的两家餐饮服务业酒店（这两个酒店一个是四星级酒店，另一个是三星级以下酒店）进行参与式观察和深度访谈。这两家酒店均以提供中餐服务为主，本研究不涉及西餐部分。访谈对象主要是酒店的厨师和厨房系统的服务人员，其他访谈对象涉及酒店经理、餐饮部经理、人力资源经理和消费者。

三　作为艺术家的厨师与双重审美困境

（一）作为艺术家的厨师

厨师不是经过简单的技巧培训就可以练成的。成长为一名厨师，一般通过两种方式：厨师职业院校学习和跟着师傅学习。这两种方式只有起点的差异，没有路径和结果的不同。尽管笔者调查的这两个酒店存在等级、规模方面的差异，但是在认定厨师方面是一致的。

> 在找厨师的时候，一般不看证书，有没有都是其次的。我们先看是哪个同行推荐来的，从业资历是不是丰富。我们看重的不是职业资质，而是经验、口碑和实际操作水平。（酒店人力资源主管）

无论是学校，还是师傅手把手地带，对于厨师的要求是一致的：要有一副好厨艺。

无论你是学校里学的，还是师傅带的，对于做菜的基本要求和标准没有多少差别。学校里的厨艺培训无法快点，但也就是基本要领和技巧的掌握，到最后能不能做出好菜，凭我的经验看，得在炉灶前慢慢磨他一两年。（厨师 LJ，从业 13 年）

我以前带了个徒弟，刚出校门，满肚子本事，说的头头是道，但是第一次红烧鱼，就糊了。我跟他说，学的是知识，练的是手艺。要用心做菜，不要用口诀做菜，才能做好。（厨师 PGR，从业 7 年）。

厨师一般会专攻一门菜系，也就是说，对这个菜系要样样精通，使它成为自己的看家本领。厨师学艺不是一上来就开始掌勺，而是从做辅助工作开始：勤杂、刀工、配菜、掌勺、打荷等工序一步步干起，这一切零碎的环节，都为成为一名厨师做准备。

一个人学厨艺不可能一开始就掌勺，从这些小活做起，不是磨人心，而是为了让他在干活的同时，了解、揣摩菜料的脾气，哪些菜经得起折腾、哪些菜要小心伺候。……刀工既要精美，又要细心，这样才会让菜肴锦上添花。……这些小手艺都练熟了，最后才能练炉灶，练掌勺。最后做菜的功夫到家不到家，全靠前面的积累和揣摩……好厨师，哪个不是这样练出来的。（厨师 LL，从业 6 年）

就在这个天长日久逐渐积累的过程中，行业对于好厨师的要求和理念，对技艺的训练和磨砺，对菜、刀、火的揣摩和熟悉，就渐渐以一种综合的方式融入厨师的技艺之中。

厨师在接受技艺训练的过程中，逐渐形成了对自己手艺的要求，也就是要成为艺术家，一个烹制美食的艺术家。

我师傅以前告诉我，做菜如做人，得用心做。做一道菜品，除了考虑这是一份工作之外，更要看成自己的事业。厨师就像一个手艺人、一个工匠一样，创造自己的作品，要全心全意地投入才行，在烧菜的过程中，厨师非常注意细节，一道几分钟之内出锅的菜，营养、材质、汤汁、色泽、火候、拼盘等一系列工序都得严格注意，小处细处才能见到真功夫。

既要在短时间内完成，又要烧制成美食。而美食，除了要让顾客感

觉到它是可以吃的东西之外，更觉得它是一道艺术品，能欣赏美食之美。这样的厨师，才是高手。（厨师，LL）

因此，在访谈中，厨师认为，做出一道好菜，是自己劳动的成果，也是自己价值的体现。

虽然有刀工、案板之类的流程分工，但是到了厨师这里，就绝不能像快餐一样了。可以说，得考虑饮食文化上的东西了。在做菜的时候，火候、水分、色泽、味道，绝不是可以通过计算多少时间和多少温度所能控制的，而是一种感觉、一种体验，最后这种感觉和体验汇聚在一起，就是做出一道好菜，自己很有成就感。（厨师 LZK，从业 8 年）

在烹制菜品的过程中，厨师对于自己作为一名手艺高超的厨师，有着强烈的自我认同，通过自己的行动，他对美食带给自己的自我认可、满足成就感有直接的体验。笔者认为，这就是厨师作为艺术家的审美体验，在劳动过程一种全身心的投入，其中包含生产能力、作为人的主动创造性以及价值理念的投入，而美食就是自身存在价值的一种投射，在美食烹制成的瞬间，厨师对自己的精神投入、创造感和审美的愉悦感是直接的。这种审美体验直接参与了生产过程。

对于厨师所谈及的烹制过程的体验，我们可以认为烹饪作为一种技艺，具备波兰尼所说的“默会知识”的特征，这种记忆和默会知识的养成，是厨师在多年的技艺实践中，将自己的理念、判断以及品味、审美感、创造性混合的产物，并通过烹制美食的行动，以创造成最终艺术品的形式表现出来。作为默会知识的烹饪技艺，也是一种实践智慧，是在多年的摸索、学习、感悟中领会的，并积淀成一种能力，这种能力融汇了厨师个体的认知、价值和精神投注。这个过程体现了康德意义上的“求真、求善、求美”三者的统合。

布雷弗曼认为，现代资本主义的生产逻辑，使工匠的“概念”与“执行”分离，而成为只执行机器程序和命令的缺少技艺的操作工。而厨师和烹饪，作为一种由传统发展来的服务业，在现代社会仍然存在。我们发现，在厨师的训练过程中，“概念”和“执行”是前后不同阶段的表现，但是他们所从事的“烹饪”劳动过程中“概念”和“执行”还是密切相关或者说是一致的。因此，可以说厨师的审美体验直接参与了生产劳动过程。这就要对布雷弗曼的这对概念重加审视。一是从生产行业转到服务行业的劳动过程中，这对概念的关系不总是分离的。二是考察劳动者的主动性，需要用另一个词来替代“概念”，比如审美，以更精准的把握资本怎样以一种深入身体和认知内部的、更隐微的方式，完成了生产政治关系的再生产。但是，“概念”和“执行”的这种一致或者说不分离，是否就免除了作为厨师的工人在生产劳动过程中被管理者支配和控制的命运了呢？在下文的论述中，我们将看到，工人无法避免被支配和控制的现状。审美的主体性投入和意义体验，以一种主体深深投入其中的方式再生产了不平等的生产关系。

（二）双重审美困境

审美向来与愉悦、快乐、迷醉、投入、幸福等积极的情感体验和动机取向相关，这个解释与前述所论审美是艺术所独享的，而与社会日常生活的其他方面无关是一致的。但是，我们从审美的生发机制认为，审美渗透在日常生活的方方面面，因此，如果继续保持审美内涵的积极面向，难以分析和解释主体在遭遇困境的时候，审美在主体身上所呈现的另一类体验和表现。因此，审美既应包括积极的面向，也应把麻痹、无聊、异化、粗鲁等包括在内，它们同样基于通过品味、触摸、嗅觉等方式而形成审美感知体验[①]。在此，笔者将审美的上述两类内涵称之为双重审美，它是一体两面，虽然可以同时出现在同一个主体身上，但是并不一定同时出现。双重审美，在厨师身上表现明显。

前述厨师作为艺术家对美食的创作，过程中渗透着工人主体对于劳动的精神贯注和意义投入，并满足于自我成就的审美体验。但是，在调查中，厨师认为，这种审美体验和厌倦感是并存的，并在工作中交替出现。

> 这种自我感觉良好，自我陶醉的状态，一般在刚做厨师的时候、对烹制手艺好不容易悟到些什么的时候、学会一道新菜、创新出一道新菜品、烧制出一道好菜、自己的作品得到消费者赞赏的时候，感觉最强烈。（厨师，LZK）

笔者所访谈厨师的工龄均在5～16年，在如此长的从业时间中，厨师对

① Mandoki, Katya, *Everyday Aesthetics: Prosaics, the Play of Culture and Social Identities*, Ashgate Publishing Limited, 2007, p. 37.

自己的职业也流露出厌倦感。

> 我们对自己的手艺很自信，但是时间长了，就没了新鲜感。你想啊，每天都做川菜，每天都做回锅肉，每天做三四十次回锅肉，不烦才怪哩。(厨师，LL)

餐饮服务业是靠招牌来竞争的，菜系菜品越好、越正宗，消费者就是越认可。因此，在消费者需求旺盛的市场逻辑中，厨师的“美食”烹制是重要一环，这个时候，就是一种批量生产。这个过程中，厨师对于劳动的审美体验和主体投入降到了低点。这就是厨师对于其劳动投入的审美体验的消极面向，他此时不是对工作抱有极大热情和积极的情感状态，而是对于在资本逐利动机的驱使下，面对旺盛的市场需求所导致的机械化劳动、重复式生产，产生的“自己成为一个烹饪机器”的深深的异化感。这种感觉，是主体对于自己被生产过程所逼迫、劳累、挤压、役使而形成的一种内心自我体验。

> 一天做几十道甚至上百道菜，做的时间长了，也就麻木了……所以，有时候突然就生出非常不喜欢做厨师这份工作的想法来……感觉好无聊！(厨师，LJ)

而这份麻木和无聊，就是主体因强大的、超负荷的、无意义的劳动过程而生发的一种消极的审美。这与前述的创造性的审美的投入形成了鲜明的对比。

这双重审美，在厨师身上是间歇性、阶段性出现的，而且随着时间的推移会反复相继尾随出现。积极审美，是劳动主体对于劳动过程积极、全身性、创造性的投入所形成的一种自我成就、愉悦的身心体验。消极审美，是劳动主体遭遇劳动过程的异化所导致的一种无聊、逼仄、窒息感的挤压式的生存体验后，进而形成麻木、无聊的消极身心体验。这种体验是残酷的、无意义的外界环境对于主体形成压制后，主体所采取的一种封堵型自我防卫，很类似于齐美尔所论大都市里的陌生人之间社会互动的策略方式。

之所以必须明确指出这类消极审美面向，是为了揭示劳动过程的生产政治关系中，审美嵌入劳动主体之中，既要投入又被侵害的困境：因积极审美而成就了主体的自我意义感，因生产政治关系而产生了消极审美。

厨师做一个菜系时间过长，就会感觉很乏味，于是尝试寻求去创新菜品或者学习一种新的菜系，去寻找新的“烹饪”创作灵感，或者体验一种有趣的新事物，从而摆脱目前感觉枯燥乏味的已经制作了千百次的美食品系。这一方面是对自己技艺的一种拓展，另一方面是对自己工作意义的一种新追求、新体验。而在餐饮服务业的生产过程中，这恰恰是厨师作为行动者主动参与了被纳入市场逻辑的生产劳动过程，这种行动取向，恰恰是管理者所期望的：工人通过自我行动取向参与到了现有的餐饮服务业的生产政治关系的再生产、强化和维续。随着后面分析的展开，我们会看到，这种劳动的主动投入和创新，被资本和市场所把握，并形成了一种较严密的管理控制。

生产政治关系对于审美的控制，进一步加重了劳动主体面临的双重困境，并通过与消费环节的联手，再生产了审美，继而再生产了现有的生产政治关系。正如下文所述，厨师的审美感是一个需要被不断激活的过程，这个激活的动力无论是来自厨师自身，还是外部力量，其目的只有一个，就是不断激活生产工人，以便形成主体活力，更高效地投入劳动中，完成资本的目标。

总之，工人首先通过自己对菜品美食的“烹制”，将其看做一件工艺作品，在审美的驱动下，将主体的创作追求、审美体验、自我成就感等主体性，投入生产劳动之中。其次，当自己感觉厌倦之后，积极主动寻求菜品的新意和学习新菜系，主动地参与了管理者对于工人的支配与控制，并开启了一个管理者所乐意看到的新循环，进一步强化了劳动过程中的生产关系。

四　消费者的审美建构与制度安排

（一）物质审美的多维建构

餐饮服务业中，美食既是厨师的劳动产品，也是消费者的消费对象。因为美食制作和消费的即时性，餐饮服务业的劳动生产关系，既不同于空姐、护士、银行职员的面对面服务，也不同于生产制造业的工人和消费者之间的比较遥远的、间接的相互无关。我们毋宁把它看做一种微观的即时性生产——消费链环。其中，消费者、管理者、工人（生产者）共同构成了劳动生产关系，而消费者直接参与其中。

消费者到酒店消费，对于美食的消费目的是明确的。他们对于美食的标准不外乎以下几个层面：生理上实现吃好，营养上均衡搭配，外形上新奇可观，色泽上鲜美可人，文化上健康时尚。所以，我们的服务，就是让顾客既要吃饱，又要吃舒服。（酒店副总经理，DYJ）

我们看到，前两个层面是美食最基本的满足人的饥饿生理需求的标准，从第三个层面开始，美食作为被以实用之外的视角审视的对象就开始凸现。美食外部构造的形式美感、食物搭配材质上的色彩的独特视觉美感、整个美食制作的文化基调，都是消费者对于酒店食品的喜好角度，这些角度也反映了消费者对于美食的文化消费。

评价一道菜肴一般从色、香、味、型和营养这几个方面看，但是我们首先看重的是色和型，其次才是味道和营养，要是顾客一眼看不上，更别说吃了。（厨师，LL）

美食，此时已经成为一种象征符号，其所折射出的是消费者主体的文化喜好、审美取向和消费品位。一般来说，酒店的档次越高，消费者对于美食上述几个层面的要求就要越高，审美的层次就越高。就这五个层面来说，前二个实用的层面相对于后三个审美层面的比重而言，随着酒店档次的提升，后者的地位显得越来越重要。

选择这个酒店来吃饭，不仅仅是他们的川菜做得好，更重要的是吃饭的时候让你感觉到文化味，你看这些菜的造型啊，菜名啊，雕花啊什么的，光看，眼睛就是一种享受。（消费者，YJB）

因此，消费者对美食，投注的不仅仅是满足饥饿的功利性口腹之欲，而且还作为主体参与了对美食的审美，是对于外在事物的投入性体验，是美食外形、色泽观感、味道以及其背后的深厚积淀的饮食文化所引发的一种审美感观，进而引发了审美体验。因此，审美从生物审美到社会审美的提升，更预示着主体参与程度的深化。这个审美过程中，功利性审美和纯粹的无功利性的艺术性审美观照并存。

对美食的审美体验是消费者审美体验的核心部分，除此之外，本研究调查点是四星级酒店和三星以下的一个音乐餐厅。笔者观察到，酒店舒适的就餐环境、优雅的音乐、适度的温度、开放抑或私密的空间、与菜系相匹配的独特地方文化装饰布置、服务人员的独特服饰等，都作为补充部分，共同构成了消费者前来就餐审美的一个重要组成部分。作为审美的一个外围部分，它们与对美食的审美，一道共同为消费者审美的形成提供了可能。这些外部性环境和条件，也为消费者就餐审美的形成提供了符号意义的阐释补充。消费者就餐也是对其日常生活的一种意义性体验。

> 从独特的菜名到消费者用餐包厢的名称、上菜的流程等等，处处想到消费者心里去。（酒店副总经理）
>
> 有时为了想出一个新奇、吸引人的菜名，都要想破头。（厨师，PGR）

本研究所调查的四星级酒店还建立了消费者档案，对于“老主顾”，酒店都会按照他们的身份、喜好、口味、健康状况提供个性化的服务和美食。

> 对于那些老主顾，我们都会留下他们的电话，每次订餐，只要没有特别吩咐的地方，就按照其原来的口味准备，有时候根据客户的年龄和体态，我们还推荐健康菜单供他们选择，这样就能留住回头客了。（酒店经理，WZL）

可见，为了迎合或诱发消费者的审美体验，酒店无论是在外部环境还是用餐过程的细节上，处处积心用虑。

总体上看，消费者对美食的审美体验是纯粹主体性的，但是现代社会的消费理论告诉我们，酒店通过广告、张贴、其他就餐环境设置，把消费者的旨趣、口味、审美意向，以新颖、前卫时尚、值得追求的梦想等形式呈现，放置于消费者面前，诱导消费者作出选择。因此，消费者的审美，从另一个意义上来说，是被建构的。资本通过市场逻辑操纵诸多与商品相关的象征性符号和形象，来操纵消费者的欲望和趣味①。餐饮服务业作为竞争激烈的行当，增加消费者流量，使消费者成为“回头客”，以实现销售额和利润的增长，是酒店最大的目的。让消费者的审美体验刻骨铭心，消费者才会认同酒店及其饮食文化所蕴涵的意义，才会“常回来看看”，这就需要酒店想到消费者的心里。这也就开启了消费者参与餐饮服务业的劳动生产政治关系的建构。

---

① 让·波德里亚：《消费社会》，刘成富、全志钢译，南京大学出版社，2000。

（二）审美建构的制度安排

在餐饮服务业，酒店往往对厨房系统采用两种不同的管理方式进行经营，即直聘制和包厨制，这两种方式，无论哪一种，都是对消费者审美的一种建构。

打造自己的美食品牌，是酒店树立自己的品牌文化、谋求长远发展战略的一种表现。这个战略是针对消费者稳定的饮食品味和审美标准来制定的。无论是其中包含饮食文化底蕴、菜品烹制手艺正宗，还是饭菜质量稳定，目的是消费者一旦用餐，立即会想起自己的品牌。这个任务是由厨房来完成的。在制度安排上，有直聘制和包厨制两种形式，对厨师实行直聘制。

> 能够保证厨师的稳定性、低流动，也能够保证对酒店自有厨师的培养，这样长久的聘任关系，会使厨师内化酒店的管理理念和文化价值规范，厨师也能生产出与酒店文化一致匹配的菜肴，并长久地保持餐饮制作标准和质量稳定性。这样，就会进一步形成在消费者中的口碑，打造自己的品牌。（酒店人力资源主管，SXT）

这种策略的背后，是对消费者餐饮审美品位的把握和建构，并使消费者餐饮选择稳定化。当然，这是一个双向的互动过程，消费者先喜欢什么样的审美定位，然后酒店满足需要，再通过直聘制的制度安排来稳定消费群体。之所以是建构的方式，是因为稳定的饮食审美风格不是从来就有的，而是一个渐渐形成的过程，酒店探知饮食审美需求，并通过各种方式进一步稳定、强化这种审美倾向方面，消费者表现审美选择倾向，并对满足需求的酒店表现出倾向性行动选择。

酒店在制度安排上采用包厨制，是为了不断满足消费者群体的多元分化、消费者的饮食审美的口味变换。包厨制就是将厨房系统统一承包给一个厨师长，然后由其带领一帮手艺成熟的厨师，提供厨房系统的服务。一般来说，包厨制提供的美食服务，多以某一个主打菜系为主，特点是手艺纯熟、出菜快、质量高。这种具有特色的菜系，对消费者构成了选择取向。包厨制一般为酒店的服务是短期的，在调查的两家酒店，包厨制一般时间在半年至两年。如果时间再长，消费者审美口味出现变化转移，而酒店为了保持利润目标和市场份额，必须不断更换菜系。在这种制度安排的背后，我们可以发现消费者的饮食审美定位，是被不断刺激而形成的，需要不断地求新、求异、求变。消费者饮食审美标准只有不断地被刺激、被激发，酒店才能把握消费者群体，实现其经济目标。

在调查的两家酒店，有一家一直采用直聘制，另外一家采用直聘制和包厨制双重模式。后者的混合厨房系统中，针对当地菜采用直聘制，针对外来菜系采用包厨制。当地人的餐饮审美口味是稳定的，也是饮食消费量占比重比较大的一类，这个稳定的消费取向，用直聘制满足。消费者的餐饮审美的猎奇、求新求异性，就用包厨制来迎合。因此，无论消费者是稳定的餐饮审美标准，还是流变的标准，酒店管理者都作了制度安排，并对其进行了激发和建构。另一方面，两种制度安排中，厨师作为劳动主体的身份和地位没有发生实质性变化，只是一种在行政科层制下被酒店直接管理，另一种是通过厨师长而进行的间接管理，它们都无法改变劳动过程的生产政治关系。

五　消费者反馈、审美创新与管理控制

（一）消费者的积极反馈与消极反馈

相对于生产制造业而言，服务业的消费是近距离的服务，而消费者对服务的满意与否直接关系到经济目标。因此，为了更有效地管理和控制劳动过程，向消费者提供更好的服务，采用消费者反馈的方式，就成为服务业管理者的重要选择，也同时让消费者参与了对劳动生产过程的引导、定位和规范控制。餐饮服务业也是如此，消费者对餐饮的满意度，直接作为对生产美食的工人劳动质量的衡量标准。

> 厨师的劳动成果，无论曾经在哪个大赛上获奖，无论色香味多么迷人，最终还是要由消费者来评定，这是餐饮业的规矩，谁也改不了。（厨师，LL）

消费者反馈一般表现为积极反馈和消极反馈两种形式。积极反馈一般包括消费者对美食的要求、建议和赞扬。消费者在选择饮食的时候，会根据自己的喜好、口味和审美体验加以定位和选择，并让厨师按要求定制。老顾客还会根据自己的品味，对菜品的现状如何改进提供自己的建议。笔者所调查的两个酒店每周都会计算菜品的点击率，点菜率直接反映了消费者对该菜品的喜好度，也决定了酒店的盈利能力。酒店根据消费者对某一菜品点击率的

高低，来确定其是否继续留在下一周期的菜单上。这些信息会很快反馈给负责该菜品的菜系主管，该主管会要求厨师直接对菜品进行改进、调整或者更换，甚至创造新的菜品。而点击率高的菜品，就会进一步成为酒店的“招牌菜”。

> 为了激励厨师的积极性，我们要让人感到公平才行，有付出就有回报嘛！谁的菜品要是连续半个月以上都名列菜品点击率前三名，我们对创新这个菜品的厨师就奖励300元，要是连续一个月还是前三名，就奖励500元。(酒店餐饮部经理，ZHM)

作为消费者积极反馈的高点击率成为对厨师进行正面激励的量化指标，也表示了对厨师美食手艺的肯定。

消极反馈一般会表现为消费者的负面投诉。投诉的内容大多涉及菜品质量，比如菜品的味道、色泽、用料、生熟度等。倘若在这些方面无法满足消费者的审美需求，那么这些负面反馈会当即反馈给酒店，传达给直接相关责任厨师。对厨师来说，其烹制美食的工艺一般是稳定的，但是消费者却是众口难调，各有各的喜好。因此，这类矛盾的发生，会直接影响消费者对酒店餐饮的认可和“忠诚”。这类负面反馈会很快传递给厨师，对厨师的考核与惩罚也就随之而来。

> 谁要是一个星期连续两次因为饭菜质量被顾客投诉或发生争执，就扣发100元；要是一个月有三次以上这样的事，那这个月的奖金就没了。(厨师，LL)

我们看到，消费者对美食审美标准的判定，直接以积极、消极反馈方式在劳动过程中传递，并强化了管理者对工人的控制与支配。它将消费者、生产工人、管理者汇集在一起，共同建构了餐饮服务场域的生产政治关系。

(二) 审美创新与考核

酒店对厨师的管理控制中，除了高超的手艺之外，能否创新菜品也是重要的考核标准之一。菜品只有不断地推陈出新，才会激发消费者的兴趣。笔者调查的这两家酒店，对这方面均有要求。每个厨师每半个月必须推出两道创新菜，酒店管理者会专门每周召开“推新会”，对创新菜进行比赛评比。

这同时也是一场学习观摩课，正好是年轻的新手学习的机会。让他们知道，菜怎么做才营养、美观、漂亮，符合顾客的口味和要求，要把菜做成一个精品，就像艺术家创作自己的作品一样。（酒店餐饮部经理）

对完成任务的进行奖励，对没有完成任务或随便敷衍了事的厨师，要进行明确的奖惩。考核最直接的做法就是奖300元或扣200元。而受到奖励的创新菜会立即出现在菜单中，供消费者选择，如果消费者点菜率很高，说明这个创新成功了。

创新菜品，个人得有悟性。一次两次创新还行、时间一长，就要绞尽脑汁地想，从菜品理念、烹制方式、更新配料到菜名、调味、色泽、外观造型等方面，都得想，出不来就要扣钱了。(厨师，LJ)

厨师和老板永远的矛盾就是，老板老是要求不断地追逐特色、推陈出新，但是厨师不可能永远这样，所以我们有时候很尴尬，也有点丧气，不可能老创新，又不能不创新……外人看着厨师很风光，其实也是给人打工的。(厨师，PGR)

而创新，如前所述，是厨师作为美食烹制家，像艺术家一样，需要带着作为创造主体的想象力、敏感性、对于审美的体验与投注以及创造的激情才能实现的。一个艺术品是在自由的、无功利性的创造中实现的。但是通过调查我们发现，厨师在劳动过程中的创新，已经被生产政治纳入竞争、满足需求、考核与控制的诸种市场逻辑和管理秩序之中，创新是被市场份额和满足市场需求所推动的。劳动者的主体性创造，也已经被异化。

六　总结与讨论

审美，作为主体对于外在事物的一种带有明确主体意向性建构和参与的内在体验，在餐饮服务业的生产与消费的过程中，扮演着重要角色。在餐饮服务业的过程中，消费者、生产者、管理者三方被汇聚在一起，形成了复杂的社会互动关系。更进一步说，消费者加入了餐饮生产劳动过程中形成的生产政治关系中，参与到了管理者对于生产者的管理和控制之中。审美，作为一种关键因素，贯穿其中，以主体参与或者被建构的方式，共同完成了餐饮服务业领域中生产政治关系的再生产。

通过以上的分析和讨论，笔者认为：第一，审美对于后消费时代的服务业中的劳动生产和服务过程中的生产政治关系，提供了一个重要的分析视角，同时也能更深层次地对劳动主体的主动性生产投入进行解释。

第二，相对以往主要关注生产领域的生产政治而言，服务业的日渐发达，需要把消费者、劳动服务提供者、消费者三方面形成一个链环进行整体考量，唯此，才能更深入地揭示当代服务业中的生产政治关系及其再生产机制。

第三，资本所有者或管理方通过对于审美这一核心要素的精准把握，把生产和消费加以整合控制，建构了消费者的审美，并不断激活再生产了劳动者的审美，进而共同再生产了生产政治关系。

第四，在参与建构服务业劳动生产政治关系的过程中，首先，布雷弗曼的“概念”与“执行”，在厨师劳动中并未发生分离，但是二者的合二为一中所体现出来的主体审美体验，成为资本控制和支配劳动的隐秘方式，这就意味着劳动者依然无法摆脱不平等生产政治结构。其次，审美在主体身上呈现双重审美困境，这是主体自我意义的积极体验和被异化后的消极体验的混合。这一困境，增加了当前生产关系之解放政治的复杂性和难度。需要讨论的是，消极审美体验既是主体的困境，也是解放的契机和行动动机的出发点①，但是如何解决主体突围和政治经济外在结构之间的支配与控制问题，则是需另外讨论一个重要的议题。

本文没有考察餐饮服务业中的侍者（服务人员）与消费者面对面的互动服务在生产政治关系方面的表现，而他们之间的互动是餐饮服务场域生产政治关系的重要内容。本文没有考察餐饮业的生产工人（厨师）面对目前的生产政治关系所进行的反抗是什么，它们是怎么发生的，这将是后续研究的关注所在。本研究只关注了厨师被大中型酒店雇佣的情况，并没有关照小酒店和自我雇佣的餐饮模式；本文结论是基于对山东、上海两个酒店的调查所得。基于以上所述，必须承认本研究结论的有限解释能力。本研究认为审美作为极富主体特征的关键要素，能够把餐饮服务场域的生产政治关系的互动机制汇聚起来，并对生产政治形成一定的解释力，这可以为目前的生产政治研究提供一个新的分析思路和研究视角。

① 马尔库塞：《审美之维》，李小兵译，广西师范大学出版社，2001。

农村社区政府购买公共服务研究初探

——以上海松江区为中心*

郑卫东**

摘　要：随着经济社会发展，农村已经处在社区公共服务供给机制转型的关键时期，我国东部发达地区农村的政府购买公共服务已有实质性发展。文章对农村社区发展政府购买公共服务的切入点、组织基础、制度保障以及政府购买公共服务与乡村治理体制转型的关系作了初步讨论。

关键词：政府购买服务　农村社区建设　公共服务

一　问题提出

学界关于农村公共产品或公共服务的讨论都是在萨缪尔森的公共产品概念基础上展开的。萨缪尔森认为公共产品具有两个基本特征，即消费的非排他性和非竞争性①。在本文中，农村公共产品或农村公共服务取广义的范畴，几乎是对等的概念，是指农村区域范围内具有消费的非竞争性、非排他性的产品，包括实物与服务两种形态。农村社区基本公共服务大致包括如下

---

* 本文得到中央财政专项"大都市社区治理与公共安全专业能力实践基地"、教育部人文社会科学基金项目"政府购买服务与乡村治理模式嬗变"（09YZC840014）、上海市教委创新课题项目"政府购买服务与大都市郊区乡村治理研究"（10YS153）资助。作者感谢王思斌教授、林尚立教授、戴利朝博士以及论文匿名评审员对本文提出的修改意见。文责自负。

** 郑卫东，华东政法大学社会发展学院。

① Samuelson, P. A., "The Pure Theory of Public Expenditure", *The Review of Economics and Statistics*, Vol. 36, No. 4 (1954): 387 - 389.

内容：劳动就业、社会保险、社会救助、社会福利、医疗卫生、生态环境、科技教育、文化体育、公共安全等①。

农村税费改革在减轻农民负担、增加农民收入、缓解农村社会矛盾的同时，也给不少地区的农村公共产品的供给带来了很大的冲击，一些乡村基层组织无（财）力施政。对于税费改革后农村出现的公共产品供给危机，学界已有广泛讨论，并且基本达至如下共识：在传统的“城乡二元体制”下，农民负担了农村公共产品供给的大部分资金，农村公共产品存在供给不足、供给结构失衡、公共产品供给效率低下等问题②；税费改革特别是免除农业税费使县乡政府与村级财政严重短缺，农村面临无钱办事的局面，从而使原本不足的农村公共产品供给更加陷入困境；而化解农村公共产品供给危机的根本途径在于统筹城乡发展，改变城乡二元结构，使包括农村人口在内的全体国民享受到平等的国民待遇，其关键点是建立能够覆盖城乡、惠及全民的公共财政及由公共财政所支撑的公共物品供给体系③；在定位中央、地方、社区的角色与功能的前提下，按照市场化、社会化、契约化等原则建立乡村公共产品的多元供给模式。

具体到税费改革后的农村公共产品供给途经，学界大概形成如下几种观点：一是市场化供给说，如林万龙（2007）、党国英（2004）、刘银喜（2005）等认为市场化途径是解决乡村公共产品供给困境的有效办法，但他们讨论的主要是农资、农机、农业科技等农业生产环节公共管理与服务的市场化改革，而对农村社区基本公共服务的市场化供给讨论不多；二是民间组织供给说，如温铁军、于建嵘、李昌平等人主张通过发育农民合作组织改善农村公共物品的供给状况④，其所讨论的同样主要是农业生产销售领域的合作组织建设，而对于农村社会组织体系架构，以及政府与农村社会组织的关系等尚缺少深入系统的讨论；三是政府供给说，如贺雪峰、罗兴佐（2006）强调农村公共物品供给成本最低的办法是借助于以强制力为依托的政府性权力，笔者同意政府在农村社区基本公共服务供给中发挥主导作用的观点，但认为新形势下政府主导作用的发挥方式同样值得深入思考；

---

① 詹成付主编《农村社区建设实验工作讲义》，中国社会出版社，2008，第47页。

② 陈池波、胡振虎、傅爱民：《新农村建设中的公共产品供给问题研究》，《中南财经政法大学学报》2006年第4期。

③ 徐勇、项继权：《公民国家的建构与农村公共物品的供给》，《华中师范大学学报》（人文社会科学版）2006年第2期。

④ 转引贺雪峰、罗兴佐《论农村公共物品供给中的均衡》，《经济学家》2006年第1期。

四是自愿供给说，如徐勇（2006）、张鸣（2003）、陈宇峰等（2007）、常敏（2010）发现通过农民的自组织和农村新乡绅的志愿奉献，也可以解决部分地区的农村公共产品供给困境问题，笔者承认农村居民在任何时候都是农村基本公共服务的供给主体之一，但认为在倡导基本公共服务均等化的时代背景下依然突出强调农民的责任，于理于情于农村改革都有思虑欠妥之处；五是多元供给说，如程又中等（2006）、詹成付等（2008）、胡豹等（2006）、项继权等（2006）认为中央政府、地方政府、社区组织、村民等都是农村公共产品供给的主体，这是多数人都接受的看法，但对于农村社区公共服务的多元供给主体结构，以及多元主体的有效组织模式讨论不足；六是社会资本说，受帕特南（2001）等的社会资本理论影响，Tsai（2007）、刘建平等（2007）、张青（2005）、吴淼（2007）分析了社会资本在农村公共产品供给中的意义。

有些学者对农村社区公共服务的供给主体责任分工做了初步探索。程又中、陈伟东根据农村公共产品的技术属性将其分为三类：资本密集型产品、技术密集型产品、劳动密集型产品，在此基础上提出中央政府应该是资本密集型产品的供给主体，地方政府特别是县乡两级应该是技术密集型产品供给主体，社区组织和村民应该是劳动密集型产品的供给主体①。项继权等根据公益性和经营性程度的不同，把社会公共服务分为基本社会公共服务和非基本社会公共服务两大类。后者又分为准基本社会公共服务和经营性社会公共服务。政府是基本社会公共服务的提供者，是非基本社会公共服务的倡导者，同时是整个社会公共服务的规划者和管理者②。于水结合对江苏农村的实证调查，概括出适合经济发达地区的“乡村主导＋政府辅助＋村民参与”及适用于经济欠发达地区“政府主导＋乡村辅助＋村民筹资筹劳”等公共产品供给模式③。

总体而言，学界对税费改革后的农村公共产品供给问题已经进行了较为广泛的讨论，为后续研究奠定了基础。但是，既有研究对农村公共产品供给机制的转型尚缺少深入细致的前瞻性研究，对农村社区基本公共服务的市场化解决方案缺乏系统讨论。在统筹城乡发展，基本公共服务均等化，建设社

---

① 程又中、陈伟东：《国家与农民：公共产品供给角色与功能定位》，《华中师范大学学报》（人文社会科学版）2006年第2期。

② 项继权、罗峰、许远旺：《构建新型农村公共服务体系——湖北省乡镇事业单位改革调查与研究》，《华中师范大学学报》（人文社会科学版）2006年第5期。

③ 于水：《乡村治理与农村公共产品供给：以江苏为例》，社会科学文献出版社，2008。

会主义新农村等宏观政策背景下，笔者提出如下研究假设：随着财政支农力度加大，覆盖农村的公共财政体系将逐步建立健全，农村社区基本公共服务供给成本将逐步由公共财政承担，而政府购买公共服务也将成为农村社区基本公共服务供给的主要模式。若此假设成立，在农村社区推行政府购买公共服务的必要性、可行性、组织基础、制度保障、发展路径等都是亟待研究的问题。

二 核心概念与方法论讨论

政府购买服务（Government Purchase of Services），在美国被称为购买服务合同或合同外包。至目前，“政府购买服务”在国内还没有一个统一的说法，概括李慷（2001）、虞维华（2006）、周正（2008）、罗观翠等（2008）的定义，政府购买服务是指政府为履行政府服务社会公众的责任与职能，通过财政支付全部或部分费用，契约化“购买”营利、非营利组织或其他政府部门等各类社会服务机构的服务，满足公众公共服务需求的政务活动。“政府出资、定向购买、契约管理、评估兑现”是政府购买服务概念含义的集中概括。

20 世纪 80 年代以来，西方发达国家先后掀起了以公共服务购买取代传统的公共服务垄断供给的政府改革浪潮，其理论基础主要是新公共管理理论、新公共服务理论及治理与善治理论。经过几十年的摸索实践，西方国家的政府购买服务已经被运用到社区建设的方方面面，如垃圾收集、精神健康、救护服务、智障、养老、儿童福利、日托管理、毒品和酒精治疗、数据处理、娱乐服务、路灯维修、街道维护等。以美国为例，早在 1979 年，大约就有 55% 的服务是州政府和非营利组织通过契约的形式购买其服务的①。承包制实际上已经扩展进了美国政府的每一个角落②。政府购买公共服务被视为既提高服务水平又缩小政府规模的重要途径，是政府降低成本、节约开支的有效手段，也是政府、企业与社会合作开展公共服务的有效形式，能够有效防止腐败、促进就业、满足社会多样化需求③。

发达国家和地区政府购买公共服务的快速规模化发展，在一定程度上受

① 朱眉华：《政府购买服务——一项社会福利制度的创新》，《社会工作》2004 年第 8 期。

② 唐纳德·凯特尔：《权力共享：公共治理与私人市场》，北京大学出版社，2009，第 159 页。

③ 魏静：《中国地方政府购买服务——理论与实践研究》，上海交通大学硕士学位论文，2008。

惠于它们比较健全的法律制度，发达的公民社会，还有稳定的宪政体制。尽管政府购买公共服务已经成为发达国家和地区政府提供公共服务的主要形式，但政府购买公共服务在发达国家和地区也一直不乏批评之声。凯特尔指出，“委托—代理的基本问题以及不同的市场缺陷都告诫我们，在私有化问题上，我们表现出的热情有些过度”[①]。Graeme A. Hodge 等学者认为，政府购买的真正功效很缺乏研究，而各国在政府购买公共服务的过程中没有减少政府膨胀和财政赤字的上涨[②]。John R. Chamberlin 等指出，民营化只有在市场良好、信息充分、决策张弛有度和外部性有限的情况下才能发挥最佳效用。而在外部性和垄断性存在、竞争受到约束、效率不是主要公共目标的情况下效果最差[③]。凯特尔把在合同外包方面存在的导致市场失灵的缺陷区分为“供给方缺陷”和“需求方缺陷”。“供给方缺陷”是指向政府提供物品和服务的市场所存在的各种缺陷，“需求方缺陷”指作为买方的政府自身的缺陷[④]。库珀认为，政府购买公共服务绝对不是一项单纯的交易行为，竞争、效率并不是对其衡量的唯一标准；库珀强调，回应性、效率、经济性、有效性、责任、平等等都是管制政府购买公共合同的重要标准[⑤]。西方学者对政府购买公共服务的批评提醒人们辩证认识其价值，及其功能发挥的制度基础。

在国内，政府购买服务的实践及理论研究起步较晚。近些年来，政府购买服务在上海、浙江、北京、广东、湖南、江西等省市的城市地区都有不同程度的发展，并呈日渐蓬勃之势。上海市在政府购买服务的很多方面走在全国前列。早在21世纪初，上海市就对养老服务方面的政府购买进行了探索。目前，上海市政府购买公共服务的实践领域已经涵括：①行业性服务与管理类，如行业调查、统计分析、资质认定、项目评估、业务咨询、技术服务等；②社区服务与管理类，如助老、助残、社会救助、职业介绍、技能培训、外来人口管理、矛盾调解、公益服务等；③行政事务与管理类，如民间组织成立咨询、现场勘察、年检预审、日常管理、再就业教育培训、婚介机

① 唐纳德·凯特尔：《权力共享：公共治理与私人市场》，北京大学出版社，2009，第31页。

② Graeme A. Hodge, *Privatization: An International Review of Performance*, Oxford: Westview Press, 2000, p. 30.

③ John R. Chamberlin and John E. Jackson, 1987, “Privatization as Institutional Choice,” *Journal of Policy Analysis and Management*, Vol. 6 (Summer 1987): 602.

④ 唐纳德·凯特尔：《权力共享：公共治理与私人市场》，北京大学出版社，2009，第25页。

⑤ 菲利普·库珀：《合同制治理：公共管理者面临的挑战与机遇》，复旦大学出版社，2007，第7页。

构的监管、家庭收养的评估、民办学校的委托管理、退伍军人就业安置等①。尽管上海城市社区建设中的政府购买公共服务实践活动还非常不规范，存在各种各样的问题，但上海市民确实从中享受到了实惠，提高了社区品质与市民生活质量；在一定程度上丰富了政府的施政理念，促进了政府职能转变，提高了公共服务水平，促进了民间社团的发展，有利于政社良性互动关系的建立与完善②。

近年来各地政府购买公共服务实践主要集中在发达地区的大中城市，农村则很少被惠及，这成为城乡居民生活质量差距扩大的又一重要影响因素。有些专家甚至认为，农村社区具有与城市社区完全不同的自然、经济、社会、人文生态，农村地区不可能像城市社区建设那样推行政府购买公共服务活动。笔者坚持所有农村地区都应该推行政府购买公共服务，这将是农村社区公共服务供给的主要形式之一，同时承认经济社会发展水平的差异性决定了不同农村社区政府购买公共服务的发展具有非均衡性特点，东部经济发达地区可能更有条件在全国率先系统推行政府购买公共服务活动。为验证此研究假设，笔者选择地处上海市西郊的松江区农村作为调查对象，并于2009年多次到区、镇、村进行实地调查。

曹锦清教授在《黄河边的中国》一书中评论，中国“三农”研究中存在“自上而下”与“自下而上”两种视角。所谓“上”，是指中央，指传递、贯彻中央各项现代化政策的整个行政系统。“从上往下看”，就是通过“官语”来考察中国社会的现代化过程。所谓“下”，意指与公共领域相对应的社会领域，尤其是指广大的农民、农业与农村社会。“从下往上看”，就是站在社会生活本身看在“官语”指导下的中国社会，尤其是中国农村社会的实际变化过程③。徐勇认为“三农”研究领域不仅存在此两种视角之争，而且每种研究视角都有意识形态化的倾向，由此导致当下农村研究者迅速分化，难以形成共同的学术平台④。其实，中国农村社会至今仍然处在体制转型过程当中，政府对农村的发展依然发挥着主导作用，同时在市场化改革中成长起来的力量以及绵延千年的传统也是当下中国乡村社会的客观

① 曾永和：《城市政府购买服务与新型政社关系的构建——以上海政府购买民间组织服务的实践与探索为例》，《上海城市管理职业技术学院学报》2008年第1期。

② 郑卫东：《城市社区建设中的政府购买公共服务探讨》，《广东行政学院学报》2011年第1期。

③ 曹锦清：《黄河边的中国》，上海文艺出版社，2000。

④ 徐勇：《当前中国农村研究方法论问题的反思》，《河北学刊》2006年第2期。

实在。因此，“三农”研究中“自上而下”与“自下而上”的视角不可偏废。如果偏重“自上而下”，就会只见“国家”不见“社会”，把“官语”当“现实”，用有限的政策逻辑遮盖丰富的社会逻辑。如果偏重“自下而上”，就有可能发生“只见‘社会’，不见‘国家’；只见‘树叶’，不见‘树林’；只见‘描述’，不见‘解释’；只见‘传统’，不见‘走向’”等错误①。

时至今日，各地的新农村建设基本上是在政府的主导推动下进行的，新农村建设研究大都采用“自上而下”的视角，农村居民的主体意愿及作用发挥在很大程度上是缺席的。在本研究中，我们采用“自上而下”与“自下而上”相结合的视角，既调查区、镇政府对农村社区公共服务供给机制的创新实践及制度安排，同时从农村居民的角度，了解他们对社区公共服务的满意度、建议及主体参与情况等。作为一项探索性研究，采用的调查方法主要有：①文献研究法，分析市、区、镇、村相关政策文件、档案文书、统计资料等；②访谈法，访谈松江区、镇、村三级的负责干部及部分村民，了解农村社区公共服务供给的政策变动、政策落实、官民态度、发展走向等；③问卷调查法，在叶榭镇团结村开展问卷调查，了解村民对农村社区公共服务的满意度、要求建议，以及对新农村建设的参与情况等。

三　农村社区公共服务发展与供给机制创新

在20世纪80年代之前，松江还是上海西南远郊的一个农业大县。自90年代初以来，以松江工业区开发建设为标志，松江区经济实现了从农业为主体的产粮大县到以先进制造业为主体的工业大区的跨越式变化。据统计，2008年松江全区工业总产值达到3671亿元，工业总产值和出口创汇分别占到全市的1/7和1/5②。2008年一、二、三产业的产值比例为1∶69.6∶29.4，松江区已发展成为上海市的工业强区，基本实现工业化，一产进入发展都市农业阶段。松江的经济发展为农民非农就业提供了较为充足的空间。随着松江区城市化步伐加快及上海市“三个集中”（农业向规模经营集中，

① 徐勇：《当前中国农村研究方法论问题的反思》，《河北学刊》2006年第2期。

② 松江区发展和改革委员会：《松江经济结构调整和加大投资力度的若干思考》（内部资料），2009年5月。

工业向园区集中，农民居住向城镇集中）战略的实施，松江区户籍人口中农业户籍人员比例急剧减少，其比重已经从2001年的62.8%下降为2008年的20.2%，目前全区真正从事农业生产的劳动力仅6000余人（见表1）。大量农村劳动力就业转岗，增加了农村居民的收入水平，2010年农村居民人均可支配收入达到14125.6元，其中工资性收入占74.0%[①]。松江区的经济社会发展为统筹城乡发展、基本公共服务均等化创造了良好的条件。

表1　松江户籍人口中农业人口情况

	2001年	2002年	2003年	2004年	2005年	2006年	2007年	2008年	2009年
户籍人口(人)	497920	503237	506795	514429	522138	532144	542711	550440	559442
农业人口(人)	312870	295765	272434	158566	152350	145093	120334	111391	104081
农业人口比重(%)	62.8	58.8	53.8	30.8	29.2	27.3	22.2	20.2	18.6

资料来源：根据上海市松江区统计局编《松江区统计年鉴》（2001~2009）等整理。

（一）松江区的新农村建设

为推进松江区的新农村建设，松江区政府围绕“生产发展、生活宽裕、乡风文明、村容整洁、管理民主”20字方针，细化设计由42个指标组成的新农村建设评估指标体系。到2010年底，42项指标中已经有35项圆满完成了“十一五”期间的目标值，全区总体目标值完成率达到97.9%[②]。松江区新农村建设取得的巨大成果得益于各级财政对“三农”持续高投入。2009年松江区各级财政投入“三农”资金237403万元，农村户籍人口人均受益2.28万元。其中，投入农业方面的资金38786万元，投入农村基础设施建设121851万元，投入农民增收、就业、保障等方面的资金76766万元。投入农村基础建设的资金，在桥梁建设、危桥改造、村村通道路、自来水改造、公共交通等方面的投入为14382万元，镇域公交实现全覆盖，村级公交

① 费贺斌：《强民惠民政策稳步推进，农民生活水平显著提升——“十一五”松江农村居民家庭增收分析》，http：//tjj. songjiang. gov. cn/tjkx/index0. htm？ d1 = tjkx/20110302/20110302 - 01. htm（2011 - 03 - 02）。

② 朱海琴：《新农村建设取得阶段性成果，主要指标完成“十一五”规划目标——2010年松江区新农村建设评估指标执行情况分析》，http://tjj. songjiang. gov. cn/tjkx/index0. htm？ d1 = tjkx/20110525/20110525 - 00. htm（2011 - 07 - 25）。

覆盖率达到93%；在河道整治、农村垃圾处理、农村污水处理、创建国家卫生镇和市容达标方面投入为31471万元，完成农村生活污水治理2015户；在农村科、教、文、卫方面的投入为45085万元，实现村级文体设施全覆盖；在社区为农服务站建设、村级标准卫生室建设、新农村专项补贴等方面投入为5644万元，全区建成69个村级社区事务代理室；在郊区自然村落改造、扶持经济薄弱村、扶持村级经济发展、对行政村运作转移支付等方面的投入为8281万元。投入农民增收、就业、保障等方面的资金，在"千百人、万百人"就业项目、安置"4050"人员、就业安置、就业培训方面的投入为12978万元，农村居民非农就业率达96.6%；在农民养老金、农村低保、困难补助、农村民政优抚补贴等方面的投入为35621万元，共新增5248名失地农民落实镇保，实现3549名务工农民农保转镇保，新增农民社会养老1888人，农保养老金水平由人均每月303元提高到383元，征地养老由每月530元提高到600元；全区在农村合作医疗、对乡村医生补助等医疗卫生方面的投入为5972万元，农村医疗保障水平不断提高[①]。大量的财政资金投入，保证松江区新农村建设取得骄人成绩。目前，在松江区各行政村，商场、超市、卫生院、图书馆、活动室等公共设施一应俱全，农村居民的生活已初具城市社区生活的雏形。

（二）松江农村社区公共服务创新："六小工程"

随着生活水平的提供，松江区农村居民对公共服务提出了更高的要求。为改善农村社区基本公共服务供给状况，让村民们像城里人一样享受到方便、快捷、优质、廉价的公共服务，松江区在新农村建设中全面推行"六小工程"，把公共服务"配送"到村头。所谓"六小工程"是指："小超市"、"小戏台"、"小药箱"、"小学校"、"小窗口"、"小交通"等[②]。

"小超市"：为杜绝农村市场假冒伪劣产品泛滥、坑害农村居民的现象发生，松江区在每个行政村建设1~2家"小超市"，政府负责超市场地建设，对社会优惠招租经营，做到统一配送、统一形象、统一售价、统一营销、统一管理。在具体经营方面，实施能进能出的个人承包竞争淘汰机制，

① 朱海琴：《继续加大财政投入，助推农村经济发展——松江区2009年财政投入"三农"简析》，http://tjj.songjiang.gov.cn/tjkx/index0.htm?d1=tjkx/20100925/20100925-00.htm（2010-09-25）。

② 黄勇娣：《公共服务"配送"到村头》，2007年8月12日第6版《解放日报》。

政府在办证、场所、税费等方面加大扶持力度。

“小学校”：松江区政府以镇社区学校为龙头，充分利用各村村民活动室的空间，加强村民学校建设。由政府出资延聘专家教授来村民学校重点传授专业技术，提高农民从事现代农业的能力，在非农产业的经营能力和就业竞争能力，使“小学校”成为保障政策上情下达的宣传基地，方便农民不出村就可接受各种教育、培训。同时，区、镇政府还重视整合郊区农村教育培训资源，形成多层次的正规教育、职业教育、社区教育、专业教育并存的教育培训系统，通过政府购买培训机构服务的形式，有计划、有步骤、有针对性地开展实用性人才培养，着力提高农民的市场就业竞争能力。

“小窗口”：把镇社区事务受理服务中心的前台受理咨询功能延伸到村，依托各村（居）现有条件，建立村（居）社区工作站，开设基层事务受理窗口。通过统一窗口样式、统一工作运行、统一受理程序、统一服务内容、统一考核评估，规范运行，形成“一口受理，资源整合，上下联动，效应拓展”的工作模式，承接村（居）委为社区群众提供公共服务。做到农民不出村，就能到村里设置的服务窗口办理社会救助、劳动就业、计划生育、医疗卫生等各项事务。

“小交通”：全区统一规划，设置公交线路，采取财政补贴的方式使公共交通到农村居民家门口，方便村民出行，缩短农村居民的物理、心理双重距离。

“小戏台”：统一要求各村建设小戏台，作为群众日常文艺表演和观看文艺演出的舞台。在鼓励支持群众性文艺活动的同时，区、镇积极向小戏台输送文艺节目，丰富“小戏台”的内容资源，确保村村建有“小戏台”，月月都有“小节目”。“小戏台”工程不仅促进了群众文娱团队的发展，而且使原来濒临倒闭的区、镇专业文艺团队起死回生，共同促进农村文化生活的繁荣。

“小药箱”：所谓的“小药箱”工程，就是加快村中心卫生室建设，加强乡村医生队伍建设。要求做到只要病人有需要，乡村医生随叫随到，保证村民“小毛小病”不出村。同时做到“三个有”，即队伍上后继有人，管理上规范有序，资源上支撑有力。

经过多年实践，“六小工程”中除“小交通”因为乘客数量不足而使公交线路与班车车次相比预定计划有所压缩外，其他诸项发展顺利。目前，“六小工程”已经在松江全区农村推开，正在向更高的水平迈进。

（三）以“小窗口”建设透视“六小工程”的制度保障

围绕“六小工程”，松江区及各镇制定出台了系列制度予以保障落实。下文以叶榭镇的“小窗口”建设为例，透视区、镇政府为落实“六小”工程所采取的制度保障措施。2007 年 4 月叶榭镇出台了《关于完善村（居）委社区事务受理“小窗口”建设的实施意见》（下文简称《意见》），对“小窗口”政策的落实作出了制度规定。

1. 统一名称和硬件安排

①统一名称。村（居）委都应建立社区工作站，统一名称“×××村社区工作服务站”，下设社区事务受理“窗口”和社区服务队，承接村（居）委为社区群众提供公共服务。站长由村（居）委会主任兼，“窗口”负责人和服务队队长由副主任兼。②硬件安排。社区事务受理“窗口”的面积不少于 40 平方米，一般设置在村（居）委会底楼中间大厅，配有柜台、电话受理、“窗口”值班人员席卡等便利措施。

2. 窗口值班和受理事项

①窗口值班。社区事务受理“窗口”分固定值班和轮流值班，各村（居）委须配备 1 人，作为固定值班人员，专职从事“窗口”事务受理；轮流值班以村（居）委班子成员为主，确保“窗口”每天有 2 人值班。同时，“窗口”建立基础台账，一是“窗口”事务受理手册，天天有记录；二是村（居）民户基本情况信息库，便于与群众联系。②受理事项。按照村（居）委公共服务要求和群众的实际需要，确定“窗口”受理事项。目前设置平安建设（人民调解、社会治安、安全生产），社会保障（合作医疗、就业安置、助残、帮困、居家养老），事业服务（计划生育、环境卫生、水电维修），农业服务（土地承包和流转、生产服务），党员服务等事务。

3. 服务队伍和队员来源

①服务队伍。社区工作站下设社区服务队伍，服务队伍的门类及数量根据“窗口”受理事项实际服务需要配备。各村（居）委应配备的社区服务队伍有：人民调解服务队伍；治安协管队伍；计划生育队伍；环境卫生队伍；水电维修队伍；农业生产服务队伍；为老服务队伍；助残帮困服务队伍；就业援助服务队伍；医疗服务队伍；文化体育志愿队伍；社会资源信息队伍等。②队员来源。社区服务队员主要从村（居）事业、条线干部以及村（居）事业组长中选聘，由社区工作站签订聘用合同，实行签约化管理，

以购买服务方式按岗位专业确定报酬。同时，服务队员工作进行年度考核、评估，合格者续签新一年合同，不合格者予以辞退。

4. 运作模式和监督制度

①运作模式。“窗口”一口受理后，实行当场办结、综合办理运作模式。当场办结是对手续简便、材料齐全、当场能办理的事项即收即办；综合办理是对涉及多环节、跨部门，需要通过上下、左右协调才能办理的事项综合限时办理。社区服务队根据“窗口”受理事项的需要安排，全天候为本辖区社区群众提供服务，并按规定要求去完成服务任务。②监督制度。“窗口”要在醒目处公开服务范围、办理制度、工作权限和办理时限等内容，建立“首问责任制”、“受件回执制”等服务管理措施，并设立投诉电话和信箱，自觉接受群众监督。

5. 组织领导与责任主体

①加强组织领导。各村（居）委加强“窗口”建设组织领导，指定专人负责“窗口”建设具体事务，落实建设经费。②明确责任主体。各村（居）委是“窗口”建设的责任主体，要按照《意见》要求，结合各自实际，组织实施①。

（四）“六小工程”的财政保障

“六小工程”建设需要大量的资金投入。2006～2010年，各级财政投入松江“三农”资金总额达966926万元（见表2）。其中，镇、区级财政投入占到财政投入的绝大多数。从2010年度财政投入“三农”的资金来源看，142240万元来自镇级财政，占52.2%；93436万元来自区级财政，占34.3%；34533万元来自市级财政，占12.7%；2302万元来自国家财政，占0.8%②。与此同时，松江区还采取一些针对性的财政倾斜政策重点扶持“三农”发展。松江浦南地区属于浦江上游水源保护地、上海市基本农田保护区，是松江区农业发展的重点区域，相对于浦北等地区经济落后。为确保松江区区域经济社会的经济协调发展，松江区通过制度设计，加大对浦南地区财政的扶持力度。从2008年区级以上的财政投入情况来看，投入方向主

① 叶榭镇平安建设办公室：《关于完善村（居）委社区事务受理“小窗口”建设的实施意见》，2007年4月颁布。

② 朱海琴：《投入力度继续加大，新农村建设取得实效——松江区2010年度财政投入“三农”调查分析》，http://tjj.songjiang.gov.cn/tjkx/index0.htm? d1 = tjkx/20110601/20110601-00.htm（2011-07-25）。

要在浦南地区。叶榭、新浜、泖港、石湖荡四镇的区及区级以上财政投入达到32372万元，占区及区级以上财政总投入的53.4%；其他浦北7镇为28280万元，占46.6%[①]。因为浦南地区工业发展受到限制，松江区还把浦北各镇每年的土地出让收入按一定比例对口分配给浦南各镇。为充实村级财政收入，松江区规定村域企业的上缴利税全部返还给村级财政。在我们进行问卷调查的叶榭镇团结村，户籍人口5000余人，2010年村级财政可支配资金达380万元。各级财政投入及政府对“三农”的倾斜扶持为“六小工程”建设提供了比较充分的财政保障。

表2　松江区2006～2010年财政投入“三农”资金总量

单位：万元

年份	财政投入“三农”资金总量	比上年增加额	增减(%)
2006	112921	—	—
2007	156944	44023	40.0
2008	187146	30202	19.2
2009	237403	50257	26.9
2010	272512	34109	14.8

资料来源：上海市松江区统计局编《松江区统计年鉴》(2009)。

从目前情况看，上海市与松江区政府不仅有统筹城乡发展、推进基本公共服务均等化的政策要求，而且有比较充分的财力去实现“统筹城乡发展”的目标，松江区政府甚至在“十二五规划纲要”中提出要“努力成为上海城乡统筹的先行区”，这使得在农村社区推行政府购买公共服务具备了政策与财政基础。从松江农村社区公共服务供给的内容与机制来看，虽然政府购买公共服务还没有成为区镇干部的主要话语资源，也没有围绕规范政府购买公共服务行为正式发文，但合同出租、公私合作、使用者付费和补贴制度等已经成为政府经常使用的公共服务供给形式。

四　政府购买公共服务的村庄基础

接下来我们采取“自下而上”的视角，分析政府提供的公共服务对村

① 朱海琴：《加大财政投入力度，促进农村改革发展——松江区2008年财政投入“三农”资金简析》，http://xxgk.songjiang.gov.cn/view_12.aspx?cid=158&id=245&navindex=0（2011-07-25）。

民生活产生了怎么样的影响，村民及村干部对政府购买公共服务的态度如何，农村居民对社区公共服务有何需求与建议，等等，进一步了解政府购买公共服务的村庄基础。为此，我们对浦南地区的叶榭镇团结村进行了实地调查。团结村地处叶榭镇政府驻地，2009 年全村共有 41 个村民小组，1586 户家庭，户籍人口 5211 人，登记外来人口 4155 人[①]。2008 年末有耕田 349 公顷，水产养殖面积 13 公顷[②]。2009 年工农业总产值 8300 万元，其中工业产值 6000 万元，农副业 1790 万元，其他收入 300 万元[③]，村可支配收入为 380 万元。通过几年的努力，团结村建立了村级联防队、卫生保洁队、便民服务队等 11 只队伍，形成了一套可操作性、长效性的服务网络工作机制，曾获得市文明村、市整洁村、市调解先进集体、市农口级文明村等荣誉。

调查采用偶遇抽样问卷调查法与访谈法。共发放问卷 140 份，回收有效问卷 123 份。访谈了部分村民及村支书、村主任与村民组长等。调查内容除“六小工程”外，还包括农村居家养老、环境卫生、治安保卫、公共设施等公共服务内容。

调查发现，村民对社区基本公共服务的总体评价较高，特别是居家养老服务、治安、环境卫生、养老保险、医疗保障等满意度较高。在传统农村社会，养老、医疗等是农民自己负责的事情，现在由政府与村级组织给居民提供养老与医疗保障，村民自心底感激。比较而言，村民对教育培训、就业服务的满意度较低。这是因为村民对教育培训、就业服务的期望值较高，而目前这两项服务与其他各项公共服务类似，供给什么及如何供给都由政府决定，村民几乎没有决策权。因此，时常发生服务供给与服务需求相脱节的情况，影响到村民的参与热情，村级组织不得不靠发放“到场费”（一般活动每参加一次发放现金 10 元）吸引村民参加活动。

目前，村级组织几乎是社区唯一的公共服务供给主体与管理主体，村级组织的管理水平、公共服务的供给质量等直接影响着村民对社区公共服务的态度。同时，村级组织作为社区行动主体之一，其本身对社区公共服务发展的感受、态度也是我们所关注的。调查发现，村民对“村干部为民办事公

① 团结村村委会：《团结村 2009 年人口计划生育工作总结》（内部文件），2010 年 1 月。

② 上海市松江区统计局编《松江区统计年鉴》，2009，第 114 页。

③ 团结村村委会：《团结村 2009 年人口计划生育工作总结》（内部文件），2010 年 1 月。

平公正”以及“村一事一议”满意度较高，而对“群众对村干部监督”及“村财务公开情况”满意度较低，说明村干部能够比较公正地履行职责，但村庄的民主治理尚不尽如人意。新农村建设是党和政府在新世纪推出的解决“三农”问题的重要战略决策。对于“新农村建设主要靠谁”选题，“政府”的选率为72.3%，“村两委”的选率为16.0%，“农村居民”的选率为7.6%，“企业”的选率为1.7%，“民间组织”的选率为0.8%，“其他”的选率为1.7%。这说明，尽管团结村集体组织每年有近400万元的可支配收入，但村民并不认为“村两委”是改变村庄面貌的决定性力量，而是较为一致选择“政府”。这反映了上海基层政府组织在乡村治理中具有强势地位的现实。

松江区的乡村治理格局及村干部的行为特征与相关制度设计紧密联系。在松江农村调查可以发现，绝大多数村干部都能勤勉自律，努力做好本职工作。之所以如此，有两个主要的制度性原因：其一，村干部工作岗位的含金量较高。2010年松江全区村干部平均工资达到10万元，另有数目可观的年底分红，村集体每年可支配收入数额庞大。同时，松江区打通了村干部向公务员的流动渠道，成绩突出的村干部可以通过考核程序成为国家公务员。这些都提高了村干部工作岗位的吸引力，他们大都非常珍惜自己的工作机会。其二，上级党政组织对村干部的管控、监督能力比较强。这则归因于上海市“三级政府四级网络”的社区管理模式。可以说，以上级增加资源投入为特征的社区公共服务发展客观上强化了镇政府与村级组织的准行政隶属关系，村民自治未获实质性突破，村民对公共决策的参与水平较低。

谈及社区公共服务发展及对农村社区管理工作的感受，村干部感受最深的是“农村生活越来越好，农村工作越来越难做了”（村主任访谈）。问及原因，“农村工作的主要问题转型了，相应的矛盾对立也转型了。以前农村工作的主要问题是生产，现在是平衡利益；以前农村矛盾主要发生在村民与村民之间，现在集中发生在村集体与村民之间；以前解决纠纷主要靠人情面子讲道理，现在动辄要诉讼；村民为了自己的一点利益搞来搞去，矛盾集中到村集体，工作越来越难干。”（村主任访谈）团结村公共服务的新发展以及乡村矛盾的新变化凸显乡村社会管理体制变革的必要性和迫切性。

与村民和村干部谈及政府购买服务，他们对这个概念还相当陌生。在解释了政府购买公共服务的概念含义、购买形式及作用后，他们的兴趣被迅速

调动起来并对社区公共服务的未来充满了期待。概括访谈内容，访谈对象认为如下领域可以成为当下农村社区政府购买服务的切入点。

（一）社区保洁

团结村的集中保洁制度大概自2002年开始，由村委会聘请一定数量的自谋职业能力较弱的本村村民做保洁员，实行垃圾不落地管理，所需费用实行财政补贴制度。目前存在的问题是：①保洁设施成本高，村级财政负担较重；②保洁员工资偏低（月工资600元），工作压力大；③因为有熟人关系，存在管理不方便的情况；④村民与村集体之间会因为垃圾桶、垃圾房的选址等问题发生争执。访谈对象认为，如果由保洁公司统一管理保洁设施，统一培训、考核、管理保洁人员，遇到纠纷由保洁公司处理，村委会可以从烦琐的保洁日常工作中摆脱出来，重点做好对保洁工作的监督、检查等。

（二）社区居家养老服务

松江区已经全面推行社区居家养老服务，由村委会安排工作人员对符合标准的居家老人上门提供做饭、洗衣、擦背、聊天等服务，市财政支出相关费用。目前存在的问题是：①村民对居家养老服务的需求量很大，按现行标准享受居家养老服务的名额供不应求；②确定享受居家养老服务对象的工作难度大，实际操作有困难。访谈对象认为，如果由政府购买专业机构提供居家养老服务，并负责居家养老服务对象的审核，村委会负责监督考核，不仅可以提高公共政策执行的透明度，还可以提高养老服务水平，改善干群关系。

（三）社区教育培训

建设社会主义新农村，一个很重要的任务就是要加强农民培训，提高农民素质，培养有文化、懂技术、会经营的新型农民。松江区已经开始探索以镇社区学校为龙头，基层村民学校为成员的集团化联合办校模式，由政府购买专业组织机构的教育服务培训农村社区居民。村民学校重点传授专业技术，提高农民从事现代农业的能力，提高农民在非农产业的经营能力和就业竞争能力，满足村民的学习需求。团结村被调查村民对教育培训、就业服务的满意度较低，说明村民对就业培训有更高的要求。政府及村级组织应该听取群众意见，购买更适当的教育服务，以提高教育培训的效果。

（四）外来人口管理与服务

目前，大量的外来人口工作、租住在松江农村，给当地的环境卫生、治安、计划生育等工作带来很大压力。对于数量庞大的外来人口，需要从根本上关注他们的生活需求，给予他们适当的工作技能培训，使之成为遵纪守法的公民和建设者，但仅由村干部负责外来人口的管理工作是不够的。访谈对象认为，如果政府购买专业社会工作机构的服务介入外来人口的管理与服务，对于促进社区和谐、促进地方经济社会发展意义重大。

（五）中介机构的评估鉴定服务

随着国家对农村居民的扶助、救助政策越来越多，越来越多的“利益”被投放到村庄社区，村集体承担确定“享受利益”对象的任务也越来越多，这把村干部放到与村民利益纷争的风口浪尖上，在一定程度上激化了干群关系，不利于和谐村庄建设。访谈对象认为，如果由政府雇佣专业评估咨询机构负责如特困户的评估、居家养老人员的选择、医保服务质量的鉴定等工作，不仅可以提高相关工作的专业水准，而且可以把村级组织从与村民的利益冲突中解脱出来。

团结村的调查表明，农村社区公共服务的发展表现出一些新特点：第一，随着经济社会发展，农村居民对公共服务的内容与质量的要求日益提高，各级政府与村级组织也有改善农村社区公共服务的动力，在基本公共服务均等化的政策背景下，农村社区公共服务近几年来获得长足发展；第二，农村社区公共服务发展得益于公共财政的扩大投入，尽管政府购买公共服务在农村已有初步发展，但农村基本上仍然延续上级政府定任务、拨款项，由村级组织具体负责落实的公共服务供给模式，村级组织在社区公共服务供给中发挥着不可替代的作用；第三，自上而下不断扩展的农村社区公共服务供给一方面充实并扩大了村级组织的权力，另一方面使得村级组织处在农村利益分配的风口浪尖，农村新型利益冲突激增，村级组织管理与服务的力不从心之感强烈。农村社区出现的新情况说明，农村社区公共服务供给机制已经发展到亟需转型的关键环节，政府购买公共服务显示出较强的综合功能和广阔发展空间。

五　政府购买公共服务与农村社会组织建设

国内外的实践表明，政府购买公共服务是运用市场机制，发挥社会组织

的专业能力，以提高财政资金使用效率的政府施政手段，其有效运行有赖于市场机制的成熟度、社会发育状况、法制完备情况和政府的谈判能力等。在农村推行政府购买公共服务也须具备这样一些条件：地方政府是否有财力购买公共服务；地方政府是否有购买公共服务的主观意愿；地方是否具备相应的社会组织为政府提供其所要购买的服务，是否能形成竞争性市场；政府是否具备足够的谈判及合同管理能力，等等。

从松江区区、镇、村三级来看，农村社区有对政府购买公共服务的需求，各级政府也有在农村社区推行购买公共服务的意愿及财政能力。掣肘之处突出表现在两个方面：其一，各级政府及村级组织对政府购买公共服务的认识不足，用于指导购买公共服务的政策法规还非常缺乏，政府的合同管理能力低下；其二，农村社会组织发育迟滞，在一定时期内根本不可能形成竞争性市场，村级组织不得不承担起社区公共服务供给主体与管理主体的主要责任。在购买服务中政府方面的不足及其改善途径本文暂且不论，我们重点讨论政府购买公共服务中农村社会组织建设的途径与办法。

上海市在城市社区建设中，通过设立街道驻社区工作站和民间组织服务中心等机构，逐步把原来由居委会承担的部分公共管理职能剥离出来，回归居委会的社区居民自我教育、自我管理、自我服务的自治组织性质。大规模的政府购买公共服务活动开展并没有加重居委会的工作负担，相反城市已经初步形成居委会、社区工作站、民间组织服务中心等分工协作、共同参与的社区多元治理格局。在农村社区，村委会是法定的村民自治组织，实际上却成为镇政府在农村的准行政执行机构。随着农村土地承包经营权的长期稳定、村办企业民营化等发展，上海远郊农村社区的生产功能逐渐式微，村委会的公共服务功能日益强化。与上海城市社区建设中政府主要购买 NGO（或 NPO）组织的服务不同，松江区“六小工程”提供服务的载体主要是村委会、学校等组织机构。目前，松江区农民的自组织力量还非常薄弱，很多村庄的公益性民间组织几乎是空白。从调查情况看，政府现在主要关心农村专业性、综合性合作组织的培育，较少考虑农村社区公益性民间组织发育的问题。在目前情况下，农村社区还不具备可以替代村委履行公共服务职能的组织或单位，政府在农村推行的各项公共服务和提供高农民社会福利的各项工作都压在村级组织肩上。在政府惠农措施密集出台的今天，村级组织不管是在精力还是专业技能方面都已经不堪重负。因此，在发挥村委会在农村社区治理中核心作用的同时，借鉴城市社区政府购买公共服务的经验，促进农村社区民间组织的发育，逐步把村委会承担的一些社会管理职能剥离给民间组织，把村委会的工作回归到村民自治以及对民间组织的指导监督，营造农村社区多元治理的格局，已显得非常迫切。概括地讲，农村社区公益性民间组织的发展主要有三条途径。

（一）挖掘农村社区既有组织资源，使传统组织资源在社区建设中焕发生机

农村社区建设需要大量的涉及方方面面的公益性民间组织，其中绝大多数应该是扎根乡土的民间组织。如果在较短时间内完全白手起家成立数量众多的民间组织，操作难度大，成本太高。所以，充分挖掘社区既有组织资源的潜力显得尤为重要。农村社区既有组织资源除了村党支部与村委会之外，还有村共青团、妇联、计生协会、民兵连、调解委员会、治保会等群团组织，有老年协会、残疾人协会、红白理事会、科普协会等社区性民间组织以及近年来新成立的各种专业经济技术组织。另外，在村公共事务受理中心下面还设有各种服务队伍，包括人民调解服务队伍、治安协管队伍、计划生育队伍、环境卫生队伍、水电维修队伍、农业生产服务队伍、为老服务队伍、助残帮困服务队伍、就业援助服务队伍、医疗服务队伍、文化体育志愿队伍、社会资源信息队伍等。经过适当改造，这些组织或队伍都有可能发展成为公益性民间组织体系的组成部分。

（二）各区、镇主导成立一些覆盖区域或镇域的公益性民间组织

在城市社区建设中，区政府、街道基于对中国社会发展方向的认识，主动培育社会组织，为社会组织的成长提供多方面的支持，直至组建民间组织服务中心，促进了社会组织体系的发展壮大，取得了许多宝贵经验。在农村社区建设中，也需要业务范围覆盖区域或镇域的公益性社会组织。对于这样的社会组织，可以借鉴城市经验，由镇政府主导培育，对其成立、运行所需的资金、办公场所、员工报酬、业务等提供一定的支持，扶持这些组织成长。也可以在适当的时候成立“民间组织服务中心”，使之成为沟通政府与民间组织的桥梁。

（三）城市公益性民间组织业务范围向农村地区扩散

从农村社区建设的角度看，农村社区公共服务的供给仅靠土生土长的地方民间组织是不够的。地方民间组织尽管具有熟悉地方社会的优势，但其不

管是在人力资源还是在经营理念、服务技巧等方面，与中心城区的民间组织都有较大差距。特别是随着人们生活水平的提高，农村社区居民对于专业性较强的公共服务的需求会日益增多，更加需要专业性强的民间组织介入。从地方政府的角度看，引进中心城区发育成熟、经验丰富的民间组织，可以较快地营造政府购买公共服务的竞争环境，有效提高农村社区公共服务的供给质量，同时城区民间组织作为一个样板可供地方民间组织学习，促进农村社区民间组织成长。所以，政府需要出台一系列的鼓励政策，引导那些发展成熟、经验丰富、诚实守信、乐于为农村社区建设出力的民间组织将其业务范围向农村扩展。地方政府要拿出招商引资的热情招纳城区公益性民间组织进农村社区，并为其开展业务提供支持。

农村社区建设客观需要大量的社会组织参与，如何处理镇政府、村级组织与农村社会组织的关系，形成合理有效的农村社会组织体系，是值得继续深入探讨的课题。

六　结语

一段时间以来，政府购买公共服务主要在城市社区进行，很多人认为农村社区不具备实施政府购买公共服务的条件。本研究表明，在农村社区推行政府购买公共服务是统筹城乡发展，推进基本公共服务均等化，乃至乡村治理体制改革的客观要求。农村的环境卫生、社区治安、居家养老、民事调解、便民服务等领域都有实施政府购买公共服务的空间。但是，与城市社区主要是生活单位不同，农村社区还是生产单位，而且农村社区成员的构成结构与城市社区有显著不同，这决定了政府购买农村社区公共服务有自身特点。本研究得到如下启示：①随着经济社会发展，农村已经处在社区基本公共服务供给机制转型的关键时期，政府购买公共服务显示出较强的综合功能和广阔发展空间；②东部发达地区农村有条件率先推行政府购买公共服务活动；③在一段时期内，村政组织是政府购买农村社区公共服务活动的主要合作伙伴，发挥不可替代的作用；④农村社区政府购买公共服务发展的短板在于政府购买公共服务的制度化水平低与农村社会组织发育迟滞；⑤农村社区发展政府购买公共服务需要充分发挥社区既有组织资源与城区民间组织的作用，地方政府有计划地扶持助力是促进农村社区公益性民间组织发展的关键。

参考文献

林万龙：《农村公共服务市场化供给中的效率与公平问题探讨》，《农业经济问题》2007 年第 8 期。

党国英：《农村发展的公正与效率可以兼得》，2004 年 6 月 22 日《南方都市报》。

刘银喜：《农村公共产品供给的市场化研究》，《中国行政管理》2005 年第 3 期。

徐勇：《农村微观组织再造与社区自我整合——湖北省杨林桥镇农村社区建设的经验与启示》，《河南社会科学》2006 年第 5 期。

张鸣：《来自传统世界的资源》，《读书》2003 年第 1 期。

陈宇峰、胡晓群：《国家、社群与转型期中国农村公共产品的供给——一个交易成本政治学的研究视角》，《财贸经济》2007 年第 1 期。

常敏：《农村公共产品集体自愿供给的特性和影响因素分析——基于浙江省农村调研数据的实证研究》，《国家行政学院学报》2010 年第 3 期。

程又中、陈伟东：《国家与农民：公共产品供给角色与功能定位》，《华中师范大学学报》（人文社会科学版）2006 年第 2 期。

詹成付、王景新编著《中国农村社区服务体系建设研究》，中国社会科学出版社，2008。

胡豹、张晓山：《城乡公共品供给制度的差异性及统筹改革思路》，载《秩序与进步：中国社会变迁与浙江发展经验——浙江省社会学学会 2006 年年会暨理论研讨会论文集》，2006。

项继权、罗峰、许远旺：《构建新型农村公共服务体系——湖北省乡镇事业单位改革调查与研究》，《华中师范大学学报》（人文社会科学版）2006 年第 5 期。

罗伯特·D. 帕特南：《使民主运转起来》，江西人民出版社，2001。

刘建平、刘文高：《农村公共产品的项目式供给：基于社会资本的视角》，《中国行政管理》2007 年第 1 期。

张青：《农村公共产品供给的国际经验借鉴——以韩国新村运动为例》，《社会主义研究》2005 年第5 期。

吴淼：《基于社会资本的农村公共产品供给效率》，《中国行政管理》2007 年第 10 期。

李慷：《关于上海市探索政府购买服务的调查与思考》，《中国民政》2001 年第 6 期。

虞维华：《政府购买公共服务对非营利组织的冲击分析》，《中共南京市委党校南京市行政学院学报》2006 年第 4 期。

周正：《发达国家的政府购买公共服务及其借鉴与启示》，《西部财会》2008 年第5 期。

罗观翠、王军芳：《政府购买服务的香港经验和内地发展探讨》，《学习与实践》2008 年第 9 期。

贺雪峰、罗兴佐：《论农村公共物品供给中的均衡》，《经济学家》2006 年第 1 期。

Tsai, Lee Lily, "Solidary Groups, Informal Accountability, and Local Public Goods Provision in Rural China," *American Political Science Review*, Vol. 101, No. 2 (2007): 355 - 372.

附录一　中国社会学会新一届领导机构组成人员名单

名誉会长 2 人

陆学艺	中国社会科学院
郑杭生	中国人民大学

会长 1 人

宋林飞	江苏省参事室

副会长 10 人

李培林	中国社会科学院
卢汉龙	上海市社会科学院
刘　敏	甘肃省社会科学院
蔡　禾	中山大学
潘允康	天津市社会科学院
李友梅	上海大学
李路路	中国人民大学
邴　正	吉林日报社
沈　原	清华大学
谢立中	北京大学

秘书长 1 人

谢寿光	中国社会科学院社会科学文献出版社

副秘书长 8 人

汪小熙	中国社会科学院社会学所
陈光金	中国社会科学院社会学所
刘世定	北京大学
洪大用	中国人民大学
陈　如	南京市社会科学院
刘精明	清华大学
张海东	上海大学
童根兴	中国社会科学院社会科学文献出版社

学术委员会主任　副主任

李　强（主任）	清华大学
王思斌（副主任）	北京大学

学术委员会委员 5 人

谷迎春	浙江省社会科学院
赵子祥	辽宁省社会科学院
景天魁	中国社会科学院
周晓虹	南京大学社会学院
雷　洪	华中科技大学

顾问 12 人（按姓氏笔画排序）

王　康	中国政法大学
王　辉	天津市社会科学院
邓伟志	上海大学
刘中荣	华中理工大学

续表

刘绪贻	武汉大学
何耀华	云南省社会科学院
吴　铎	华东师范大学
宋书伟	北京市社会科学院
宋家鼎	中国社会科学院科研局
苏　驼	南开大学
徐经泽	山东大学社会学系
韩明谟	北京大学

特邀常务理事12人（按姓氏笔画排序）

莫　荣	人力资源和社会保障部劳动科学研究所
王怀超	中央党校科社部
王奋宇	科技部科技发展战略研究院
王建军	民政部政策法规司
刘应杰	国务院研究室综合司
张春生	国家人口和计划生育委员会
张荣华	全国人大
李守信	国家发改委发展规划司
李欣欣	中央政策研究室政治研究局
龚维斌	国家行政学院社会和文化教研部
葛延风	国务院发展研究中心社会发展研究部
谭　琳	全国妇联妇女研究所

附录二　2011年年会34个分论坛目录

（以拼音字母为序）

序号	论坛名称	主办单位	负责人
1	变迁的社会： 建设质性社会学研究体系	陕西省社会科学院社会学研究所	尹小俊 杨红娟 张春华
2	城市犯罪与公共治理	财政部城市公共安全与社会稳定研究基地 上海政法学院社会学与社会工作系 上海政法学院城市与犯罪研究中心	吴鹏森 章友德
3	城市化加速期社会建设	江西省社会科学院	马雪松
4	城市社区建设和城市化进程中的民生问题研究	主办：城市社会学专业委员会 协办：城市社区参与治理资源平台	潘允康 郭　虹
5	当代中国社会分层与流动研究		李春玲 李路路 刘　欣
6	第二届"中国调查"学术研讨会	中国社会学会方法研究会 南开大学社会学系 北京商智通信息技术有限公司	范伟达 白红光
7	第二届中国海洋社会学	中国海洋大学海洋文化研究中心 中国海洋大学法政学院	韩兴勇 崔　凤 宁　波
8	第九届东亚社会学学术研讨会		李培林 李友梅
9	环境风险与社会转型	中国社会学会环境社会学专业委员会中国人民大学社会学理论与方法研究中心/环境社会学研究所 河海大学社会学系/环境与社会研究中心	洪大用 陈阿江

续表

序号	论坛名称	主办单位	负责人
10	民众维权表达与社会稳定研究论坛	西南政法大学中国社会稳定与危机管理研究中心	肖唐镖
11	情感社会学与社会建设	广东商学院人文与传播学院	郭景萍
12	全球化时代中国经济社会结构变迁	上海财经大学人文学院经济社会学系	刘少杰 甄志宏
13	生活方式理论与应用研究	中国社会学生活方式专业委员会 黑龙江省社会科学院社会学研究所 《哈尔滨工业大学学报(社会科学版)》编辑部 哈尔滨工业大学社会学系/社会发展研究所	王雅林 王爱丽
14	“社会”顶层设计下的生活方式:理论与应用研究		王雅林
15	社会发展与社会政策:国际经验和中国的挑战	南开大学—香港中文大学社会政策联合研究中心	关信平 魏雁滨
16	社会管理创新与法律社会学建设	华东政法大学社会发展学院	何明升
17	社会工程与工程社会学	哈尔滨工业大学人文学院社会学系 哈尔滨工业大学社会工程研究中心	尹海洁
18	社会建设的理论与实践:社会管理体制的改革与创新	北京工业大学人文社会科学学院	陆学艺
19	社会建设与体育发展方式的转变	主办: 中国社会学会体育社会学专业委员会 承办: 江西财经大学 华南师范大学民族体质与健康研究中心	
20	社会稳定与社会管理机制创新	国家社科重大项目“从稳定到有序”课题组 吉林大学哲学社会学院劳动与社会保障系	宋宝安
21	社会学与客家研究	赣南师范学院	陈　勃 周建新
22	社区治理与社区建设	中国社科院社会学所社区信息化研究中心 宁波市法治与和谐社会建设研究中心	王　颖 宋　煜
23	生态文明与社会变迁	江西省社会学学会 南昌社科院	王明美 庄西番
24	数字化时代的社会学研究——研究资源的整合与分享		谢寿光
25	文化嵌入与中国经济奇迹:经济社会学视角	浙江大学社会学系 香港树仁大学社会学系	高　崇 刘志军

续表

序号	论坛名称	主办单位	负责人
26	西部社会学：中国道路与西部模式	兰州大学社会与经济发展研究评价中心 甘肃省社会学会	陈文江
27	消费社会学	中山大学社会学与人类学学院 上海大学社会学系	王　宁 吕大乐 张敦福
28	新发展阶段的城市无障碍化与社会建设论坛	辽宁社科院社会学研究所	沈殿忠
29	新生代农民工融入城镇社会政策研究论坛	主办：广州大学广州发展研究院 广州大学公共管理学院社会学系 中国社科院社会学所社会政策研究室 承办：广州市社会工作学会 粤穗社会工作事务所	谢建社
30	性别·生态文明及和谐社会	华东交通大学女性研究中心 妇女/社会性别学学科发展江西子网络	丁佐湘
31	性别研究方法论探析	主办：性别社会学专业委员会 承办：浙江师范大学妇女发展研究中心 妇女/社会性别学学科发展网络之社会学子网络	王金玲
32	移民与社会发展 ——新阶段的移民与社会和谐	中国社会学会移民社会学专业委员会 河海大学中国移民研究中心 江西农业大学移民研究中心	施国庆 陈绍军 张春美
33	中国适度普惠福利社会与国际经验研究	中国社会科学院社会学所 南京大学社会学院社会工作与社会政策系 云南大学公共管理学院社会学与社会工作系 江西财经大学人文学院	景天魁 彭华民 钱　宁 陈家琪
34	中国乡村生态文明建设		黄家海 王开玉

附录三　获奖论文与优秀论坛名单

（一）中国社会学会2011年学术年会优秀论文获奖名单

【一等奖10篇，二等奖19篇】

（按姓名音序排列）

等级	姓名	题　　目	工作单位
一等奖	陈　峰	Labor Resistance in China: Typologies and their Implications（中国的劳工抗争：类型学及其含义）	香港浸会大学
一等奖	洪大用 卢春天	公众环境关心的多层分析——基于中国CGSS2003的数据应用	中国人民大学教务处、社会学理论与方法研究中心
一等奖	李晓方	地方县志的族谱化：以明清《瑞金县志》为考察中心	赣南师范学院客家研究中心
一等奖	石发勇	关系网络、“地方形象促进联盟”与城市基层治理	上海政法学院社会学与社会工作系
一等奖	王甫勤	社会经济地位、生活方式与健康不平等	同济大学政治与国际关系学院社会学系
一等奖	王金玲	认识一个捡拾和安放自尊的私人空间——对性服务妇女服务选择的一种理解	浙江省社科院
一等奖	王　宁 严　霞	两栖消费与两栖认同——对广州市J工业区服务业打工妹身体消费的质性研究	中山大学社会学系
一等奖	王　星	政府与市场的双重失灵——转型期新生代农民工住房问题的政策分析	南开大学

续表

等级	姓名	题　　目	工作单位
一等奖	杨　典	制度环境如何塑造公司战略：国家、资本市场与多元化战略在中国的兴起与衰落	中国社科院社会学研究所
一等奖	赵延东 洪岩璧	社会资本与教育获得——网络资源与社会闭合的视角	中国科学技术发展战略研究院科技与社会发展研究所
二等奖	郭　瑜 韩克庆	社会救助中的"福利依赖"研究——以城市低保制度为例	香港大学社会工作与社会行政学系 中国人民大学劳动人事学院社会保障系
二等奖	胡　荣 陈斯诗	社会资本、城市融入与农民工的精神健康	厦门大学社会学系
二等奖	黄荣贵 桂　勇	集体性社会资本对社区参与的影响：基于多层次数据的分析	
二等奖	李　怀	城市空间重构的多元动力机制——以甘肃省某城市广场为例	西北师范大学
二等奖	刘建洲	无产阶级化历程：理论解释、历史经验及其启示	上海行政学院
二等奖	刘军强 魏晓盛	损不足而补有余：中国社会保障的逆向调节效应研究	
二等奖	吕　鹏	"财绅政治"与"老板从政"——政治可靠度、社会效应和经济规模对私营企业主担任人大代表或政协委员的影响	中国社科院社会学研究所
二等奖	牛　芳 刘　巍	西北地区农村留守妇女心理健康状况及其影响因素研究——基于甘肃省农村的调查	兰州大学哲学社会学院
二等奖	施国庆 严登才	"场域—惯习"视角下的长效补偿安置方式解读	河海大学公共管理学院
二等奖	王明美 刘为勇 戴庆锋 杨美蓉	南昌生态文明建设的基本经验与思考	江西省社会学学会 南昌社科院
二等奖	王水雄	信息不对称、结构博弈与交易组织制度	中国人民大学社会与人口学院社会学系
二等奖	夏传玲	定性分析辅助软件的中文兼容性及其性能评估	中国社科院社会学所
二等奖	夏少琼	灾难与社区情感之流变——以汶川地震及重建为中心	广东商学院人文与传播学院
二等奖	徐安琪	亲密伴侣权力及其对性别平等感的影响机制探讨	上海社科院社会学研究所

续表

等级	姓名	题目	工作单位
二等奖	徐道稳	劳动合同签订及其权益保护效应研究——基于上海等九城市调查	深圳大学法学院
二等奖	严学勤	乡村的文化冲突与抵抗——对中国西北营村圣诞节现象的质性研究	兰州大学西北少数民族研究中心
二等奖	张玉林	自虐式发展:全球化与中国的环境问题	南京大学社会学院
二等奖	郑庆杰	审美与生产政治——基于餐饮服务业的一项调查	山东建筑大学
二等奖	郑卫东	农村社区政府购买公共服务研究初探——以上海松江区为中心	华东政法大学社会发展学院

(二) 中国社会学会2011年学术年会优秀论坛组织奖获奖名单(7个)

(按论坛申报时间排序)

论坛名称	主办单位	负责人
城市化加速期的社会建设	江西省社科院社会学研究所	马雪松
民众维权表达与社会稳定研究	西南政法大学中国社会稳定与危机管理研究中心	肖唐镖
中国适度普惠福利社会与国际经验研究	中国社会科学院社会学所 南京大学社会学院社会工作与社会政策系 云南大学公共管理学院社会学与社会工作系 江西财经大学人文学院	景天魁 彭华民 钱　宁 熊跃根 陈家琪
当代中国社会分层与流动		李春玲 李路路 刘　欣
社会建设的理论与实践:社会管理体制的改革与创新	北京工业大学人文社会科学学院	陆学艺
西部社会学:中国道路与西部模式	兰州大学社会与经济发展研究评价中心 甘肃省社会学会	陈文江
全球化时代中国经济社会结构变迁	上海财经大学人文学院经济社会学系	刘少杰 甄志宏

图书在版编目(CIP)数据

新发展阶段：社会建设与生态文明/王明美主编. —北京：社会科学文献出版社，2012.7
(中国社会学会学术年会获奖论文集)
ISBN 978 - 7 - 5097 - 3512 - 1

Ⅰ.①新… Ⅱ.①王… Ⅲ.①生态文明 - 建设 - 中国 - 学术会议 - 文集 Ⅳ.①X321.2 - 53

中国版本图书馆 CIP 数据核字（2012）第 128265 号

中国社会学会学术年会获奖论文集（2011·南昌）

新发展阶段：社会建设与生态文明

主　　编 / 王明美

出 版 人 / 谢寿光
出 版 者 / 社会科学文献出版社
地　　址 / 北京市西城区北三环中路甲 29 号院 3 号楼华龙大厦
邮政编码 / 100029

责任部门 / 社会政法分社（010）59367156
电子信箱 / shekebu@ ssap. cn
项目统筹 / 童根兴
责任编辑 / 王　玮　王　绯
责任校对 / 刘宏桥
责任印制 / 岳　阳
总 经 销 / 社会科学文献出版社发行部（010）59367081　59367089
读者服务 / 读者服务中心（010）59367028

印　　装 / 三河市尚艺印装有限公司
开　　本 / 787mm × 1092mm　1/16
印　　张 / 27.25
版　　次 / 2012 年 7 月第 1 版
字　　数 / 484 千字
印　　次 / 2012 年 7 月第 1 次印刷
书　　号 / ISBN 978 - 7 - 5097 - 3512 - 1
定　　价 / 89.00